北方果蔬
贮运加工技术及应用

狄建兵　李泽珍　著

中国农业科学技术出版社

图书在版编目（CIP）数据

北方果蔬贮运加工技术及应用／狄建兵，李泽珍著．—北京：中国农业科学技术出版社，2014.6

ISBN 978-7-5116-1693-7

Ⅰ.①北… Ⅱ.①狄…②李… Ⅲ.①水果-贮运②蔬菜-贮运③果蔬加工 Ⅳ.①S609②TS255.3

中国版本图书馆CIP数据核字（2014）第123814号

责任编辑 张孝安
责任校对 贾晓红

出 版 者 中国农业科学技术出版社
北京市中关村南大街12号 邮编：100081
电 话 （010）82109708（编辑室） （010）82109704（发行部）
（010）82109709（读者服务部）
传 真 （010）82106650
网 址 http://www.castp.cn
经 销 者 各地新华书店
印 刷 者 北京昌联印刷有限公司
开 本 787 mm×1 092 mm 1/16
印 张 24
字 数 410千字
版 次 2014年6月第1版 2014年6月第1次印刷
定 价 36.00元

前　言

PREFACE

果蔬是农副产品的组成部分，随着人民生活水平的提高，对果蔬保鲜及其贮藏加工产品的需求越来越多。北方果蔬资源十分丰富，在贮藏加工过程中品种和种类多样，采用技术可传统可先进，加工设备可简单可繁杂，生产规模可大可小。因此，北方果蔬的发展有着极为广阔的国内外市场。

《北方果蔬贮运加工技术及应用》主要包括北方果蔬贮运技术及应用、北方果蔬加工技术及应用、北方果蔬鲜切技术及应用这几方面的内容，可供生产加工企业职工或科研教学人员阅读。本书由山西农业大学食品科学与工程学院李泽珍编写第一章和第三章，狄建兵编写第二章。

由于我们从事教学和生产实践的经验不足，知识水平有限，加之时间仓促，书中错误在所难免，不妥之处敬请读者批评指正。

狄建兵　李泽珍

2014 年 5 月

目　录

CONTENTS

第一章　北方果蔬贮运技术及应用

第一节　北方果蔬贮运的一般原理

果蔬贮藏原理又称果蔬的采后生理。采收后果蔬脱离了植枝，得不到来自母体的水分和养分的补充，成为了独立的生命个体。果蔬在贮藏保鲜中仍然是活的有机体，其生命活动必须适应这种变化了的情况和外界环境条件，才能维持下去。

果蔬在一定的贮藏期限内能保持原有质量而不发生不良变化的性质，称为果蔬的耐贮性，而其自身所具有的抵抗致病微生物侵害的能力称为抗病性。果蔬的耐贮性和抗病性是由果蔬的各种物理的、化学的、生理的性状特性综合起来的特性。只有维持正常的生命过程，才能正常地发挥耐贮性、抗病性的作用，延长贮藏期限。

果蔬收获后光合作用基本停止，呼吸作用成为采后生命活动的主导过程。保持果蔬采后尽可能低的而正常的呼吸过程，则是新鲜果蔬贮藏保鲜的基本原则和要求。

一、果蔬的呼吸作用

呼吸作用提供采后组织生命活动所需的能量，同时也是采后观众有机物相互转化的中枢。有氧呼吸时生物吸进氧气放出二氧化碳，其整个过程有五十多个生化反应，主要途径有：糖酵解—三羧酸循环—电子传递链。总反应式是：

$C_6H_{12}O_6 + 6O_2 \rightarrow 6CO_2 + 6H_2O$ + 能量

植物的呼吸是在氧气的参与下，将体内葡萄糖等有机物质氧化分解成二氧化碳和水。这一反应过程产生的能量，一部分用于生理作用，一部分变成热被消耗掉。

植物在缺氧的条件下，葡萄糖通过糖酵解产生丙酮酸，进一步转化为乙醇和二氧化碳，或转变为乳酸，这一过程称为无氧呼吸。在消耗同等量的底物的前提下，无氧呼吸产生的能量只是有氧呼吸的1/32，且无氧呼吸产生乙醇、乙醛、乳酸等有害物质，对果蔬贮藏保鲜极为不利。果蔬在贮藏过程中，要防止无氧呼吸的发生。

用来衡量呼吸强弱的指标是呼吸强度。呼吸强度的定义是：在一定的温度下，单位时间内一定质量的果蔬产品吸收的氧气或放出二氧化碳的质量，也称为呼吸系数。呼吸强度反映了果蔬呼吸的强弱，是采后生理中最重要的生理指标之一。

（一）影响果蔬呼吸的因素

1. 果蔬的种类和品种

不同种类和品种的果蔬呼吸作用差异很大，这是由遗传特性决定的。果蔬产品的器官、生理年龄、收获期不同，其呼吸作用也有很大差别。一般来说，叶菜类呼吸强度最大，幼嫩的组织比成熟的组织呼吸强度大，鳞茎、块茎果蔬呼吸强度最低。南方果蔬比北方果蔬呼吸强度大，夏季果蔬比秋冬季果蔬呼吸强度大，晚熟品种比早熟品种呼吸强度大。

果实类果蔬的呼吸比较复杂，如番茄，当果实生长结束时，呼吸作用降低；成熟时，呼吸作用突然升高，然后再下降，这种现象称为呼吸跃变。呼吸跃变的出现标志着果实已达到成熟状态，以后，果实就很快衰老死亡。而黄瓜在生长和成熟过程中，呼吸是逐渐缓慢下降的。因此，把前一类果实称为跃变型，后一类果实称为非跃变型。

一般生长期采收的果蔬，呼吸强度很高，各种机能非常活跃，衰老变质很快，保鲜很困难。充分成熟的老熟果蔬，呼吸强度很低，表面又形成良好的保护结构，为保鲜创造了极为有利的条件。对跃变型果蔬，设法推迟跃变高峰的到来，能延长果蔬的贮藏保鲜期。

2. 温度

温度是影响呼吸作用最重要的外界环境因素。在一定范围内，温度升高，酶活力增强，呼吸强度随之而增大。通常在5~35℃，温度每上升10℃，呼吸强度增大1~1.5倍，即温度系数 $Q_{10}=2\sim2.5$。不同品种、不同成熟度、不同环境条件，它们的温度系数是不同的（表1-1）。低温范围内植物呼吸的温度系数要比高温范围内大，这个特点表明，果蔬保鲜应该严格控制好适宜的稳定低温，如温度上升，会使呼吸强度增大很快。

表1-1　几种果蔬呼吸的温度系数同温度范围的关系

种　类	0.5~10℃	10~24℃	种　类	0.5~10℃	10~24℃
豌　豆	3.9	2.0	胡萝卜	3.3	1.9
菜　豆	5.1	2.5	莴　苣	1.6	2.0
菠　菜	3.2	2.6	番　茄	2.0	2.3
辣　椒	2.8	3.2	黄　瓜	4.2	1.9
马铃薯	2.1	2.2			

但果蔬贮藏保鲜并不是温度越低越好，许多喜温果蔬如茄果类，部分瓜果和豆类，以及姜、甘薯等，都有一个适宜低温的限度，低于此限度，就会引起呼吸代谢失常，导致冷害。此外，经常波动的温度对细胞原生质有刺激作用，会促进呼吸作用，所以果蔬贮藏保鲜应力求库温恒定。

3. 空气成分

正常空气中，氧气所占比例为20.9%，二氧化碳为0.03%，适当降低氧气含量，提高二氧化碳含量，既可抑制呼吸，又不干扰正常代谢。实践证明，如果将空气中氧气含量降到10%以下，就会明显降低果蔬呼吸作用，但这种氧气含量降低有一极限，当氧气含量小于2%时，许多果蔬产生生理伤害，这主要是由于无氧呼吸，从而积累了大量的乙烯、乙醛等有害物质的结果。二氧化碳浓度高于0.03%时，对果蔬呼吸均有抑制作用，它能保持果蔬绿色素和维持果蔬硬度，但浓度过高时二氧化碳会引起异常代谢，产生生理障碍。不同果蔬，二氧化碳分压的上限值不同，多数在5%以下能正常生存。

4. 湿度

果蔬种类不同，对湿度的要求也存在很大差别，加大白菜、菠菜及某些果菜类，收获后要经晾晒或风干，有利于降低呼吸强度，增强耐贮性。洋葱、大蒜等贮藏保鲜要求低湿，低湿可抑制其呼吸作用，保持休眠状态，延迟发芽。但薯芋类果蔬则要求高湿，干燥反而会促进呼吸，产生生理病害。所以果蔬贮藏要根据其种类来确定贮藏环境的湿度。

5. 机械伤害和病虫害

植物体受伤以后，呼吸强度急剧增加，这种呼吸称为伤呼吸，任何机械损伤，即使是轻微地挤压或摩擦，都会引起果蔬的伤呼吸。机械伤害和病虫害造成的伤口能引起微生物感染，导致果蔬腐烂变质，所以果蔬收获及收获以后，要尽可能避免损伤。

6. 化学物质

多种植物生长调节剂有促进或抑制呼吸的作用。乙烯（Eth）是典型的刺激呼吸上升的物质，萘乙酸甲酯也能增强果蔬的呼吸作用，青鲜素（MH）、矮壮素（CCC）、2，4-D 等均具有抑制呼吸的作用。

（二）呼吸与采后保鲜的关系

1. 呼吸消耗和呼吸热

果蔬在呼吸过程中消耗底物并放出热量，这种热叫呼吸热。果蔬采后的呼吸消耗是干物质的净消耗，无疑这种消耗应该越少越好。据计算，1 摩尔葡萄糖通过有氧呼吸，完全氧化为二氧化碳和水时，约有 55% 的能量以热的形式释放出来，释放出的呼吸热会使环境温度升高，对果蔬贮藏保鲜是不利的，这也是果蔬在采后要尽快、尽可能地降低其呼吸强度的原因。但一切降低呼吸强度的措施，都必须以不违背果蔬正常的生命活动为原则。

2. 呼吸失调与生理障碍

果蔬贮藏保鲜期间如果管理不善，就会使无氧呼吸加强或呼吸途径的某一环节出现异常情况，产生生理紊乱，这都属于呼吸失调。由于呼吸失调，在某些生理环节上酶或酶系统受到破坏，呼吸反应就会在此受挫或中断，并积累氧化不完全的中间产物。这种呼吸失调必然造成生理障碍，这是生理病害的根本原因。果蔬一旦发生了生理病害，就会影响它的商品价值和食用价值。

3. 呼吸的保卫反应

呼吸的保卫反应是植物处于逆境，受到伤害和病虫侵害时，机体内表现出的一种积极的生理机能。伤呼吸就是保卫反应的一个例证。随着成熟衰老的进行、果蔬组织的代谢活性降低，必然使呼吸的保卫反应削弱，使其容易感染病害。另外，伤呼吸的进行，使呼吸消耗和呼吸热增加，水分散失增多，这对保持果蔬品质不利。呼吸保卫反应受遗传特性影响，抗病耐贮的品种，反应迅速而强烈；抗病性弱的品种，则反应迟缓，不明显，甚至不发生反应。

二、果蔬的蒸腾作用

新鲜果蔬含水量很高，一般达65%～96%，在保鲜过程中容易因蒸腾脱水而引起组织萎蔫。植物细胞只有水分充足，膨压大，才能使组织呈现坚挺脆嫩的状态，显出光泽并有弹性。如水分减少，细胞膨压降低，组织萎蔫，光泽消退，果蔬就失去新鲜状态。果蔬失鲜主要是蒸腾脱水的结果。

（一）蒸腾、萎蔫对贮藏保鲜的影响

果蔬蒸腾脱水最明显的现象就是失重和失鲜。失重是重量方面的损失，包括干物质和水分两方面的损失，但主要是失水。失鲜是品质方面的损失，当蒸腾失水达到5%时，就会引起组织萎软，失去新鲜状态。蒸腾脱水还引起“糠心”，使黄瓜、蒜薹组织变成乳白色海绵状，直根、块茎类果蔬甚至会出现内部“空心”。轻度脱水，可以使冰点降低，提高抗寒能力，并且组织较为柔软，有利于减少运输和贮藏处理时的机械伤害。洋葱、大蒜收获后充分晾晒，使外表的鳞片干燥成膜质，具有降低呼吸，加强休眠，减轻腐烂的作用。严重脱水，细胞浓度增加，引起细胞中毒，一些水解酶的活力加强，加速某些物质的水解过程。

蒸腾、萎蔫会严重影响果蔬的耐贮性、抗病性。从表1－2看出，组织脱水萎蔫程度越大，抗病性下降越剧烈，腐烂率就越高。用塑料帐或塑料袋贮存果蔬时，蒸腾还会引起结露现象，由于结露所形成的凝结水本身是微酸性的，一旦洒落到果蔬表面上，极有利于病原菌侵染，导致贮藏品腐烂增加。所以贮藏时要尽可能防止结露现象，其解决的办法是尽量缩小温差，保持库温恒定。

表1－2 萎蔫对甜菜染病的影响

处 理	腐烂率（%）
新鲜材料	—
萎蔫7%	37.2
萎蔫13%	55.2
萎蔫17%	65.8
萎蔫28%	96.0

（二）影响蒸腾作用的因素

1. 表面组织结构

蒸腾是指植物体内的水分通过植物体表面的气孔、皮孔或角质层而散失到大气中的过程，所以蒸腾与植物的表面结构有密切关系。一般角质层不易透过水，但由于其上有裂缝及吸水物质，因而植物体内的水分可通过角质层散失到大气中。气孔是植物蒸腾的主要通道，许多因素如水、温度、光和二氧化碳等，影响气孔开闭，从而决定蒸腾作用的强弱。皮孔的蒸腾量很小。不同果蔬表面组织结构不同，蒸腾作用差异很大，通常是叶菜类蒸腾最强，果菜类次之，根菜类最弱。

2. 细胞持水力

一般原生质内亲水性胶体含量高，可溶性固形物含量高，细胞就具有较高的渗透压，因此有利于细胞保水，阻止水分蒸腾。另外，细胞间隙的大小可影响水分移动的速度，细胞间隙大，水分移动阻力小，移动速度快，有利于细胞失水。

3. 空气湿度

影响果蔬采后蒸腾作用的关键性环境因素是空气相对湿度，相对湿度是指空气中实际所含的水蒸气量（绝对湿度）与当时温度下空气所含饱和水蒸气量（饱和湿度）之比。在一定的温度下，空气的饱和蒸汽压大于实际蒸汽压时（即存在饱和差时），水分便开始蒸发，因此空气从含水物体中吸取水分的能力决定于饱和差的大小。果蔬组织中充满水，蒸汽压一般是接近饱和的，只要组织中蒸汽压高于周围空气的蒸汽压，组织内的水分便外溢，其快慢程度与两者之差成正比。

相对湿度表示环境空气干湿的程度，是影响果蔬蒸腾的重要因素。同时，蒸腾作用也受温度的影响，温度增高可加速水蒸气分子的运动，降低细胞胶体的黏性，从而促进蒸腾作用。此外空气流速也会改变空气的绝对湿度，从而影响蒸腾作用。此外，贮藏保鲜过程中对空气湿度的控制，既要注意对产品蒸腾作用的影响，又要注意微生物活动的影响。

三、乙烯与果蔬的成熟衰老

目前，研究结果表明，激素在调节果蔬成熟中起着重要作用，其中，主要是乙烯。乙烯是五大类植物内源激素中结构最简单的一种，但对果蔬的成熟衰老有重要影响，微量的乙烯（0.1 毫克/升）就可诱导果蔬的成熟。通过抑制或促进乙烯的产生，可调控果蔬的成熟进程，影响贮藏寿命。

（一）成熟衰老的概念

当果蔬经过一系列发育过程，充分成长以后，便进入成熟阶段。果蔬的成熟无论对采后生理还是对果蔬贮藏保鲜的实践来说，都是一个非常重要的阶段。成熟是指果实生长的最后阶段，在此阶段，果实充分长大，养分充分积累，已经完成发育并达到生理成熟。对某些果蔬来说，已达到可以采收的阶段和可食用阶段；但对一些果实如番茄、南瓜来说，尽管已完成发育或达到生理成熟阶段，但不一定是食用的最佳时期。在成熟进程中，可分为不同的成熟度，当成熟度达到一定要求时就必须采收，但又很多果实在采收后可继续完成成熟的过程。这一过程的长短可人为地进行适当控制，为果蔬贮藏保鲜提供有利的条件。

果实走向个体发育的最后阶段叫衰老。果实衰老后，果肉组织开始分解，其生理上发生一系列不可逆的变化，最后导致细胞崩溃及整个器官死亡。对于食用茎、叶、花等器官来说，虽然没有像果实那样的成熟现象，但有组织衰老的问题，采后的主要问题之一是如何延缓组织衰老。

（二）乙烯的生理作用

乙烯是结构最简单的不饱和烯烃，在常温常压下为气态，带有甜香味。植物对它特别敏感，空气中极其微量的乙烯（0.1～1.0 微升/升）就能明显影响生长、发育、成熟衰老的许多方面，尤其对果实的成熟衰老起着重要的调控作用。乙烯被认为是最重要的植物衰老激素。

乙烯的主要生理作用有提高产品呼吸强度，促进成熟，加速叶绿素的分解，使果蔬转黄，导致品质下降。

（三）贮藏保鲜中对乙烯以及成熟的控制

乙烯在促进果蔬的成熟中起关键的作用。因此，凡是能抑制果蔬乙烯生物合成及其作用的技术，一般都能延缓果蔬成熟的进程，从而延长贮藏时间和保持较好的品质。通过生物技术调节乙烯的生物合成，为果蔬的贮藏保鲜研究和技术的发展注入了新的活力。在果蔬贮藏运输实践中，常采用多种技术来控制乙烯和果蔬的成熟。

1. 控制适当的采收成熟度

果蔬不同的采收成熟度，自身乙烯的产生量和对乙烯的敏感程度不同。一般乙烯生成量在果蔬生长前期很少，在接近完熟期时剧增。对于跃变型果实，内源乙烯的生成量在呼吸高峰时是跃变前的几十倍甚至几百倍。随着果实采摘时间的延迟和采收成熟度的提高，果实对乙烯变得越来越敏感。因此，应根据贮藏运输期的长短来决定适宜的采收期。

2. 防止机械损伤

乙烯生物合成过程中，机械损伤可刺激乙烯的大量增加。当组织受到机械损伤、紫外线辐射或病菌感染时，内源乙烯含量可提高3～10倍。因此，在采收、分级、包装、装卸、运输和销售等环节中，必须做到轻拿轻放和良好的包装，以避免机械损伤。

3. 避免不同种类果蔬的混放

不同种类的果蔬或同一种类但成熟度不同，它们的乙烯生成量有很大的差别。因此，在果蔬贮藏运输中，尽可能避免混贮。

4. 乙烯吸收剂的应用

乙烯吸收剂可有效地吸收包装内或贮藏库内果蔬释放出来的乙烯，显著地延长果蔬的贮藏时间。乙烯吸收剂已在生产上广泛应用，常用的是高锰酸钾、活性炭。高锰酸钾、臭氧是强氧化剂，可以有效地使乙烯氧化而失去催熟作用，活性炭则是通过吸附而除去乙烯。

5. 控制贮藏环境条件

①适当的低温：乙烯的产生速率及其作用与温度有密切的关系。对大部分果蔬来说，当温度在16～21℃时乙烯的作用效应最大。因此，果蔬采收后应尽快预冷，在不出现冷害的前提下，尽可能降低贮藏运输的温度，以抑制乙烯的产生和作用，延缓果蔬的成熟衰老。

②降低O_2浓度和提高CO_2浓度：降低贮藏环境的O_2浓度和提高CO_2浓度，可显著抑制乙烯的产生及其作用，降低呼吸强度，从面延缓果蔬的成熟和衰老。低氧还能降低果蔬组织对乙烯的敏感性。采后短期高浓度CO_2处理可以抑制乙烯产生和乙烯的生理作用。

6. 使用乙烯受体抑制剂1－MCP

1－MCP是近年研究较多的乙烯受体抑制剂，化学名是1-甲基环丙烯，商品名Ethyl- Bloc™，物理状态为气体，在常温下稳定，无不良气味，无毒。1-MCP起作用的浓度极低，建议应用浓度范围为100～1 000微升/升。

它对抑制乙烯的生成及其作用有良好的效果，可有效地延长果蔬的保鲜期。

7. 利用乙烯催熟剂促进果蔬成熟

用乙烯进行催熟，对调节果蔬的成熟期具有重要的作用。在商业上用乙烯催熟果蔬的方式有用乙烯气体和乙烯利（液体），传统的点香熏烟催熟方法在农村中还有少量使用。用乙烯利催熟果实的方法是将乙烯利配成一定浓度的溶液，浸泡或喷洒果实。乙烯利的水溶液进入组织后即被分解、释放出乙烯。

四、果蔬的休眠

一些块茎、鳞茎、球茎、根茎类果蔬，在结束生长时，产品器官积累了大量的营养物质，原生质内部发生了剧烈的变化，新陈代谢明显降低，水分蒸腾减少，生命活动进入相对静止状态，这就是所谓的休眠。休眠是植物在长期进化过程中形成的一种适应逆境生存条件的特性，以度过严寒、酷暑、干旱等不良条件而保存其生命力和繁殖力。对果蔬贮藏来说，休眠是一种有利的生理现象。

（一）休眠的类型与阶段

生理休眠一般经历如下历程：休眠前期（休眠诱导期）→生理休眠期（深休眠期）→休眠苏醒期（休眠后期）→发芽。

1. 休眠前期

果蔬收获以后，为了适应新的环境，往往加厚自身的表皮和角质层，或形成膜质鳞片，以减少水分蒸腾和病菌侵入，并在伤口部分加速愈伤，形成木栓组织或周皮层，以增强对自身的保护，这个阶段称为休眠前期。马铃薯的休眠前期约 2 ~ 5 周，在这一时期，若给予一定的处理，可以抑制进入生理休眠而开始萌芽或者缩短生理休眠期。

2. 生理休眠期

这一阶段产品的生理作用处于相对静止的状态，一切代谢活动已降至最低限度，细胞结构出现了深刻的变化，即使提供适宜的条件也暂不发芽生长。

3. 休眠后期

通过生理休眠后，如果环境条件不适，便抑制了代谢机能恢复，使器官继续处于休眠状态，外界条件一旦适宜，便会打破休眠，开始萌芽生长。具有典型生理休眠的果蔬有洋葱、大蒜、马铃薯、生姜等。大白菜、萝卜、莴苣、花椰菜及其他某些二年生果蔬，不具生理休眠阶段，在贮藏中常因低温等因素抑制而处于强制休眠状态。低温可使这些果蔬通过春化阶段，开春以后温度回升，就很容易发芽抽薹。

按休眠的生理状态可分为两种类型，一种是"生理休眠"或"自发休眠"，是由产品内因引起的，在休眠期间即使在适宜生长的环境条件下也能保持休眠，不会发芽。另一种叫"强制休眠"或"被动休眠"，这种休眠是由于外界条件不适宜于生长发育所造成的，如果遇到适宜条件，就会停止休眠，开始发芽。大多数的果蔬属于强迫休眠。因此，在贮藏过程中要利用果蔬的休眠特性，采取各种技术措施，延长休眠期，以减少养分的消耗和延长保藏期。

（二）控制休眠的措施

当果蔬的休眠期一过就会萌芽，产品的重量减轻，品质下降，甚至产生一些有毒物质。如马铃薯的休眠期一过，不仅表面皱缩，而且产生对人体有害的龙葵素；洋葱、大蒜和生姜发芽后肉质会变空、变干，失去食用价值。因此必须设法控制休眠，防止发芽，延长贮藏期。

1. 辐射处理

马铃薯、洋葱、大蒜、生姜等根茎类作物在贮藏期间，其根或茎易发芽、腐烂，损失严重。可根据种类及品种的不同，辐射处理的最适剂量为0.05～15kGy。辐照以后在适宜条件下贮存，可保藏半年到一年。目前已有19个国家批准了经辐射处理的马铃薯出售。

2. 化学药剂处理

化学药剂处理有明显的抑芽效果。早在1939年Gutheric首先使用萘乙酸甲酯（MENA）防止马铃薯发芽。MENA具有挥发性，薯块经处理后，在10℃下1年不发芽，在15～21℃下也可以贮藏几个月。生产上使用可先将MENA喷到作为填充用的碎纸上，然后与马铃薯混在一块；或者把MENA药液与滑石粉或细土拌匀，然后撒到薯块上，当然也可将药液直接喷到薯块上。MENA的用量与处理时期有关，休眠初期用量要多一些，在块茎开始发芽前处理时，用量则可大大减少。我国上海市等地的用量为0.1～0.15毫克/千克。

青鲜素（MH）是用于洋葱、大蒜等鳞茎类果蔬的抑芽剂。采前应用时，必须将MH喷到洋葱或大蒜的叶子上，药剂吸收后渗透到鳞茎内的分生组织中，继而转移到生长点，起到抑芽作用。一般是在采前2周喷洒，药液可以从叶片表面渗透到组织中。MH的浓度以0.25%为最好，用药量为450

千克/公顷左右。

3. 控制贮运环境温度

低温是控制休眠的最重要因素。虽然高温干燥对马铃薯、大蒜和洋葱的休眠有一定作用，但只是在深休眠阶段有效，一旦进入休眠苏醒期，高温便加速了萌芽。因此，不论是对于具有生理休眠还是具有强制休眠的果蔬，控制适当贮藏低温是延长休眠期的最有效手段。

第二节 北方果蔬的采收与采后处理

采收是果蔬生产上的最后一个环节，也是果蔬贮藏保鲜的第一个环节。采收的目标是使果蔬在适当的成熟度时转化为商品，采后处理是为保持或改进果蔬产品质量，并使其从农产品转化为商品所采取的一系列措施的总称，包括分级、清洗、包装、预冷、催熟等。

一、采收

在采收中最重要的是采收成熟度和采收方法，它们与果蔬的产量和品质有密切关系。果蔬产品是否耐贮藏，与产品的采收期和采收方法有密切地关系，采收过早，组织幼嫩，呼吸强度旺盛，不耐贮藏；采收过晚，果蔬进入完熟阶段，接近衰老死亡期，亦不耐贮藏，所以确定最佳采收期对果蔬贮藏保鲜尤为重要。

（一）采收成熟度的确定

果蔬采收期取决于它们的成熟度。目前，判断成熟度主要有下列几种方法。

1. 表面色泽的变化

一些果菜类的果蔬在成熟时都显示出它们固有的果皮颜色，在生产实践中果皮的颜色成了判断果实成熟度的重要标志之一。未成熟果实的果皮有大量的叶绿素，随着果实成熟度的提高，叶绿素逐渐分解，底色（类胡萝卜素、叶黄素等）逐渐显现出来。甜椒一般在绿熟时采收，茄子应该在表皮明亮而有光泽时采收。黄瓜应在瓜皮深绿色时采收。当西瓜接近地面的部分由绿色变为略黄，甜瓜的色泽从深绿色变为斑绿和稍黄时表示瓜已成熟。豌豆从暗绿色变为亮绿色、菜豆由绿色转为发白表示成熟。

果菜类色泽的变化一般由采收者目测判断，现在也有一些地方用事先编的一套从绿色到黄色、红色等变化的系列色卡，用感官比色法来确定其成熟度。使用分光光度计或色差计可以对颜色进行比较客观的测量。

2. 坚实度

果蔬常用坚实度来表示其发育状态。一些果蔬坚实度大表明发育良好、充分成熟、达到采收的质量标准，如甘蓝的叶球和花椰菜的花球都应该在致密紧实时采收，这时的品质好，耐贮运。番茄、辣椒较硬实也有利于贮运。但也有一些果蔬坚实度高说明品质下降，如芥菜应该在叶变得坚硬之前采收，黄瓜、茄子、凉薯、豌豆、菜豆、甜玉米等都应该在幼嫩时采收。

3. 主要化学物质含量的变化

果蔬中的主要化学物质有淀粉、糖、有机酸和抗坏血酸等，它们含量的变化可以作为衡量品质和成熟度的指标。例如，糖和淀粉含量常常作为判断果蔬成熟度的指标，如青豌豆、甜玉米、菜豆都是以食用其幼嫩组织为主的果蔬，在糖含量高、淀粉含量低时采收，其品质好，耐贮性也好。然而马铃薯以淀粉含量高时采收的品质好，耐贮藏。

4. 果实形态和大小

果蔬必须长到一定大小、重量和充实饱满的程度才能达到成熟。不同种类、品种的果蔬都具有固定的形状及大小，可作为成熟度的标志。

5. 生长期

果蔬的生长期也是采收的重要参数之一。因为栽种在同一地区的果蔬，其从生长到成熟，大都有一定的天数。可以用计算日期的方法来确定成熟状态和采收日期。各地可以根据多年的经验得出适合采收的平均生长期。

6. 成熟特征

不同的果蔬在成熟过程中会表现出不同的特征。一些瓜果可以根据其种子的变色程度来判断成熟度，种子从尖端开始由白色逐渐变强、变黑是瓜果充分成熟的标志之一；冬瓜在表皮上茸毛消失并出现蜡质白粉，南瓜表皮硬化并在其上产生白粉时采收；还有一些产品生长在地下，可以从地上部分植株的生长情况判断其成熟度，如洋葱、大蒜、马铃薯、姜等的地上部分变黄、枯萎和倒伏时，为最适采收期，采后最耐贮藏。

判断果蔬成熟度的方法还有很多，在确定品种的成熟度时，应根据该品种某一个或几个主要的成熟特征，判断其最适采收期，达到长期贮藏保鲜的目的。

（二）采收方法

采收方式是保持果蔬品质的必要条件，不正确的采收和粗放的处理直接影响果蔬的耐贮性，销售品质，而且会引起生理病害发生。采收方式可以分为人工采收和机械采收两大类。目前我国用于贮藏的果蔬，仍以人工采收为主。

1. 人工采收

作为鲜销和长期贮藏的果蔬最好人工采收。由于很多果蔬鲜嫩多汁，人工采收可以做到轻采轻放，可以减少甚至避免碰擦伤。同时，田间生长的果蔬的成熟度往往不是均匀一致，人工采收可以比较准确地识别成熟度根据成熟度分期采收，以满足各种不同需要。

果蔬由于植物器官类型的多样性而使其采收与水果有所不同。例如，根茎类果蔬从土中挖出，如果挖掘不注意或挖得不够深，可能产生伤害；叶菜类常用手摘或刀割，以避免叶的大量破损。

果蔬采收时，应根据种类选用适宜的工具，并事先准备好采收工具如采收袋、篮、筐、箱、梯架等，包装容器要实用、结实，容器内要加上柔软的衬垫物，以免损伤产品。采收时间应选择晴天的早晚，要避免雨天和正午采收。同一母体上的果实由于花期参差不齐或生长部位不同，分期进行采收既可以提高产品质量，又可提高产量。采收还要做到有计划性，根据市场销售及出口贸易的需要决定采收期和采收数量，及早安排运输工具和商品流通计划，做好准备工作，避免采收时的忙乱、产品积压、野蛮装卸和流通不畅。

2. 机械采收

根茎类果蔬使用大型犁耙等机械采收，可以大大提高采收效率，豌豆、甜玉米、马铃薯都可用机械采收，但要求成熟度大体一致。

为便于机械采收，催熟剂和脱落剂的应用研究越来超越重视。机械采收的果蔬容易遭受机械损伤，贮藏时腐烂率增加，故目前国内外机械采收主要用于采后即行加工的果蔬。

二、采后处理

果蔬收获后，须经种种采后处理才能进行贮藏保鲜，最后作为商品进入流通领域。采后处理包括挑选、分级、预冷、晾晒、清洗涂膜、包装、催熟等环节。

（一）挑选和分级

果蔬采收之后都要经过严格的挑选，剔除有病虫伤害的个体，并按质量标准分级，用一定规格的容器包装。这样做的意义在于，挑选和分级后的产品，品质、色泽、大小、成熟度，清洁度等方面基本一致，便于按级论价，优级优价，同时减少损耗，便于运输和贮藏时管理。我国现已初步拟订了大白菜、花椰菜、甜椒、黄瓜、番茄、蒜薹、芹菜、菜豆、韭菜9种主要果蔬的收购标准和制订了番茄、蒜薹和结球白菜的国家标准，尚有几种在审议中。

（二）预冷

果蔬采收时带有部分田间热，再加之采收对个体的刺激，呼吸作用很强，释放出大量的呼吸热，对保持果蔬的品质十分不利。预冷就是将采收后产品的体温尽快降至适宜的贮运温度。这是果蔬采后技术的一个重要环节。

预冷的方式有自然预冷和人工预冷。自然预冷就是将果蔬放在阴凉通风的地方，使其自然散热冷却。如大白菜收获以后在阴凉处放置 10 ~ 15 天。等气温降低了，果温和窖温都降下来再入窑贮藏。这种方法很简便，但降温慢，效果差。

人工预冷方法有冷库预冷、压差预冷、水预冷和真空预冷等多种。

冷库预冷是将果蔬堆码在冷库内，用风机使冷空气循环而流经产品周围使之冷却。这种方法适用于任何种类的果蔬，预冷之后可以不搬运，原库贮藏。但该方法冷却速度较慢，短时间内不易达到冷却均匀，特别是用纸箱包装好了的果蔬，冷却更慢，一般需要 1 ~ 3 天。该法预冷时产品易失水，95% 或 95% 以上的相对湿度可以减少失水量。

压差预冷则是弥补上述缺点。简易压差预冷方法是在普通冷库内，把货堆叠成两堵封闭“隔墙”，中间留虚空间作为降压区，用帆布将两个“隔墙”的顶部及两端连同中间的降压区一起覆盖，将两堵墙的外侧露出，可按货堆的大小，在一端或两端用排风扇向外抽风，这样中间降压区内的气压降低，促使冷空气从“隔墙”外侧的通风孔通过包装带出货中的热量、进入降压区，再由排风扇抽出到冷库，进行循环，即可以达到压差预冷的作用。这种方式可适用于各种果蔬，但对包装有一定要求，要选用方形纸箱或塑料筐。

水预冷是将产品淹没或漂浮在流动的冷水中或用冷水喷淋。水的热容大，冷却效果好。除去太嫩或不宜水湿的果蔬大部分可以使用。个别的容器可以包装后再用水冷，然后用冷风吹干。冷却水循环使用，因此必须进行消毒处理。

真空预冷是在减压条件下使果蔬产品表面的一部分水分迅速蒸发，由于水在蒸发中吸热而使果蔬冷却。真空冷却的效果在很大程度上受产品的表面积比所限制，故最适用于叶菜类。为了防止或减少产品在真空冷却时脱水，可预先用水淋湿。真空冷却需要特殊的设施，成本较高。

从采收到预冷的间隔时间，以及预冷中的降温速度十分重要。间隔时间越短，降温速度越快越好。

（三）晾晒

有些果蔬入库前进行必要的贮前晾晒，有利于保鲜。晾晒一般适用于含水量高、生理作用旺盛的叶菜类，以及通风性能差的贮藏库。晾晒不宜过度，否则引起萎蔫而使品质下降。以大白菜为例，晾晒失水超过10%时，贮期叶片易黄化衰老，自然损耗增大；晾晒失水在5%左右为宜，贮藏期间叶片鲜绿，损耗少，贮期长。晾晒时注意夜间防冻，葱、蒜类贮前晾晒，外部鳞片干燥形成保护层，有利于贮藏。

（四）清洗、涂膜

清洗是采用浸泡、冲洗、喷淋等方式水洗或用干毛刷刷净某些果蔬产品特别是块根、块茎类果蔬，除去沾附着的污泥，减少病菌和农药残留，使之清洁卫生，符合商品要求和卫生标难，提高商品价值。

涂膜处理，即用蜡液或胶体物质涂在某些果蔬产品表面使其保鲜的技术。果菜类果蔬涂膜后，在表面形成一层蜡质薄膜，可改善果蔬外观，提高商品价值；阻碍气体交换，降低呼吸作用，减少养分消耗，延缓衰老；减少水分散失，防止果皮皱缩，提高保鲜效果；抑制病原微生物的侵入，减轻腐烂。若在涂膜液中加入防腐剂，防腐效果更佳。

商业上使用的大多数涂膜剂是以石蜡和巴西棕榈蜡作为基础原料，因为石蜡可以很好地控制失水，而巴西棕榈蜡能使果实产生诱人的光泽。近年来，含有聚乙烯、合成树脂物质、防腐剂、保鲜剂、乳化剂和湿润剂的涂膜剂逐渐得到应用，取得了良好的效果。

涂膜有下列几种方法：

1. 浸涂法

将涂膜剂配成一定浓度，把果蔬浸入溶液中，随后取出晾干即可。此法耗费涂膜液较多，而且不易掌握涂膜的厚薄。

2. 刷涂法

用细软毛刷蘸上涂膜液，在果实表面涂刷以至形成均匀的薄膜。毛刷还可以安装在涂膜机上使用。

3. 喷涂法

用涂膜机在果实表面喷上一层厚薄均匀的薄膜。

涂膜处理一般使用机械涂膜。新型的涂膜机一般由洗果、干燥、喷涂、低温干燥、分级和包装等部分联合组成。我国目前已研制出部分果蔬打蜡机，但很多地方仍在使用手工打蜡。

（五）包装

果蔬包装方法可根据果蔬自身的特点来决定。包装方法一般有定位包装、散装和捆扎后包装。如马铃薯、洋葱、大蒜等果蔬常常采用散装的方式等。果蔬在包装容器内要有一定的排列形式，既可防止它们在容器内滚动和相互碰撞，又能使产品通风换气，并充分利用容器的空间。包装容器应兼有容纳和保护果蔬的作用，其材料应质轻坚固，无不良气味，提倡使用加固竹筐、塑料筐和纸箱。容器的大小应适当，以便于堆放和搬运，内部平整光滑，不造成果蔬损伤为度。塑料袋具有限气贮藏的作用，同其他包装材料配合使用，效果良好。

包装应在冷凉的条件下进行，避免风吹、日晒和雨淋。包装时应轻拿轻放，装量要适度，防止过满或过少而造成损伤。不耐压的果蔬包装时，包装容器内应填加衬垫物，减少产品的摩擦和碰撞。易失水的产品应在包装容器内加衬塑料薄膜等。由于各种果蔬抗机械伤的能力不同，为了避免上部产品将下面的产品压伤，下列果蔬的最大装箱（筐）高度为：洋葱、马铃薯和甘蓝 100 厘米，胡萝卜 75 厘米，番茄 40 厘米。这样可大量减少扎、压、擦、挤伤，包装单件不宜过大。

（六）催熟

催熟是指销售前用人工方法促使果实加速完熟的技术。如番茄为了长期贮藏的需要提前采收，为了保障其销售时达到完熟程度，确保最佳品质，常需要采取催熟措施。被催熟的番茄必须达到绿熟，催熟时一般要求较高的温度、湿度和充足的氧气，要有适宜的催熟剂。乙烯是最常用的果实催熟剂，一般使用浓度番茄为 0.1 ~ 0.2 克/升。将绿熟番茄放在 20 ~ 25℃ 和相对湿度 85% ~ 90% 下，用 0.1 ~ 0.15 克/立方米的乙烯处理 48 ~ 96 小时，果实可由绿变红。也可直接将绿熟番茄放入密闭环境中，保持温度 22 ~ 25℃ 和湿度 90%，利用其自身释放的乙烯催熟，但是催熟时间较长。

果蔬采后处理是上述一系列措施的总称，根据不同的果蔬产品特性和商品要求，有的需要采用上述全部处理措施，有的则只需要其中的几种，生产中可根据实际情况决定取舍。

第三节　北方常用安全保鲜剂

果蔬含水量高、易腐烂，是离体的活组织。果蔬采后保鲜的方法，有物理方法和化学方法两种。物理方法包括：简易贮藏、机械冷藏、气调贮藏、减压贮藏保鲜等，一般需要特殊的设备、操作复杂、贮量大、成本高。化学方法即用保鲜剂处理果蔬的方法，可作为辅助保鲜技术也可单独使用。研究简单易行、价格低廉、安全无毒、使用方便的保鲜剂已成为一项重要课题。随着科学技术的发展，果蔬保鲜剂也有了长足发展，目前常用的有以下几种类型。

一、植物激素类保鲜剂

（一）细胞激动素

细胞激动素又称为细胞分裂素，可以抑制叶绿素和蛋白质的分解，乙烯的生物合成，防止果蔬脱绿和延迟衰老。常用的细胞激动素有 6-苄胺基嘌呤。例如用 6-苄胺基嘌呤的 5 ~ 20 毫克/千克溶液喷洒或浸渍处理菜豆、芹菜、甜椒、黄瓜、甘蓝、绿菜花等，能抑制呼吸代谢和叶绿素降解，延缓细胞老化，保持组织内较高的蛋白质水平。这种保鲜作用在常温下贮藏效果更为明显。细胞激动素在果蔬保鲜中的应用如表 1 – 3 所示。

表1-3　细胞激动素6-苄胺基嘌呤在果蔬保鲜中的应用

果蔬名称	处理时间	浓度（毫克/千克）	处理方法
莴　苣	采收前	5~10	喷洒后随即采收，低温贮藏
抱子甘蓝	采后马上处理	10	浸蘸叶球，低温贮藏
芹　菜	刚采收	10	喷洒或浸渍，稍沥后贮藏
甘　蓝	采后马上处理	30	喷洒后在5℃下贮藏
花椰菜	采收前	20~40	喷洒后立即采收
苤　蓝	采收前	10~20	喷洒后立即采收
芥菜、菠菜	刚采收	5~10	喷洒稍沥干后，低温贮藏
萝卜、胡萝卜	采收后	5~10	喷洒后低温贮藏

（二）植物生长素

植物生长素具有阻止果蔬组织衰老，延迟成熟，防止落果等作用。植物生长素主要有萘乙酸、萘乙酸甲酯、萘乙酸钠盐、2，4，5-三氯苯氧乙酸和2，4-二氯苯氧乙酸（2，4-D）等。萘乙酸类具有延长休眠、抑制块根、鳞茎等贮藏器官发芽的作用。而2，4-D及2，4，5-三氯苯氧基乙酸能够促进或抑制成熟，通过控制药物的浓度可以起到应有的作用。例如马铃薯采收以后，用100~150克萘乙酸甲酯加30千克细沙土与5 000千克马铃薯混合贮藏，即可抑制贮期发芽；用1 000~5 000毫克/千克萘乙酸溶液于胡萝卜采前4天喷洒在叶面上，也可抑制其贮藏期间发芽。将萘乙酸甲酯喷洒于细土上，然后将细土与根菜类均匀地混合，一起贮藏，能够延长根菜类的休眠期。

（三）赤霉素

赤霉素又名920、GA_3，属双萜类，易溶于有机溶剂如醇、酮、酯等，其剂型为85%结晶粉剂，4%乳油。它能降低果蔬的呼吸强度，延续呼吸高峰的出现，延迟成熟和衰老。如用50毫克/千克浓度的赤霉素浸蒜薹基部10~30分钟，可防止蒜薹老化。大量实验表明，赤霉素能抑制叶绿素分解，并与乙烯呈对抗作用。

（四）生长抑制剂

1. 青鲜素

青鲜素（MH）又名抑芽丹、马来酰肼，难溶于水，剂型为25%水溶液。它具有抗生素作用，能破坏植株顶端生长优势，抑制芽和茎的伸长，并能降低光合作用、渗透压和蒸腾作用，提高抗寒能力等。如在采收前喷洒，能抑制马铃薯、洋葱、大蒜、萝卜等贮藏期萌芽，防止白菜贮藏期抽薹等。

应用青鲜素处理时，一定要注意采前喷洒的时间、部位和施用浓度，以免引起不良反应，一般使用浓度在1 000～4 000毫克/千克，其在果蔬上的施用方法和作用如表1－4所示。

表1－4　青鲜素在果蔬上的施用方法和作用

果蔬名称	浓度（毫克/千克）	每亩用量①（千克）	使用方法	作　用
马铃薯	2 700～3 500	40	采前一周喷洒	抑制萌芽
洋　葱	3 500～4 000	40	采前半个月喷洒	抑制萌芽
大　蒜	1 300～2 000	40	采前4～7天喷洒	抑制萌芽
甜　菜	3 500	45	采前2～3周喷洒	抑制萌芽
萝卜、胡萝卜	3 000～6 000	40	采前一周喷洒	抑制萌芽
大白菜	2 700～4 000	50	采前4天喷洒	抑制萌芽
甘　蓝	3 500	75	采收后喷洒	抑制萌芽

2. 二甲胺基琥珀酰胺酸（B_9）

又称阿拉。剂型为85%可湿性粉剂，易溶于水，不能与铜制剂混用，需随配随用。在果蔬上应用主要是能保持菜豆和其他果蔬的叶绿素，延长贮藏期，此外，B_9还能抑制蘑菇等变色和败坏。

二、物理、化学保鲜剂

物理、化学保鲜剂是通过物理吸附、化学反应的方式，消除贮藏环境中的有害物质，从而使果蔬保鲜，包括吸附剂、气体发生剂、生理代谢调节剂和湿度调节刑。

① 1亩约为667平方米，15亩＝1公顷，全书同

（一）吸附剂

吸附剂主要用于消除贮藏环境中乙烯、乙醇、醛等有害气体。一般有物理型吸附剂、氧化型吸附剂和触媒型吸附剂 3 种类型。

物理型吸附剂如利用活性炭、沸石、砖藻土等多孔物质比表面积大的特点吸附各种有害气体。活性炭比表面积为 500 ~ 1 500 平方米/克，对气体、蒸汽和有机高分子物质有极强的吸附能力，干燥活性炭的吸附量达 18 毫克/（克·小时），而果蔬的乙烯释放量最高时可达 10 毫克/（千克·天），活性炭的使用量一般为果蔬重量的 0.3% ~ 3%。使用方法是将干燥的柱状活性炭装入透气性的布、纸等小袋内，连同待贮物一起装入塑料袋或其他容器中贮藏。

氧化型吸附剂是以强氧化剂与乙烯发生化学反应，使乙烯失去催熟作用，所以氧化型吸附剂又称化学吸附剂。常用：二氧化氯、高锰酸钾、过氧乙酸等。共中二氧化氯将乙烯氧化成乙醇，高锰酸钾将乙烯最终氧化成二氧化碳。以高锰酸钾作氧化剂时，一般先将其配制成饱和溶液（约 63.6 克溶于 1 升水中），使用多孔物质为载体，如沸石、硅藻土、蛭石、膨胀珍珠岩及碎砖块等。先将载体干燥后，再和高锰酸钾饱和溶液拌均匀，装入透气性的小袋中，与保鲜果蔬等产品一同装入贮藏容器中，集吸附、氧化、中和三者为一体，能取得良好的保鲜效果。

触媒型吸附剂是用特定的有选择性的金属、金属氧化物或无机酸催化乙烯的氧化分解。其特点是用量少，反应速度快，作用时间持久，而脱除能力强，是一种很有发展前途的保鲜剂。如硅酸钙、氧化铝、三氧化二铬等。将次氯酸钙、碳酸镁和粒状硅铝按 120：180：300 的比例混合均匀，加少量水湿润，阴干后在 110℃温度下烘干，冷却后粉碎成颗粒即可。这种保鲜剂能够脱除内源乙烯及其他有害气体，同时具有灭菌防腐的作用，因此，能长期保持果蔬的鲜度，使用量为果蔬重的 0.3% ~ 2%。

（二）气体发生剂

气体发生剂是利用挥发性物质或经过化学反应产生气体，如二氧化硫、卤族气体、乙醇、乙烯、二氧化碳等，这些气体能够杀菌或脱除有害气体、调节贮藏环境气体成分等。如二氧化硫发生剂释放的二氧化硫能抑制硬球花椰菜等果蔬灰霉病的致病菌；二氧化碳发生剂碳酸氢钠，释放的二氧化碳能抑制呼吸作用。

将碳酸氢钠、苹果酸、活性炭按一定的比例混合均匀即成为二氧化碳发生剂，其中，苹果酸和碳酸氢钠是发生二氧化碳的主剂，反应式如下：

$$C_4H_6O_5 + NaHCO_3 \rightarrow NaC_4O_5 + CO_2\uparrow + H_2O$$

苹果酸有 3 种异构体，即 D-苹果酸、L-苹果酸、DL-苹果酸，其中以 DL-苹果酸效果最好。活性炭是具有吸附性的高表面积多孔体，吸附有害气体，并吸收水分，保持保鲜剂的适宜湿度，调节二氧化碳释放速度。用量为果蔬重的 0.1% ~1% 。

利用铁粉、氯化钠、氢氧化钙、活性炭按一定的比例充分混合，装入透气性的小袋内，将小袋与保鲜物一起装入容器中密封保存，既能脱去氧气，又能脱除一部分二氧化碳，能起到防止氧化、保持鲜度的作用。铁粉是脱除氧的主剂，氢氮化钙具有很强的吸湿性，它与氯化钠是助剂，粉末状活性炭是载体。该保鲜剂脱氧能力强，取该保鲜剂 2 克，密封于 1 升的容器内，4 天后氧气全部脱除。

（三）抗氧化剂

抗氧化剂是能防止或延缓果蔬氧化变质的一类保鲜剂。抗氧化剂种类多，应用广泛，尤其是近年来我国开发的天然抗氧化剂如茶多酚等，其抗氧活性比维生素 E 约高 20 倍，且具有一定的抑菌作用。抗氧化剂可单独使用，也可利用不同抗氧化剂的协同作用，发展复配型抗氧化剂；还可将适合的防腐剂、抗氧化剂等加到各种包装材料中，通过控制释放，达到抗氧化保鲜等多种目的。

果蔬保鲜中应用较多的抗氧化剂有植酸、抗坏血酸、抗坏血酸钠、茶多酚、没食子酸丙酯、乙氧基喹啉等。

没食子酸丙酯具有优异的防止叶绿素降解和保鲜功能，抗坏血酸和抗坏血酸盐可增强没食子酸丙酯的保鲜效果。将没食子酸内酯、抗坏血酸、抗坏血酸钠以 7：1：12 的比例称取，先将抗坏血酸和抗坏血酸钠用冷水溶解，把没食子酸丙酯用热水溶解，将两种溶液混合后定容到 5 升，即得保鲜液。用该保鲜液浸渍或喷洒新鲜果蔬，即有防止脱绿、延长贮期、保持鲜度的作用。将菜花在该保鲜液中浸渍 1 小时，然后在室温下贮存，7 天后仍很新鲜，而未经保鲜短处理的菜花 3 天后开始变黄。

据报道，以每千克果蔬使用 0.5 克抗坏血酸钠处理青椒、黄瓜、菜豆，可在 25℃ 常温下保鲜 20 天左右。茶多酚可有效地保护果蔬产品中的天然色素和维生素。用60毫克/千克浓度的天然抗氧化剂茶多酚溶液浸泡绿菜花1分钟，取出晾干，装入黑色的塑料袋内保存，在常温下可以保存6天，而未经茶多酚保鲜液处理的绿菜花在采后第二天开始转黄。

用1%左右的植酸（PA）溶液处理黄瓜、番茄等果蔬产品，均有明显的保鲜效果。又如乙氧基喹、烧明矾的水溶液能抑制酚氧化酶和多元酚氧化酶的活性，防止果蔬褐变或表皮变色，尤其是对防止果蔬机械伤变色效果最佳。这种作用对萝卜、马铃薯等易受外部损伤的果蔬延长贮藏期有重要意义。

三、防腐保鲜剂

果蔬在采收前后都可能受到多种导致腐败的细菌和真菌侵染，为了预防由微生物侵染造成的损失，常在果蔬采收后贮藏前进行一定的防腐处理。在果蔬保鲜贮藏中，常用的杀菌防腐剂有氯气、二氧化硫、过氧乙酸、亚硫酸盐、特克多、苯来特、托布津、多菌灵、联苯、邻苯基酚钠和仲丁胺等。

（一）氯气、漂白粉

1. 氯气

该气体是一种剧毒气体，具有很强的杀菌作用。氯气与水反应生成次氯酸，次氯酸分解生成原子氧，原子氧具有极强的氧化作用，因而能杀死附着在果蔬表面的微生物，但易使果蔬变色。

一般经过氯气处理的果蔬表面残留的游离氯极易挥发或被洗去，残留很少，对人体无毒副作用。如用塑料大帐贮藏番茄、黄瓜、大葱等果蔬时，使用0.1%~0.2%氯气（体积比）熏蒸，能获得较好的贮藏保鲜效果。但是，用氯气处理时，要注意浓度不宜过高，用量要控制在0.4%以下，此外，要保持帐内的空气循环，氯气比空气的密度大，为防止氯气下沉造成下部果蔬中毒。

2. 漂白粉

该气体为传统消毒剂。其主要杀菌成分是次氯酸，由于漂白粉是一种不稳定的化合物，遇水水解生成次氯酸。漂白粉是固体物质，可直接以干燥的漂白粉置于库（帐）内。一般用量为600千克的果蔬库（帐），每次放入0.4千克，有效期为10天。若以漂白粉溶液喷洒消毒，一般用4%溶液，含有效氯0.3%~0.4%。对使用漂白粉的库（帐）要注意空气循环，以免氯气中毒。此外，漂白粉作为果蔬贮藏前的贮藏场所的消毒剂，进行空库处理时，消毒后封库24～28小时，然后要开门通风。

（二）二氧化硫

二氧化硫是一种强烈的杀菌剂，易溶于水，生成亚硫酸。亚硫酸分子进入微生物细胞内，可造成原生质分解而致死。当二氧化硫浓度达0.01%以上就可抑制多种细菌的发育，达到0.15%时可抑制霉菌类繁殖，达到0.3%时刻抑制酵母菌的活动。同时，二氧化硫还具有漂白作用，特别是对花青素的影响最大。如紫红色的甘蓝经过二氧化硫处理后，会出现漂白现象。

二氧化硫在葡萄贮藏中防霉效果显著，根据贮藏期不同，一般用量为0.1%～0.5%。此外，还可用在菜花、番茄上。

二氧化硫的来源很多，主要有：直接用气态二氧化硫通入密闭垛、帐或贮藏库内；燃烧硫黄生成二氧化硫气体；用亚硫酸氢盐如亚硫酸氢钠等吸水后也可释放出二氧化硫气体。应注意，二氧化硫及亚硫酸对人体具有毒害作用，对眼睛和呼吸道黏膜有强烈刺激作用。我国规定二氧化硫在车间空气中的最高容许量为15千克/平方米，国际联合食品添加剂专家委员会规定，每天允许摄取量为0～0.7毫克/千克体重。且二氧化硫易腐蚀金属设备，所以库房消毒前要将金属设备暂时搬开，或在金属设备外部涂上防锈蚀涂料，消毒后注意通风换气。

（三）苯并咪唑类防腐剂

这类防腐剂主要包括：特克多、苯来特、托布津、甲基托布津和多菌灵（苯咪唑甲酸酯）等。这类杀菌剂是世界上广泛应用的广谱杀菌剂，具有内吸杀菌作用，可抑制青霉菌中的表生菌、潜伏侵染的色二孢、拟茎点霉、刺盘孢、链核盘菌等。这些内吸性药物能透过果蔬表皮角质层进入菌体参与核酸代谢，从而破坏微生物的正常代谢。尤其是对青霉病原菌、绿霉病原菌等致病菌有良好的抑菌效果。

1. *多菌灵*

多菌灵是苯并咪唑类的衍生物，又称苯并咪唑44号，棉萎灵、棉萎丹、保卫田。多菌灵常用剂型为10%、25%、50%可湿性粉剂，50%超微粒可湿性粉剂，40%胶悬剂，30%复方多菌灵。常用于青椒、番茄、黄瓜等果蔬的防腐保鲜。本品为苯来特和甲基托布津在植物体内的水解产物，溶于无机酸，在果蔬上应用，允许残留量为5～10毫克/千克。本品对防治番茄、辣椒的炭疽病等有良好效果。

2. 苯来特

苯来特又称苯菌灵、苯诺米尔。本品溶于丙酮等有机溶剂，在酸性介质中稳定，pH 值大于 8 时，苯并咪唑环受到破坏，从而失去抗菌性，常见剂型为 50% 苯来特可湿性粉剂。苯来特为高效低毒，内吸性低残留的广谱杀菌剂，适用于各种果蔬。应用方法喷雾、浸泡、拌种、拌毒土均可。采前用量为 1 500 ~ 2 500倍液 50% 苯来特可湿性粉剂，采后的番茄、青椒用 100 ~ 250 毫克/千克溶液喷洒，能控制贮藏期腐烂。

3. 噻菌灵

又称噻苯咪唑，商品名称为特克多、涕必灵、杀菌灵。难溶于水，熔点为 300℃。常用剂型为 40% 噻菌灵悬浮剂，45% 胶悬乳剂，10% 粉剂，60% 可湿性粉剂。本品的允许残留量为 0.1 ~ 10 毫克/千克。

噻菌灵同苯来特，适用于各种果蔬。在果蔬贮藏上多用于蒜薹烟雾剂。一般用量是 1 立方米库容用 8 ~ 10 克，用法是当蒜薹上架预冷时，将药品在贮藏库内点燃后密封 6 ~ 10 小时，点燃期间关停制冷机 20 ~ 30 分钟。噻菌灵能产生抗性菌株，应与其他几种药剂交替使用。

4. 甲基托布津

又称甲基硫菌灵、甲基统扑净。该药剂难溶于水，可溶于有机溶剂，所以常溶于有机溶剂或乳化后施用。本药剂适用范围同苯来持。国际上的允许残留量分别是：澳大利亚为 3 毫克/千克，意大利为 2.5 毫克/千克。常用剂型有：50%、70% 可湿性粉剂，40% 胶悬剂和 10% 乳剂。本药剂一般应用 50% 可湿性粉剂 1 000 ~ 2 000倍液加 2，4-D 200 ~ 750 毫克/千克，浸果 1 分钟，番茄等果蔬的防治率大于 80%。

5. 仲丁胺

仲丁胺（2-氨基丁烷，2-AB）为无色、有氨臭、易挥发液体，可抑制多种霉烂病，其中对青霉菌有强烈的抑制作用。在果蔬贮藏上应用于洗果、浸果、喷果均可，一般洗果、浸果及喷果用量为 1% ~ 2%，熏蒸用 25 ~ 200 毫克/千克，其半致死量为 350 ~ 380 毫克/千克，允许残留量为 20 ~ 30 毫克/千克。浸果的最佳条件为：水温在 45℃以下，pH 值低于 9，处理时间大于或等于 1 分钟。

仲丁胺及其易分解的盐类（如碳酸盐、亚硫酸氢盐）均具有熏蒸性。其衍生物可制成乳剂、油剂、烟剂、蜡剂等使用。且可与多种杀菌剂、抗氧化剂、乙烯吸收剂等配合使用；也可加到塑料膜及包装箱、包果纸等包装材料中起到防腐保鲜作用。北京市农科院果蔬研究所用0.1 毫升/升仲丁胺熏蒸黄瓜和番茄，用0.1 ~0.025 毫升/升仲丁胺处理菜豆，都取得了良好的贮藏效果。市售的保鲜剂如克霉灵、保果灵、洁腐净等均是以仲丁胺为主要成分的制剂。

6. 邻苯酚、邻苯酚钠

邻苯酚别名邻羟基联苯，邻苯酚钠又称联苯酚钠、2-苯基苯酚钠盐。邻苯酚及邻苯酚钠属广谱性杀菌剂，允许残留量为10 ~20 毫克/千克。邻苯酚在5 毫克/千克以上，就能抑制微生物中胡萝卜素的合成；对微生物细胞壁具有非特异性的变性效应，邻苯酚既能抗霉菌，又能抗细菌，在果蔬贮藏期防腐中主要是对霉菌起作用，对防治番茄、辣椒等的炭疽病效果良好，还可用于胡萝卜等。可采用药剂润纸包果的方法。

7. 联苯（联二苯）

联苯是一种易挥发的抗真菌药剂，对防止指状青霉、意大利青霉、蒂腐色二孢、相橘拟茎点霉、曲霉、果生链核盘菌和根霉等真菌效果显著，主要用于防治马铃薯等的病害。可将联苯溶于石蜡涂布于牛皮纸上，制成“联苯垫”放于箱底或顶部，利用“联苯垫”自然蒸发进行蒸汽杀菌。

8. 硼酸盐及其他碱性无机盐

这类防腐剂主要包括硼砂（四硼酸钠）、偏硼钠、硼酸钠、硼酸加硼砂、乳酸加硼砂、碳酸钠、过碳酸钠等。该类防腐剂对青霉菌防治效果较好。如用0.4%的硼砂处理绿熟番茄后，自发气调贮藏30 天，无腐烂，而仅用清水处理的番茄，腐烂率达50%。应用硼砂防治青霉病、绿霉病，其应用效果与溶液温度有关，如4%的硼砂在38℃下对指状青霉菌只有微弱的抑制效果，而在43℃时，5 分钟内则能将青霉菌致死。据美国报道，硼砂的残留量低于8 毫克/千克。

9. 山梨酸（2，4-己二烯酸）与山梨酸钾

山梨酸是一种不饱和脂肪酸，可以与微生物酶系统中的巯基结合，从而破坏许多重要酶系统的作用，达到抑制酵母、霉菌和好气性细菌生长的效果。山梨酸只有透过细胞壁进入微生物体内才能起作用，分子态的抑菌活性比离子态强。当溶液pH 值小于4 时，抑菌活性强，而pH 值大于6 时，抑菌活性降低。山梨酸若与过氧化氢溶液混合使用，抗微生物活性会显著增强。山梨酸的毒性低，只有苯甲酸的1/4，但其防腐效果却是苯甲酸钠的

5～10 倍。果蔬使用浓度为 2%，山梨酸的使用方法有：溶液浸洗、喷雾或涂在包装膜上。

山梨酸钾为易溶于水，1% 的水溶液的 pH 值为 7～8，有很强的抑制腐败菌和霉菌作用，并因其毒性远比其他防腐剂为低，故已成为世界上最主要的防腐剂。在酸性条件下能充分发挥其防腐作用，中性时作用甚低。在果蔬保鲜方面的使用方法同山梨酸。

使用化学防腐保鲜剂应注意病原菌的抗药性，由于长期使用同一种杀菌剂，容易使病原菌对某一种杀菌剂产生抗性，因此可采用混配的方法或选择作用机制不同的杀菌剂轮换使用。另外，要注意防腐保鲜剂的用量与残毒，应科学地控制在有效浓度低限，或是与其他多种保鲜方法配合，采用综合防腐保鲜技术。

（四）涂膜剂的应用

采后果菜类果蔬涂膜后，表面可以形成一层蜡质薄膜，使果实处于半封闭状态，这样可以增加果实的光泽，美化外观，提高商品价值；减少果实在贮藏、运输过程中的水分损失，防止果皮皱缩；由于减少了与空气的接触，果实的呼吸作用受到一定的抑制；同时还能防止微生物的侵染，减少果实的腐烂。涂膜处理的果蔬如茄子、番茄、辣椒、黄瓜及一些根菜类等。

通常涂膜的厚度控制在 0.01 毫米左右，就能使果实处于半封闭状态。在被膜剂中常添加杀菌剂和防腐剂来防止果实的过湿病害及腐烂。

目前商业上使用的大多数涂膜剂都以石蜡和巴西棕榈蜡混合作为基础原料，石蜡可以很好地控制失水，而巴西棕榈蜡能使果面产生诱人的光泽。近年来，含有聚乙烯、合成树脂物质、乳化剂和润湿剂的被膜剂发展很快，它们常作为杀菌剂或防止衰老、生理失调和发芽抑制剂的载体。如中国农林科学院林产化工研究所等单位研制的紫胶、果蜡等被膜剂在黄瓜、茄子、番茄等果蔬上应用，取得了良好的效果。化工部北京化工研究院研制出的 CFW 果蜡，又称吗啉脂肪酸盐果蜡，已作为水果和果蔬采后商品化处理的被膜保鲜剂，可以在番茄等果蔬上应用，其质量已达到国外同类产品水平，如在涂料中加入 2，4-D、多菌灵及某些中草药成分，制成各种配方的混合剂，既有防腐作用又有保鲜作用。

据日本报道，番茄、茄子保鲜膜的配方为：按重量将 10 份蜜蜡、2 份酪朊、1 份蔗糖脂肪酸，充分混合使其成乳状保鲜膜，涂刷在番茄或茄子的果柄部，常温下干燥，可显著延续成熟和减少重量损失。

英国研制成一种可食用的涂膜保鲜剂。它是由蔗糖、淀粉、脂肪酸和聚酯物调配成的半透明乳液，可用喷雾、涂刷或浸渍的方法覆盖于番茄、茄子等表面。这种保鲜剂在果实表面形成了一层密封薄膜，故能阻止氧气进入果实内部，从而延长了果实熟化过程，起到保鲜作用。这种保鲜剂可同果实一起食用。

一般情况下，只是对短期贮藏、运输的果蔬使用涂膜剂覆膜，果蔬贮藏之后、上市之前使用涂膜剂效果更好。涂膜处理只能在一定期限内起辅助作用，果蔬的成熟度、机械伤，贮藏环境中的温度、湿度和气体成分，对延长果蔬贮藏寿命及保持产品品质仍起着关键作用。

第四节 北方果蔬贮藏方式与管理

采收后的果蔬仍然是一个活体，还在进行着呼吸等一系列生理作用。无论哪种贮藏方式都是利用综合措施使果蔬的呼吸、后熟和衰老等过程得到延缓，同时防止微生物的侵染，从而达到长期贮藏的目的。

各种不同果蔬的采后生理变化，及其贮藏期间对环境条件的不同要求，结合各地的自然和生产条件，采取相应的贮藏保鲜方式。果蔬贮藏的方式很多，可以归纳为：常温贮藏、机械冷库贮藏、气调贮藏和其他贮藏技术。

一、常温贮藏

常温贮藏一般指在构造较为简单的贮藏场所，利用自然湿度随季节和昼夜不同时间变化的特点，通过人为措施，引入自然界的低温资源，使贮藏场所的温度达到或接近产品贮藏所要求温度的一类贮藏方式。它包括简易贮藏、通风库贮藏和土窑洞贮藏。

（一）简易贮藏

简易贮藏包括沟藏、堆藏和窖藏等基本形式。假植贮藏和冻藏也是由这些基本形式演化而来的。简易贮藏设施的特点是：结构简单，费用较低，可因地制宜进行建造。

1. 简易贮藏的形式和结构

（1）堆藏

常用于白菜、甘蓝、洋葱、冬瓜、南瓜等的贮藏。堆藏就是将果蔬直接堆放在田间地表或浅坑（地下20～25厘米）中，或者堆放在院落空地、室内空地或荫棚下，上面用土壤、草毡、秸秆、席子等覆盖，周缘部分盖厚些，中央顶部盖薄些，维持适宜的温度、湿度，避免过度蒸腾和受冻受热。堆藏果蔬时还应注意不能太宽太高，否则不易通气散热，致使堆中心温度过高引起腐烂。例如，马铃薯、洋葱等果蔬堆宽1.5～2.0米、高约2.0米、堆的长度不限、以贮量多少而定，但也不宜过长，以利于操作管理。

堆藏受气温影响较大、适合于较温暖地区的越冬贮藏，在寒冷地区一般只作秋冬季节的短期贮藏。有的果蔬产品只是采用堆藏的办法把产品先预贮起来，之后入贮库房。

（2）沟藏（埋藏）

沟藏是从地面挖一深入土中的沟，其大小和深浅主要根据当地的地形条件、气候条件以及果蔬种类和贮量而定。将果蔬堆积其中，再用土或秸秆等覆盖，覆盖厚度随气温变化而增减，以保持贮藏产品适宜的贮藏温度。沟藏的保湿保温性能较好。我国北方各地使用较多。北京的萝卜贮藏沟深1.0～1.2米，宽为1.0～0.5米（图1－1）、贮藏沟的深度视北方气温而定，以防低温造成冻害。

（3）窖藏

窖藏略与沟藏相似，其优点是工作人员可以自由进出和检查贮藏情况。便于调节温度和湿度，适于贮藏多种果蔬，贮藏效果较好，窖藏在我同各地有多种形式。

①棚窖：这是一种临时性的贮藏场所。在我国北方地区广泛用来贮藏大白菜、萝卜、马铃薯等。建窖时先在地面挖一长方形的窖身，用木材、秸秆和土壤等来做窖顶。根据入土深浅可分为半地下式和地下式两种类型。较温暖的地区或地下水位较高的地方多用半地下式。建窖时，一般入土深1.0～1.5米，地上堆土墙高为1.0～1.5米（图1－2）。寒冷地区多用地下式。棚窖的宽度不一，宽度在2.5～3.0米的称作“条窖”，4.0～6.0米的称作“方窖”。窖的长度不限，视贮藏量而定，为操作方便，一般为20～50米。窖顶用木料、竹竿等做横梁，有的在横梁下面立支柱，上面铺成捆的秸秆，再覆土踏实。顶上开设若干个窖口（大窗），供产品出入和通风之用。窖口

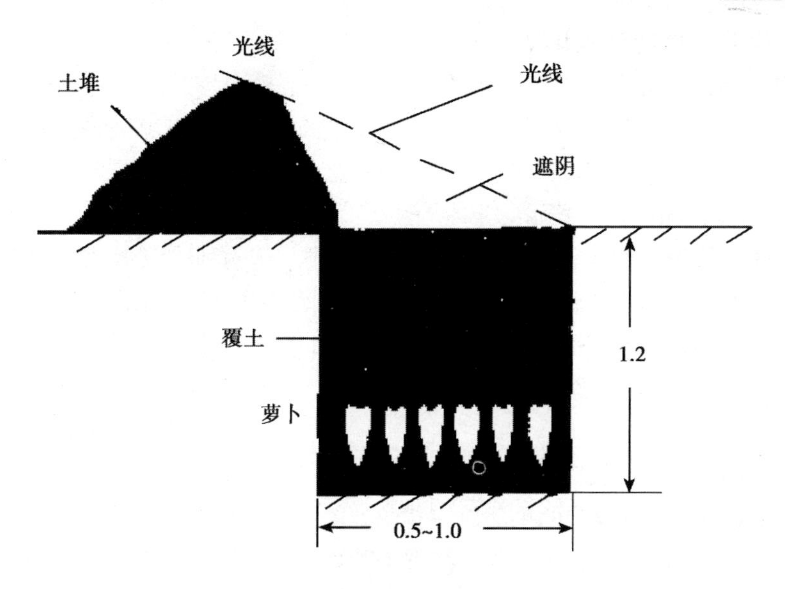

图1－1　萝卜的埋藏（单位：米）

的数量和大小应根据当地气候和贮藏果蔬的种类而定。大型的棚窖常在两端或一侧开设窖门，以便于果品果蔬进出和贮藏初期的通风降温，也有的将天窗兼做窖门用，不另设窖门。

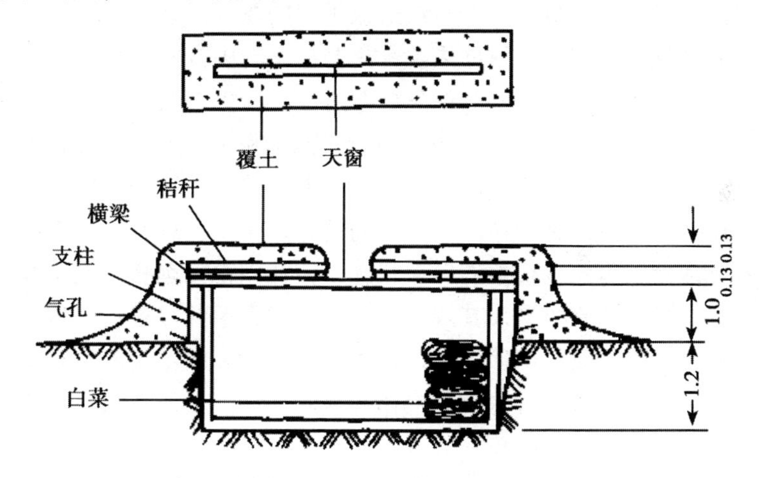

图1－2　白菜窖（单位：米）

②井窖：这是水位较低地区所特有的一种竖向下挖再横挖而成的窖型。一般深度为3～4米，再横挖成的小洞长3～4米，宽1～2米，高1.5米。

井口要设盖，并筑好排水沟。

③窑窖：通常是在土质坚实的山坡或土丘上横向挖筑的一种窖型。一般长6~8米、宽1~2米，高2~2.5米的土洞。窑身多坐南朝北或坐西朝东，以避免阳光直射。

（4）冻藏和假植贮藏

冻藏和假植贮藏是沟藏和窖藏的特殊形式。这两种贮藏形式多用于果蔬的贮藏，尤其是假植贮藏，广泛用于各种绿叶菜和幼嫩果蔬的贮藏。如京津地区的菜花假植贮藏等，冻藏多用于耐寒绿叶菜的贮藏，如山东省潍坊市的芹菜、辽宁省新立屯的菠菜冻藏等，数量大、效果好，是当地一直沿用的重要贮藏方式。

①冻藏：冻藏主要应用于耐寒的果蔬，如芫荽、菠菜、油菜、芹菜等。冻藏是在入冬上冻时将收获的果蔬放在背荫处的浅沟内，稍加覆盖，利用自然低温使果蔬入沟后能迅速冻结，并且在整个贮藏期间保持冻结状态。由于贮藏温度在0℃以下，可以有效地抑制果蔬的新陈代谢和微生物的活动，且保持生机。在食用之前缓慢解冻，逐渐恢复新鲜状态，并能保持原有的品质。

冻藏用沟较浅，覆盖较薄，多用窄沟（宽约0.3米）。如用宽沟（1米以上），须在沟底设通风道，一般要设荫障（多用秸秆竖立成墙），以避免阳光直射，加速冻结，防止忽冷忽热造成果蔬的腐烂。

②假植贮藏：假植贮藏是把果蔬密集假植于沟内或窖内，使果蔬处于很微弱的生长状态，以保持正常的新陈代谢过程。所以，实际上假植贮藏是一种抑制生长做贮藏法。该贮藏方法适用于在结构和生理上较特殊，易于脱水萎蔫的果蔬，如芹菜、油菜、花椰菜、水萝卜等。假植贮藏的果蔬可继续从土壤中吸收一些水分，有的还能进行微弱的光合作用，或使外叶中的营养向食用部分转移，从而保持正常的生理状态，使贮期得以延长，甚至改善贮藏产品的品质。假植贮藏的果蔬其特点是连根采收，单株或成簇假植，单层假植，不能堆积。株行间要留适当通风空隙；覆盖物一般不接触果蔬，与菜面留有一定空隙，窖内假植时在窑顶只作稀疏的覆盖，使能透入一些散光；土壤要保持湿润，防止果蔬萎蔫。

除以上所介绍的方法外还有缸藏、冰藏、挂藏等。

2. 简易贮藏的影响因素

（1）气温和土温对简易贮藏的影响

不论采用哪种简易贮藏方式，在温度管理上都有降温和保温两个方面的要求。简易贮藏属于自然降温的贮藏方式，必然受气温变化的极大影响。此外，简易贮藏的产品都堆积在地面或深入地下，所以又受到土壤温度的极大影响。因此，必须了解气温和土温的变化特点及对贮藏场所的影响，才能管理好简易贮藏场所的温度，使之维持在适宜的范围之内。

（2）产品的堆垛宽度和贮量对简易贮藏的影响

贮藏产品的堆垛宽度和贮量也对场所温度有影响。沟藏时加大产品的宽度则会在一定程度上增强气温的影响，降低保温的性能。

沟藏或堆藏的产品堆垛较宽时，常须在底部设置通风道。这是因为贮藏场所的温度除受到气温利土温的影响外，也受到贮藏产品本身释放的呼吸热的影响。这些呼吸热是各种贮藏方式的重要热量来源，必须及时排除。贮藏初期，由于环境温度偏高，贮藏产品又带有较多的田间热，呼吸作用旺盛，会产生很大的呼吸热量。因而，在初期通风降温管理显得尤其重要。而入冬后则要控制通风量，以防降温过度，造成冷害或冻害。

各种贮藏方式都应有一定的贮藏量和密集度，以便各种贮藏方式的通风设施及其通风量与之相适应。冻藏要求冻结要迅速，故产品一般只摆放一层。然而，许多果蔬为了防止严寒时温度过低，贮藏数量须保持一定批量，使能保证提供足够的呼吸热，以此来抵御造成寒冷伤害的低温。如白菜棚窖贮藏贮量太少时在冬季则可能受冻；姜窖要求贮量不少于 3 500 千克，否则难以维持贮藏所要求的适宜温度。

（3）覆盖与通风对简易贮藏的影响

简易贮藏一般主要是通过覆盖和通风来调节气温与土温对贮藏温度的影响，以此来维持贮藏产品所要求的温度和其他环境条件。覆盖的作用在于保温，即限制气温对产品的影响，加强土温对产品的影响，蓄积产品的呼吸热不致迅速逸散。通风的作用正好相反，主要目的在于降温，即加强气温对产品的影响，削弱或抵消土温对产品的影响，驱散呼吸热以及其他热源带来的热量，阻止温度上升。在贮藏温度管理的实践中，要灵活应用这两种调节贮温的方法，以适应气温和土温的季节变化，维持适宜的贮藏温度。

贮藏初期，果品果蔬携带的田间热多，体温高，呼吸旺盛，贮藏场所的温度一般均高于贮藏适温。这一阶段的温度管理是以通风降温为主，但产品仍需要有适当覆盖，以防贮温剧烈被动和风吹雨淋以及脱水萎蔫。沟藏设置的通风道，是用来加强初期通风降温的效果，随着外界气温的下降，要逐渐缩小通风口，最后完全堵塞通风道，停止通风。随着严寒的来临，各种简易贮藏都有一个从降温到保温的转变。沟藏是采用分次分层覆盖的方法，窖藏则是利用缩小通风面积来实现。覆盖和通风在实现温度调节的同时，在一定程度上起到了调节空气湿度和气体成分的作用。

（二）土窑洞贮藏

土窑洞多建在丘陵山坡处，要求土质坚实，可作为永久性的贮藏场所。土窑洞具有结构简单、造价低、不占或少占耕地、贮藏效果好等优点。与其他简易贮藏方式相比，有比较完整的通风系统，贮藏空间处于深厚的土层之中，有较好的降温和保温性能，其贮藏效果可相当或接近于先进的冷藏和气调贮藏法。土窑洞贮藏是我国北方的重要贮藏方式。

1. 土窑洞的结构

土窑洞有大平窑、母子窑和砖砌窑洞等类型。后两种类型是由大平窑发展而来的。大平窑主要由窑门、窑身和通风筒三部分构成（图1－3）。

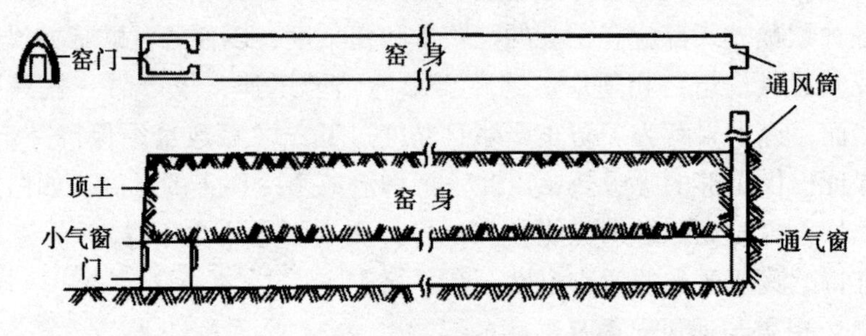

图1－3　大平窑结构示意图

(1) 窑门

窑门是窑洞前端较窄的部分。窑门高约3米，与窑身高度保持一致，门宽1.2～2米，门道长4～6米。为了进出库方便，门道可适当加宽，门道前后分别设门。第一道门要做成实门，关闭时能阻止窑洞内外空气的对流．以防受热或受冻。在门的内侧可设一栅栏门，供通风用，可做成铁纱门，在保证通风的情况下还可以起到防鼠作用。铁纱门用的纱孔大小以挡住老鼠为宜，过密则影响通风效果。第二道门前要设棉门帘，以加强隔热保温效果。必要时第一道也可加设门帘。在两道门的最高处分别留一个长约50厘米，宽约40厘米的小气窗，以使在窑门关闭时热空气排出。有条件时门道最好用砖碹以提高窑门的坚固性。

（2）窑身

窑身是贮存产品的部分。窑身长一般为 30 ~ 60 米，过短则窑温波动较大，贮藏量少，窑洞造价相对提高；窑身过长则窑洞前后温差增大，管理不便。一般窑身宽为 2.6 ~ 3.2 米，过宽则影响窑洞的坚固性，要依据土质状况确定适宜的窑宽，土质差时窑洞窄些为宜。窑身的高度要与窑门一致，一般为 3.0 ~ 3.2 米。窑身的横断面要筑成尖拱形，两侧直立墙面高为 1.5 米。这样的结构使得窑洞较为坚固，洞内的热空气便于上升集中于窑顶而排放。

（3）通风筒

窑洞的通风筒设于窑洞的最后部，从窑底向上垂直通向地面。通风筒的下部直径为 1.0 ~ 1.2 米，上部直径为 0.8 ~ 1.0 米，高度不低于 10 米。在通风筒地面出口处应筑起高约 2.0 米的砖筒。在通风筒下部与窑身连通的部位设一活动通风窗，用以控制通风量。为了加速通风换气，可在活动窗处安装排气扇。

通风筒的主要作用是促使窑洞内外热冷气流的对流，达到通风降温的目的。在窑温较高、外界气温较低的时候，打开窑门和通风筒进行通风，窑内的热量会随着通风排出窑外。适当增加通风筒的高度和内径，会提高通风降温的效果。

土窑洞在建造时，一般选择迎风背光的崖面，特别是秋冬季的风向，与窑门相对时利于通风降温。

窑顶土层厚度要求在 5 米以上，这样才能有效地减少地面温度的变化对窑温的影响。顶土层厚度少于 5 米就会降低窑洞的保温效果。相邻窑洞的间距一般保持 5 ~ 7 米，这样利于窑洞坚固性的维持。

土质的好坏直接影响窑洞的坚固性，理想的土质是黏性土。在无适宜土质，或者在平原地区，可以修筑成砖砌窑洞，其建筑构造基本与土窑洞相同。

（4）母子窑的结构

母子窑由母窑和子窑两部分组成（图 1 -4）。

母窑的结构与大平窑相似，主要功能是通风和作为运输产品的通道。因为在母窑的一侧或两侧要打许多子窑。母窑窑身的宽度一定要严格控制，不能随意加大，否则将会影响整个窑洞的坚固性。一船母窑的宽度为 1.6 ~ 2.0 米。

①母窑通气孔：子窑一般不设通气孔，只在母窑窑身后部设一个通气孔。通气孔结构和大平窑通气孔相似。由于母子窑的贮量较大，其内径要加大至 1.4 ~ 1.6 米，高度保持 15 米以上。子窑的通风降温主要是利用子窑和

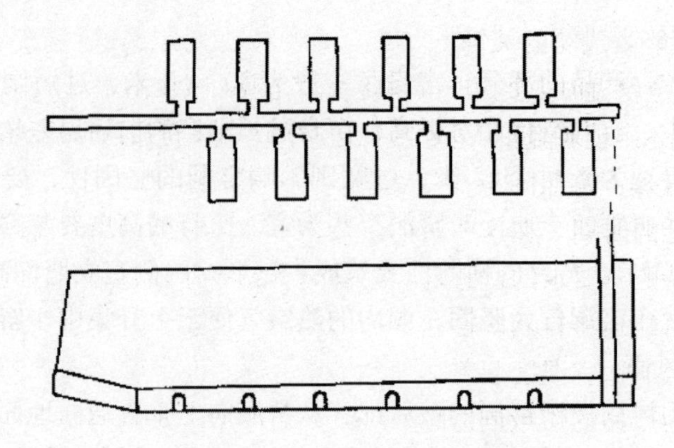

图1-4　母子窑结构示意图

母窑的高低差，使子窑与母窑的热冷空气对流来解决。

②子窑窑门：宽0.8~1.2米，高约2.8米。窑门部分应设置门道，长约1.5米。子窑窑门的顶点应比母窑窑身的顶低约40厘米，以利于子窑热空气排放。因为热空气比重较小，向上集中在母窑窑身顶部，从子窑窑门顶部排放到母窑后，又继续上升集中在母窑窑身顶部，然后通过母窑通气孔排走。子窑窑门一般不设置门扇。

③子窑窑身：这是母子窑的贮果部位。宽2.5~2.8米，高约2.8米，不超过10米。窑身断面也为尖拱形，窑底窑顶平行由外向内缓慢下降1%。子窑窑顶的最高点应在子窑窑门外侧与母窑相接之处。

同侧子窑的距离（土层）要求相距5~6米、相邻子窑的窑身要保持平行。两侧子窑的窑门不能对开，应该相间排列，这样可增加母子窑整体结构的坚固性。

2. 土窑洞贮藏的管理

（1）温度管理

①秋季管理：在秋季贮藏产品入窑至窑温降至0℃这段时间进行。此期外界气温的特点是白天高于窑温，夜间低于窑温。随着时间的推移，外界温度逐渐降低，白天高于窑温的时间逐渐缩短，夜间低于窑温的时间逐渐延长。这段时间要抓紧时机，利用一切可利用的外界低温进行通风降温。

这一时期的窑温是一年中的高温期，入贮产品又带入大量的田间热，加之产品的呼吸强度高，还产生大量的呼吸热，因此，要排除的热量是整个贮藏期最多且最为集中的。这一时期能否充分利用低温气流尽早地把窑温降下来，是关系整个贮藏能否成功的关键。该期的外界低温出现在夜晚和凌晨日出之前。当外界气温高于窑温时，要及时关闭所有的孔道，减少高温对窑温的不利影响。这一时期会偶尔出现寒流和早霜，要抓住这些时机进行通风降温。

②冬季管理：窑照降至0℃到翌年回升至大约4℃的这一时段是一年内外界气温最低的时期。在这一时期，要在不冻坏贮藏产品的前提下尽可能地通风。在维持贮藏要求的适宜低温的同时不断地降低窑洞四周的土温，加厚冷土层，尽可能地将自然冷蓄存在窑洞四周土层中。这些自然冷对外界气温回升时维持窑洞适宜温度起着重要的作用。每年此期的合理管理，会使窑温逐年降低，为产品的贮藏创造越来越好的温度条件。据山西省果树研究所的测定，建窑的第一年，果实入库时窑洞内温度为15～16℃，第二年为12～13℃，第二年为10～11℃，甚至有的窑温可以低到8℃左右。

③春、夏季管理：这段时间是从开春气温回升，窑温上升至4℃，至贮藏产品全部出库的时段。开春后外界气温逐渐上升，可以利用的自然低温逐渐减少，直到外温全日高于窑温，窑温和土温也开始回升，这一时期的温度管理主要是防止或减少窑内外空气的对流，或者说窑内外热量的交流，最大限度地抑制窑温的升高。管理措施是：在外温高于窑温的情况下，紧闭窑门、通气筒和小气窗，尽量避免或减少窑门的开启，减少窑内蓄冷流失。当有寒流或低温出现时，一定要抓住时机通风，一则可以降温，二则可以排除窑内的有害气体。

在可能的情况下，在窑内积冰也是很好的蓄冷方式。

（2）湿度管理

果蔬贮藏要求环境具有一定的湿度，以抑制产品本身水分的蒸发，造成生理和经济上的损失。再者，土窑洞本身四周的土层要求保持一定的含水量，才能防止窑壁土层干燥而引起裂缝继而塌方。窑洞经过连年的通风管理，土中的大量水分会随通风而流失。因此，土窑洞贮藏必须有可行的加湿措施。

①冬季贮雪、贮冰：冰雪融化吸热降温的同时可以增加窑洞的湿度。

②窑洞地面洒水：地面洒水在增湿的同时，由于水分蒸发吸热，对于窑洞降温也有积极作用。

③产品出库后窑内灌水：窑洞十分干燥时，可先用喷雾器向窑顶及窑壁喷水，然后在地面灌水。这样，水分可被窑洞四周的土层缓慢地吸收，基本抵消通风造成的土层水分亏损，避免窑壁裂缝及由此引起的塌方。土层水分的补充，还可以恢复湿土较大的热容量，为冻季蓄冷提供条件。

（3）其他管理

①窑洞消毒：在贮藏窑洞内存在着大量的有害微生物，尤其是引起果蔬腐烂的真菌孢子，是贮藏中发生侵染性病害的主要病源。因此，窑洞的消毒工作对于减少贮藏中的腐烂损耗非常重要。首先要做到不在窑内随便扔果皮果核，清除有害微生物生存的条件。其次在产品全部出库后或入库前，对窑洞和贮藏所用的工具和设施进行彻底的消毒处理。可在窑内燃烧硫黄，每100立方米容积用硫黄粉1.0～1.5千克，燃烧后密封窑洞2～3天，随后开启窑门和通风筒通风后即可入贮。也可以用2%的福尔马林（甲醛）或4%的漂白粉溶液进行喷雾消毒，喷雾后1～2天稍加通风后再入贮。

②封窑：贮藏产品全部出库后，如果外界还有低温气流可以利用，就要在外温低于窑温时，打开通风的孔道，尽可能地通风降温。当无低温气流可利用时，要及时封闭所有的孔道。窑门最好用土坯或砖及麦秸泥等封严，尽可能地与外界隔离，减少冬季蓄的冷量在高温季节流失。

利用地下防空洞等设施来进行果蔬贮藏，其原理和管理方式与大平窑基本相同。

3. 土窑洞的改造

土窑洞贮藏是利用外界自然低温来进行温度管理的，难免受到大自然的约束，影响贮藏效果。当外界气温比较高时，单靠通风换气难以把窑温降低到理想的范围，由此出现了机械制冷辅助降温的土窑洞改造形式。

（1）改造的方法

改造的方法是在原土窑洞的洞体之内配套安装制冷设备。例如，在外界年均温10℃的陕西关中地区，采用两台16 744千焦/小时的制冷机，可将容量40～50吨土窑洞的年均温控制在－1℃左右，比非机械制冷低约5℃。每台制冷机的蒸发管道面积为15.1平方米。安装用10厘米厚聚苯乙烯板制作的隔热门。采用风冷机组可获得和水冷机组相当的温度效果。

窑壁土层在开机过程中吸收的冷量并没有完全浪费，一方面在停机过程中，可以释放一部分用来维持窑内低温；另一方面，由于窑壁土层总热阻大，机械冷量不易传出，这些冷量在土中不断蓄积，降低了窑壁土温，缩小了开机过程中窑温与窑壁土温的差值，利于维持库温的稳定。

（2）改造后的管理

①降温阶段：即从开机到库温稳定降到0℃左右。对于设计合理的土窑洞加机械制冷量，开机前库温在8～10℃，连续开机8～12天，库温可以降

到0℃左右。蒸发器除霜采用间隔开机自动除霜法，即连续开机12～24小时，停机15～60分钟。

②恒温阶段：从库温进入最适贮温到可以利用自然冷源通风降温为止。该阶段果实呼吸强度较低，呼吸热释放减少。库容量50吨的库，每小时需要冷量约5 232千焦，加上窑壁传热，每小时需要冷量约12 540千焦。单机运行15～20小时/天，即可维持所需库温。

③通风蓄冷阶段：外温低于0℃的时间每天稳定达到5小时以上时即可停机，然后利用通风进行降温，并给窑壁蓄冷。停机时将制冷剂回收到贮液器中，水冷式机组要将冷凝器中的水及时排净，防止因结冰等原因造成机器破损或制冷剂泄漏。

④保温阶段：当每天外界气温低于0℃的时间少于5小时后进入保温阶段必要时短时开机，以维持适宜的库温。

此外，前述普通土窑洞的管理方法基本适用于改造后的窑洞，可参考实施。

（三）通风库贮藏

通风贮藏库是棚窖的发展形式，与棚窖相比，通风库是永久性建筑，其造价虽高，但贮藏量大，可以长期使用，是目前我国各地果蔬贮藏的主要设备之一，在各大中城市和工矿区的近郊果蔬生产区已很普遍。

通风库主要在有良好的隔热保温性能的库房内，设置有较完善而灵活的通风系统，利用昼夜温差，通过导气设备，将库外冷空气导入库内，再将库内热空气、乙烯等不良气体通过排气设备排出库外，从而保持果蔬较为适宜的贮藏环境。

1. 通风贮藏库的设计和建造

（1）类型及库址的选择

通风库分为地上式、地下式和半地下式。在冬季严寒地区，多采用地下式，以利于防寒保温。通风贮藏库的选址，应选择地势高燥，地下水位低（最高地下水位应低于库底至少1米），四周畅旷，通风良好，没有空气污染，交通较为便利的地方。通风库要利用自然通风来调节库温，因此，库房的方向应根据当地特点确定，在我国北方贮藏的方向以南北向为宜。

（2）库房结构设计

通风库的平面多为长方形，库房宽9～12米，长为30～40米，库内高度一般在4米以上。贮量大的地方可按一定的排列方式，建成一个通风库群。在北方较寒冷的地区，大都将全部库房分成两排，中间设中央走廊，库房的方向与走廊相垂直，库门开向走廊。中央走廊有顶及气窗，宽度为6~8米，可以对开汽车，两端设双重门。中央走廊主要起缓冲作用，防止冬季寒风的直接吹入仪器库温急剧变化，还可兼作分级、包装及临时存放产品的场所。

如图1-5和图1-6所示，库群中的每一个库房之间的排列有两种形式。一种为分列式（图1-5），每个库房都自成独立的一个贮藏单位，互不相连，库房间有一定距离。优点是每个库房都可以在两侧的库墙上开窗作为通风口，有利于提高通风效果。缺点是每个库房都须有两道侧墙，增加建筑成本，占地面积也大。另一种排列方式为联接式，如图1-6所示，相邻的库房共用一道侧墙，一排库房侧墙的总数是分列式的1/2再多一道。这样的库房建筑节约了建筑费用，也缩小了占地面积。联接式不能在侧墙上开通风口，需用另外的办法来解决通风问题。

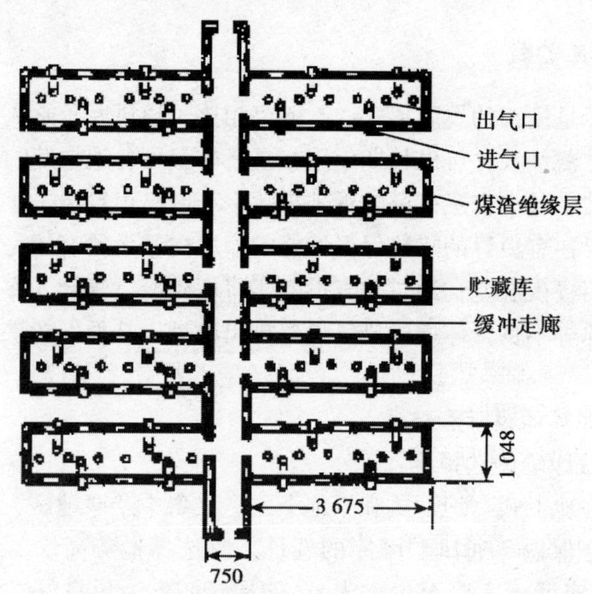

图1-5　分列式通风贮藏库（单位：毫米）

（3）通风贮藏库的建造

为维持稳定的库温，不受外界温度变动的影响，特别是为了防止冬季库温下降过低，而在高温季节又随气温急速上升和波动，通风库应有适当的绝缘结

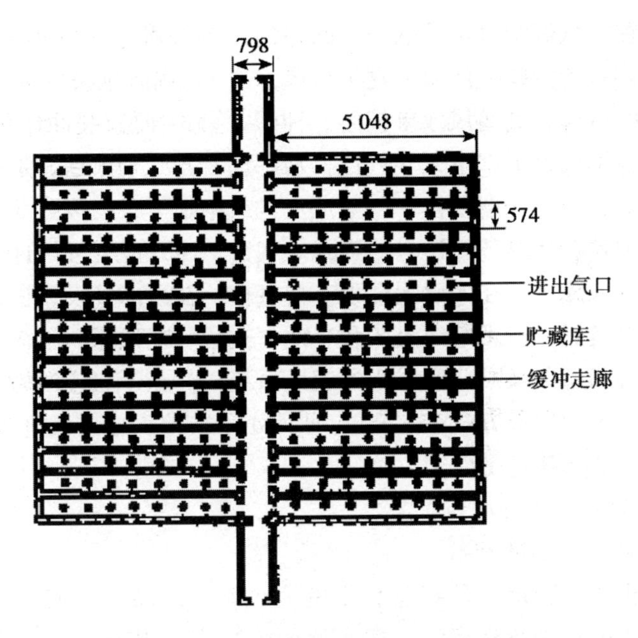

图1－6 联接式通风贮藏库（单位：毫米）

构，绝缘结构主要设置在库的暴露面上，尤其是库顶、地面墙壁和门、窗等部位。通风库的绝缘结构一般是在库顶和库墙敷衬绝缘性好的材料构成的绝缘层，常用的绝缘性较好的材料有锯木、炉渣、稻壳、软木板、油毡等。

库墙的建造形式通常有3种。第1种是夹层墙，这是广泛应用的库墙形式，其做法是在两层砖墙中间填加稻壳、麦秸等绝缘材料。第2种是在库墙内侧装上各种高效能隔热材料的板材（如软木板、聚氨酯泡沫塑料板、油毡等）。第3种是在两层砖墙中镶钉铝板，做成静止空气夹层，主要用于贮藏库门、窗的建造。库顶的建造一般也有3种形式：人字形屋顶，主要用于地上式和半地下式库；平顶式，一般在大的或地下式通风贮藏库采用；拱形顶，多用于顶上覆盖厚土层用。

（4）通风系统

通风贮藏库是以引入外界的冷空气，并使其吸收库内的热能再排出库外而起降温作用，所以通风系统的效能直接决定着通风库的贮藏效果。

通风系统的建造主要有5种类型：第1种是在库墙的上部设有通气窗，该窗兼起导气、排气的作用，这种通风类型可用于地上式和半地下式通风贮藏库，其通风效果较差。第2种是在库墙的下部或基部设有导气窗，在库墙顶部设有天窗，低温空气由导气窗进入库内，热气和不良气体由大窗排出库外，从而形成对流的降低库温。这种通风方式主要用于地上式、半地下式及地下式通风贮藏库，其通风效果较第一种好。第3种是在库墙的下部或基都设导气窗，在库墙的上部也开导气窗，顶部设有排气的天窗，这种类型通风换气效果较好，降温速度较快，一般地上式或半地下式通风贮藏库采用这种类型。第4种是在库的基部设有地道式导气窗，库外冷空气经地道导气窗穿过空心地板进入库内，在库墙上部设有排气窗，在顶部开设天窗。这种通风类型通风效果最好，适用于地上式和半地下式通风贮藏库。第5种是地下式和半地下式窖洞型通风贮藏库采用的通风系统，其在库相应的另一端设置高大的排气筒，这种通风方式容易造成通风死角，使库内温度不均衡，在冬季，靠近库门的果蔬易受冷害。

2. 通风贮藏库的使用和管理

（1）果蔬入库前的准备

为了防止和减少果蔬贮藏过程中的病虫害，产品入库前要彻底清扫库房，对库房和用具进行消毒。一般常用的方法有：用1%～2%福尔马林或漂白粉液喷洒，或按每100立方米容积1.0～1.5千克的用量熏蒸硫黄。进行熏蒸消毒时，可将各种用具一并放入库内，密闭2～3天，然后通风排尽残药。库墙、库顶及菜架等用石灰浆加2%的硫酸铜刷白。使用完毕的菜筐、菜箱应随即洗净，用漂白粉液或5%硫酸铜液浸泡，晒干备用。

在果蔬入库前半个月消毒处理后，还应尽量保持库内低温和一定的湿度，白天密闭库房，夜间进行通风，如果库内湿度低于适宜的相对湿度，应在地面进行喷水。

（2）果蔬的入库和摆放

为了保证入贮果蔬的质量，除适时采收外，还应及时入库。果蔬采收后应在阴凉通风处进行短时间预贮，然后在夜间入库，这样可以避免库外高温对库温的影响。

各种蔬菜都应先用菜筐装盛，再在库内堆成垛，或堆放在分层的菜架或仓柜内。装菜的菜筐应该规格一致，容量适当，轻便而又坚实耐压，便于推垛，底和四周要漏空通气。菜筐在库内堆垛时应留有空隙，菜垛与四周库壁以及菜垛之间都应留有一定空间，以利空气流通。

（3）果蔬入库后的管理

果蔬入贮初期，一般都要尽量增大通风量，使库内温度迅速降低。随着气温逐渐下降，要减小通风量，到最寒冷的季节，关闭全部进气窗，并缩短放风时间。

在增大通风量的同时，也改变着库内的相对湿度，一般来说，通风量越大，库内湿度越低。所以，贮藏初期，库内相对湿度较低，果蔬易发生脱水，这时可采用喷水方法维持库内相对湿度在85%～95%。在寒冷季节，由于通风量减小，库内湿度太高，可适当加大通风量，或铺以吸湿材料来降低库内较高的湿度。

二、机械冷藏

温度是果蔬贮藏中最重要的环境因素，如何获得所需的低温，是果蔬贮藏事业发展的关键。在发明机械制冷以前，人们主要是利用自然的低温（冬季的低气温和冰雪融化制冷）。机械冷藏采取机械制冷来创造低温环境，是当今世界上应用最广泛的新鲜果蔬贮藏方式。

机械冷藏起源于19世纪后期，近20年来为适应农业产业的发展，我国兴建了不少大中型的商业冷藏库，个人投资者也建立了众多的中小型冷藏库，新鲜果蔬产品冷藏技术得到了快速发展和重视。机械冷藏现已成为我国新鲜果蔬贮藏的发展方向。目前，世界范围内机械冷藏库向着操作机械化、规范化，控制精细化、自动化的方向发展。

机械冷藏库有坚固耐用的库房构架，且设置有性能良好的隔热层和防潮层，满足了人工控制温度和湿度条件的要求，因而适宜贮藏的产品对象和使用的地域范围进一步扩大。冷库可以周年使用，贮藏效果好。

机械冷藏是在利用良好隔热材料建筑的仓库中，通过机械制冷系统的作用，将库内的热传送到库外，使库内的温度降低并保持在有利于延长产品贮藏期的温度水平。机械冷藏库根据对温度的要求不同分为高温库（0℃左右）和低温库（低于-18℃）两类。用于贮藏新鲜果品果蔬的冷库为0℃左右的高温库。

机械冷藏库由机械制冷系统和建筑主体（库房）两大部分组成。

（一）机械制冷系统

1. 制冷原理

机械制冷的工作原理是借助制冷剂（也称冷媒或制冷工质）在不断循环的液态—气态互变过程中，把贮藏库内的热传递到库外而使库内温度降低，并不断移除库内热源所产生的热，从而维持恒定的库温。

一个制冷系统包括四大部分，也称为四大循环，即压缩系统、冷凝系统、节流阀、蒸发系统（图1-7）。整个制冷系统是一个密闭的循环回路，

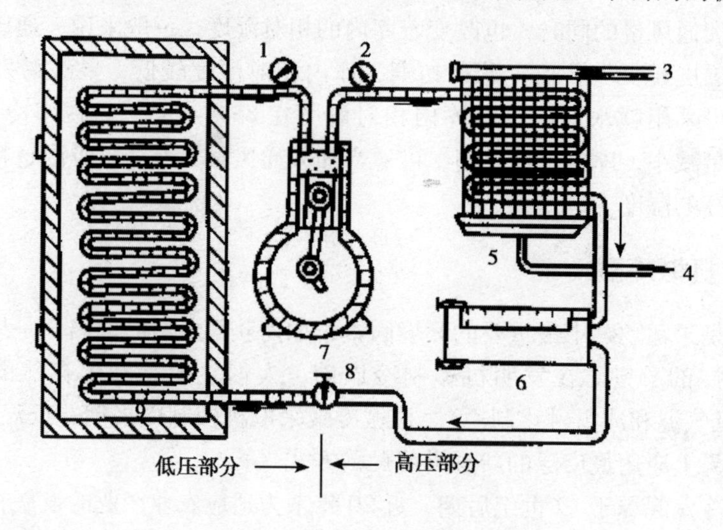

图1-7　冷冻机工作原理示意

1. 回路压力；2. 开始压力；3. 冷凝水入口；4. 冷凝水出口；5. 冷凝器；6. 贮液（制冷剂）器；7. 压缩机；8. 调节阀（膨胀阀）；9. 蒸发器

其内充有制冷剂。压缩机工作时，向一侧加压而形成高压区，对另一侧因有抽吸作用而成为低压区。节流阀（或称膨胀阀）为高压区和低压区的另一个交界点。从蒸发器进入压缩机的冷媒为气态，经加压升温，冷媒仍为气态。这种高压高温的气体，在冷凝器中与冷却介质（通常为水或空气）进行热交换，温度下降而液化，仍保持高压。以后液态冷媒通过节流阀，因受压缩机的抽吸作用，压力下降而在蒸发器中汽化吸热，温度下降并与蒸发器周围介质热交换而使后者冷却，最终两者温度平衡，完成一个循环。

2. 制冷剂

制冷剂是在常温、常压下为气态，而又易于液化的物质，利用它从液态汽化吸收热而起制冷作用。一般要求制冷剂具有下列一些特点：沸点低，汽化潜热大；临界压力小，易于液化；无毒，无刺激性；不易燃烧、爆炸；对金属无腐蚀作用；漏气容易察觉；售价低，来源广等。实际上，没有一种物质完全具备这些特点，应用上只能根据具体情况选用较适当的制冷剂。表1-5是几种常用的制冷剂及其特性。

表 1－5　常用的制冷剂的物理性能

制冷剂	化学分析式	相对分子量	正常的蒸发温度（℃）	临界温度（℃）	临界压力（绝对压力）（兆帕）	临界比体积（立方米/千克）	凝固温度（℃）	爆炸极限体积分数（%）	毒性
氨	NH_3	17.3	－33.40	132.4	11.52	4.130	－77.7	16～25	大
二氧化硫	SO_2	64.06	－10.08	157.2	8.028	1.920	－75.2		有
二氧化碳	CO_2	44.01	－78.90	31.0	7.50	2.160	－56.6	不爆炸	小（量多时窒息）
一氯甲烷	CH_3Cl	50.49	－23.74	143.1	6.809	2.700	－97.6	8.1～17.2	
二氯甲烷	CH_2Cl_2	84.94	40.00	239.0	6.48	—	－96.7	12～15.6	有
氟利昂－11	$CFCl_3$	137.39	23.70	198.0	4.46	1.805	－111.0		小
氟利昂－12	CF_2Cl_2	120.92	－29.80	111.5	4.08	1.800	－155.0		小（量多时窒息）
氟利昂－13	CF_3Cl	104.47	－81.50	28.78	3.936	1.920	－180.0		
氟利昂－21	$CHFCl_2$	102.93	8.90	178.5	5.269	1.916	－135.0		体积>20%超过2小时危险
氟利昂－22	CHF_2Cl	86.48	－40.80	96.0	5.03	1.905	－160.0	不爆炸	
氟利昂－113	$C_2F_3Cl_3$	187.37	47.80	214.1	3.482	1.730	－35.0	不爆炸	小
氟利昂－114	$C_2F_4Cl_2$	170.91	4.10	—	—	—	—		较小
氟利昂－143	$C_2F_3Cl_3$	84.04	－47.30	71.4	4.20	—	111.3		
乙烷	C_2H_6	30.06	－88.60	32.1	5.03	4.700	－183.2		
丙烷	C_3H_6	44.10	－42.77	86.8	4.339	—	187.1		

根据工作时要求的压力，制冷剂可分为三大类：①低压制冷剂，工作高压＜（202.7～304）千帕，蒸发温度＞0℃，如氟利昂-ll、21、113、114等。②中压制冷剂，工作高压＜（1.5～2）兆帕，蒸发温度＜0℃，有氨、氟利昂－12、22 等。③高压制冷剂，工作高压为（2～4）兆帕，蒸发温度＜－50℃，如乙烷，氟利昂－13、23。果蔬冷藏库一般要求 0℃左右，故都用中压制冷剂。

3. 制冷设备

（1）活塞式压缩制冷机

制冷机有压缩式和吸收式两类，目前，广泛应用的是压缩式制冷机，其机械结构又分为活塞式、旋转式、离心式等，其中活塞式最为常见。活塞式主要构件是气缸和活塞。活塞由连杆与曲轴相连接，后者借助电动机转动，使活塞在气缸内作直线运动，从而使气缸的容积成周期性变化。当活塞向增大气缸容积的方向运动时，缸内气压降低，产生抽吸作用，使从蒸发器送来的气态冷媒经气阀进入气缸；曲轴转动180°后，活塞反向运动，气缸容积缩小，产生压缩作用，高压气体便经排气阀输至冷凝器。在整个制冷系统中，压缩机器起着心脏的作用，提供补偿过程。

（2）冷凝器

冷凝器有风冷和水冷两类。冷凝器通过水或空气的冷却作用，将来自压缩机的高压、高温气体制冷剂，热量带有使其液化，而后进入贮液器。

（3）油分离器

油分离器位于压缩机与冷凝器之间，其作用是将混在高压气态制冷剂中的油滴分离掉，以免进入冷凝器后在冷却管表面结成油膜，降低热交换效率。

（4）膨胀阀和节流阀

这是控制液态制冷剂流量的关卡和压力变化的转折点，两者作用相同，只在结构和工作方法上有所差别。节流阀是手控阀门，结构与一般气阀相同。膨胀阀是热力膨胀阀的简称，除阀体外，还有一些感应构件。通过感应构件对蒸发器出来的气体的热感应，自动调节阀孔的大小或开关，可见膨胀阀起着自动节流的作用。

（5）蒸发器

蒸发器是使液体制冷剂发挥冷却作用的部件。由系统贮液器流出后通过膨胀阀流至蒸发器的液体制冷剂，蒸发的同时吸收汽化热，使贮藏库内产品降温，即为制冷。

蒸发器依其用途可分为：用于冷却空气和用于冷却液体两种；依其内部制冷剂状态，可分为干式、半满液式、满液式和制冷剂再循环式4种。

（二）机械冷库的构造和设计

机械冷库是永久性建筑，对其库址的选择应慎重。冷库以建设在没有阳光照射和热风频繁的阴凉处为佳。在一些山谷或地形较低，冷凉空气流通的位置较为有利。冷库的建设大多采取地上式。通常建设地下库所用绝缘材料的厚度与地上库是一样的，地下库的建设经济上并不合算，因为地下库与外界的联系以及各种操作管理均没有地上库方便。同时，冷库所在地应有方便的水源和电源，周围应有良好的排水条件，地下水位要低，保持干燥对冷库很重要。此外，冷库的贮量一般较大，产品的进出量大而频繁。因此，要注意交通方便，利于新鲜产品的运输，减少果蔬在常温下不必要的时间拖延。

机械冷藏库的建筑主体主要由支撑系统、保温系统和防潮系统三大部分构成，具体如下。

1. 冷库的支撑系统

冷库的支撑系统即冷库的骨架，是冷库的外层结构，是保温系统和防潮系统两部分赖以敷设的主体，一般用钢筋水泥筑成。这一部分的施工形成了整个库体的外形，也决定了库容的大小。

机械冷藏库根据贮藏容量大小大致可分为4类（表1－6）。果蔬用冷藏库的库容差别很大，小的贮菜仅几十吨，大的可达几千吨。目前我国贮藏新鲜果蔬产品的冷藏库中，中小型、小型库较多。近年来个体投资者建设的多为小型冷藏库。

表1－6　机械冷库的大小分类

规模类型	容量/吨	规模类型	容量/吨
大型	>10 000	中小型	1 000～5 000
大中型	5 000～10 000	小　型	<1 000

2. 冷库的保温系统

保温系统是体现冷库这一建筑特殊性的重要部分。冷库在较温暖的季节之所以能维持较低的库温，正是由于保温系统限制了库内外的热量交流。保温系统是由绝缘材料敷设在库体的内侧面上，形成连续密合的绝热层，以隔绝库房内外的热流动。

冷藏库建筑的关键问题是设法减少热流入库内，绝缘材料的敷设就是为冷库内外热量交流设置障碍。绝缘材料的绝缘性能与其材料内部截留的细微空隙有着密切的关系。坚实致密的固体其绝缘能力很差，如金属材料的导热能力都比较强，但如果将其制成充满封闭的气孔泡沫状材料，则金属材料也会被赋予良好的绝缘性能。绝缘材料除具备良好的绝缘性能外，还应具有廉价易得、质轻、防湿、防腐、防虫、耐冻、无味、无毒、不变形、不下沉、便于使用等特性。

冷库绝缘层的厚度应当使贮藏库的暴露面向外传导散失的冷约与该库的全部热源相等，这样才能使库温保持稳定。冷库绝缘层的厚度可按下列公式计算：

绝缘层厚度（米）＝［材料的导热率×总暴露面积（平方米）×库内外最大温差（℃）×24×100］/全库热源总量（千焦/天）

冷库总热量的来源主要有以下几方面：田间热，指产品从入库温度下降到贮藏温度所释放的热；呼吸热，果蔬呼吸释放的热量；外界传入的热；当库房内外的温度不相等时，高温处的热就会通过库体（墙壁、库顶和库底）向低温处传导。此外，还有库内工作人员释放的热量、照明灯释放的热量、机械动力释放的热量等。

3. 冷库的防潮系统

冷库的防潮系统是阻止水气向保温系统渗透的屏障，是维持冷库良好的保温性能和延长冷库使用寿命的重要保证。冷库的防潮系统主要是由良好的隔潮材料敷设在保温材料周围，形成一个闭合系统，以阻止水汽渗入对隔热效能的影响。

用作隔潮的材料有塑料薄膜、金属箔片、沥青等。无论何种防潮材料，敷设时要使完全封闭，不能留有任何微细的缝隙，尤其是在温度较高的一面。如果只在绝热层的一面敷设防潮层，就必须敷设在绝热层经常温度较高的一面。

现代冷库的结构正向装配式发展，即预制成包括防潮层和隔热层的库体构件，到筑好地面的现场组装。其优点是施工方便、快速，缺点是造价较高。

（三）机械冷库的管理

1. 温度

温度是决定新鲜果蔬产品贮藏成败的关键。大多数新鲜果蔬在入贮初期，快速将产品冷却到最适贮藏温度，有利于保持贮藏品质。要做到降温快、温差小，就要从采摘时间、运输、散热预冷以及蒸发器制冷效率等方面采取措施。

产品每天的入库量对库温有很大影响，通常设计每天的入库量占库容量的20%，超过这个限量，就会明显影响降温速度。入库时最好把每天放进来的水果果蔬尽可能地分散堆放，以便迅速降温。当入贮产品降到某一要求低温时，再将产品堆垛到要求高度。包装在各种容器中的贮藏产品，堆积过大过密时，会严重阻碍其降温速度，堆垛中心的产品因较长时间处于较高高温下，缩短产品的贮藏寿命。因此，产品堆垛时需留出一定的通风间隙，以利散热。

在选择和设定适宜贮藏温度的基础上，需维持库房中温度的稳定。温度波动太大，贮藏环境中的水分会发生过饱和结镕现象，往往造成产品失水加重。液态水的出现有利于微生物的活动繁殖，导致病害发生，腐烂增加。因此，贮藏过程中温度的波动应尽可能小，最好控制在（0±0.5）℃，尤其是相对湿度较高时更应注意降低波动幅度。

经冷藏的果蔬在出库时，最好预先进行适当的升温处理、再送往批发或零售点。升温最好在专用升温间、周转仓库或在冷藏库房穿堂中进行。升温的速度不宜太快，维持气温比品温高3～4℃即可，直至品温比正常气温低4～5℃即可。出库前需催熟的产品可结合催熟进行升温处理。

综上所述，冷藏库温度管理的宗旨是适宜、稳定、均匀及产品进出库时的合理升降温。冷藏库房内温度的监控，可采用自动化系统实施。

2. 相对湿度

相对湿度是在某一温度下空气中水蒸气的饱和程度。对于绝大多数新鲜果蔬来说，相对湿度应控制在80%～90%或更高，较高的相对湿度对于控制新鲜果蔬的水分散失十分重要。水分损失除直接减轻了重量以外，还会使果蔬新鲜程度和外观质量下降（出现萎蔫等症状），食用价值降低（营养含量减少及纤维化等），促进成熟衰老和病害的发生。同时，贮藏也要求相对湿度保持稳定。要保持相对湿度的稳定，维持温度的恒定是关键。当相对湿度低时需对库房增湿，可进行地面洒水、空气喷雾等。库房中空气循环及库内外的空气交换可能会造成相对湿度的改变，管理时须引起足够重视。蒸发器除霜时不仅影响库内的温度，也常引起湿度的变化。当相对湿度过高时，可用生石灰、草木灰等吸潮，也可以通过加强通风换气来达到降湿的目的。

3. 通风换气

通风换气是机械冷藏库管理中的一个重要环节。新鲜果蔬是有生命的活体，贮藏过程中仍在进行各种生命活动，需要消耗O_2，产生CO_2等气体，其中有些气体对产品贮藏是有害的，如果蔬正常生命过程中形成的乙烯、无氧呼吸的乙醇等。因此，需将这些气体从贮藏环境中去除，简单易行的办法是通风换气。通风换气的频率及持续时间视贮藏产品的数量、种类和贮藏时间的长短而定。对于新陈代谢旺盛的产品，通风换气的次数要多一些。产品贮藏初期，可适当缩短通风间隔的时间，如10～15天换气1次。当温度稳定后，通风换气可1个月1次。通风时要求做到充分彻底。生产上常在每天温度相对最低的晚上到凌晨这一段时间进行通风换气。雨天、雾天等外界湿度过大时不宜通风，以免库内湿度变化太大。

4. 库房及用具的清洁卫生和防虫防鼠

贮藏环境中的病、虫、鼠害是引起果蔬贮藏损失的主要原因之一。贮藏前，库房及用具均应进行认真彻底地清洁消毒，做好防虫、防鼠工作。库房消毒处理，常用的方法有用硫黄熏蒸（10 克/立方米，12 ~ 24 小时），福尔马林熏蒸（36%甲醛 12 ~ 15 毫升/立方米，12 ~ 24 小时），过氧乙酸熏蒸（26%过氧乙酸 5 ~ 10 毫升/立方米毫升/立方米，8 ~ 24 小时），0.2%过氧乙酸、0.3% ~0.4%有效氯漂白粉或0.5%高锰酸钾溶液喷洒等。以上处理对虫害亦有良好的抑制作用，对鼠类也有驱逐作用。

5. 产品的入贮及堆放

新鲜果蔬产品入库贮藏时，如果已经预冷则可一次性入库贮藏；若未经预冷处理则应分次、分批进行。除第一批外，以后每次的入贮量不应太多，以免引起库温的剧烈波动和影响降温速度。在第一次入贮前应对库房预先制冷并保持适宜贮藏温度，以利于产品入库后品温迅速降低。入贮量第一次以不超过该库总量的1/5，以后每次以 1/10 ~ 1/8 成为好。

库内产品堆放的科学性对贮藏效果有明显影响。堆放的总要求是“三离一隙”。“三离”指的是离墙、离地面、离天花板。“一隙”是指垛与垛之间及垛内要留有一定的空隙。“三离一隙”的目的是为了使库房内的空气循环畅通，避免出现死角，及时排除田间热和呼吸热，保证各部分温度的稳定均匀。新鲜果蔬产品堆放时，还要做到分等、分级、分批次存放，尽可能避免混贮。

6. 贮藏产品的检查

新鲜果蔬产品在贮藏过程中，要进行贮藏条件（温度、湿度、气体成分）的检查和控制，并根据实际需要记录和调整等。另外，还要对贮藏的产品进行定期检查，了解产品的质量状况，做到心中有数，发现问题及时采取相应的解决措施。对于不耐贮的新鲜果蔬每间隔 3 ~ 5 天检查 1 次，耐贮性好的可 15 天甚至更长时间检查一次。此外，要注意库房设备的日常维护，及时处理各种故障，保证冷库的正常运行。

三、气调贮藏

气调贮藏即在机械制冷的同时调节气体成分贮藏，被认为是当代贮藏效果最好的贮藏方式。我国的气调贮藏开始于 20 世纪 70 年代，经过 30 多年的不断研究探索，气调贮藏技术得到迅速发展，现已具备了自行设计和建设各种规格气调库的能力，近年来全国各地兴建了一大批规模不等的气调库，气调贮藏新鲜果蔬产品的量不断增加，取得了良好效果。

（一）气调贮藏的原理

1. 气调贮藏的基本原理

气调贮藏是以改变贮藏环境中的气体成分（通常是增加 O_2 浓度和降低 CO_2 浓度）来实现长期贮藏新鲜果蔬的一种方式。

正常空气中，O_2 和 CO_2 的浓度分别为21%和0.03%，其余为 N_2 等；适当降低 O_2 浓度或用增加 CO_2 浓度，改变环境中气体组成，新鲜果蔬的呼吸作用就会受到抑制，降低其呼吸强度，推迟呼吸高峰出现的时间，延缓新陈代谢的速度，推迟了成熟衰老。此时，较低的 O_2 浓度和较高的 CO_2 浓度能抑制乙烯的生物合成，削弱乙烯刺激生理作用的能力，有利于果蔬贮藏寿命的延长。另外，适宜的低 O_2 和高 CO_2 浓度具有抑制某些生理性病害和病理性病害发生发展的作用，减少产品贮藏过程中的腐烂损失。因此，气调贮藏能更好地保持产品原有的色、香、味、质地等待性以及营养价值，有效地延长新鲜产品的贮藏期和货架寿命。

贮藏环境中的 O_2、CO_2 和温度以及其他影响果蔬贮藏效果的因素存在着显著的互作效应，它们保持一定的动态平衡，形成了适合某种果蔬长期贮藏的气体组合条件。

2. 气调贮藏的类型

气调贮藏可分为两大类，即人工气调贮藏（CA）和自发气调贮藏（MA）。

（1）人工气调贮藏

人工气调贮藏是指根据产品的需要，人为调节贮藏环境中气体成分的浓度并保持稳定的一种气调贮藏方法。CA 由于 O_2 和 CO_2 的比例能够严格控制，而且能做到与贮藏温度密切配合，技术先进，贮藏效果好。

（2）自发气调贮藏

自发气调贮藏是利用贮藏产品自身的呼吸作用降低贮藏环境中的 O_2 浓度，同时提高 CO_2 浓度的一种气调贮藏方法。自发气调方法较简单，但达到设定的 O_2 和 CO_2 浓度水平所需的时间较长，操作上维持要求的 O_2 和 CO_2 比例比较困难，因而贮藏效果不如 CA。MA 的方法多种多样，在我国多用塑料袋等包装密封贮藏对象后进行贮藏。蒜薹简易气调贮藏和硅橡胶窗贮藏均属 MA 范畴。

气调贮藏经过几十年的不断研究、探索和完善，特别是20世纪80年代以后有了新的发展，开发出了一些有别于传统气调的新方法，如快速CA、低氧CA、低乙烯CA、双维（动态、双变）CA等，丰富了气调理论和技术，为生产实践提供了更多的选择。

3. 气调贮藏的条件

气调贮藏在控制贮藏环境中O_2和CO_2含量的同时，还要控制贮藏环境的温度，并且使三者得到适当的配合。

（1）气调贮藏的温度要求

抑制新陈代谢的手段主要是降低温度，提高O_2浓度和降低CO_2浓度等。温度与气体成分在贮藏中有一定的互作效应，采用气调贮藏法时，在相对较高的温度下，也可能获得较好的贮藏效果，气调贮藏库的温度一般比冷藏库的温度高1℃。气调贮藏可以采用较高的贮藏温度从而可避免冷敏产品发生冷害。

（2）O_2、CO_2和温度的互作效应

气调贮藏中的气体成分和温度等诸条件，不仅个别地对贮藏产品产生影响，而且各因素之间也会发生相互联系和制约，这些因素对贮藏产品起着综合的影响，亦即互作效应。要取得良好的贮藏效果，O_2、CO_2和温度必须有最佳的配合。当一个条件发生改变时，另外的条件也应随之作相应的调整，这样才可能仍然维持一个适宜的综合贮藏条件。因此，同一种贮藏产品在不同的条件下或不同的地区，会有不同的贮藏条件组合，都可能会有较为理想的贮藏效果。

在气调贮藏中，低O_2有延缓叶绿素分解的作用，配合适量的CO_2则保绿效果更好，这就是O_2与CO_2二因素的正互作效应。当贮藏温度升高时，就会加速产品叶绿素的分解，也就是高温的不良影响抵消了低O_2及适量CO_2保绿的作用。

（3）贮前高CO_2处理的效应

部分刚采摘的果蔬对高O_2和低CO_2的忍耐性较强，在气调贮藏前给以高浓度CO_2处理，对抑制产品的新陈代谢和成熟衰老有良好的效应，有助于加强气调贮藏的效果。

（4）贮前低O_2处理的效应

气调贮藏前对产品用低O_2条件进行处理，可加强果实耐贮性，对提高产品的贮藏效果也有良好的效果。

（5）动态气调贮藏条件

在不同的贮藏时期控制不同的气调指标，以适应果实从健壮向衰老变化中对气体成分的适应性也在不断变化的特点，从而得到有效的延缓代谢过程，保持更好的食用品质的效果。此法称之为动态气调贮藏，简称 DCA。

（二）气调贮藏的方法

气调贮藏的实施主要是封闭和调气两部分。调气是创造并维持产品所要求的气体组成。封闭则是杜绝外界空气对所创造的气体环境的干扰破坏。目前，国内外的气调贮藏方法，按其封闭的设施不同可分为两类：一类是气调贮藏库（简称气调库）贮藏法，另一类是塑料薄膜气调贮藏法。

1. 气调库

气调库的基本构造如图 1－8 所示。气调贮藏库除有机械冷库的性能外，还必须有密封的特性，以创造一个气密环境，确保库内气体组成的稳定。因此，气调库的设计和建造在基本遵循机械冷藏库的建设原则的同时，还要保证库房的良好气密性。气调库隔热层和气密层的做法有两种类型，其一是分别设置隔热层和气密层，例如在隔热层的内侧贴置有铁皮制成的气密层，其二则是使用一种同时兼有隔热和气密性能的材料做成“隔热隔气层”，如使用硬质聚氨酯泡沫塑料。后一种方法应用更为广泛。

气调库难以做到绝对气密，允许有一定的气体通透性，但不能超出一定的标准。气调库建成后或在重新使用前都要进行气密性检验，检验以气密标准为依据。联合国粮农组织（FAO）推荐的气调库气密标准如图 1－9 所示。在气调库密封后，通过鼓风机等设备进行加压，使库内压力超过正常大气压力达 294 帕以上时停止加压，当压力下降至 294 帕时开始计时，根据压力下降的速度判定库房是否符合气密要求。压力自然下降 30 分钟后仍维持在 147 帕以上，表明库房气密性优秀；30 分钟后压力在 107.8～147 帕则库房气密性良好；30 分钟后压力不低于 39.2 帕为合格，在 39.2 帕以下则气密性不合格，应进行修复、补漏，直至合格为止。美国采用的标准与 FAO 略有不同，其限度压力为 245 帕。判断合格与否的指标是半降压时间（即库内压力下降一半所需的时间），具体的要求是 30 分钟（或 20 分钟）。即半降压时间大于 30 分钟（或 20 分钟）即为合格，否则为不合格。以上方法称为正压法。负压法与正压法相反，采用真空泵将气体从库房中抽出，使库内压力降低形成负压，根据压力回升的速度判

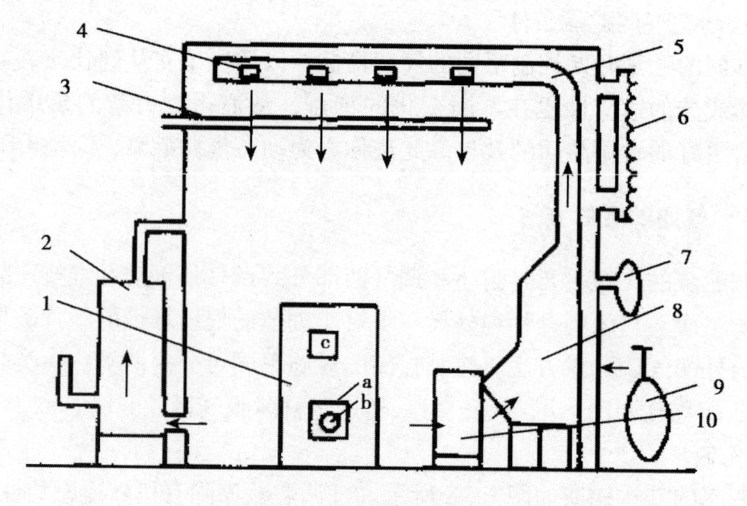

图 1－8　气调库的构造示意图

a—气密筒；b— 气密孔；c— 观察窗

1. 气密门；2. CO_2 吸收装置；3. 加热装置；4. 冷气出口；5. 冷风管；6. 呼吸袋；7. 气体分析仪；8. 冷风机；9. N_2发生器；10. 空气净化器

定气密性。一般压力变化越快或压力回升所需时间题短，气密性越差。实践中气密性检验时一般用正压法。

气调贮藏库的气密特性使其库房内外容易形成一定的压力差。为保障气调库的安全运行，保持库内压力的相对平稳，库房设计和建造时须设置压力平衡装置。用于压力调节的装置主要有缓冲气囊（呼吸袋）和压力平衡器。其中，前者是一具有伸缩功能的塑料贮气袋，当库内压力波动较小时（<98 帕），通过气囊的膨胀和收缩来平衡库内外的压力。后者为一盛水的容器，当库内外压力差较大时（>98 帕），水封即可自动鼓泡泄气。

气调库在生产辅助用房上应增加气体贮存间、气体调节和分配机房。库房应易于脱除有害气体和观察取样，并能实行自动化控制等。气调贮藏一个完整的气调系统主要包括三大类设备，具有进行气体成分的贮存、混合、分配、测试和调整等功能。

(1) 贮配气设备

贮配气用的贮气罐、瓶，配气所需的减压阀、流量计、调节控制阀、仪表和管道等。通过这些设备的合理连接，保证气调贮藏期间所需各种气体的供给，并以符合新鲜果蔬所需的速度和比例输送至气调库房中。

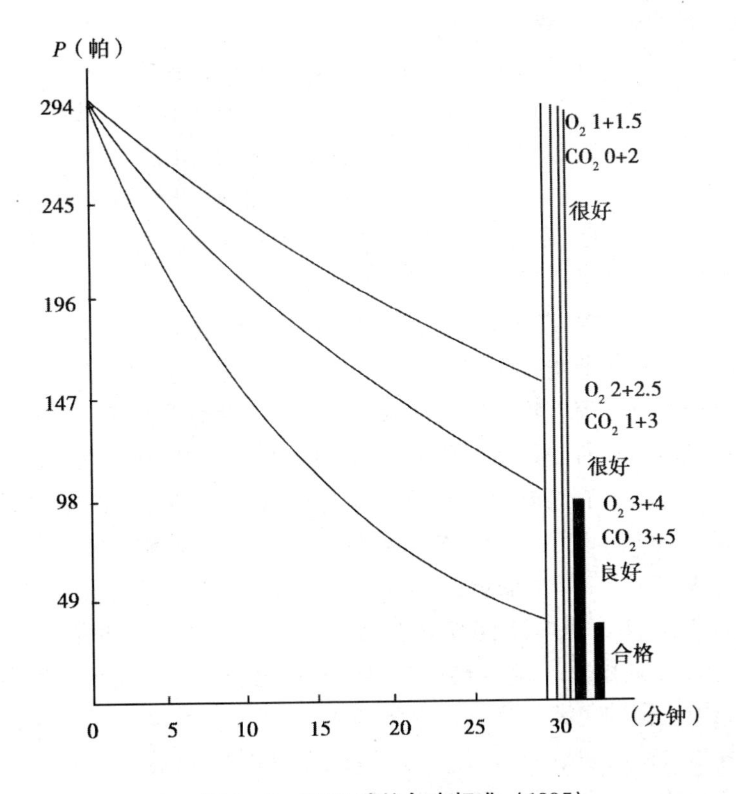

图 1－9 FAO 建议气密标准（1995）

（2）调气设备

真空泵、制氮机、降氧机、富氮脱氧机（烃类化合物燃烧系统、分子筛气调机、氨裂解系统、膜分离系统）、CO_2 洗涤机、SO_2 发生器、乙烯脱除装置等。先进调气设备的应用为迅速、高效地降低 O_2 浓度、升高 CO_2 浓度、脱除乙烯、并维持各气体组分在符合贮藏对象要求的适宜水平上提供了保证。

（3）分析监测仪器设备

采样泵、安全阀、控制阀、流量计、奥氏气体分析仪、温湿度记录仪、测 O_2 仪、测 CO_2 仪、气相色谱仪、计算机等分析监测仪器设备，满足了气调贮藏过程中用于贮藏条件的精确检测，为调配气提供依据，并对调配气进行自动监控。

气调贮藏库还有湿度调节系统，这也是气调贮藏的常规设施。另外，气调库内的制冷负荷要求比一般的冷库大，这是因为装货集中，要求在很短时间内将库温降到适宜贮藏的温度。

2. 塑料薄膜封闭气调法

20世纪60年代以来，国内外对塑料薄膜封闭气调法开展了广泛的研究，并在生产中广泛应用，在果蔬保鲜上发挥着重要的作用。薄膜封闭形成了良好的气密环境，可设置在普通冷库内或常温贮藏库内。它使用方便，成本较低，还可以在运输中使用。通过果品果蔬的呼吸作用，会使塑料袋（帐）内维持一定的 O_2 和 CO_2 比例，加上人为的调节措施，会形成有利于延长果品蔬贮藏寿命的气体成分。

1963年以来，人们开展了对硅橡胶薄膜在果品果蔬贮藏上的应用研究，并取得成功。使塑料薄膜在果蔬贮藏上的应用变得更便捷、更广泛。硅橡胶是一种有机硅高分子聚合物，它是由有取代基的硅氧烷单体聚合而成，以硅氧键相连形成柔软易曲的长链，长链之间以弱电性松散地交联在一起。这种结构使硅橡胶薄膜具有特殊的透气性。硅橡胶薄膜对 CO_2 的渗透率是同厚度聚乙烯膜的200~300倍，是聚氯乙烯膜的20万倍。硅橡胶膜还具有选择性透性，对N2、O_2 和 CO_2 的透性比为1：2：12，同时对乙烯和一些芳香成分也有较大的透性。利用硅橡胶膜特有的性能，在较厚的塑料薄膜（如0.23毫米聚乙烯）做成的袋（帐）上镶嵌一定面积的硅橡胶膜，就做成一个有硅橡胶膜气窗的包装袋（或硅窗气调帐），可对气体有较好的调节。

有硅橡胶气窗的包装袋（帐）与普通塑料薄膜袋（帐）一样，主要是利用薄膜本身的透性自然调节袋中的气体成分。因此，袋内的气体成分必然是与气窗的特性、厚薄、大小，袋子容量、装载量，产品的种类、品种、成熟度，以及贮藏温度等因素有关，实际应用时要通过试验研究，最后确定袋（帐）子的大小、装量和硅橡胶窗面积的大小。

（三）气调贮藏的管理

1. 气体指标及调节

（1）气体指标

气调贮藏技人为控制气体种类的多少可分为单指标、双指标和多指标三种情况。

单指标仅控制贮藏环境中的某一种气体如 O_2、CO_2 或CO等，而对其他气体不加调节。有些贮藏产品对 CO_2 很敏感，则可采用 O_2 单指标；就是只控制 O_2 的含量，CO_2 被全部吸收。对于多数果蔬来说，单指标的效果难以达到很理想的贮藏效果。但这一方法却只对被控制气体浓度的要求较高，因而管理较简单，操作也比较简便，容易推广。

双指标是指对常规气调成分的 O_2 和 CO_2 两种气体（也可能是其他两种气体成分）均加以调节和控制的一种气调贮藏方法。在我国习惯上把气体含量在2% ~5% 称为低指标，5% ~8% 称为中指标。一般来说，低 O_2 低 CO_2 指标的贮藏效果较好。

多指标不仅控制贮藏环境中的 O_2 和 CO_2，同时还对其他与贮藏效果有关的气体成分如乙烯、CO 等进行调节。这种气调方法贮藏效果好，但调控气体成分的难度提高，对调气设备的要求较高，设备的投资较大。

（2）气体的调节

气调贮藏环境达到要求的气体指标，是一个降 O_2 和升 CO_2 的过渡期，可称为降 O_2 期。降 O_2 之后，则是使 O_2 和 CO_2 稳定在规定指标的稳定期。降 O_2 期的长短以及稳定期的管理，关系到果蔬贮藏效果的好与坏。

①自然降 O_2 法（缓慢降 O_2 法）：封闭后依靠产品自身的呼吸作用使 O_2 的浓度逐步减少，同时积累 CO_2。

放风法：每隔一定时间，当 O_2 降至指标的低限或 CO_2 升高到指标的高限时，开启贮藏帐、袋或气调库，部分或全部换入新鲜空气，而后再进行封闭。此法在整个贮期期间 O_2 和 CO_2 含量总在不断变动，实际不存在稳定期。在每一个放风周期之内，两种气体都有一次大幅度的变化。

调气法：以指标总和小于21%和单指标的气体调节，是在降 O_2 期去除超过指标的 CO_2，当 O_2 降至指标后，定期或连续输入适量的新鲜空气，同时继续吸除多余的 CO_2，使两种气体稳定在要求指标。

②人工降 O_2 法（快速降 O_2 法）：利用人为的方法使封闭后环境中的 O_2 迅速下降，CO_2 迅速上升。实际上该法免除了降 O_2 期，封闭后立即进入稳定期。

充 N_2 法：封闭后抽出气调环境中的大部分空气，充入 N_2，由 N_2 稀释剩余空气中的 O_2，使其浓度达到要求指标。有时充入适量 CO_2，使之也立即达到要求浓度。此后的管理同前述调气法。

气流法：把预先由人工按要求指标配制好的气体输入封闭容器内，以代替其中的全部空气。在以后的整个贮藏期间，始终连续不断地排出部分气体和充入人工配制的气体，控制气体的流速使内部气体稳定在要求指标。

人工降 O_2 法由于避免了降 O_2 过程的高 O_2 期，所以能比自然降 O_2 法贮藏效果好。然而，此法要求的技术和设备较复杂，同时消耗较多的 N_2 和电力。

（3）塑料膜封闭方式和管理

①垛封法：贮藏产品用透气的包装盛装，码成垛。垛底先铺一层垫底薄膜，在其上摆放垫木，位盛装产品的容器架空。码好的垛用塑料帐罩住，帐子和垫底薄膜的四边互相重叠卷起并埋入垛四周的小沟中，或用其他重物压紧，使帐子密闭。也可以用活动贮藏架在装架后整架封闭。比较耐压的一些产品可以散堆到帐架内再行封帐。帐子选用的塑料薄膜一般厚度为0.07～0.20毫米的聚乙烯或无毒聚氯乙烯；在塑料帐的两端设置袖口（用塑料薄膜制成），供充气及垛内气体循环时插入管道之用。可从袖口取样检查，活动硅橡胶窗也是通过袖门与帐子相连接的。帐子还安设取气口，以便测定气体成分的变化或从此充入气体消毒剂，不用时把气口封闭。为使凝结水不侵蚀贮藏产品法使封闭帐悬空，不使之贴紧产品。帐顶凝结水的排除，可加衬吸水层将帐项做成屋脊形，以免凝结水滴到产品上而促发腐烂病害。

塑料薄膜帐的气体调节可应用气调库调气的各种方法。帐子上设硅橡胶窗可以实现自动调气。

②袋封法：将产品装塑料薄膜袋内，扎口封闭后放置于库房中。调节气体的方法有：a. 定期调气或放风：用0.06～0.08毫米厚的聚乙烯薄膜做成袋子，将产品装满后入库，当袋内的O_2减少到低限或CO_2增加到高限时，将袋打开放风，换入新鲜空气后再进行封口贮藏。b. 自动调气：采用0.03～0.05毫米厚的塑料薄膜做成小包装，因为塑料膜很薄，透气性较好，在较短的时间内，可以形成并维持适当的低O_2和高CO_2的气调环境，而不致造成低O_2或高CO_2伤害。该方法适用于短期贮藏、远途运输或零售包装的许多种果蔬。

2. 温度、湿度管理

气调贮藏库的温度、湿度管理与机械冷库基本相同，可以借鉴。

塑料薄膜封闭贮藏时，袋（帐）内部因有产品释放的呼吸热，所以内部的温度总会比外部高一些，一般有0.5～1.0℃的温差。另外，塑料袋（帐）内部的湿度较高，经常接近饱和。而塑料膜正处于冷热交界处，在其内侧常有一些凝结水珠。薄膜封闭贮藏时应力求保持库温稳定，尽量减小封闭（帐）内外的温差，避免凝结水珠和产品脱水现象。

四、减压贮藏

减压贮藏，也被称为或低气压贮藏，是在冷藏基础上，将密闭环境中的气体压力由正常的大气压状态降至负压进行贮藏的一种方式。减压贮藏技术是新鲜果蔬保藏的又一个技术创新，是气调贮藏技术的进一步发展。

（一）减压贮藏的原理

减压使空气中的各种气体组分的分压都相应降低。如气压降至10 132.5帕时，空气中的各种气体分压也降至原来的1/10。虽然这时空气中各组分的相对比例与原来一样，但它的绝对含量却只有原来的1/10，如 O_2 由原来的21%降至2.1%，这样就获得了气调贮藏的低 O_2 条件，兼容了气调贮藏的效果。一般的机械冷藏和气调贮藏通常不进行经常性的通风换气，因而新鲜果蔬代谢过程中产生的 O_2、CO_2、乙醇、乙醛等有害气体会逐渐积累到有害水平。而减压条件下气体交换加速，有利于有害气体的排除。因此，减压贮藏能显著延缓新鲜果蔬的成熟衰老，更好地保持产品原有的色泽和新鲜状态，延缓组织软化，减轻冷害等生理失调。在一定范围内，减压程度越大，作用越明显。在低压条件下，病菌的生长发育也受到抑制，气压愈低，抑制真菌生长和孢子形成的作用愈显著。

（二）减压贮藏的构造与管理

减压贮藏对库体设计和建筑提出了比气调贮藏库更严格的要求，表现在气密程度和库房结构强度要求更高。气密性不够，设计的真空度难以实现，无法达到预期的贮藏效果，还会增加维持低压状态的运行成本，加速机器设备的磨损。减压贮藏由于需较高的真空度才会产生明显的效果，库房要承受比气调贮藏库大得多的内外压力差，库房建造时所用材料必须具有足够的机械强度，要求库体结构合理牢固。在减压条件下新鲜果蔬中的水分极易散失，为防止这一情况的发生，必须保持贮藏环境很高的相对湿度．通常应维持在95%以上。要达到如此高的相对湿度，减压贮藏库房中必须安装增湿装置。由于减压贮藏可略去气调贮藏所必需的调气仪器设备，所以，减压贮藏库房的建造费用并非人们想象的那样昂贵。

一个完整的减压贮藏系统包括4个方面的内容：降温、减压、增湿和通风。减压贮藏的设备和工艺如图1－10所示。新鲜果蔬置入气密性良好的减压贮藏专用库房并密闭后，用真空泵连续进行抽气，至达到所要求的真空度，并维持稳定的低压状态。由于增湿器内安装有电热丝能使水加热而略高于空气温度，这样使进入库房的气体较易达到95%的相对湿度，且进入房

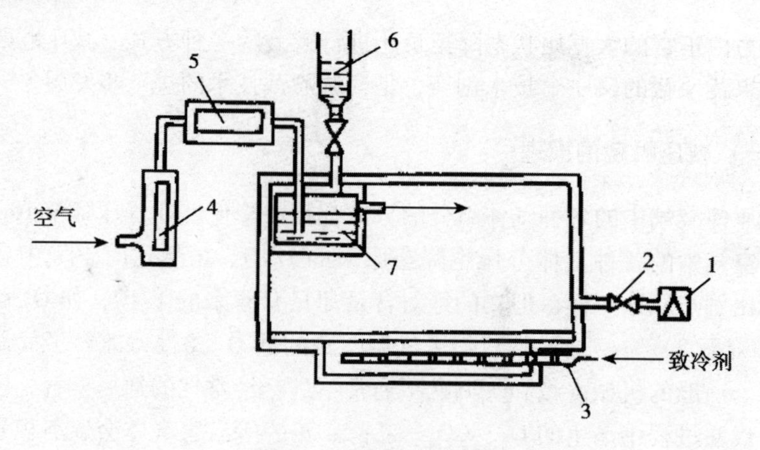

图 1－10　减压库示意图

1. 真空泵；2. 气阀；3. 冷却排管；4. 空气流量调节器；5. 真空调节器；6. 贮水池；7. 水容器

库的新鲜高湿气体在减压条件下迅速扩散至库房各部位，从而使整个贮藏空间保持均匀一致的温度、湿度和气体成分。由于真空泵连续不断地抽吸库房中的气体，新鲜果蔬新陈代谢过程中产生并释放出来的各种有害气体，迅速地随同气流经气阀被排出库外。减压过程中所需的真空调节器和气阀主要起调控贮藏库内所需的减压程度及库内气体流量的作用。

减压贮藏中为节省运行成本，可以间歇式操作，即规定真空度的允许范围，当低于规定真空度下限要求时，真空泵开始工作，达到真空度上限时则关闭真空泵。不管连续式还是间歇式减压操作，均较简单，并是建立和解除真空均很迅速。真空泵停止工作后，只要打开真空调节器，几分钟内即可解除真空状态，工作人员就可进入贮藏间工作，若要恢复低压，只要打开真空泵即可。

虽然试验研究中用减压技术贮藏番茄、菠菜、生菜、蘑菇等均获得了很好的效果，延长了产品的贮藏期和货架期。但由于减压贮藏库建筑有较高的难度，在目前技术水平下，该项技术的广泛应用受到了故减压贮藏目前尚未应用于生产。

五、果品果蔬贮藏的辅助措施

（一）辐射处理

从 20 世纪 40 年代开始，许多国家对原子能在果蔬保藏上的应用进行了广泛的研究，取得了重大成果。马铃薯、洋葱、大蒜、蘑菇等果蔬经辐射处理后，作为商品已大量上市。

各国在辐射保藏果蔬上主要是应用^{60}Co（^{60}钴）或^{137}Cs（^{137}铯）为放射源的γ-射线来照射。γ-射线是一种穿透力极强的电离射线，当其穿过活机体时，会使其中的水和其他物质发生电离作用，产生游离基或离子，从而影响到机体的新陈代谢过程，严重时则杀死细胞。辐射可以干扰基础代谢、延缓成熟与衰老。由于照射剂量不同，所起的作用有差异。

低剂量：1kGy 以下，影响植物代谢，抑制块茎、鳞茎类发芽，杀死寄生虫。

中剂量：1～10kGy，抑制代谢，延长果蔬贮藏期，阻止：杀死沙门氏菌。

高剂量：10～50kGy，彻底灭菌。

射线辐照块茎、鳞茎类果蔬可以抑制其发芽，但剂量应适当，剂量太高反而会引起腐烂。同时，辐射可以抑制和杀死病菌及害虫，从而减少贮藏产品在贮藏期间的腐败变质。

（二）磁场处理

产品在一个电磁线圈内通过，控制磁场强度和产品移动速度，使产品受到一定剂量的磁力线切割作用。或者流程相反，产品静止不动，而磁场不断改变方向（S、N 极交替变换）。

Boe 和 Salunkhe（1963）将番茄放在强度很大的永久磁铁的磁极间试验，发现果实后熟加速，并且靠近 S 极的比靠近 N 极的熟得快。他们认为其机制可能是；①磁场有类似激素的特性，或具有活化激素的功能、从而起到催熟作用；②激活或促进酶系统而加强呼吸；③形成自由基，加速呼吸而促进后熟。

（三）高压电场处理

一个电极悬空，一个电极接地（或做成金属板极放在地面），两者间便形成不均匀电场，产品置电场内，接受间歇的或连续的或一次的电场处理。可以把悬空的电极做成针状负极，由许多长针用导线并联而成。针极的曲率半径极小，在升高的电压下针尖附近的电场特别强，达到足以引起周围空气剧烈游离的程度而进行自激放电。这种放电局限在电极附近的小范围内，形成流注的光辉，犹如月环的晕光，故称电晕。因为针极为负极，所以，空气中的正离子被负电极所吸引，集小在电晕套内层针尖附近。负离子集中在电晕套外围，并有一定数量的负离子向对面的正极板移动，这个负离子气流正好流经产品而与之发生作用。改变电极的正负方向、则可产生正离子空气。另一种装置是在贮藏室内用悬空的电晕线代替上述的针极，作用相同。

高压电场处理不只是电场单独起作用，同时还有离子空气的作用。此外，在电晕放电中还同时产生 O_3。O_3 是极强的氧化剂，有灭菌消毒、破坏乙烯的作用。这几方面的作用是同时产生而不可分割的。所以，高压电场处理起的是综合作用，在实际操作中，有可能通过设备调节电场强度、负离子和 O_3 的浓度。

（四）负离子和 O_3 处理

正离子对植物的生理活动起促进作用，负离子起抑制作用。因此，在果蔬贮藏中多用负离子空气处理。当只需要负离子的作用而不要电场作用时，可改变上述处理方法，产品不在电场内，而是按电晕放电使空气电离的原理，制成负离子空气发生器，借风扇将离子空气和放电产生的 O_3 吹向产品，使产品在发生器的外面接受离子淋沐。

第五节　北方蔬菜的贮藏与管理

蔬菜种类繁多，食用部分分属于植物的不同器官，具有不同的贮藏特性。北方蔬菜的贮藏可以分成几类进行贮藏管理，如叶菜类、果菜类、花菜类、根茎菜类和瓜类等。

一、　叶菜类贮藏

叶菜类主要包括大白菜、甘蓝、芹菜、菠菜等，它们以叶片、叶球或叶柄作为食用器官，是秋冬季的主要蔬菜。

（一）大白菜的贮藏

1. 贮藏特性

大白菜是以叶球供食用的营养贮藏器官，含水量高达 90% ~95%，贮藏中极易失水萎蔫。大白菜是在冷凉湿润的条件下发育形成的，因此其适宜的贮藏温度为 -1 ~1℃，相对湿度为 85% ~90%。

大白菜贮藏期间的损耗主要是由于脱帮、失水和腐烂所引起的。脱帮、失水主要发生在贮藏前期，腐烂主要发生在贮藏后期。在入贮初期，由于大白菜含水量很高，组织脆嫩，呼吸作用强，水分极易蒸腾，加之容易损伤而极易受微生物的侵染。如果温度过高，不仅会促进大白菜的衰老和腐烂，同时还会加速大白菜叶柄离层的形成，促使大白菜脱帮，所以，控制好温度是搞好大白菜贮藏的决定性因素。此外，晒菜过度、组织萎蔫等也会引起脱帮。一般来说，高温、高湿不利于大白菜的贮藏。

2. 品种的选择

我国大白菜品种很多，不同品种的耐贮性不同。一般晚熟品种比早熟品种耐贮。晚熟品种的特点是植株高大粗壮，叶的中肋肥厚，菜体呈绿色，抗寒性和耐贮性都很强。青帮类型比白帮类型耐贮，如城阳青、玉青、青帮河头、大青帮等都属青帮类的耐贮品种。北京地区贮藏的大白菜以青白帮类型为主，其贮藏性虽稍次于青帮类型，但品质好。

3. 贮前处理

大白菜适期收获后应进行适当的晾晒、整理与预贮，再进行贮藏。

（1）适期采收

大白菜适宜的收获期对其贮藏很重要。收获过早，气温较高，对贮藏个利，同时也影响产量；收获过晚，气温低，易使叶球在田间受冻。所以，应根据不同地区的气温变化情况，掌握适宜的收获期。大白菜适宜的收获期以叶球为“八成心”最好，如果叶球生长过实，在贮藏中容易裂球，从而容易受微生物侵染，使腐烂率提高，品质下降。

（2）晾晒

许多地区大白菜收获后，要在田间进行适当的晾晒，达到菜体直立、外叶垂而不折的程度，一般晒菜失重约为毛菜的 10% 为宜。晾晒使外叶失去一部分水分，组织变柔软，可减少机械损伤，提高细胞液浓度，使冰点下降，增强了抗寒能力。但如果晾晒过度，大白菜组织萎蔫会破坏正常的代谢机能，加强水解作用，促进离层形成而导致脱帮，从而降低大白菜的耐贮性和抗病性。但是，也有些地方，如西北地区、东北地区，历来贮藏大白菜是不经晾晒的，收获后直接入窖。目前一般认为，轻度晾晒是可行的，使外叶稍有萎蔫有利于减少机械伤害。

（3）整理与预贮

经晾晒后大白菜适当加以整理，摘除黄帮烂叶，但不能清理过重，不黄不烂的外叶要尽量保留以保护叶球。同时，进行分级挑选以便管理。如整理后气温尚高，可在窖外进行预贮，以散去田间热。预贮期间要注意气温变化，既要防热又要防冻，一旦受冻，可在窖外缓慢解冻，然后才能入窖。受冻的菜切忌剧烈搬动，否则会使腐烂加重。入库的原则是在不受冻害前提下，越晚越好。

(4) 药剂处理

针对大白菜的脱帮问题，可辅以药剂处理。收菜前2~7天用25~50毫克/千克的2，4-D药液进行田间喷洒或收后浸根，都有明显抑制脱帮的效果。50~100毫克/千克的萘乙酸处理也有类似效果，但处理后使细胞保水能力增强，抗寒力减弱，烂叶也不易脱落，不便于修菜。近年来，北京地区采用更低浓度（10~15毫克/千克）的2，4-D处理，能使药效保持2~3个月，既可使药效保持到脱帮严重期，又有利于后期修菜。

4. *贮藏方式*

大白菜主栽于北方，其冬春季的温度基本上可满足贮藏的要求。因此，在我国北方地区主要利用自然低温贮藏大白菜。基于大白菜对温度的要求，采用机械冷藏无疑也可获得良好的效果。大白菜贮藏的方式通常有埋藏、窖藏和通风库贮藏。埋藏是在菜地挖沟，将菜体直立于沟内，根据气温的变化分次在上面覆土防冻。在贮藏窖和通风库内，可采用垛贮、架贮和筐贮等方式。

(1) 垛贮

垛贮是北方各地广泛使用的方式。大白菜在窖内码成数列高近2米、宽为1~2棵菜的长条形垛，垛与垛之间的距离为0.5米左右，以便通风散热和贮期管理。码垛的方式有实心垛和花心垛两种，东北多为实心垛，堆码简便、稳固、贮量大，但通风效果较差；花心垛垛内留有较大空隙，有利于通风散热，但贮量较小。码垛的方式虽不同，但原则上应注意两点：一是堆码方便稳固而不易倒塌；二是必须留有适当的空隙，以利于通风散热，减少倒菜次数。

(2) 架贮和筐贮

架贮是将大白菜摆放在分层的菜架上，菜架之间间隔20~30厘米，每层放菜1~2层，架贮菜每层都有一定空隙，从而提高了菜体周围通风散热作用，所以倒菜次数少，损耗低，贮藏效果好。筐贮是将大白菜装筐后堆码，每筐装菜15~20千克，筐间和垛间、垛与墙壁之间、垛与窖底和窖顶之间都留有一定距离，有利于适当通风散热。

5. 管理技术要点

大白菜窖藏和通风库贮藏中的管理以通风和倒菜为主。通风是引入外界冷凉干燥的空气，借以保持窖内适宜的温度和湿度。倒菜是翻动菜垛，改变菜体放置的位置，从而使垛内得以充分的通风散热，并清理菜体，摘除烂叶。

由于贮期不同，气候条件和大白菜的生理状况也不同，因此，在不同时期应采取不同的管理方法。下面以北方窖贮为例，说明各贮期的管理技术要点。

（1）前期管理

从入窖到冬至为贮藏前期。此期的特点是气温较高，窖温常常超过0℃，大白菜新陈代谢旺盛，产生的呼吸热多，极易热伤。因此要求通风量大、时间长，使窖温尽快下降并维持在0℃左右。一般在入窖初期可昼夜开放通风口，必要时辅以机械鼓风。但要随时观察窖温变化情况以灵活掌握。当外界气温下降时，可逐渐减少通风量和通风时间。此期倒菜要勤，入窑后紧倒几次，以后逐渐延长倒菜周期，目的是通风散热，降低窖温，避免大白菜热伤脱帮。

（2）中期管理

从冬至到立春为贮藏中期，是一年中最冷的季节，这时菜温和窖温都已降低，由于外温很低，管理中应以防冻为主。大量通风时最好在中午，目前一般都采用放“细长风”，通风时间根据窖温来定。此期倒菜次数可减少，周期延长，可采取“细倒慢摘”的方式，不烂不摘，尽量用外帮保护内叶。

（3）后期管理

从立春以后进入贮藏后期。此期气温逐渐回升，而且变化很大，常常是“三寒四暖”。窖温在气温的影响下，虽然总的趋势是逐渐回升，但也会出现明显的高低波动，这时菜体的耐贮性和执病性已明显降低，易受病菌侵染而腐烂。所以此期管理以尽量维持稳定低温，防止窖温回升为原则。注意气温的变化情况，尽量以夜间通风为主，增加倒菜次数，剔除黄帮烂叶，防止腐烂。由于此期贮量已减少，应降低垛高。

贮藏中3个时期的管理是互相联系的，前一个时期的管理搞得好，就为后一个时期打下了良好的基础，因此要做好大白菜贮期的综合管理。

（二）甘蓝贮藏

1. 贮藏特性

甘蓝又名结球甘蓝，俗称为卷心菜、包心菜、莲花白等。在我国各地都有栽培，产量较大，是较耐贮藏的蔬菜品种之一。甘蓝的品种按照叶球的形状，大致可分为尖头、圆头和平头类型。其中，平头类型多为中熟和晚熟品种，品质优良，产量高，较耐贮藏。

甘蓝性喜冷凉，具有一定的抗寒能力，作为营养贮藏器官的叶球也是在冷凉条件下形成的，所以甘蓝的贮藏需要低温条件。它适宜的贮藏条件是：温度0～1℃，相对湿度90%～95%，$O_2$2%～5%，$CO_2$5%～6%。

2. 贮前处理

选择叶球发育良好，成熟紧实、无病虫害的菜棵，去除外表的枯黄烂叶，保留1～2层外叶，然后经过3～5天的适当晾晒和预冷，增加外叶韧性以减少叶球的机械伤害和病虫侵入。甘蓝的抗寒力比大白菜强，收获和入库期可稍晚。

3. 贮藏方式

（1）假植贮藏

适用于甘蓝包心不够充实的晚熟品种。假植贮藏可使甘蓝进一步生长成熟，增加重量。收获前，挖一长方形沟，长宽视贮藏量而定。收获时将甘蓝连根拔起，保留外叶，适当晾晒，使外叶稍微萎蔫，然后使菜根朝下紧密排列在沟内，再向沟底浇少量水，菜体上面覆一些甘蓝叶片，以后随气温下降分次覆土。覆土时力求均匀，太薄甘蓝易受冻，太厚则易热伤，至气温最低时，总覆土厚度应在20～30厘米。这样，外层叶的营养可继续转移到叶球上，使叶球充实。为了防止贮藏期叶片的脱落，可在收获前1周喷施50毫克/千克的2，4-D。

（2）沟藏

主要适用于菜农小规模短期贮藏。选择地势高燥、排水通畅的地方，挖一深为0.8～1.0米、宽1.5～2.0米的沟，长度视贮藏量而定。甘蓝一般在沟内堆放2～3层，第一层菜根朝下，第二层菜根朝上，再上以此类推。堆放时，为避免沟内甘蓝热伤和随时检测沟内温度，可每隔2～3米埋一通风筒和测温筒。堆放完毕，先盖干草，以后随气温下降再覆上干土后轻轻拍平，以防雨水渗入。沟面覆盖物的厚度以保持沟内温度在0～2℃为宜，覆土应高于地面，并在两边挖一排水沟，以防沟内积水而造成腐烂。

（3）冷藏

选择包心坚实的叶球，把根削平，适当留一些外叶，将菜装入箩筐内，放入冷库，注意间距，以利于通风散热。入贮的甘蓝事先要预冷，每次入库量不能过大，以免库温波动太大。贮藏期间控制库温在 0～1℃，相对湿度 90% 左右。用该法贮藏的菜，质量新鲜，重量损耗较少。入库后，贮藏初期以降温为主，贮藏中期以保温防冻为主，贮藏后期以降温为主。

在冷库中，也可采用 MA 贮藏，控制 O_2 浓度在 3%～5%，CO_2 5%～6%，对延缓甘蓝衰老，防止失水、失绿、脱帮、抽薹、根部长须都有一定的效果。

（三）芹菜贮藏

1. 贮藏特性

芹菜喜冷凉湿润，比较耐寒，可以在 -1～-2℃条件下微冻贮藏，低于 -2℃时易遭受冻害，难以复鲜。芹菜也可在 0℃恒温贮藏。蒸腾萎蔫是引起芹菜变质的主要原因之一，所以芹菜贮藏要求高湿环境，湿度 98%～100% 为宜。气调贮藏可以降低腐烂和延缓褪绿。一般认为适宜的气调条件是：温度为 0～1℃，RH 90%～95%，O_2 2%～3%，CO_2 4%～5%。

2. 品种及栽培要求

芹菜分为实心种和空心种两大类，每一类中又有深绿色和浅绿色的不同品种。实心色绿的芹菜品种耐寒力较强，较耐贮藏，经过贮藏后仍能较好地保持脆嫩品质。

用于贮藏的芹菜，一般应适当早播。在栽培管理中要间开苗，单株或双株定植，并勤灌水，要防治蚜虫，控制杂草，保证肥水充足，使芹菜生长健壮，柄粗叶色深，抗性强。要在霜冻之前收获芹菜，收获时要连根铲下，摘掉黄枯烂叶，捆把待贮。

3. 贮前处理

收获芹菜要连根铲下，除假植贮藏连根带土外，其他贮藏方法带根宜短并清除泥土。挑选生长健壮，叶柄粗嫩的单株，摘除枯黄烂叶，整理好并根据贮藏要求打成定量小捆，进行预冷，同时应避免冻害。

4. 贮藏方式

（1）微冻贮藏

芹菜的微冻贮藏方法简便，贮量大，效果好。据山东省潍坊地区经验，地上式冻藏窖宽 2 米，高 1 米，窖的四壁是用夹板填土打实而成的土墙，厚 50～70 厘米。打墙时在南墙的中心每隔 0.7～1 米立一根直径约 10 厘米粗的木杆，墙打成后拔出木杆，使南墙中央成一排垂直的通风筒，然后在每个通风筒的底部挖深和宽各约 30 厘米的通风沟，穿过北墙在地面开进风口，这样每一个通风筒、通风沟和进风口联成一个通风系统。在通风沟上铺两层秫秸，一层细土，把芹菜捆成 5～10 千克的捆，根向下斜放窖内，装满后在芹菜上盖一层细土，以菜叶似露非露为度。白天盖上草苫，夜晚取下，次晨再盖上。以后视气温变化，加盖覆土，总厚度不超过 20 厘米。最低气温在 -10℃以上时，可开放全部通风系统，-10℃以下时要堵死北墙外进风口，使窖温处于 -2～-1℃。

一般在芹菜上市前 3～5 天进行解冻。将芹菜从冻藏沟取出放在 0～2℃的条件下缓慢解冻，使之恢复新鲜状态。也可在调整温度后的窖内缓慢解冻。

（2）假植贮藏

在我国北方各地，民间贮藏芹菜多用假植贮藏，该方法芹菜不需要预冷。一般假植沟宽约 1.5 米，长度不限，沟深 1～1.2 米，2/3 在地下，1/3 在地上，地上部用土打成围墙。芹菜带土连根铲下，以单株或成簇假植于沟内，然后灌水淹没根部，以后视土壤干湿情况可再灌水一二次。为便于沟内通风散热，每隔 1 米左右，在芹菜间横架一束秫秸把，或在沟帮两侧按一定距离挖直立通风道。芹菜入沟后用草帘覆盖，或在沟顶做成棚盖然后覆土，酌留通风口。以后随气温下降增厚覆盖物，堵塞通风道。整个贮藏期维持沟温在 0℃或稍高，勿使受热或受冻。

（3）冷库贮藏

冷库贮藏芹菜效果良好。一般要求库温在 0℃左右，相对湿度为 98%～100%。芹菜可装入有孔的聚乙烯膜衬垫的板条箱或纸箱内，也可以装入开口的塑料袋内。这些包装既可保持高湿而减少失水，又没有 CO_2 积累伤害或缺氧的危险。

（4）简易气调贮藏

一般在冷库内将芹菜装入塑料薄膜袋中贮藏，效果较好。方法是用 0.08 毫米的聚乙烯薄膜制成长 100 厘米、宽 75 厘米的袋子，每袋装 10～15 千克经挑选带短根的芹菜，扎紧袋口，分层摆在冷库的菜架上。库温控制在 0～2℃。当自然降氧使袋内氧气含量降到 5% 左右时，打开袋口通风换气，再扎紧。也可以松扎袋口，贮藏中则不需人工调气。这种方法可以将芹菜从 10 月贮藏到春节，商品率达 85% 以上。

（5）硅窗气调贮藏

将挑选后的芹菜入库预冷 24 小时，然后放入硅窗袋内，扎紧袋口，保持库温0~1℃。硅窗袋的规格为：用聚乙烯塑料薄膜制成长100厘米、宽70厘米的包装袋，硅窗面积在96~110平方米左右，贮藏时间可达3个月以上。该方法操作简便，效果良好。

（四）菠菜贮藏

1. 贮藏特性

菠菜为绿叶菜类，耐寒性很强，秋菠菜地上营养器官能忍受-9℃的低温，在冻结温度下可以长期贮藏，缓慢解冻后仍可恢复新鲜状态，适于冻藏。因此，菠菜一般在-4~-2℃下冻藏或在0℃左右冷藏。

2. 品种的选择

菠菜品种依叶型分为圆叶、尖叶两种。贮藏用的菠菜应选耐寒性强的尖叶型品种或尖圆叶型杂交种。该类型品种的叶厚、色深、耐寒，适于贮藏。

3. 采收

菠菜的适宜收获期应在土壤即将封冻而未冻实时，即早晚地面上冻、中午化开、地面处于刚冻结又未冻实时进行收获，收获后的菠菜很快进入冻结阶段而不再解冻。采前1周应停止灌水，以减少菜体的含水量。

菠菜收获时连根铲起，抖掉泥土，摘去枯黄烂叶，就地捆把，或运到贮藏地点再捆。捆把时菜捆不宜过大，一般每捆1千克左右，否则捆的中部不宜冻结而发生腐烂。菠菜捆好后，根部朝下，放在风障后或背阴处，待菜温降低后即可贮藏。

4. 贮藏方式

（1）冻藏（埋藏）

冻藏菠菜不需要特殊设备，但需根据天气情况精细管理，否则损耗较大。冻藏的地点应选在高燥阴凉处或房屋北侧的阴冷地方。挖沟时，沟的深度可与菠菜的高度相等或稍浅。宽度：窄沟为20~30厘米，不设通风道；宽沟为1~2米，建沟时，在沟底挖1~3条通风道。通风道各宽20~30厘米，通风道的上面横铺苇席或高粱秆等，两端需露出地面与外界相通。往沟里放菠菜时应将菜捆根朝下直立地排列在沟内，然后在菠菜上面覆盖一层细湿土，土厚以刚刚盖严菜叶为度，不要太厚。此时覆盖土的目的不是防寒，而是防风保湿。有通风道的应将通风道日夜敞开，以便使菠菜迅速降温冻结。以后随着温度的逐渐下降，逐渐添加覆土，覆土总厚度各地有所不同，以维持菠菜冻结，沟内温度为-4~-2℃为宜。

冻藏菠菜上市前需经2～3天的解冻过程，使之恢复新鲜状态才能上市。解冻时将菠菜取出，把菜捆放在菜窖或冷屋子里面0～2℃下缓慢解冻，在搬运过程中，要特别注意避免碰撞、挤压。解冻后的菠菜经过解捆摘除黄枯烂叶，整理捆把后即可上市。

（2）冷藏

冷库贮藏菠菜，一般以塑料薄膜袋包装（松扎口），库温控制在-0.5～0.5℃。收获后的菠菜经过挑选和整理，剔除病株或单叶后打捆，每捆以0.5千克左右为宜。将菠菜捆装入筐内，每筐约10千克。在0～1℃冷库内预冷24小时。预冷后的菠菜用厚0.08毫米、长110厘米、宽80厘米的聚乙烯薄膜袋包装。装袋时将菠菜叶对叶码放，装好袋后，平放在架子上，敞口一昼夜。次日用直径约2厘米的圆棍放在袋口处扎住袋口，再将棍拔出，使袋口有较大的空隙。每7～10天取气一次侧CO_2含量，0℃库里袋内CO_2浓度应在1%～5%（偏向上限为宜），超量时可开口放气调节，然后再扎口。贮藏期间定期抽查菜的质量状况。

冷库贮藏具有温度低而稳定的优点，同时用塑料袋包装起到了保湿和气调的双重作用。采用这种贮藏方法可将春菠菜贮藏1个月左右，秋菠菜可贮藏85天左右，商品率可达90%以上。

二、果菜类贮藏

茄科植物中的果菜类称为茄果类，果菜类除瓜果、茄果外，还包括豆类。其中，番茄、冬瓜、南瓜等少数几种食用成熟果实外，多数则以幼嫩果实或种子供为菜用，是人们喜爱的一类蔬菜。

（一）番茄贮藏

1. 贮藏特性

番茄又称西红柿、洋柿子，食用器官为浆果，原产于南美洲热带地区，性喜温暖，不耐0℃以下的低温，但不同的成熟度对温度要求也不一样。用于长期贮藏的番茄一般选用绿熟果，适宜的贮藏温度为10～13℃，温度过低，则易发生冷害，不仅影响质量，而且也缩短了贮藏期限；用于鲜销或短期贮藏的红熟果，其适宜的贮藏温度为0～2℃，相对湿度为85%～90%，O_2和CO_2浓度均为2%～5%。

2. 品种的选择

贮藏用番茄要选择耐贮的品种。凡果实的干物质含量高、果皮厚、果肉致密、种腔小的品种较耐贮藏，如满丝、苹果青、佛罗里达、强力米寿、橘黄加辰、台湾红等品种均较耐贮。另外，植株下层和植株顶部的果不易贮存，前者接近地面易带病菌，后者果实的固形物少，果腔不饱满。

3. 采收

采收番茄时，应根据采后不同的用途选择不同的成熟度。用于长期贮藏或远距离运输的番茄应在果实已充分长大、内部果肉已经变黄、外部果皮泛白、果实坚硬的绿熟期采收。这种成熟度的果实抗病和抗机械伤的能力较强，耐贮藏和长途运输。短期贮藏或近距离运输可选用果实表面开始转色、顶部微红期的果实。

作为贮藏用的番茄，在采收前 2 ~ 3 天不应浇水，以增加果实的干重而减少水分含量。采摘番茄应在露水干后进行，采收的果实不应带果柄，且要轻拿轻放，避免机械伤。果实采收挑选后，应先放在冷凉处短时间预贮，散发部分田间热后，再进行贮藏。

4. 贮藏方式

番茄的简易气调贮藏是目前生产中常用的方法，此法贮藏番茄效果好，保鲜时间长。

贮藏前先将贮藏场所消毒，并降到适宜温度，一般为 10℃左右；然后在贮藏场所内，先铺垫底薄膜（一般为聚乙烯塑料薄膜，厚度为 0.12 ~ 0.2 毫米），其面积略大于帐顶，上放垫木，为了防止 CO_2 过高，可在枕木间均匀撒放消石灰，用量为每 1 000千克番茄需消石灰 15 ~ 20 千克；然后将箱装或筐装的番茄码放其上，码成花垛；码好的垛用塑料大帐罩住，大帐的四壁和垫底薄膜的四边分别重叠卷合在一起并埋入垛四周的沟中，或用土、砖等压紧，这样即构成了一个密闭的环境，可以采用自然降氧法或人工降氧法来调节 O_2 和 CO_2 的浓度。为防止帐顶和四壁的凝结水落到果实上，应使密闭帐悬空，不要紧贴菜垛，也可在菜垛顶部和帐顶之间加衬一层吸水物。

为了防止微生物的生长繁殖，可用仲丁胺进行消毒，按每立方米帐容 0.05 毫升的用量将仲丁氨注射到某一多孔性的载体上，如棉球、卫生纸等，然后将有药的载体悬挂于帐内，注意不要将药滴落到果实上，否则会引起药害；也可用氯气每 3 ~4 天熏蒸一次，用药量为帐容的 0.2%；或者用漂白粉消毒、用量为每 1 000千克番茄用漂白粉 0.5 千克，有效期为 10 天。此外，还可在帐内加入一定量的乙烯吸收剂，来延缓番茄在贮藏过程中的后熟。

在贮藏过程中，应定期测定帐内的 O_2 和 CO_2 气体含量，当 O_2 低于 2%

时，应通风补氧；而当 CO_2 高于6%时，则要更换一部分消石灰，以避免因缺氧和高 CO_2 造成番茄伤害。

（二）甜椒贮藏

1. 贮藏特性

甜椒是辣椒的一个变种，果实大、肉质肥厚、味甜，多以嫩绿果供食用。甜椒原产南美热带地区，喜温暖多湿。甜椒贮藏适温因产地、品种及采收季节不同而异。国外报道，甜椒贮温低于6℃易遭冷害。而据中国农业大学么克宁（1986）报道，甜椒的冷害临界温度为9℃，低于9℃会发生冷害，冷害诱导乙烯释放量增加。不同季节采收的甜椒对低温的忍受时间不同，夏季采收的甜椒在28小时内乙烯无异常变化，秋季采收的甜椒在48小时内乙烯无异常变化。夏椒比秋椒对低温更敏感，冷害发生时间更早。

近十几年来，国内对甜椒贮藏技术及采后生理的研究较多，确定了最佳贮藏温度为9～11℃，适宜相对湿度为90%～95%。辣椒贮藏中室内易有辛辣气味，要求有较好的通风。

国内外研究资料还显示，改变气体成分对甜椒保鲜、尤其在抑制后熟变红方面有明显效果。关于适宜的 O_2 和 CO_2 浓度报道不一，一般认为甜椒气调贮藏时，O_2 含量可稍高些，CO_2 含量应低些，气体组合为3%～5% O_2 和1%～2% CO_2 比较适宜。

2. 品种的选择采收

甜椒品种间耐藏性差异较大，一般色深肉厚、皮坚光亮的晚熟品种较耐贮藏，如麻辣三道筋油椒、世界冠军、茄门和MN－1号等。

3. 采收

采收时要选择果实充分膨大、皮色光亮、萼片及果梗呈鲜绿色、无病虫害和机械伤的完好绿熟果用于贮藏。秋季应在霜前采收，经霜的果实不耐贮。采前3～5天不能浇水，以保证果实有丰富的干物质含量。采摘甜椒时，捏住果柄掐下，防止果肉和胎座受伤；也有使用剪刀剪下，使果梗剪口光滑，减少贮期果梗的腐烂。避免摔、砸、压、碰撞以及因扭摘用力造成的损伤。

采收气温较高时，采收后要放在阴凉处散热预贮。预贮过程中要防止甜椒脱水皱缩，而且要注意覆盖防霜。入贮前，淘汰开始转红果和伤病果，选择合格果实贮藏。

4. 贮藏方式

(1) 冷藏

在机械冷库中贮藏甜椒，具体做法是；把甜椒放入0.03～0.04毫米厚的聚乙烯甜椒保鲜袋内，每袋装10千克，有序地放入库内的菜架上。也可将保鲜袋装入果箱，折口向上，然后将果箱码起，保持库温8～10℃，相对湿度80%～95%。贮藏期间定期通风，排除不良气体，保持库内空气新鲜。此法可贮存甜椒45～60天，效果良好。

(2) 气调贮藏

目前，我国普遍使用的是塑料薄膜封闭贮藏甜椒，效果显著好于普通冷藏，尤其在抑制后熟转红方面，效果明显。甜椒薄膜封闭贮藏方法及管理同番茄。气体调节可采用快速充氮降O_2、自然降O_2和透帐法，O_2浓度应控制在5%左右，CO_2浓度控制在3%以内。

(三) 茄子贮藏

1. 贮藏特性

茄子性喜温暖，不耐寒，为冷敏型蔬菜，在5～7℃下易发生冷害，但温度过高易衰老。茄子适宜的贮藏温度为10～13℃，相对湿度90%～95%。

茄子在贮藏中的问题主要是：果柄连同萼片产生湿腐或干腐，蔓延到果实，或与果实脱落；果面出现各种病斑，不断扩大，甚至全果腐烂，主要有褐纹病、晚疫病等；在5～7℃以下会出现冷害，病部出现水渍或脱色的凹陷斑块、内部种子和胎座薄壁组织变褐。

2. 品种选择

茄子有圆茄、长茄、矮茄3个变种。一般果实大而圆的品种多属晚熟型。茄子贮藏一般选用晚熟、深紫色、圆果形、含水量低的品种。

3. 采收

在下霜前采收，以免在田间遭受冷害。茄子适宜采收期的标志是：在萼片与果实连接处有一白绿色的带状环，如环带不明显，即为采收适期。茄子采收宜在晴天气温较低时进行，下雨时或雨后不宜立即采收。采收时轻拿轻放，避免机械伤。采后放在阴凉通风处预贮，以散去田间热。

4. 贮藏方式

(1) 埋藏

选择地势高燥，排水良好的地方挖沟，沟深1.2米、宽1～1.5米、长度视贮藏量而定。茄子入贮前选择无机械伤、虫伤、病害的中等大小的健康茄果在阴凉处预贮，待气温下降后入沟。入沟时，将果柄朝下一层层码放。第二层的果柄要插入第一层的空隙，以防刺伤果实。如此码放 4～5 层，在最上一层盖牛皮纸或杂草，以后随气温下降分层覆土。为防止茄子在沟内热伤，在埋藏茄子时，可每隔 3～4 米竖一通风筒和测温筒，保持沟内适宜温度。如果温度过低，应加厚土层，堵严通风筒：如果温度较高，可打开通风筒。采用这种方法一般可贮 40～50 天。

（2）冷库贮藏

茄子贮前应进行预冷，但注意不能采用水冷法，此法易导致病菌的传播，一般用空气预冷散去田间热。在 12～13℃的温度和 90%～95%的相对湿度条件下可贮藏 20 天左右，冷藏时应注意防止冷害发生。

（3）气调贮藏

茄子采收后装筐，入库码垛，用塑料大帐密封（操作方法与其他蔬菜气调贮藏相同），将 O_2 浓度调至 2%～5%，CO_2 调至 5% 左右、温度控制在 8～10℃，这样可以较好地保持茄子的质量。

茄子脱柄是成熟衰老的一种表现，气调贮藏能够防止和减少脱柄低 O_2 和高 CO_2 有降低茄子组织产生乙烯、延缓其衰老的作用。

（四）菜豆贮藏

1. 贮藏特性

菜豆又叫四季豆、豆角等，多食用嫩荚。菜豆较难贮藏。在贮藏中表皮易出现褐斑，俗称锈斑；老化时豆荚外皮变黄，纤维化程度增高，种子膨大硬化，豆荚脱水。

菜豆适宜的贮藏温度为（9±1）℃，相对湿度为 95% 左右。菜豆对 CO_2 较为敏感，1%～2% 的 CO_2 对锈斑产生有一定的抑制作用，但 CO_2 浓度超过 2% 时会使菜豆锈斑增多，甚至发生 CO_2 中毒。

2. 品种选择

用于贮藏的菜豆，应选择荚肉厚、纤维少、种子小、锈斑轻、适合秋茬栽培的品种。据报道，北京地区以青岛架豆、短生棍豆、法国芸豆和丰收 1 号较适宜贮藏，青岛架豆锈斑发生较轻。

3. 采收

菜豆采收一般在早霜到来之前进行，收获后把老荚及带病虫害和机械伤的挑出，选鲜嫩完整的豆荚进行贮藏。

4. 贮藏方式

（1）土窖贮藏

菜豆入窖后装入荆条筐或塑料筐，为了防止失水，可用塑料薄膜垫在筐底及四周，塑料薄膜应长出筐边，以便装好后能将豆荚盖住，在筐四周的塑料薄膜上打 20～30 个直径为 5 毫米左右的小孔，小孔的分布应均匀。在菜筐中间应放通气筒，以利通风换气，防止 CO_2 积累。

菜豆入窖初期要注意通风，以调节窖内温度，使窖温控制在 9±1℃。通常采用夜间通风降温，白天关闭通风口。贮藏期间定期检查，发现问题及时处理。

（2）气调库藏

在（9±1）℃的冷库中先将菜豆预冷，待品温与库温基本一致时，用厚度为 0.015 毫米 PVC 塑料袋包装，每袋 5 千克左右，将袋子单层摆放在菜架上，保鲜效果良好。也可将预冷的菜豆装入衬有塑料袋的筐或箱内，折口存放。容器堆码时应留间隙，以利通风散热。

（五）黄瓜贮藏

1. 贮藏特性

黄瓜又名胡瓜，以幼嫩的果实供食，属葫芦科甜瓜属一年生植物。嫩黄瓜含水量高，代谢活动旺盛，外皮保水能力很差，所以采收后营养物质消耗很快，并极易失水萎蔫而变“糠”。黄瓜脆嫩，易受机械伤害，特别是刺瓜类型，瓜刺碰伤流出汁液，容易被病原菌侵染而发生腐败变质。黄瓜在贮藏期间所含叶绿素会逐渐分解，使瓜皮出绿色变为黄色，贮藏时要注意瓜皮颜色的变化。另外在贮藏中由于种子发育，瓜条会部分膨大，形成“大肚”或“大头“现象，向瓜柄一端变“糠”。黄瓜是果菜类中很难贮藏的一种蔬菜。在黄瓜贮藏中要解决的主要问题是后熟老化和腐烂。黄瓜适宜的贮藏条件温度为 10～13℃，相对湿度 90%～95%，O_2 2%～5%，CO_2 0%～5%。

2. 品种的选择

选择耐贮性强的黄瓜品种是保证贮藏期长短的重要条件之一。黄瓜表皮厚，果肉丰满，固形物含量高，比较耐贮。此外，黄瓜的耐贮性与瓜皮上的瘤刺有无和多少有一定的关系。一般来说，瘤刺多而大的品种耐贮性较差，少瘤少刺的耐贮性较好。津研 4 号、津研 7 号、白涛冬黄瓜为较耐藏品种，其中，前两个品种为有瘤有刺有棱类型，适于北方地区选用。

3. 采收

用于贮藏的黄瓜，要采摘植株中部生长的瓜，俗称腰瓜。这种瓜多数条直、壮实。接近地面的瓜与泥土地接触，瓜身带有较多病菌，容易引起腐烂。瓜秧顶部的结头瓜是瓜秧衰老枯竭时的后期瓜，形状大多不规则，固形物含量低，贮存寿命短。黄瓜的成熟度与其耐贮性有密切的关系，一般嫩瓜贮藏效果最好，越大越老的瓜贮藏中越易衰老变黄。

黄瓜最好在清晨采摘。采摘时要用剪刀将瓜柄剪下，注意轻拿轻放，对于带刺多的瓜，要用软纸将瓜包好放入消毒过的菜筐。

4. 贮前管理

采摘的瓜运到荫棚或库房内预冷，以除去田间热，同时人工挑选，淘汰不符合贮藏要求的过熟、过嫩、有病虫害和机械损伤的瓜。黄瓜的表皮缺乏角质层，为了增加黄瓜的光泽，防止脱水萎蔫和腐败菌的感染，在入库前须用0.2%的托布律与4倍水的虫胶等量混合的溶液进行处理，使瓜身上均匀地附着一层混合液，涂好的瓜要在荫棚中晾干，装筐后准备入库。

5. 贮藏方式

（1）缸藏和水窖贮藏

在北方多采用缸藏和水窖贮藏。两者原理相同，在缸底或窖底有一定深度的水起调温保湿作用。常用的贮窖长6～10米，宽0.5～3米，深1～2米，将挖出的土堆在窖四周以减少外界温度对窖温的影响。沿南侧挖一条深30厘米的土沟以备贮水。窖底依次铺竹竿、稻草、塑料薄膜和瓜条，窖顶绑设竹架、铺塑料薄膜防渗漏雨水；然后盖1～2厘米厚稻草帘两三层防外温对窖内温度的影响。窖内黄瓜采取纵横交错方式堆码，不易放置过满，应留有一定空间。入贮初期，贮窖应夜间通风降温；天气转凉时，则白天通风并设风障以防窖温过低。

缸藏是将预先洗刷干净的缸装入15厘米左右深的清水，在离水面高7～10厘米处放一个木板钉成的井字形木架，其上再放用秸秆编成的圆形篦子（或直接用带孔的木板也可以），然后上面摆放挑选好的黄瓜。缸要放在室内阴凉处或背阴冷凉处，待天气转冷后，为避免缸内水结冰，应将缸埋入地下一半；天气过冷，缸的四周要用麻袋或其他保温性能好的材料围上或培土埋上。缸藏法贮藏黄瓜，在10～16℃的温度中，30天贮藏一般质量很好，重量损耗仅为5%～10%。但缸藏法贮藏的数量有限，仅适用农户少量贮藏。

（2）塑料袋冷藏法

把黄瓜摘下后，装在规格为长40厘米、宽50厘米的塑料袋内，每袋装2.5～3千克。塑料薄膜的厚度为0.08厘米，然后把袋装入筐，垛起来，也可码在架子上，置于冷库中，气体指标控制在O_2 3%～5%，CO_2 8%～10%，自然降氧。黄瓜贮藏一个月后没有腐烂和脱水现象。

（3）气调贮藏法

黄瓜气调贮藏方法与番茄相同。

北京市宣武区某蔬菜站提出黄瓜气调贮藏的各项指标如下：①温度10～13℃；②气体组成O_2和CO_2均为2%～5%，快速降氧；③黄瓜用1∶5虫胶水溶液加3 000～4 000毫克/千克苯来特、托布津或多菌灵少许涂布；④封闭的垛内放入瓜重1/40～1/20的高锰酸钾泡沫砖载体（泡沫砖碎块用饱和高锰酸钾溶液浸透），用以消除乙烯；⑤充氯气消毒，每2～3天充氯气一次，每次用量约为垛内空气体积的0.2%，防腐效果明显。用上述综合措施，黄瓜可贮藏45～60天，好瓜率约85%。

（六）冬瓜、南瓜贮藏

1. 贮藏特性

冬瓜有青皮冬瓜、白皮冬瓜和粉皮冬瓜之分。青皮冬瓜的茸毛及白粉均较少，皮厚肉厚，质地较致密，不仅品质好，抗病力也较强，果实较耐贮藏。粉皮冬瓜是青皮冬瓜和白皮冬瓜的杂交种，早熟质佳，也较耐贮藏。

南瓜也称番瓜、倭瓜。品种主要有黄狼南瓜、盆盘南瓜、枕头南瓜和长南瓜。黄狼南瓜质嫩耐糯，味极甜；盆盘南瓜肉厚而含水量较多；长南瓜品质中等。除枕头南瓜水少、质粗、品质差而不宜贮藏外，其他3个品种均耐贮藏。

冬瓜和南瓜贮藏的最适温度为10～13℃，若温度低于10℃，则会发生冷害。空气相对湿度为70%～75%。由于这些贮藏条件在自然条件下很易实现，因此常采取窑窖或室内贮藏。

2. 品种的选择和采收

冬瓜应选择个大，形正，瓜毛稀疏，皮色墨绿，无病虫害的中、晚熟品种贮藏；南瓜应采摘老熟瓜贮藏。

冬瓜于九成熟时带一段果梗剪下。贮藏的南瓜应采老熟瓜。采收标准为果皮坚硬，显现固有色泽，果面布有蜡粉，采收时也应保留一段果梗。冬瓜和南瓜的根瓜均不作贮藏用，应提前摘除。霜打后的瓜易腐烂，因此贮藏的瓜应适期早播。采收时应尽可能避免外部机械损伤和震动、滚动引起的内部损伤。

采收宜在晴天的早晨进行，采前1周不能浇水，雨后不能立即采摘。摘下的瓜要严格挑选，剔除幼嫩、机械损伤和病虫瓜，然后置24～27℃通风室内或荫棚下预贮约15天，使瓜皮硬化，以利贮藏。

3. 贮藏方式

（1）室内堆藏

室内堆藏是选择阴凉、通风、干燥的房间，把选好的瓜直接堆放在房间里。贮前用高锰酸钾或福尔马林进行消毒处理，然后在堆放的地面铺一层麦秸，再在上面摆放瓜果。瓜摆放时一般要求和田间生长时的状态相同。原来是卧地生长的要平放，原来是搭棚直立生长的要瓜蒂向上直立放。冬瓜可采取两个一叠“品”字形堆放，这样压力小、通风好、瓜垛稳固。直立生长的瓜柄向上只放一层。

南瓜可将瓜蒂朝里、瓜顶向外，按次序堆码成圆形或方形，每堆放15～25个即可，高度以5～6个瓜为宜，也可装筐堆藏，每筐不得装满。离筐口应有一个瓜的距离，以利通风和避免挤压。在堆放时应留出通道，以便检查。

（2）架藏法

架式贮藏中的库房选择、质量挑选、消毒措施、降温防寒及通风等要求与堆藏基本相同。所不同的是仓库内用木、竹或角铁搭成分层贮藏架，铺上草帘，将瓜堆放在架上。此法通风散热效果比堆藏法好，检查也比较方便。管理同堆藏法，目前多采用此法。

（3）冷库贮藏

在机械冷库内，可认为地控制冬瓜和南瓜贮藏所要求的温度10～13℃和湿度70%～75%条件，贮藏效果会更好，一般品种的贮藏期可达到半年左右。

三、花菜类贮藏

花菜类主要包括花椰菜、绿菜花、蒜薹等，它们分别以花蕾、变态的花茎作为食用器官。此类蔬菜营养丰富，经济价值高。

（一）花椰菜贮藏

1. 贮藏特性

花椰菜又名菜花、花菜，属十字花科蔬菜，食用器官为花球，是甘蓝的一个变种。花椰菜喜冷凉温和湿润环境，忌炎热，不耐霜冻，不耐干旱。花椰菜的花球由肥大的花薹、花枝和花蕾短缩聚合而成。贮藏期间，外叶中积累的养分能向花球转移而使之继续长大充实。花椰菜在贮藏中有明显的乙烯释放，这是花椰菜衰老变质的主要原因。花球外部没有保护组织，而是庞大的贮藏营养物的薄壁组织，所以花椰菜在采收和贮运过程中极易失水萎蔫，受病原菌感染引起腐烂。

花椰菜对贮藏环境条件的要求与甘蓝相似，适温为（0±0.5）℃，在0℃以下花球易受冻，相对湿度为90%～95%。

2. 品种选择与采收

耐贮抗病品种的选择是提高贮藏效果的主要环节。生产上春季多栽培瑞士雪球，秋季以荷兰雪球为主，这两个品种的品质好，耐贮藏。

采收的标准为：花球硕大，花枝紧凑，花蕾致密，表面圆正，边缘尚未散开。用于假植贮藏的花椰菜，要连根带叶采收。用于其他方法贮藏的花椰菜，要选择花球直径15厘米左右的中等花，表面圆整光洁，没有病虫害的植株，保留距离花球最近的2～3轮叶片，以保护花球。

3. 贮藏方式

（1）假植贮藏

入冬前后，利用贮藏沟等场所，将尚未长成的小花球假植其内，用稻草等捆绑包住花球，进行适当覆盖，注意防热防冻，适当通风，适当灌水。一般可使花球长至春节时，长大到0.5千克左右。

（2）冷库贮藏

机械冷藏库是目前贮藏菜花较好的场所，选择优质花椰菜经充分预冷后入贮。冷库温度控制在0.5～1℃，相对湿度控制在90%～95%。此法花椰菜在低温季节可贮藏2个月左右。生产上常采用以下贮藏方法：

①筐贮法：将挑选好的菜花根部朝下码在筐中，最上层菜花低于筐沿。也有认为花球朝下较好，以免凝聚水洒落在花球上引起霉烂。将筐堆码于库中，要求稳定而适宜的温度和湿度，并每隔20～30天倒筐一次，将脱落及腐败的叶片摘除，并将不宜久放的花球挑出上市。

②单花球套袋贮藏：用聚乙烯塑料薄膜（0.015～0.04毫米厚）制成长30厘米、宽35厘米大小的袋（规格可视花球大小而定），将预冷后的花球装入袋内，折口后装入筐（箱），将容器码垛或直接放菜架上，贮藏期可达2～3个月。

（3）气调贮藏

花椰菜在贮藏期间乙烯合成量较大，采用低氧高二氧化碳可以降低呼吸作用，减少乙烯释放量。在冷库内将菜花装筐码垛用塑料薄膜封闭，控制 O_2 浓度为 2% ~5%，CO_2 浓度 5%，则有良好的保鲜效果。入贮时喷洒 3 000毫克/千克的苯来特或托布津有减轻腐烂的作用。菜花在贮藏中释放乙烯较多，在封闭帐内放置适量乙烯吸收剂对外叶有较好的保绿作用，花球也比较洁白。要特别注意帐壁的凝结水滴落到花球造成腐烂。

附：绿菜花和花椰菜一样，同属十字花科，是蔬菜的一个优良品种，贮藏特性和贮藏技术与上述的花椰菜基本相同。贮藏中花球的花蕾极易黄化，当温度高于 4.4℃时，小花即开始黄化。绿菜花中心最嫩的小花对低温较敏感，受冻后褐变。据张子德等（1989）报道，绿菜花为呼吸高峰型蔬菜，在贮藏中释放乙烯较多。因此，对贮藏环境要求较严格，最好冷藏，适宜贮温为（0 ±0.5）℃，相对湿度为 90% ~95%。在冷藏条件下气调贮藏，配合乙烯吸收剂，对防止花球黄化、褐变有明显效果。

（二）蒜薹贮藏

1. 贮藏特性

蒜薹是大蒜在生长过程中抽生出来的花茎，含有多种营养物质。蒜薹采收正值高温季节，新陈代谢旺盛，采后极易失水老化。老化的蒜薹表现为黄化、纤维增多、薹条变软变糠、薹苞膨大开裂长出气生鳞茎，降低或失去食用价值。

蒜薹比较耐寒，对湿度要求较高，湿度过低，易失水变糠。另外，蒜薹对低 O_2 和高 CO_2 也有较强的忍耐力，短期条件下，可忍耐 1% 的 O_2 和 13% 的 CO_2。对于长期贮藏的蒜薹来说，适宜的贮藏条件为：温度 -1 ~0℃，相对湿度 90% ~95%，O_2 2% ~3%，CO_2 5% ~7%。在上述条件下，蒜薹可贮藏 8 ~9 个月。

2. 采收和质量要求

蒜薹的产地不同，采收期也不尽相同，我国北方蒜薹采收期一般在 5 ~ 6 月，但是，最佳采收期往往只有 3 ~5 天。一般来说，在适合采收的 3 天内收的蒜薹质量好，稍晚 1 ~2 天采收的蒜薹薹苞偏大，质地偏老，入贮后效果不好。适时采收是确保贮藏蒜薹质量的重要环节。贮藏用的蒜薹应质地脆嫩、色泽鲜绿、成熟适度伤、无杂质、无畸形、薹茎粗细均匀、长度大于

30 厘米。

采收时应选择病虫害发生少的产地，在晴天时采收。采收前 7～10 天停止浇水，雨天和雨后采收的蒜薹不宜贮藏。采收时以抽薹最好，不得用刀割或用针划破叶鞘抽薹。采收后应及时迅速地运到阴凉通风的场所，散去田间热，降低品温。

3. 贮前处理

（1）挑选和预冷

经过高温长途运输后的蒜薹体温较高，老化速度快。因此，到达目的地后，要及时卸车，在阴凉通风处加工整理，有条件的最好放在 0～5℃ 预冷间，在预冷过程中进行挑选、整理。在挑选时要剔除过细、过嫩、过老、带病和有机械伤的薹条，剪去薹条基部老化部分（约 1 厘米长），然后将蒜薹薹苞对齐，用塑料绳在距离薹苞 3～5 厘米处扎把，每把重量 0.5～1.0 千克。扎把后放入冷库，上架继续预冷，当库温稳定在 0℃ 左右时，将蒜薹装入塑料保鲜袋，并扎紧袋口，进行长期贮藏。

（2）防腐

蒜薹入库后灭菌防腐处理是近年来采用的一项新技术。用防腐保鲜剂处理的方法是：在蒜薹预冷期间，用液体保鲜剂喷洒薹梢，再用防霉烟剂进行熏蒸，烟剂使用量为每克处理库容 4～5 立方米，当烟剂完全燃烧后，恢复降温，待蒜薹温度降至 0℃ 时装袋封口，再进行贮藏管理。

4. 贮藏方式

（1）气调贮藏

蒜薹虽可在 0℃ 条件下贮藏 2～3 个月，但其质量与商品率很不理想。实践证明，在 -1～0℃ 条件下，蒜薹气调贮藏期能达到 8～10 个月，商品率达 95% 以上。目前，气调贮藏是蒜薹商业化贮藏的主要方式，通常有以下几种气调方式：

①薄膜小包装气调贮藏：本法是用自然降氧并结合人工调节袋内气体比例进行贮藏。将蒜薹装入长 100 厘米、宽 75 厘米、厚 0.08～0.1 毫米的聚乙烯袋内，每袋装 15～25 千克，扎住袋口，放在菜架上。在不同位置选定样袋安上采气的气门芯，以进行气体浓度测定。每隔 2～3 天测定一次，如果 O_2 含量降到 2% 以下，应打开所有的袋换气，换气结束时袋内 O_2 恢复到 18%～20%，残余的 CO_2 为 1%～2%。换气时若发现有病变腐烂薹条应立即剔除，然后扎紧袋口。换气的周期为 10～15 天，贮藏前期换气间隔的时

间可长些，后期由于蒜蔓对低 O_2 和高 CO_2 的耐性降低，间隔期应短些。温度高时换气间隔期应短些。

②硅窗袋气调贮藏：硅窗袋贮藏可减少甚至省去解袋放风操作，降低劳动强度。此法最重要的是要计算好硅窗面积与袋内蒜薹重量之间的比例。由于品种、产地等因素的不同，蒜薹的呼吸强度有所差异，从而决定了硅窗的面积不同。故用此法贮藏时，应预先进行试验，确定出适当的硅窗面积。目前市场上出售的硅窗袋，有的已经明示了袋量，按要求直接使用即可。

③大帐气调贮藏：用0.1~0.2毫米厚的聚乙烯或无毒聚氯乙烯塑料帐密封，采用快速降氧法或自然降氧法，使帐内 O_2 控制在2%~5%，CO_2 在5%~7%。CO_2 吸收通常用消石灰，蒜薹与消石灰之比为40:1。

(2) 冷藏

选好的蒜薹经充分预冷后装入筐、板条箱等容器内，或直接在贮藏货架上堆码，然后将库温和湿度分别控制在0℃左右和90%~95%即可进行贮藏。此法只能对蒜薹进行较短时期贮藏，贮期一般为2~3个月．贮藏损耗率高，蒜薹质量变化大。

四、根茎类蔬菜贮藏

北方根茎类蔬菜主要包括萝卜、胡萝卜、马铃薯、洋葱和大蒜等，在我国各地都有栽培。其中，萝卜和胡萝卜属于根菜，含有多种维生素和糖分，萝卜还有消食顺气的功效，是重要的秋贮菜。马铃薯、洋葱、大蒜的食用部分是变态的地下茎，耐贮运，大蒜还是重要的调味菜，尤其为北方地区居民所喜爱。

（一）萝卜和胡萝卜贮藏

萝卜是我国栽培的根菜类蔬菜中最主要的一种，也是我国北方除大白菜以外栽培最普遍的冬菜之一。萝卜一般是自10~11月开始大量上市，以后一直可以供应到翌年的3~4月，贮藏期限可长达半年左右。胡萝卜的栽培远不如萝卜普遍，但它愈来愈为人们所关注，在不少地区已经成为栽培的重要蔬菜种类，在冬春季主要依靠贮藏而陆续供应。

1. 贮藏特性

萝卜原产于我国，胡萝卜原产中亚西亚和非洲北部，性喜冷冻多湿的环境条件。萝卜和胡萝卜的可食部分都是肥大的肉质根，贮藏特性基本相同。它们没有生理休眠期，在贮藏中遇到适宜的条件便会萌芽抽薹，使薄壁组织中的水分和养分向生长点转移，造成内部组织结构和风味劣变，由原来的肉质致密、清脆多汁变成疏松绵软、干淡无味，即通常所谓的糠心。防止糠心是贮藏好萝卜和胡萝卜的关键。实践表明，贮藏期高温和低湿是加剧萝卜和胡萝卜糠心的主要原因。

萝卜和胡萝卜的肉质根主要由薄壁组织构成，缺乏角质、蜡质等表面保护层，保水能力差，所以萝卜和胡萝卜应在低温高湿环境中贮藏。但根茎类蔬菜不能受冻，因此贮藏温度不能低于0℃，通常是0～3℃，相对湿度约95%。

萝卜和胡萝卜组织的细胞间隙很大，具有高度的通气性，并能忍受较高浓度的CO_2（8%左右），这同肉质根长期生活在土壤中形成的适应性有关。因此，它们可采用密闭贮藏方式，适合沟藏、窖藏等埋藏的方法进行贮藏。

2. 品种选择与采收

贮藏的萝卜以秋播的皮厚、质脆、含糖多的晚熟品种为好，地上部分比地下部分长的品种以及各地选育的一代杂种耐贮性较好。另外，青皮种比红皮种和白皮种耐藏。胡萝卜中以皮色鲜艳，根细长，茎盘小，心柱细的品种耐藏。

要在霜降前后适时采收。收获时随即拧去缨叶，就地集积成小堆，覆盖菜叶，防止失水及受冻。

3. 贮藏方式

目前，我国贮藏萝卜及胡萝卜的主要方式有沟藏、窖藏，近年冷库贮藏胡萝卜也比较多。其中，以沟藏最为成熟和普遍。此法构造和做法简单，极其经济、实用，能够满足萝卜和胡萝卜对于贮藏条件的要求，贮藏效果好。

（1）沟藏

沟藏是利用地温变化比外界气温变化缓慢而且波动又小的特点，为萝卜和胡萝卜贮藏提供较稳定的适宜温度，所以地沟的构建方式直接影响到贮藏的效果，是沟藏法的关键环节。一般地沟宽1～1.5米，深1～1.8米（北方渐深），长度根据贮藏量而定。贮藏沟应设在地势较高、水位较低而土质黏重、保水力较强之处。将挖起的表土堆在沟的南侧，起遮阳作用，在贮藏的前、中期能起到良好的迅速降温和保持恒温的效果。

将萝卜和胡萝卜散堆在沟内，最好是一层萝卜一层湿沙进行层积利于保持湿润并提高直根周围的CO_2浓度。直根在沟内的堆积厚度一般不过0.5米，以免低层产品出现机械伤。然后在产品面上覆盖一层薄土，以后随气温下降分次增加土层厚度，最后约与地面齐平。

萝卜和胡萝卜在湿润环境下才能充分保持细胞的膨压而呈现新鲜状态。胡萝卜用湿润的土壤铺盖及湿沙层积即可。而大多数萝卜品种，特别是生食用的脆萝卜，还常常需要向沟中浇水以补充土壤原有湿度的不足。在贮藏期间浇水的次数和多少，应依萝卜的品种、土壤的性质和保水力及干湿度而定。萝卜和胡萝卜在贮藏结束时最好一次出沟。在气温较温暖的地区，立春后应将产品挖出，挑出腐烂的直根，完好的则削去顶芽再放回沟内，只盖一层薄土即可再贮藏一段时间。

（2）窖藏和通风库贮藏

棚窖和通风库贮藏根菜式北方各地常用的方法。菜堆不能太高，可在堆内每隔 1 ~ 2 米设一通风塔，以增进通风散热效果。贮藏中一般不倒动，立春后可视贮藏状况进行全面检查，除去病腐根菜。在窖或库内用湿沙土与产品层积要比散堆效果好，便于保湿。根菜类不抗寒，应注意预防霜冻。

也可在库内利用气调贮藏的原理，采用塑料薄膜半封闭贮藏。在库内将萝卜堆码成一定大小的长方形垛，入贮开始或初春萌芽前用塑料薄膜帐罩上，垛底不铺塑料薄膜，半封闭状态。可以适当降低 O_2 浓度、提高 CO_2 水平，保持高湿，延长贮藏期，保鲜效果较好。尤其是胡萝卜，效果更好。贮藏中可定期揭帐通风换气，检查挑选。

（二）马铃薯贮藏

1. 贮藏特性

马铃薯又名土豆、洋芋、山药蛋、地蛋等。它是茄科一年生作物，在我国种植面广，产量较大。马铃薯具有不易失水和愈伤能力强的特性，且在收获后有生理休眠期，一般为 2 ~ 3 个月。贮藏马铃薯的适宜温度为 3 ~ 5℃，相对湿度应为 80% ~ 85%。

另外，光线能诱导马铃薯缩短休眠期而引起萌芽，并使芽眼周围组织中对人畜有毒害作用的茄碱苷含量急剧增加，大大超过中毒阈值 0.02%。因此，马铃薯贮藏时应尽量避免光照。

2. 品种的选择与收获

选择休眠期长的品种、并在贮藏期创造适宜的环境条件，以延长马铃薯的休眠期，是贮藏成功的关键。就品种而言，以早熟品种在寒冷地区栽培，或是秋季栽培的马铃薯休眠期较长。目前，适合作为大量贮藏用的品种有早熟白、紫山药等。

收获应选在晴天进行，先割植株，耕翻出土后在田间稍行晾晒，蒸发部分水分，便于贮运。据报道，收获后在田间晾晒4小时，能明显降低贮藏中的发病率。

3. 贮前管理

马铃薯在贮藏前一般应进行预贮和适当的药物处理。对于夏季收获的马铃薯，将薯块放在阴凉通风的室内、窖内或荫棚下堆放预贮是必不可少的环节。薯堆一般不高于0.5米，宽不超过2米，时间一般不超过10天。为了防止马铃薯在贮藏期间发芽，可在贮藏前采用药物处理，常用的药物是α-萘乙酸甲酯或乙酯，每吨马铃薯用药40～50克，加1.5～3千克细土制成粉剂撒在块茎堆中即可，施药应在生理休眠即将结束之前进行。

4. 贮藏方式

马铃薯的贮藏方式很多，从各地秋收冬贮的生产实践效果看，以上海市、北京市等地的堆藏，山西省的窖藏，东北的沟藏较为成熟，适合各地的不同情况。此外，有条件的地方对马铃薯进行冷藏，效果会更好。

（1）堆藏

选择通风良好、场地干燥的库房，用福尔马林和高锰酸钾混合后进行喷雾消毒，2～4小时后，即可将预贮过的马铃薯进库堆藏。一般每10平方米堆放7 500千克，四周用板条箱、箩筐或木板围好，中间可放一定数量的竹制通气筒，以利通风散热。这种堆藏法只适于短期贮藏和秋马铃薯的贮藏。生产中应用较多的堆藏法是以板条箱或箩筐盛放马铃薯，采用“品”字形堆码在库内贮藏。板条箱的大小以20千克/箱为好，装至离箱口5厘米处即可，以防压伤，且有利于通风。

（2）沟藏

东北地区的马铃薯一般在7月下旬收获，收后预贮在荫棚或空屋内，直到10月下沟贮藏。沟深1～1.2米，宽1～1.5米，长度不限。薯块堆至距地面0.2米处，上面覆盖挖出来的新土，覆土厚约0.8米。覆土要随气温的下降分次覆盖。

（3）窖藏

西北地区土质黏重坚实，适合建窖贮藏。通常用来贮藏马铃薯的是井窖和窑窖，每窖的贮藏量可达3 000～3 500千克。由于只利用窖口通风调节温度，所以保温效果好。缺点是不易降温，使薯块入窖的初温较高，呼吸消耗大。因此，在这类窖中，薯块不能装得太满，并注意初期应敞开窖口降温。

窖藏过程中，由于窖内湿度较大，容易在马铃薯表面出现“发汗”现象。为此，可在薯堆表面铺放草毡，以转移出汗层，防止萌芽和腐烂。

（4）冷藏

冷藏马铃薯是各大、中城市使用较多的方法。薯块入库前，必须经过严格挑选和适当预冷。装箱入库后，库温应维持在0～2℃的范围内。在贮藏过程中，通常每隔一个月检查一次，若发现变质者应及时拣出，防止感染。堆垛时垛与垛之间应留有过道，箱与箱之间应留间隙，以便通风散热和工作人员检查。

（三）洋葱和大蒜贮藏

1. 贮藏特性

洋葱又叫球葱、玉葱或称葱头、圆葱等，属于二年生蔬菜，具有明显的生理休眠期。它在收获后便开始进入深度休眠状态，休眠期一般为1.5～2.5个月，具有忍耐炎热和干燥的生理学特性。洋葱适应冷凉干燥的环境，贮藏条件为温度0～1℃，相对湿度65%～75%，O_2浓度为3%～6%，CO_2浓度为0%～5%。

休眠期过后，遇到高温高湿条件，洋葱便会萌芽生长。一般洋葱品种贮藏至9～10个月大都会萌芽，养分转移到生长点，鳞茎发软中空，品质下降，乃至不堪食用。所以，延长洋葱的休眠状态，阻止其萌芽，是洋葱贮藏的首要问题。

大蒜食用部分是其肥大的鳞片，成熟时外部鳞片逐渐干枯成膜，能防止内部水分蒸腾，十分有利于休眠，休眠期一般有2～3个月，休眠期过后便萌发出幼芽，因此，大蒜贮藏的关键也是延长其休眠状态，阻止萌芽。低温和干燥是保持休眠的有利条件，一般来讲，大蒜贮藏的适宜温度为-3～-1℃，空气相对湿度不超过70%。

2. 品种的选择

普通洋葱按皮色可分为黄皮、红（紫）皮及白皮3类；按形状又分扁圆和凸圆两类。从贮藏特性上看，黄皮类型和扁圆形洋葱的休眠期长，耐贮性好于其他类型。另外，含水多、辣味淡的品种耐贮性较差，不适于长期贮藏。

3. 贮前处理

在洋葱和大蒜进行大量商业化贮藏前，必须进行抑芽处理。目前，有效的抑芽方法有化学法和辐照法。下面以洋葱为例，具体说明。

（1）化学抑芽法

通常采用的化学抑芽剂是马来酰肼，其化学名称是顺丁烯二酸酰肼，英文简称 MH，商品名称为抑芽丹或青鲜素。利用 MH 进行抑芽处理的具体做法是：在洋葱收获前 7 天，用 0.25% 的 MH 溶液均匀喷洒在洋葱的叶片上，每 50 千克溶液约喷 667 平方米地。喷药前 3～4 天不可浇水。应该注意的是 MH 对生长的抑制没有选择性，因此喷药的时间应严格控制在收获前 7 天，不可提前，否则将影响葱头的长大；但也不要太晚，否则 MH 还来不及输送到幼芽就采收晾晒而影响抑芽效果。

（2）辐照法

利用放射性元素 ^{60}Co 所放出的 γ 射线对洋葱进行一定剂量的辐照处理，是目前洋葱抑芽实践中最为经济、方便、有效的方法。具体做法是：将收获后的洋葱晾晒至叶片全黄，葱头充分干燥，剪去叶子，在 1 周内将葱头放在 ^{60}Co 的 γ 射线场中进行照射，总剂量为 4 000～8 000R。被辐照处理过的洋葱幼芽萎缩，不能再生长，所以具有极好的抑芽效果。但种用洋葱不能采取此法处理。

大蒜目前有效的抑芽方法也是化学法和辐照法。化学法中马来酰肼的使用方法同洋葱，只是施用剂量小些，一般为 0.2%。而辐照法总剂量却稍微加大，一般为 5 000～8 000R。

4. 贮藏方式及技术要点

民间贮藏洋葱较成熟普遍的方法有：挂藏、垛藏、筐藏等。挂藏法是在洋葱收获后，先将洋葱在田埂上晾晒 2～3 天，再把洋葱叶编成辫，每辫 40～60 头，长约 1 米，选择阴凉、干燥、通风的房屋或荫棚，将葱辫挂在木架上，不接触地面，四周用席子围上，防止淋雨和水浸。挂藏由于通风良好，在贮藏前对洋葱进行了适当脱水，因此可有效减少贮藏期的腐烂损失。

经过辐照处理的洋葱一般不再发芽，完全可以贮藏到新鲜洋葱上市，对贮藏环境的要求也不高，此时贮藏中应注意的问题是保持环境的通风干燥，以防止其发生霉变。效藏期间应随时检查，挑出长霉的洋葱，防止其造成严重感染。

大蒜的贮藏方式与洋葱类似，大蒜在采取抑芽措施后置于低温、干燥环境中贮藏，一般可贮藏一年。

第六节　北方果品的贮藏与管理

一、苹果贮藏

苹果是我国栽培的重要落叶果树，栽培历史悠久，分布范围广泛，尤其在我国北方，其面积和产量占果品生产的第一位。由于苹果的贮藏性比较好，加之以鲜销为主，是周年供应市场的主要果品。搞好苹果贮藏保鲜，对于促进生产发展、繁荣市场、保障供给以及外贸出口等都具有重要意义。

1. 选择耐贮藏、商品性状好的品种

苹果各品种由于遗传性所决定的贮藏性和商品性状存在着明显的差异。早熟品种（7～8月成熟）采后因呼吸旺盛、内源乙烯发生量大等原因，因而后熟衰老变化快，表现不耐贮藏，一般采后立即销售或者在低温下只能进行短期贮藏；中熟品种（8～9月成熟）如元帅系、金冠、乔纳金、葵花等是栽培比较多的品种，其中许多品种的商品性状可谓上乘，贮藏性优于早熟品种，在常温下可存放2周左右，在冷藏条件下可贮藏2～3个月，气调贮藏期稍长一些。但由于不宜长期贮藏，故目前生产上中熟品种采后也以鲜销为主，有少量的进行短、中期贮藏；晚熟品种（10月以后成熟）由于干物质积累多、呼吸水平低、乙烯发生晚且水平较低，因此一般具有风味好、肉质清脆而且耐贮藏的特点，如红富士、秦冠、王林、北斗、秀水、胜利、小国光等目前在生产中栽培较多，红富士以其品质好、耐贮藏而成为我国各苹果产区栽培和贮藏的当家品种。其他晚熟品种都有各自的主栽区域，生产上也有一定的贮藏量。晚熟品种在常温库一般可贮藏3～4个月，在冷库或气调条件下，贮藏期可达到5～8个月，用于长期贮藏的苹果必须选用晚熟品种。果实的商品性状如色泽、风味、质地、形状等对其商品价值及销售影响很大。因此，用于长期贮藏的苹果品种不仅要耐贮藏，而且必须具有良好的商品性状，以求获得更高的经济效益。

2. 适时无伤采收

采收期对苹果贮藏影响很大，贮藏的苹果必须适时采收。

适时采收从概念上很容易理解，但实际应用并不简单，应根据品种、贮藏期、贮藏条件、运输距离以及产品的用途等来决定。如早熟品种不能长期贮藏，只作为当时食用或者短期贮藏，可适当晚采；晚熟品种长期贮藏后陆续上市，故应适当早采；预定贮藏期较长或采用气调贮藏，可提早几天采收；预定贮藏期较短或一般冷藏，可延缓几天采收。一般来说，晚采可以增加果重和干物质含量，但贮藏中的腐烂率显著增加；采收过早，果实中的干物质积累少，不但不耐贮藏，而且自然损耗较大。机械损伤是造成苹果腐烂的最重要原因，特别是在我国目前采收、分级、包装、运输、贮藏技术比较落后的情况下，对此更应予以重视，尽量减少因损伤而造成的贮藏损失。

3. 采后处理

苹果的采后处理措施主要有分级、包装和预冷。

①分级：苹果采收后，集中在包装场所进行分级包装。分级按不同要求如外贸、内销、长期贮藏、短放、现销等有所不同。对于外贸和长期贮藏的苹果，一般按果实的大小严格分级，有时还须兼顾果实的着色面积。分级时必须严格剔除伤果、病果、畸形果、过大过小果及其他不符合要求的果实。

②包装：将符合贮藏要求的果实用一定规格的纸箱、木箱或塑料箱包装，其中以瓦楞纸箱包装在生产中应用最普遍。纸箱的规格应按内销习惯或外贸要求而定，出口苹果包装应符合 GB5038 规定。纸箱分层装果时，每层用纸板或泡沫塑料等材料制成的果垫将果实逐个隔开，使之在箱内不易移动而减少碰撞摩擦损伤。装箱后纸箱合缝处用胶带封严，并用塑料带条交叉在箱腰部捆扎牢固。纸箱既可用于贮藏包装，也可用于销售包装，木箱和塑料箱通常用于贮藏包装。目前许多大、中型冷库是将分级后的苹果装入大木箱（250～300 千克/箱），用叉车在库内堆码存放，出库上市时再用纸箱定量包装。

③预冷：预冷处理是提高苹果贮藏效果的重要措施，国外果品冷库一般都配有专用的预冷间。我国则不然，一般将分级包装好的苹果放入冷藏间，采用强制通风冷却，迅速将果温降至接近贮藏温度后再堆码存放。用纸箱包装的果实因散热受阻大而预冷速度较之木箱、塑料箱慢，实践中对此应予以注意。

4. 贮藏方式

苹果的贮藏方式很多，短期贮藏可采用沟藏、窑窖贮藏、通风库贮藏等常温贮藏方式。对于长期贮藏尤其是外贸出口的苹果，应采用冷藏或者气调贮藏。

①机械冷库贮藏：苹果冷藏的适宜温度因品种而异，大多数晚熟品种以 -1～0℃为宜，空气相对湿度 90%～95%。苹果采收后，必须尽快冷却至 0℃左右，最好在采后 1～2 天内入库，入库后 3～5 天冷却到 -1～0℃。

②塑料薄膜封闭贮藏：主要有塑料薄膜袋贮藏和塑料薄膜帐贮藏两种方

式，在冷藏条件下，这种方式贮藏苹果的效果较之常规冷藏更好。

A. 塑料薄膜袋贮藏：是在果箱或筐中衬以塑料薄膜袋，装入苹果，缚紧袋口，每袋构成一个密封的贮藏单位。一般用 PE 或 PVC 薄膜制袋，薄膜厚度为 0.04～0.07 毫米。薄膜袋包装贮藏，一般初期浓度较高，以后逐渐降低，这对苹果贮藏是有利的。冷藏条件下袋内的 CO_2 和 O_2 浓度较稳定，在贮藏初期的 2 周内，CO_2 即达最高浓度，以后维持在一定的水平。对多数品种而言，在贮藏中控制 O_2 的下限浓度 2%，CO_2 的上限浓度 7% 较为安全，但富士苹果的浓度应不高于限浓度 2%。

B. 塑料薄膜帐贮藏：在冷库用塑料薄膜帐将果垛封闭起来进行贮藏，薄膜大帐一般选用 0.1～0.2 毫米厚的高压聚氯乙烯薄膜，黏合成长方形的帐子，可以装果几百到数千千克。控制帐内 O_2 浓度可采用快速降氧、自然降氧和半自然降氧等方法。在大帐壁的中部、下部粘贴上硅橡胶扩散窗，可以自然调节帐内的气体成分，使用和管理都较方便。硅窗的面积是根据贮藏量和要求的气体比例，经过实验和计算确定。例如，贮藏 1t 金冠苹果，为使 O_2 维持在 2%～3%，$CO_2$3%～5%，在约 5℃条件下，扩散窗面积为 0.6 毫米 ×0.6 毫米较为适宜。

塑料大帐内因湿度高而经常在帐壁上出现凝水现象，凝水滴落在果实上易引起腐烂病害。凝水产生的原因固然很多，其中果实罩帐前散热降温不彻底，贮藏中环境温度波动过大是主要原因。因此，减少帐内凝水的关键是果实罩帐前要充分冷却和保持库内稳定的低温。

③气调库贮藏：气调贮藏库是密闭条件很好的冷藏库，设有调控气体成分、温度、湿度的机械设备和仪表，管理方便，容易达到贮藏要求的条件。对于大多数品种而言，控制 O_2 2%～5%，CO_2 3%～5% 比较适宜。但富士系苹果对 CO_2 比较敏感，目前认为该品系贮藏的气体成分为 O_2 2%～3%，CO_2 2% 以下。

苹果气调贮藏的温度可比一般冷藏高 0.5～1℃，对 CO_2 敏感的品种，贮温还可再高些，因为提高温度既可减轻 CO_2 伤害，又对易受低温伤害的品种减轻冷害有利。

5. 运输和销售

运输：苹果运输时的温度、装卸及运行管理是运输中应着重注意的几个问题。冷库和气调库贮藏的苹果出库上市时，如果库内外温差较大（>10℃），应在出库之前几天停止制冷，让库温缓慢回升至接近外界气温后再上市。当然，这只能适用于整个贮藏室一次出库上市的情况，如果是分批出库，则应将果实搬到冷凉的场所，待果温稍回升后再装车运输。也有将果实从冷库搬出后直接装普通运输车的，车顶用棉被或草帘覆盖严实，最上层用篷布遮盖，如此在运输过程中果实逐渐升温，到3月以后上市，尤其是运往温暖地区的，最好用冷藏车运输，车内温度控制在3～5℃，应不高于10℃。外贸出口的苹果应采用冷链运输，而且各转接环节的运输温度应基本一致。总之，低温运输是冷藏苹果安全到达销地，并具有较长货架寿命的重要保证。

苹果装车、装船或装飞机运输时，如果是未经冷却的果实，包装箱必须合理堆码，留有充分的空隙，以利通风散热；如果是冷藏或者事前已经预冷的果实，堆码时包装箱之间的距离可小些，运输时间短时也可不留间距，以增加装载量。另外，轻装、轻卸以减少损伤，这是何时何地都要求做到的。

运输中应做到快装快运、平稳缓行、防热防冻，使货物快速、安全地到达销地。货物到达销地之前，应事先做好批发或中转等衔接工作，不能让货物在车站、码头或批发市场长时间滞留。

二、葡萄贮藏

葡萄是世界4大果品之一，意大利、法国、美国、智利、俄罗斯等国为葡萄的主产国家。我国自汉代张骞出使西域引种回国，至今已有多年的栽培历史，主产区在长江流域以北。

葡萄是浆果类中栽植面积最大、产量最高、特别受消费者喜爱的一种果品。随着人们生活水平的提高，鲜食葡萄的需求量增长很快。目前，国际上解决鲜食葡萄周年供应的途径有培育极早熟和极晚熟品种、保护地栽培和贮藏保鲜。根据我国的实际情况，目前和今后相当长时期内，贮藏保鲜是解决鲜食葡萄供应的主要途径。

1. 贮藏特性

①品种：葡萄品种很多，其中，大部分为酿酒品种，适合鲜食与贮藏的品种有巨峰、黑奥林、龙眼、牛奶、黑汉、玫瑰香、保尔加尔等。用于贮藏的品种，必须同时具备商品性状好和耐贮运两大特征。品种的耐贮运性是其多种性状的综合表现，晚熟、果皮厚韧、果肉致密、果面和穗轴上富集蜡质、果刷粗长、糖酸含量高等都是耐贮运品种具有的性状。一般来说，晚熟品种较耐贮藏；中熟品种次之；早熟品种不耐贮藏。近年我国从美国引种的红地球（又称晚红，商品名叫美国红提）、秋红（又称圣诞玫瑰）、秋黑等

品种颇受消费者和种植者的关注，认为是我国目前栽培的所有鲜食品种中经济性状、商品性状和贮藏性状均较佳的品种。

②生理特性：葡萄属于非跃变型果实，无后熟变化，应该在充分成熟时采收。充分成熟的葡萄色泽好，香气浓郁，干物质含量高，果皮增厚，大多数品种果粒表面被覆粉状蜡质，因而贮藏性增强。在气候和生产条件允许的情况下，采收期应尽量延迟，以求获得质量好、耐贮藏的果实。

③贮藏条件：葡萄贮藏中发生的主要问题是腐烂、干枝与脱粒。腐烂主要是由灰霉菌引起；干枝是因蒸腾失水所致；脱粒与病菌危害和果梗失水密切相关。在高温、低湿条件下，浆果容易腐烂，穗轴和果梗易失水萎蔫，甚至变干，果粒脱落严重，对贮藏极为不利。所以，降低温度和增大湿度对减轻以上问题均有一定效果。葡萄贮藏的适宜条件是温度 -1 ~1℃，RH 90% ~95%。

O_2 和 CO_2 对葡萄贮藏产生的积极效应远高于其他非跃变型果实，在一定的低 O_2 和高 CO_2 条件下，可有效地降低果实的呼吸水平，抑制果胶质和叶绿素的降解，从而延缓果实的衰老。低 O_2 和高 CO_2 对抑制微生物病害也有一定作用，可减少贮藏中的腐烂损失。目前，有关葡萄贮藏的气体指标很多，尤其是 CO_2 指标的高低差异比较悬殊，这可能与品种、产地以及试验的条件和方法等有关。一般认为 O_2 3% ~5%，CO_2 1% ~3% 的组合，对于大多数葡萄品种具有良好的贮藏效果。

2. *贮藏方式*

我国民间贮藏葡萄的方式很多，但由于贮量少、贮藏期短、损失严重，已不适应现代葡萄商品化和大生产的需要，目前贮藏葡萄的主要方式有冷库贮藏和气调贮藏。

①冷库贮藏：葡萄采收后迅速预冷至 5℃以下，随后在库内堆码贮藏。或者控制入库量，直接分批入库贮藏，比如容量为 50 ~100 吨的冷藏间，可在 3 ~5 天将库房装满，这样有利于葡萄散热，避免热量在堆垛中蓄积。葡萄装满库后要迅速降温，力争 3 天之内将库温降至 0℃，降温速度越快越有利于贮藏。随后在整个贮藏期间保持 -1 ~1℃，并保持库内 RH 90% ~95%。葡萄在冷藏过程中，结合用 SO_2 处理，贮藏效果会更好。

②气调贮藏：由于葡萄是非跃变型果实，对其气调贮藏目前有肯定与否定两种认识。如美国的葡萄主要采用冷藏，而法国、俄罗斯气调贮藏却比较普遍，我国近年在冷库采用塑料薄膜帐或袋贮藏葡萄获得了明显的成功，这可能与各国的栽培条件、品种特性、贮藏习惯与要求等的差异有关。所以，

在商业性大批量气调贮藏葡萄时，应该慎重从事。

葡萄气调贮藏时，首先应控制适宜的温度和湿度条件，在低温高湿环境下，大多数品种的气体指标是 O_2 3% ~5% 和 CO_2 1% ~3%。用塑料袋包装贮藏时，袋子最好用 0.03 ~ 0.05 毫米厚聚乙烯薄膜制作，每袋装 5 千克左右。葡萄装入塑料袋后，应该敞开袋口，待库温稳定在 0℃ 左右时再封口。塑料袋一般是铺设在纸箱、木箱或者塑料箱中。

采用塑料帐贮藏时，先将葡萄装箱，按帐子的规格将葡萄堆码成垛，待库温稳定在 0℃ 左右时罩帐密封。定期逐帐测定 O_2 和 CO_2 含量，并按贮藏要求及时进行调节，使气体指标尽可能接近贮藏要求的范围。气调贮藏时亦可用 SO_2 处理，其用量可减少到一般用量的 2/3 ~ 3/4。

3. 贮藏期间的管理

葡萄贮藏期间的管理措施主要是降温、调湿、调节气体成分和防腐处理。如上所述，控制温度 0℃ 左右，RH 90% ~95%，O_2 3% ~5%，CO_2 1% ~3%。此外，对于中、长期贮藏的葡萄，SO_2 防腐处理似乎是目前不可缺少的措施。现在生产中使用的许多品牌的葡萄防腐保鲜剂，实际上都属于 SO_2 制剂。鉴于目前葡萄贮藏中 SO_2 处理的必要性和普遍性，故对此项技术着重予以叙述。

SO_2 气体对葡萄上常见的真菌病害有显著的抑制作用，只要使用剂量适当，对葡萄皮不会产生不良影响。用 SO_2 处理过的葡萄，其呼吸强度也受到一定的抑制，且有利于保持穗轴的鲜绿色。

SO_2 处理葡萄的方法有用 SO_2 气体直接熏蒸、燃烧硫黄熏蒸、用重亚硫酸盐缓熏蒸，其中以燃烧硫黄熏蒸方法使用较多，可视具体情况选用。将入冷库后箱装的葡萄堆码成垛，罩上塑料薄膜帐，以每立方米帐内容积用硫黄 2 ~ 3 克，使之完全燃烧生成 SO_2，熏 20 ~ 30 分钟，然后揭帐通风。在冷库中也可以直接用燃烧硫黄熏蒸。为了使硫黄能够充分燃烧，每 30 份硫黄可拌 22 份硝石和 8 份锯末助燃。将药放在陶瓷盆中，盆底放一些炉灰或者干沙土，药物放于其上点燃。每贮藏间内放置数个药盆，药盆在库外点燃后迅速移入库内，然后将库房密闭，待硫黄充分燃烧后熏蒸约 30 分钟。

用重亚硫酸盐如亚硫酸氢钠、亚硫酸氢钾或焦亚硫酸钠等使之缓慢释放 SO_2 气体，达到防腐保鲜的目的。将重亚硫酸盐与研碎的硅胶按 1∶2 的比例混合，将混合物包成小包或压成小片，每包 3 ~ 5 克，根据容器内葡萄的重量，按大约含重亚硫酸盐 0.3% 的比例放入混合药物。箱装葡萄上层盖一两层纸，将小包混合药物放在纸上，然后堆码。还可用湿润锯末代替硅胶做重亚硫酸盐的混合物，锯末事前要经过晾晒、降温，用单层纱布或扎孔塑料薄膜包裹后即可使用。药物必须随配随用，放置时间长会因挥发而降低使用效果。

葡萄因品种、成熟度不同而对 SO_2 的忍耐性有差异。SO_2 浓度不足达不到防腐目的，浓度太高又会造成 SO_2 伤害，使果粒漂白褪色，严重时果实组织结构也受到 SO_2 破坏，果粒表面生成斑痕。SO_2 在果皮中的残留量为 10～20μ 克/克比较安全，故硫处理大规模用于贮运时，有必要先进行实验，以确定硫的适宜用量。在冷藏期间发生的药害往往不明显，但当葡萄移入温暖环境后则发展很快。SO_2 只能杀灭果实表面的病菌，对贮藏前已侵入果实内部的病菌则无效。

SO_2 熏蒸也存在一些弊病，例如，库内或者塑料帐、袋内的空气与不易混合均匀，局部存在浓度偏高，因而使葡萄表皮出现褪色或产生异味等 SO_2 伤害；SO_2 溶于水生成 H_2SO_3，对库内的铁、铝、锌等金属器具和设备有很强的腐蚀作用；SO_2 对人呼吸道和眼睛的黏膜刺激作用很强，对人体健康危害较大；熏蒸后为除去 SO_2 要进行通风，通风影响库内温度和湿度的正常状态。对于 SO_2 熏蒸带来的这些负面影响应有足够的认识，并注意设法减少由此而产生的不良影响。

三、猕猴桃贮藏

猕猴桃是原产于我国的一种藤本果树，目前其他国家种植的猕猴桃都是直接或间接引自中国。猕猴桃属浆果，外表粗糙多毛，颜色青褐，其貌不扬，但是其风味独特，营养丰富，含维生素 C100～420 毫克/100 克果肉，是其他水果的几倍至数十倍，被誉为“水果之王”或“长生果”。

1. 贮藏特性

猕猴桃种类很多，我国现有 52 种，其中，有经济价值的 9 种，以中华猕猴桃在我国分布最广、经济价值最高。中华猕猴桃包括很多品种，各品种的商品性状、成熟期及耐藏性差异甚大。早熟品种 9 月初即可采摘，中、晚熟品种的采摘期在 9 月下旬至 10 月下旬。从耐藏性看，晚熟品种明显优于早、中熟品种，其中秦美、亚特、海沃德等是商品性状好、比较耐藏的品种，在最佳条件下能贮藏 5～7 个月。

猕猴桃是具有呼吸跃变的浆果，采后必须经过后熟软化才能食用。刚采摘的猕猴桃内源乙烯含量很低，一般在 1 微克/克以下，并且含量比较稳定。

经短期存放后，迅速增加到5微克/克左右，呼吸高峰时达到100微克/克以上。与苹果相比，猕猴桃的乙烯释放量是比较低的，但对乙烯的敏感性却远高于苹果，即使有微量的乙烯存在，也足以提高其呼吸水平，加速呼吸跃变进程，促进果实的成熟软化。

温度对猕猴桃的内源乙烯生成、呼吸水平及贮藏期影响很大，乙烯发生量和呼吸强度随温度上升而增大，贮藏期相应缩短。例如，秦美猕猴桃在0℃能贮藏3个月，而在常温下10天左右即进入最佳食用状态，之后进一步变软，进而衰老腐烂。大量研究和实践表明，－1～0℃是贮藏猕猴桃的适宜温度。

空气湿度是贮藏猕猴桃的重要条件之一，适宜湿度因贮藏的温度条件而稍有不同，常温库RH 85%～90%比较适宜，在冷藏条件下RH 90%～95%为宜。

对猕猴桃贮藏而言，控制环境中的气体成分较之其他种果实显得更为重要。由于猕猴桃对乙烯非常敏感，并且易后熟软化，只有在低O_2和高CO_2的气调环境中，才能明显使内源乙烯的生成受到抑制，呼吸水平下降，果肉软化速度减慢，贮藏期延长。猕猴桃气调贮藏的适宜气体组合是O_2 2%～3%，CO_2 3%～5%。

2. 贮藏方式

猕猴桃的贮藏方式很多，沟藏、窑窖贮藏等常温条件下，可以有1个月左右的贮藏期，冷库（0～2℃）可以贮藏2个多月。由于以上方式的有效贮藏期都比较短，所以，目前生产上在冷库内多采用MA贮藏，也有少量的CA贮藏，使猕猴桃的贮藏效果明显提高。猕猴桃气调贮藏的适宜条件为温度－1～1℃，RH 90%～95%，O_2 2%～3%和CO_2 3%～5%。

3. 贮藏期间的管理

猕猴桃贮藏期间的管理可参照苹果贮藏的相应方式进行。以下着重强调猕猴桃采收和贮藏中的几个其他技术问题。

选择耐藏品种和适期采收是搞好猕猴桃贮藏的基础性工作，它们对猕猴桃贮藏具有较之苹果、柑橘等许多果实更为重要的影响。目前，秦美、亚特、金魁、海沃德等以其品质好、耐贮藏而作为长期贮藏的品种。猕猴桃的采摘适期因品种、生长环境条件等而有所不同。用眼睛观察时，果皮褐色程度加深、叶片开始枯老时为采摘适期。但是，有些品种成熟时果皮颜色变化不甚明显，凭视觉很难准确判断采摘期，目前国内外普遍认为，以可溶性固形物含量为标准判断猕猴桃的采摘期更为可靠，例如，秦美猕猴桃可溶性固形物含量6.5%～7%是长期贮藏果采摘期的指标。当然，猕猴桃的用途不同，采摘时的可溶性固形物含量也应有所不同，如采后即食、鲜销或加工果汁的，可溶性固形物含量达到10%左右采摘比较合理。

猕猴桃采收后应及时入库冷却，最好在采收当日入库，库外最长滞留时间不应超过3天。同一贮藏室应在3~5天内装满封库，封库后2~3天将库温降至贮藏适温，然后将果实装入0.05~0.07毫米厚的PE袋或其他保鲜袋中，封口后进行贮藏。采用塑料大帐贮藏时，降温接近0℃时封帐贮藏，有条件的可进行充氮降氧处理。在贮藏期间应保持适宜而稳定的低温，库房内的相对湿度不低于85%。另外，要定期测定帐、袋内的O_2和CO_2含量，一般要求O_2不低于1%，CO_2不高于5%，如果其中某一种气体指标不适当时，应及时进行调节，以免造成气体伤害。

由于猕猴桃对乙烯非常敏感，故不能与易产生乙烯的果实如苹果等同贮一室。另外，气调贮藏中脱除乙烯是一项很重要的措施，一般是用$KMnO_4$载体来脱除乙烯，也有其他脱除乙烯的专用配方或者物理吸附法。

四、板栗贮藏

板栗又称栗子，属三毛榉科落叶乔木。我国是板栗的原产地，早在6 000多年以前我们的祖先就已开始采食栗子了。板栗是我国著名的特产干果之一，也是一种良好的木本粮食。板栗营养丰富、风味独特，是我国传统的出口产品之一。

1. 贮藏特性

板栗品种对贮藏性影响很大。从成熟期来看，一般早熟品种贮藏性较差；从栽培地域来看，往往南方品种不如北方品种贮藏性好。较耐藏的有九家种、锥栗、红 栗、油栗、毛板红、镇安大板栗等。贮藏性不同的品种要分开贮藏，不要混贮。板栗的成熟度对贮藏也有重要影响。贮藏用板栗宜在栗苞呈黄褐色、苞口开裂、果实赤褐色、种仁发育成熟时采收。未成熟的板栗，因水分含量高，代谢旺盛，易失水和衰老，加上采收时温度较高，而不利于贮藏。收获后的栗苞通常应除去外壳，并经精细挑选，剔除腐烂、霉变、裂嘴、虫蛀和不饱满（浮籽）的果实后用于贮藏。

板栗虽属干果，但呼吸作用较强。呼吸中产生的呼吸热如不及时除去会使栗仁“烧死”。烧坏的种仁组织僵硬、发褐、有苦味。板栗中的酶类活动旺盛，淀粉水解快，不利于贮藏。板栗有外壳和涩皮包裹种仁，但其对水分的阻隔性很小，又由于呼吸热较多，扩散时促进了水分的散失，因而板栗贮藏中易失水，尤其是在温度高、湿度低、空气流动快的情况下，栗实很快干瘪、风干。失水是板栗贮藏中重量减轻的主要原因。板栗自身的抗病性较差，当其在采前及采收后的商品化处理中受到微生物的侵染后，易发霉腐烂。板栗上常带有如板栗象鼻虫的虫卵，贮藏期间会发生因虫卵生长而蛀食栗实的情况。此外，板栗虽有一定的休眠期，但当贮藏到一定时期会因休眠的打破而发芽，缩短了贮藏寿命而造成损失。

板栗适宜的贮藏条件为：温度 -2 ~0℃，相对湿度 90% ~95%，气体成分 O_2 3% ~5%，CO_2 1% ~4%，在这样的贮藏条件下一般可贮藏 8 ~12 个月。

2. *贮藏方法*

板栗贮藏有“五怕”，即怕热、怕干、怕闷、怕水和怕冻。板栗贮藏适宜的温度是 0℃左右，相对湿度应保持在 80% ~90%。贮藏过程中要求通风良好，防止呼吸热的累积。

板栗贮藏的方法目前以简易贮藏和机械冷藏为主。简易贮藏的方法多种多样，最常用的是沙藏法。选择符合一定要求的室内场所，或在室外挖沟、坑等，用湿沙（含水量以用手捏沙能成团、落到地上能撒开为合适）将板栗分层堆埋起来。湿沙的用量为板栗的两三倍。具体做法是在地面或沙坑底部先铺一层秸秆再铺一层 7 ~10 厘米的湿沙，其上加一层板栗，然后一层沙一层板栗相间堆高，至总高度达 60 ~70 厘米时为止，然后再覆一层沙，厚 7 ~10 厘米。为防止堆中的热不能及时散失出来和加强通风，可扎草把插入板栗和沙中。管理上注意表面干燥时要洒水，底部不能有积水。为防止日晒水淋需用覆盖物（草帘、塑料薄膜等）覆盖。当外界温度低于 0℃时要增加覆盖物的厚度。为了提高沙藏的效果，可在沙中加入少量松针以利通气，同时松针能散发出抑菌物质而起防腐作用。由于蛭石、锯木屑等保湿性较好，生产实际中以它们取代沙子可提高板栗的贮藏效果。

板栗机械冷藏时将处理并预冷好的板栗装入包装袋或箱等容器，置于冷藏库中贮藏。堆放时要注意留有足够的间隙，或用贮藏架架空，以保证空气循环的畅通，使果实的品温迅速降低。贮藏期间库温应保持在 0℃左右，相对湿度 85% ~90%，空气循环速度适宜。板栗包装时在容器内衬一层薄膜或打孔薄膜袋，对于减少失重效益较好。贮藏期间要定期检查果实质量变化情况。

气调技术用于板栗贮藏时 O_2 浓度为 3% ~5%，CO_2 浓度不超过 10%，在以上气体条件下贮藏良好。也有人用 1% 的 O_2 不加 CO_2 也取得了成功。方法多是用 0.06 毫米以上的塑料薄膜包装板栗，结合机械冷藏进行简易气调而进行。

3. 辅助处理

及时冷却对板栗贮藏极为重要，这在南方地区尤为突出，田间热除去不及时和呼吸热积累会造成板栗种仁被“烧死”。防止的措施是在采收后迅速摊晾降温，如有可能采用如强制通风的预冷方法，促使板栗的品温迅速降至贮藏温度要求。预冷前最好解除包装，因为在板栗降温过程中，会出现大量的凝结水，附着在果实表面致使板栗贮藏中霉烂增加。预冷达到要求并包装后整齐堆放，不要太“实”，防止垛中热量散发不出来。

板栗贮藏中常见的病害有黑腐病、炭疽病和种仁斑点病等，它们主要发生在采后一个月内，且在高温、高湿下明显。克服病害发生的办法主要是化学药剂处理，如2 000毫克/升甲基托布津、500 毫克/升 2，4-D 加 2 000毫克/升甲基托布津或 1 000毫克/升加特克多浸泡果实。沙藏板栗时也可用500 ~ 1 000毫克/升特克多处理沙子也有效。板栗采收时间对腐烂发生也有一定影响，阴雨天、带潮采收的板栗果实通常更易发生腐烂。

为害板栗的害虫主要是栗象鼻虫，防治通常是在预贮期间用化学药剂熏蒸，具体做法是在密封的环境按 40 ~ 60 克/立方米溴甲烷熏 5 ~ 10 小时，效果很好，用磷化铝处理也有效。抑制板栗发芽可用 1 000毫克/升 MH，1 000毫克/升 NAA 等浸果，也可用 0. 25 ~ 0. 5kGy 的 γ 射线处理。控制水分散失除用低温、高湿条件和用塑料薄膜包装外，还可结合防腐处理对板栗涂被。

第七节　北方果蔬运输

运输是果蔬生产与消费之间的桥梁，也是果蔬商品经济发展必不可少的重要环节。我国幅员辽阔，南北方物产各有特色，只有通过运输才能调剂果蔬市场供应，互补余缺。

新鲜果蔬水分含量多，采后生理活动旺盛，易破损，易腐烂。运输可以看作是动态贮藏，运输过程中产品的振动程度、环境中的温度、湿度和空气成分都对果蔬运输效果产生重要影响。

一、运输的基本要求

我国地域辽阔，自然条件复杂，并且果蔬具有一定的生物学特性，因此，必须严格管理，尽量满足果蔬运输中所需条件，才能确保运输安全，减少损失。运输应满足以下几个基本要求：①快装快运。运输作为果蔬流通的一种手段，它的最终目的地是销售市场、贮藏库或包装厂。由于运输过程中环境条件难以控制，特别是气候的变化和道路的颠簸，极易对果蔬质量造成不良影响。因此，运输中的各个环节一定要快，尽可能使果蔬迅速到达目的地。②轻装轻卸。果蔬含水量高，属于鲜嫩易腐性产品。如果装卸粗放，产品极易受伤，导致腐烂，因此，装卸过程中一定要做到轻装轻卸。③防热防冻。任何果蔬都有适宜的贮藏温度，运输过程中温度波动频繁或过大都对保持产品质量不利，因此应尽可能保持运输温度的稳定。

二、运输的主要影响因素

温度、湿度、气体是贮藏的三大环境要素，在运输过程中同样对果蔬品质有着显著的影响。此外，由于运输环境是一个动态环境，运输振动也是不可忽视的影响因素。

（一）运输振动

振动是果蔬运输时应考虑的基本环境条件。振动可以引起多种果蔬组织的伤害，主要为机械损伤及导致生理失常两大类，它们最终导致果蔬品质的下降。一般而言，由于果蔬具有良好的黏弹性，可以吸收大量的冲击能量。但是，实际上货车车厢的振动常激发包装和包装内产品的各种运动。这些因素的相加效应常可在一般的振动强度下形成对某些果蔬造成损伤的冲击。此外，对于还不致发生机械损伤的振动，如果反复增加作用次数，那么果蔬的强度也会急剧下降，使果蔬产品容易受到损伤。果蔬中，青番茄、甜椒、根菜类耐碰撞摩擦，而红熟番茄、茄子、黄瓜、接球果蔬、绿叶菜类不耐碰撞。

运输中影响车辆振动的因素主要有：①车辆状况。如卡车的轮数少，亦即车体小、自重轻的车子，振动强度高，在同一车厢中，后部的振动强度高于前部，上方的振动强度高于下方。②车速及路面状况。道路状况常是运输中振动大小的决定因素。一般而言，铁路及高速公路最为平滑，行车速度与振动关系不大，而较差的路况下，车速越快振动越大。③装载状况。空车或装货少的车厢振动强度高。另外，在货物码垛不合理、不稳固时，包装与包装之间的二次碰撞，常会产生更强的振动。④运输方式。水上运输的振动最小，铁路运输的振动较小，而公路运输的振动最大，尤其是路况不好的情况下。

（二）温度

运输温度对产品品质起着决定性的影响，是运输中最重要的环境条件之一。果蔬运输可分为常温运输及冷藏运输两类。在常温运输中，果蔬产品的温度很容易受外界气温的影响。如果外界气温高，再加上装箱和堆码的果蔬本身的呼吸热，产品温度很容易升高。一旦果蔬温度升高，就很难降下来，这常使产品大量腐败。在严寒季节，果蔬紧密堆垛的温度特性（呼吸热的积累）则有利于运输防寒。

在冷藏运输中，由于堆垛紧密，冷气循环不好，未经预冷的果蔬冷却速度通常很慢，而且设备部分的冷却速度也不均匀。有研究表明，没有预冷的果蔬．在运输的大部分时间中，产品温度都比要求温度高。可见，要达到好的运输质量，在长途运输中，预冷是非常重要的。

关于确定最适的运输温度，果蔬运输只相当于短期的贮藏，略高于最适冷藏温度的运输温度对果蔬品质的影响不大。而采取略高的温度，在运输经济性上则具有十分明显的好处，例如，采用保温车代替制冷车，可减少能源消耗，降低冷藏车的造价等。另一方面，运输所采用的最低温度以能够导致冷害的温度为限。实际上在严寒地区需保温运输的条件下，亦可适当放宽低温度，因为大多数果蔬短期内对冷害的忍耐是较强的。一般而言，果蔬的运输温度可以在4℃以上。当然，最适运输温度的确定，还应考虑运输时间的长短及产品的特性。如黄瓜、青番茄，对冷害敏感，最适温度常在10～18℃。而洋葱、大蒜等对高温相对不敏感的果蔬，适于常温运输。表1－7是国际制冷学会推荐的新鲜果蔬的运输温度。

表1－7　国际制冷学会推荐的新鲜果蔬的运输温度

果　蔬	1～2天的运输温度	2～3天的运输温度	果　蔬	1～2天的运输温度	2～3天的运输温度
花椰菜	0～8	0～4	菜　豆	5～8	
甘　蓝	0～10	0～6	食荚豌豆	0～5	
莴　苣	0～6	0～2	青番茄	10～15	10～18
菠　菜	0～5		红番茄	4～8	
辣　椒	7～10	7～8	胡萝卜	0～8	1～2
黄　瓜	10～15	10～13	洋　葱	－1～20	－1～13
南　瓜	0～5		马铃薯	5～20	5～10

（三）湿度

在低温运输条件下，由于车厢的密封和产品堆积的高度密集，运输环境中的相对湿度常在很短的时间内即达到95%～100%。运输时间较短时，这样的高湿度不至于影响果蔬的品质和腐烂率。此但如果采用纸箱包装，高湿会使纸箱吸湿，导致纸箱强度下降，使果蔬容易受伤。为此，在运输时应根据不同的包装材料采取不同的措施。远距离运输用纸箱包装产品时，可在箱中用聚乙烯薄膜衬垫，以防包装吸水后引起抗压力下降；用塑料薄膜等包装材料运输时，可在箱外罩以塑料薄膜以防产品失水。

（四）气体成分

果蔬在常温运输中，环境中气体成分变化不大。在低温运输中，由于车厢体的密闭，运输环境中有 CO_2 的积累。若运输时间不长，CO_2 积累到伤害浓度的可能性也不大。在使用干冰直接冷却的冷藏运输系统中，CO_2 浓度自然会很高，可达到20%～90%，有造成 CO_2 伤害的危险。所以，果蔬运输所用的干冰冷却一般为间接冷却。

三、运输的方式和工具

1. 公路运输

公路运输是我国最重要和最常用的短途运输方式。虽然存在成本高、运量小、耗能大等缺点，但其灵活性强、速度快、适应地区广。主要运输工具包括汽车、拖拉机、畜力车和人力拖车等。汽车有普通运货卡车、冷藏汽车、冷藏拖车和平板冷藏拖车。随着高速公路的建成，高速冷藏集装箱运输将成为今后公路运输的主流。

2. 水路运输

利用各种轮船进行水路运输具有运输量大、成本低、行驶平稳等优点，尤其是海运是最便宜的运输方式。在国外，海运价格只是铁路的1成，公路的1/40。但其受自然条件限制较大，运输的连续性差，速度慢，因此，水路运输果蔬的种类受到限制。水路运输工具用于短途转运或销售的一般为木船、小艇、拖驳和帆船，远途运输的则用大型船舶、远洋货轮等，远途运输的轮船有普通舱和冷藏舱。发展冷藏集装箱运输果蔬，是我国水路运输的发展方向。

3. 空运

空运的最大特点是速度快，但装载量很小，运价昂贵，适于运输特供高档果蔬，如草菇、鲜猴头、松蘑等。我国进口日本的鲜香菇、蒜薹也有采用空运的。

由于空运的时间短，在致小时的航程中常无须使用制冷装置，只要果蔬在装机前预冷至一定温度，并采取一定的保温措施即取得满意的效果。在较长时间的飞行中，则一般用干冰作冷却剂，因干冰装置简单，重量轻，不易出故障，十分适合航空运输的要求。用于冷却果蔬的干冰制冷装置常采用间接冷却，因此，干冰升华后产生无毒、无味的 CO_2 气体不会在产品环境中积存而导致人体中毒。

4. 铁路运输

铁路运输具有运输量大、速度快、运输振动小、运费较低（运费高于水运，低于陆运），连续性强等优点，适合于长途运输。其缺点是机动性能差。铁路运输工具有普通篷车、通风隔热车、加冰冷藏车、冷冻板冷藏车。集装箱有冷藏集装箱和气调集装箱，集装箱也可在汽车上作业。

四、运输注意事项

目前，我国果蔬运输的设备有汽车、轮船和火车，有条件的地方可使用保温或冷藏设备。为了搞好运输，应注意以下几点。

第一，运输的果蔬质量要符合运输标准，成熟度和包装应符合规定，并且新鲜、完整、清洁，没有损伤和萎蔫。不同品种种类的果蔬最好不要混装。

第二，在装载果蔬之前，车船应认真清扫，彻底消毒，确保卫生。

第三，果蔬承运部门应尽力组织快装快运，现卸现提，保证产品的质量。

第四，装运应避免撞击、挤压、跌落等现象，尽量做到运行快速平稳。

第五，运输过程中，果蔬堆上应覆盖防水布或芦席，以免日晒雨淋。冬季应盖棉被进行防寒。

第六，运输时要注意通风，如果用篷车、敞车通风运载，可将蓬车门窗打开，或将敞车侧板调起捆牢，并用栅栏将货物挡住。保温车船要有通风设备。

第七，长距离运输最好用保温车船。在夏季或南方运输时要降温，在冬季尤其是北方运输时要保温。用保温车船运输果蔬，装载前应进行预冷。要保持果果蔬的新鲜度和适宜的相对湿度，以防止果蔬萎蔫。

五、冷链运输

冷链运输系统是指果蔬从采后的运输、贮藏、销售，直至消费的全部过程中，均处于适宜的低温条件下，最大限度地保持果蔬的品质。在经济技术发达国家如日本、美国等，果蔬采后已实现了冷链运输系统。

果蔬种类繁多，各自有适宜的低温。冷链流通系统是一个动态化过程，对于低温的控制要达到在环境变化的衔接过程中始终保持稳定是不容易的，实践中往往会发生温度的变化或某个低温环节中断而导致温度频繁波动，这对保持果蔬正常生理和优良品质极为不利。因此，冷链环节的某一温度变化过程持续时间越短保鲜效果越好。我国在果蔬冷链流通方面的工作刚刚起步，急需研究各种果蔬适宜的运输条件。

第八节　北方果蔬贮运技术应用

一、离子水浸泡结合静电场处理对贮藏草莓生理特性的影响

1. 材料与方法

长虹 2 号草莓，采自北京市朝阳区上土村草莓圃。选择大小一致、无机械伤、无病虫害、成熟度（果实表面为 50% 左右的鲜红色）一致的果实，采后迅速运回试验冷库，预冷 12 小时，按试验设计进行不同处理后，入冷库中贮藏（贮藏温度 0 ℃，相对湿度 85% ~90%）。

（1）试验设计

本试验中共设 2 个处理，每处理取 50 千克草莓。一组经离子水 10 分钟浸泡处理。离子水用中国农业大学中日食品研究中心实验室研制的电生功能水发生装置制取。离子水 pH 值 2. 5 ±0. 1，氧化 - 还原电位（1 150 ±20）毫伏，有效氯浓度为（100 ±10）毫克/升。草莓果实经离子水浸泡 10 分钟，晾干后入库贮藏。另一组经以上离子水处理后高压静电场（ -200 千伏/米，2 小时/天）处理，以浸泡 10 分钟 水的果实作为对照。电场处理采用场强 -200 千伏/米 静电场，每天 2 小时。静电发生装置采用 DW - N303 - 1AC

型直流高压电源（天津东文高压电源厂生产），其额定泄漏电流1毫安。果实贮藏过程中，每3天测定草莓果实乙烯释放量、呼吸强度、果肉最大破断应力及果肉细胞相对电导率，在贮藏草莓出现水渍状斑点，基本失去新鲜度时结束测试。测试果肉破断应力，以其最大破断应力来表示草莓果实的硬度。测定重复3次，用Excel 2003统计分析数据，计算标准偏差并制图。应用SPSS 11.5软件对数据进行方差分析（ANOVA），用邓肯式多重比较对差异显著性进行分析。$P<0.05$表示差异显著。

（2）测定方法

①乙烯释放量和呼吸强度的测定：参照Jiang等人的方法并稍作修改。称取草莓果实约500克，置于经空气平衡的2升玻璃真空干燥器中，密闭30分钟（乙烯测定需密闭1～2小时），顶空取1毫升气体进行气相色谱测定。

根据乙烯和CO_2标准曲线计算果实释放出的乙烯和CO_2含量。乙烯以每千克果实单位时间释放量

进行计算［微升/（千克·小时）］，呼吸强度以每千克果实单位时间内释放出的CO_2量［毫升CO_2/（千克·小时）］计算。气相色谱（GC7890F，上海天美）配置FID检测器和不锈钢填充柱（porapak 80～100），柱长2米，内径2毫米，载气N_2。进样温度120 ℃，柱温60 ℃，检测温度360 ℃（乙烯测定检测温度为150 ℃）。

②果肉破断应力的测定：将果实对半切开后，取一半平放于RT-2002D. D型流变仪（日本RHEOTECH公司产品）载物台上，测定果肉破断应力，重复5次，取平均值。压头直径3毫米，载物台上行速度6厘米/分钟，用Yokogawa记录仪记录试验结果，果肉破断应力用千帕表示。

③果肉细胞相对电导率的测定：参照冯双庆的方法并稍作修改。从果实中部用直径14.5毫米的打孔器打孔，取果肉圆片10片，质量5克，放入100毫升三角瓶中，加100毫升二次蒸馏水，充分搅拌后，放入真空干燥器中，在真空度0.004兆帕条件下抽空1小时，然后将水倒掉，在三角瓶中，重新加入100毫升二次蒸馏水，振荡1小时后测定初始电导率值。将测定完初始电导率的样品，加热到100℃，保持沸腾5分钟，迅速冷却，测定其最终电导率。

相对电导率值＝（初始电导率值/最终电导率值）×100%。

2. 结果与分析

（1）离子水结合电场处理对草莓果实乙烯释放量的影响

草莓采收贮藏期间，果实的乙烯释放并没有出现释放高峰，表现为典型的非跃变型果实特征。在整个贮藏期，果实的乙烯释放量逐渐下降，贮藏前期下降较快，中、后期平缓下降。如图 1－11 所示，离子水结合电场处理与对照和单纯浸离子水果实相比，均显著抑制草莓的乙烯释放（$P<0.05$）。单纯离子水处理处理则与对照无显著差异。

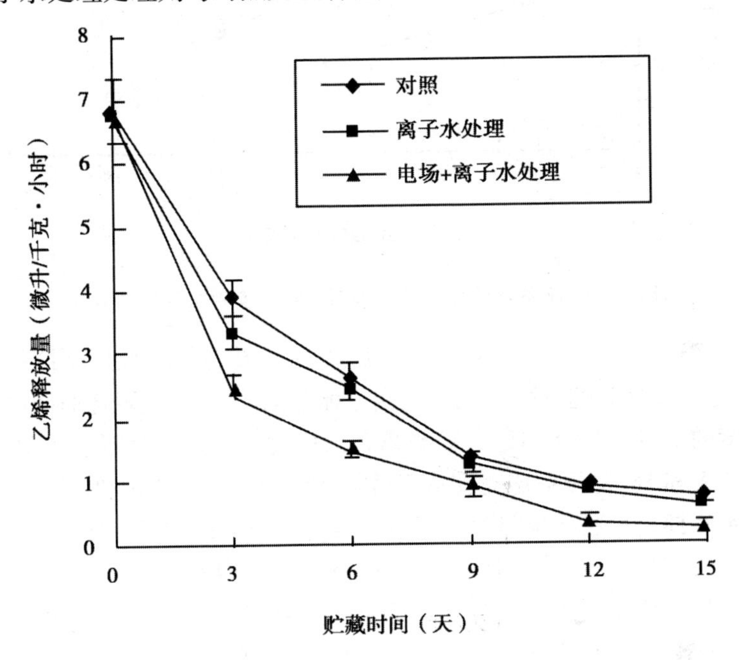

图 1－11　离子水结合电场处理对草莓果实乙烯释放量的影响

（2）离子水结合电场处理对草莓果实呼吸强度的影响

如图 1－12 所示，浸离子水结合电场处理显著降低了草莓果实的呼吸强度（$P<0.05$），贮藏第 3 天、第 6 天、第 9 天和第 12 天时分别比单纯浸离子水果实降低 30.0%、40.7%、48.4% 和 38.5%。到草莓贮藏第 15 天，浸离子水结合电场处理的果实也比离子水处理果实降低了 23.6%。单纯离子水处理对草莓的呼吸强度没有显著影响。

（3）离子水结合电场处理对草莓果肉最大破断应力的影响

如图 1－13 所示，贮藏期间，以果肉最大破断应力为评价指标，3 种贮

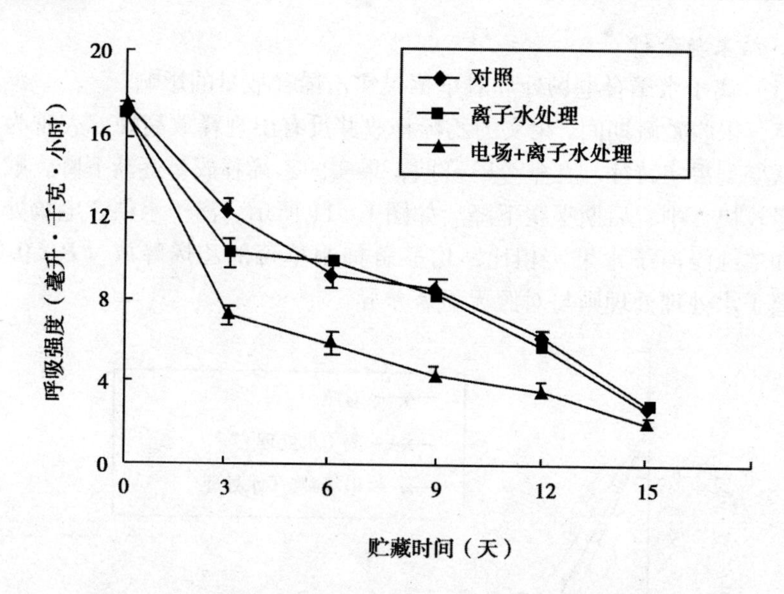

图1-12　离子水结合电场处理对草莓果实呼吸强度的影响

藏方式下草莓果实硬度的变化：贮后1~9天，草莓果实硬度下降缓慢，从第10天起，硬度急速下降，说明浸离子水结合电场处理显著抑制冷藏草莓果肉硬度的下降（$P<0.05$），贮藏第3天后就一直高于对照，在贮后6天、9天、12天和15天分别比对照高7.4%、11.1%、27.2%和34.9%。单纯浸离子水处理，从贮藏从第3天后也一直高于对照，在贮后6天、9天、12天和15天分别比对照高3.4%、4.3%、14.3%和17.2%。

（4）离子水结合电场处理对草莓果肉细胞相对电导率的影响

果肉组织相对电导率是衡量果实细胞膜透性的主要指标。果实趋向衰老时，细胞膜透性增强，相对电导率增加。如图1-14所示，3种贮藏方式下草莓果实相对电导率的变化：贮后1~9天相对电导率上升缓慢，从第10天起，急速上升。浸离子水结合电场处理显著抑制了冷藏草莓相对电导率的上升（$P<0.05$），贮藏第3天后就一直低于单纯浸离子水组和对照，在贮后6天、9天、12天和15天分别比单纯浸离子水果实降低了5.8%、3.7%、7.8%和10.0%。与对照相比，在贮后6天、9天、12天和15天比对照降低了3.9%、7.1%、16.9%和24.1%。

（5）贮藏效果观察

通过观察草莓贮藏过程中的外观变化得知：浸离子水结合电场处理的草

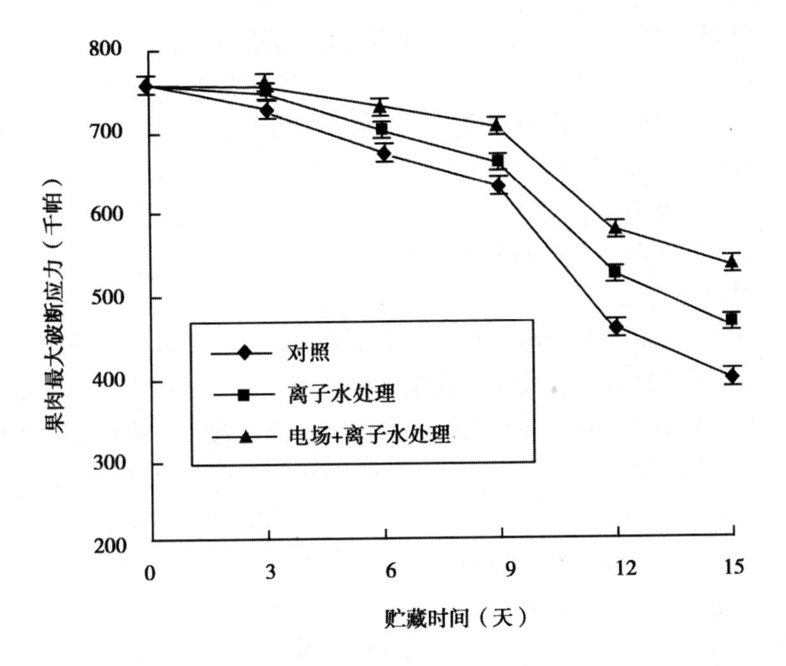

图 1－13　离子水结合电场处理对草莓果实硬度的影响

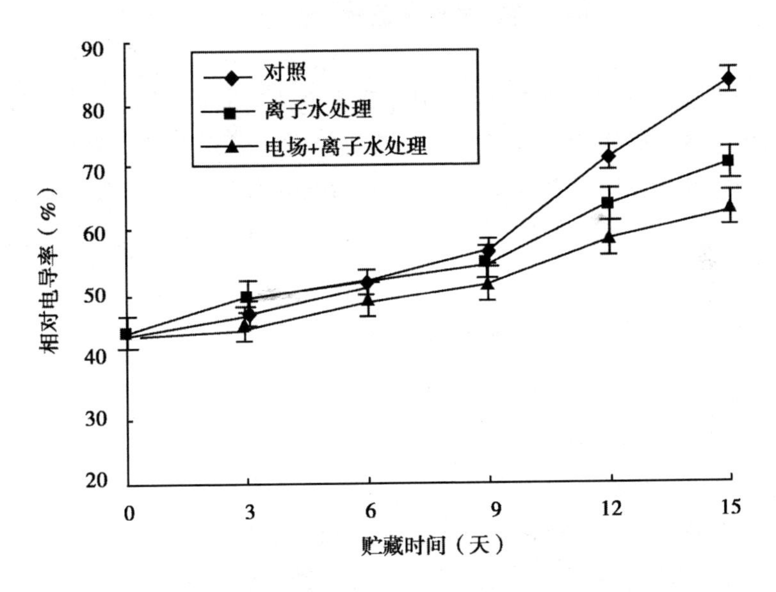

图 1－14　离子水结合电场处理对草莓果肉细胞相对电导率的影响

莓，贮藏15天仍然新鲜饱满，果实呈鲜红色，部分果面还没有全部转红，萼片鲜绿色；而对照草莓在第15天时，果实已不太新鲜，整个果面变成浓红色，萼片变为灰绿色。以草莓果实出现水渍状斑点为限，作为保鲜草莓的结束期，对照可贮藏15天，单纯浸离子水处理可贮藏18天，而浸离子水结合电场处理可贮藏25天。从感官表现来看，浸离子水结合电场处理和单纯浸离子水处理的保鲜效果均明显好于对照。

3. 结论与讨论

本研究表明单纯浸离子水处理对草莓果实呼吸强度和乙烯释放均无显著影响；浸离子水结合电场处理显著抑制果实的呼吸和乙烯的释放，表现在处理组抑制了果实相对电导率的上升和硬度的下降，表明电场处理调控了果实细胞膜，维持膜的稳定性。Gross D、Brayman A A、Miller M W 等对电场下植物细胞和动物细胞进行了研究，均认为电场改变了植物细胞膜电位。本研究结果也证实草莓经浸离子水结合静电场处理后，果实细胞膜电位被调整。浸离子水结合电场处理较单纯浸钙和浸水对照均明显抑制草莓的乙烯释放，使草莓果实的呼吸强度降低，保持了草莓果肉最大破断应力，延缓了果实细胞相对电导率的上升；而单纯浸离子水只是较对照抑制了果肉细胞相对电导率的上升和果实硬度的下降，对草莓乙烯释放和呼吸强度的变化则无显著影响。

由于电场是以场的状态存在，基本没有电流的流过，因此，几乎没有电能的消耗。以本研究所用电场处理实验装置来分析，草莓贮藏15天，每天处理2小时计算，所用电压20千伏，泄漏电流0.1毫安，贮藏结束时仅耗能60瓦·小时。综上所述，高压电场处理贮藏草莓，既能达到较佳的贮藏效果，又能达到节能之目的。

二、乙烯利处理对猕猴桃品质的影响

1. 材料和方法

（1）材料与处理

以市售的中华猕猴桃果实为材料，选择大小均匀、成熟度相对一致的果实。设三个处理，每处理6千克果，乙烯利浓度分别为50毫克/千克、100毫克/千克、200毫克/千克，浸渍果实3分钟，捞出阴干，用0.05毫米聚乙烯袋密封后，放于纸箱，以不作处理的果作为对照。每2千克果一袋，每个处理3个重复。处理果与对照果均为室温15℃条件下贮藏。

（2）测定项目及方法

硬度采用泰勒硬度计测定，可溶固形物含量采用折光仪法测定。维生素C含量采用2.6-二氯靛酚法测定。可滴定酸的测定采用酸碱滴定法。呼吸强度采用气流法测定。

2. 结果与分析

（1）不同处理对猕猴桃硬度的影响

如图1－15所示，中华猕猴桃果实的硬度在催熟期间为一直下降趋势。对照与处理果的硬度下降过程均可分为两个明显阶段。第一阶段是从第1天至第5天，果肉硬度下降迅速，处理果硬度平均从17.5磅/平方厘米降至7.9磅/平方厘米，平均下降幅度为54.78%；第二阶段（5～10天）的硬度下降速率相对变缓，果肉硬度由7.9磅/平方厘米降至6磅/平方厘米，平均每天的硬度损失率为4.78%。而对照果硬度第一阶段平均下降幅度为50.57%，下降幅度均比处理果低。经不同乙烯利浓度处理的猕猴桃果实硬度下降均比对照快，且浓度越大其硬度下降的越快。

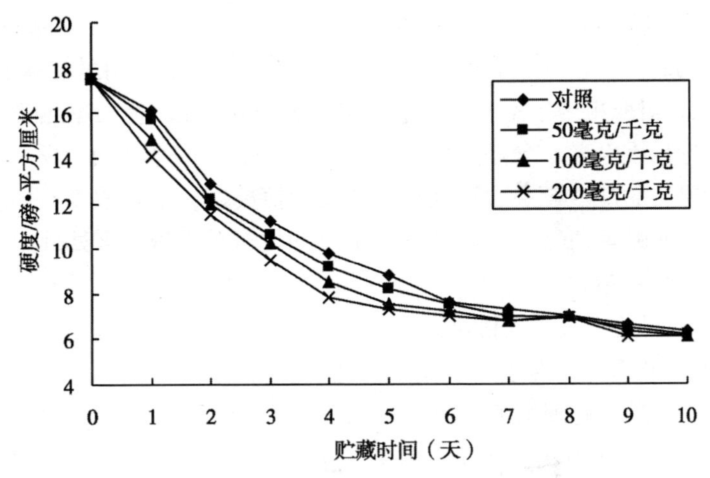

图1－15　乙烯利处理对猕猴桃硬度的影响

（2）不同处理对猕猴桃可溶性固形物含量的影响

随着猕猴桃果实硬度的下降，各处理可溶性固形物含量均明显上升。整个过程如图1－16所示，初始猕猴桃果实平均可溶性固形物含量为12.15%，第10天乙烯利处理果可溶性固形物平均含量上升到14.9%，平均上升幅度为22.4%。而对照果第10天可溶性固形物含量上升到14.73%，上升幅度为21.23%。实验表明，经过乙烯利处理后果实的可溶性固形物含量均比对照高，

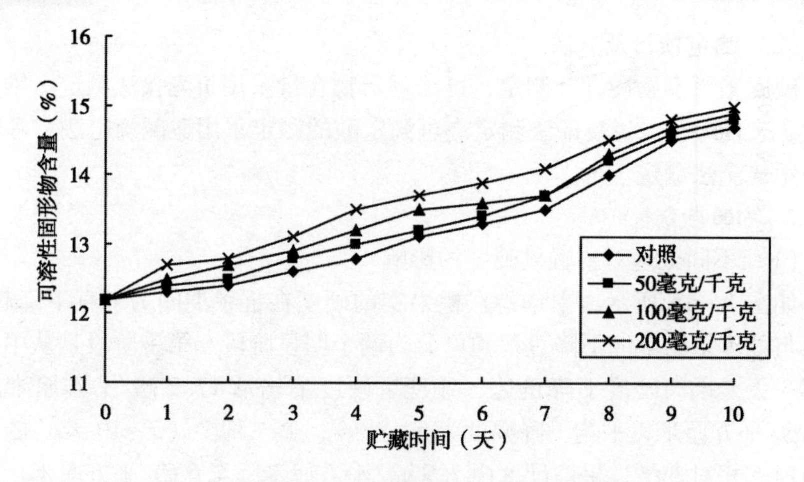

图 1－16　乙烯利处理对猕猴桃可溶性固形物含量的影响

可改善市售猕猴桃风味较淡的问题。

（3）不同处理对猕猴桃维生素 C 含量的影响

如图 1－17 所示，猕猴桃果实采后维生素 C 含量为 119.5 毫克/100 克，随着贮藏期的延长，对照果和乙烯利处理果维生素 C 含量均呈缓慢下降趋势，至第 10 天，对照果维生素 C 含量仅为 84 毫克/100 克，损失率达 29.7%，而乙烯利处理果维生素 C 含量为 97.9 毫克/100 克，损失率达 18.1%。经乙烯利处理后的果实的维生素 C 含量在末期均比对照要高，不同浓度乙烯利处理后的猕猴桃果实贮藏期间维生素 C 含量下降均比对照缓慢，且处理浓度越小其维生素 C 下降的越快。

（4）不同处理对猕猴桃可滴定酸的影响

如图 1－18 所示，果实可滴定酸在整个催熟期间均有降低趋势，降低幅度比较平缓。乙烯利处理果 10 天后可滴定酸平均降至 1.45%，降幅为 24.67%，对照果的可滴定酸 10 天后降至 1.47%，降幅为 23.63%。乙烯利各处理间，处理浓度越大果实可滴定酸下降越快，下降幅度越大，且经乙烯利处理后果实的可滴定酸含量低于对照，可改善市售猕猴桃风味偏酸的问题。

（5）不同处理对猕猴桃呼吸强度的影响

由图 1－19 可知，猕猴桃是典型的呼吸跃变型果实，对照和处理果呼吸强度均迅速达到高峰，之后又持续下降。乙烯利处理果在贮后第 2 天呼吸强度达到了高峰，发生呼吸跃变，呼吸强度的峰值分别为 56.8 毫克 CO_2/千克·小时、61.6 毫克 CO_2/千克·小时、67.5 毫克 CO_2/千克·小时，呼吸

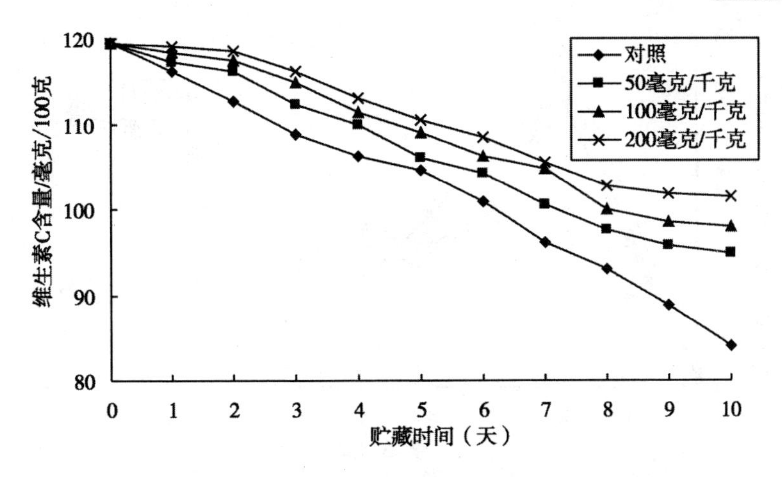

图1-17 乙烯利处理对猕猴桃维生素C含量的影响

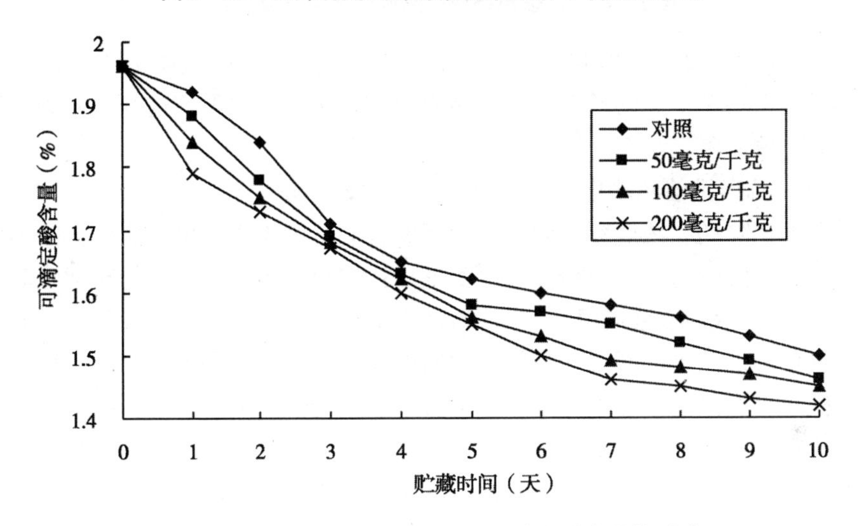

图1-18 乙烯利处理对猕猴桃可滴定酸含量的影响

强度的峰值随乙烯利处理浓度的增大而增大。对照果实在贮后第3天也达到峰值，达到47.6毫克 CO_2/千克·小时，乙烯利处理显著地促进了果实的呼吸强度，加速果实的后熟衰老，有效地改善了猕猴桃的风味，贮藏末期对照与乙烯利处理后的果实呼吸强度相近。

3. 讨论

（1）从本试验结果发现果实的后熟软化与乙烯的关系非常密切

经乙烯利处理后使猕猴桃呼吸跃变的时间提前，加快了果实的软化，同

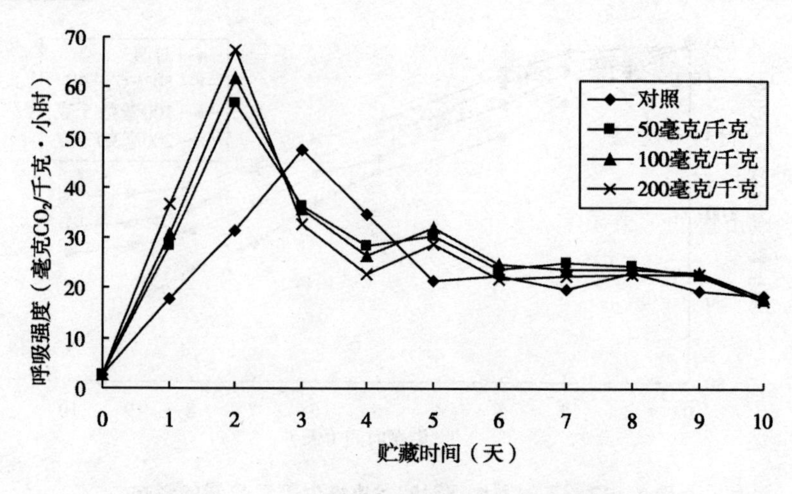

图 1－19　乙烯利处理对猕猴桃呼吸强度的影响

时使可溶性固形物含量和维生素 C 含量升高，其食用品质明显提高。由此可以得出乙烯利催熟的猕猴桃食用品质明显好于自然成熟，这与曾荣和陈金印报道一致。

（2）猕猴桃催熟软化过程中分为两个明显阶段

硬度速降期和硬度缓降期，这一现象可能是因为猕猴桃果实软化的不同阶段是由不同的酶调控的相应的生物过程：淀粉作为细胞内容物对细胞起着支撑作用，并维细胞的膨压，当淀粉被水解后，引起细胞胀力的下降，导致果实软化。果实的硬度可能与果实中的果胶含量有关。果胶质组分的构成是猕猴桃是否成熟的重要指标之一，果实中非水溶性果胶含量愈多，果肉硬度愈大。随着果实成熟度的提高，非水溶性果胶逐渐分解为水溶性果胶，细胞间松弛，果实硬度也随之下降。这与陈金印和张玉报道一致。

4. 结论

（1）随着猕猴桃贮藏期的延长，对照和乙烯利处理果的可溶性固形物含量均逐渐升高，同时伴随果肉硬度的下降，可滴定酸和维生素 C 含量均呈下降趋势。

（2）不同乙烯利浓度处理的猕猴桃果实硬度下降比对照快，且浓度越大硬度下降的越快；可溶性固形物含量比对照高，且处理浓度越大的其上升越快；维生素 C 含量在末期比对照高；可滴定酸含量低于对照，且处理浓度越大果实可滴定酸下降越快；呼吸强度均高于对照，呼吸跃变提前，且处理浓度越大，呼吸强度峰值越大。

三、冷激处理、热激处理对苹果货架期品质的影响

1. 材料和方法

（1）材料

以市售的苹果果实为材料，选择大小均匀、色泽一致、无病虫、无损伤的健康果实进行以下实验。

（2）仪器与试剂

①仪器：大气采样器（CD/QC—I 型，金坛市科析仪器有限公司，LZB-3 苏州流量计厂）、碱式滴定管、研钵、泰勒硬度计（HP-30 型，天津市津东机械厂）、电炉、水浴锅等。

②试剂：正丁醇、抗坏血酸标准溶液、2. 6-二氯靛酚溶液、1% 的酚酞乙醇溶液等。

（3）试验方法

设立 3 个实验组，分别为冷激处理组、热激处理组和对照组。每组各取大小重量均匀的 23 个苹果（每实验组果实重量约 2. 5 千克），分别用 0℃的冰水混合物、38℃的热水浸泡苹果果实 33 分钟（注：水要完全没过果实最高点，且浸渍均匀）。将果实捞出阴干后放入各自组干净塑料袋，并标号贮藏在室温下（经测定室温为 15℃）。

（4）测定项目及方法

①硬度的测定：预先在果实对应的两面的最大横径处薄薄削去一层皮（略比测头大一些），用一手握住果实，并以活塞垂直地指向削去表皮的部分，另一只手握住硬度计，施加压力直至测头顶端部分压入果肉时为止，即可在标尺上读出游标所指的磅数。

②维生素 C 含量的测定

a. 抗坏血酸的提取：称取样品 5 克放入研钵中加入 2% 草酸溶液少许，少量的石英砂将其研钵成匀浆，注入 50 毫升容量瓶中，加入 2% 草酸定容至刻度，然后颠倒摇匀数次，将其静置 10 分钟，实验时取其上清液即为待测液。

b. 样品的滴定：取上清液 1 毫升和 2% 草酸溶液 9 毫升于三角瓶中（其目的是用 2% 草酸溶液对上清液进行稀释，颜色变淡，便于实验终点的判断），用已经标定过的 2，6-二氯靛酚溶液滴定至桃红色 15 秒内不褪色为止，记下燃料的用量。取平均值即为 1 毫升待测液中的维生素 C 消耗的体

积 V。

c. 空白滴定

取2% 草酸溶液 10 毫升，用染料滴定，当变为桃红色 15 秒，记下染料消耗的体积 V_1。

d. 滴定度的测定

取 5 毫升已知浓度的抗坏血酸标准溶液，加入 1% 草酸溶液 5 毫升，摇匀，用上述配置的染料溶液滴定至溶液呈粉红色 15 秒不褪色。

每毫升染料溶液相当于维生素 C 的毫克数 = 滴定度（T）$= \frac{C \times V_1}{V_2}$

式中：C：抗坏血酸（V）的浓度（毫克/毫升）

V_1：抗坏血酸的量（毫升）

V_2：消耗燃料的溶液量（毫升）

e. 计算

$$W = \frac{(V - V_1) \times T \times \text{样品的总毫升数} \times 100}{\text{滴定时所需样品的毫升数} \times \text{样品的克数}}$$

注：单位是每 100 克样品中所含维生素 C 的毫克数

A 样品提取液定容时泡沫多，可加几滴辛醇或丁醇消泡。

B 样品的提取液制备和滴定过程，要避免阳光照射和与铜铁器具接触，以免抗坏血酸被破坏。

C 滴定过程应迅速宜迅速，一般不超过 2 分钟。样品消耗燃料 1 ~ 4 毫升为宜，如果超出此范围，应增加或减少样品提取液用量。

③可滴定酸的滴定

a. 样品提取液制备 剔除式样的非可食部分，称取 20 克，准确至 0.01 克，用 150 毫升水吸入 200 毫升容量瓶，置 75 ~ 80℃ 水浴上加热 30 分钟，期间摇动数次，取出冷却，加水至刻度，摇匀过滤。

b. 测定 根据预测酸度，用移液管吸取 20 毫升样液，加入酚酞指示剂 2 滴，用氢氧化钠标准液滴定，至出现微红色 30 秒内不褪色为终点，记下所消耗的体积，重复 2 次。

c. 计算

$$\text{含酸量（\%）} = \frac{V \times N \times K}{b} \times \frac{B}{A}$$

V：滴定时所消耗的氢氧化钠标准溶体积（毫升）

N：NaOH 摩尔浓度

A：样品克数

B：样品液制成的总毫升数

b：滴定时用的样品液（毫升）

K = 0.07

④果实呼吸强度测定（气流法）

a. 连接好大气采样器，同时检查容器是否漏气。开动大气采样器中的空气泵，如果在装有 20% NaOH 溶液的净化瓶中有连续不断的气泡产生，说明整个系统气密性良好，否则应检查各个接口是否漏气。

b. 用台秤称取苹果 1 千克，放入呼吸室，现将呼吸室与安全瓶连接，拨动开关，将空气流量调制 400 毫升/分钟左右，将定时钟旋转钮按反时钟方向转到 30 分钟处，先使呼吸室抽空平衡半小时，然后连接吸收管开始正式测定。

c. 空白滴定用移液管吸收 0.4 摩尔/升的 NaOH10 毫升，放入 1 支吸收管中，加一滴正丁醇，稍加摇动后再将其中碱液毫不损失地移到三角瓶中，用煮沸过的蒸馏水冲洗几次，直到显中性为止，加 5 毫升饱和 $BaCl_2$ 溶液和酚酞指示剂 2 滴，然后用 0.1 摩尔/升。

草酸滴定至粉红色消失即为终点。记下低定量，重复 1 次，同时取 1 支吸收管装好同量碱液和 1 滴正丁醇，放在大气采样器的管架上备用。

d. 当呼吸室抽空 30 分钟后，立即接上吸收管，把定时针重转到 30 分钟处，调整流量大约 400 毫升/分钟。待样品测定 30 分钟后，取下吸收管，将碱液移入三角瓶中，加饱和 $BaCl_2$ 溶液 5 毫升和酚酞指示剂 2 滴，用 0.1 摩尔/升草酸滴定，操作同空白滴定，记下滴定量（V_2）。

e. 计算

$$\text{呼吸强度（}CO_2\text{ 毫克/千克·小时）} = \frac{M(V_1 - V_2) \times 44}{Wh}$$

M：$H_2C_2O_4$ 摩尔浓度（摩尔/升）

W：样品质量（千克）

h：测定时间（天）

V_1：空白滴定量

V_2：样液滴定量

44：CO_2 的毫克数

⑤果实失重率的测定

通过精密的电子天平进行称量，计算公式如下：

$$失重率（\%）=\frac{G0-Gi}{G0}\times100$$

i=2，4，6，10，14，18，22

G0：第一次测定苹果果实的重量（克）

Gi：不同天数测定时苹果果实的重量（克）

2. 结果与分析

（1）冷、热处理对苹果硬度的影响

硬度是反映果实贮藏品质的重要指标。如图1－20可知，在贮藏过程中，果实的硬度均呈下降趋势，且前期下降较快，后期相对较慢。贮藏前10天内，冷、热处理组果实硬度下降速度均高于对照，冷处理组硬度平均从7.90磅/平方米降至6.65磅/平方米，平均降幅度为15.82%；热处理组硬度平均从7.90磅/平方米降至6.34磅/平方米，平均降幅度为19.75%；而对照组硬度平均从7.90磅/平方米降至6.70磅/平方米，平均降幅为15.19%。贮藏10天至22天时，冷、热处理组果实硬度缓慢下降，且均低于对照组。冷处理组硬度平均从6.65磅/平方米降至6.10磅/平方米，平均降幅度为8.31%；热处理组硬度平均从6.34磅/平方米降至5.65磅/平方米，平均降幅度为10.88%；而对照组硬度平均从6.70磅/平方米降至5.35磅/平方米，平均降幅为20.1%。由此可见，冷激处理、热激处理在贮藏后期均可以有效延迟果实的硬度下降，且冷激处理组的硬度下降最慢，可以更好的保持果实品质。

（2）冷、热处理对苹果维生素C含量的影响

如图1－21所示，随着果实的成熟和衰老，维生素C含量不断下降。冷处理后的果实维生素C含量均高于同期对照组果实。冷激处理后的果实明显高于对照果，维生素C含量从起初的9.944毫克/100克降至为1.525毫克/100克，损失率达84.67%，对照果维生素C含量为1.013毫克/100克，损失率达89.81%。由此可见，冷激处理后的苹果果实可以有效缓解果实维生素C含量的降低。

（3）冷、热处理对苹果可滴定酸的影响

如图1－22所示，果实的可滴定酸在整个贮藏过程中均有降低的趋势，降低幅度比较平缓。处理组22天时可滴定酸平均降至18.62%，降幅为

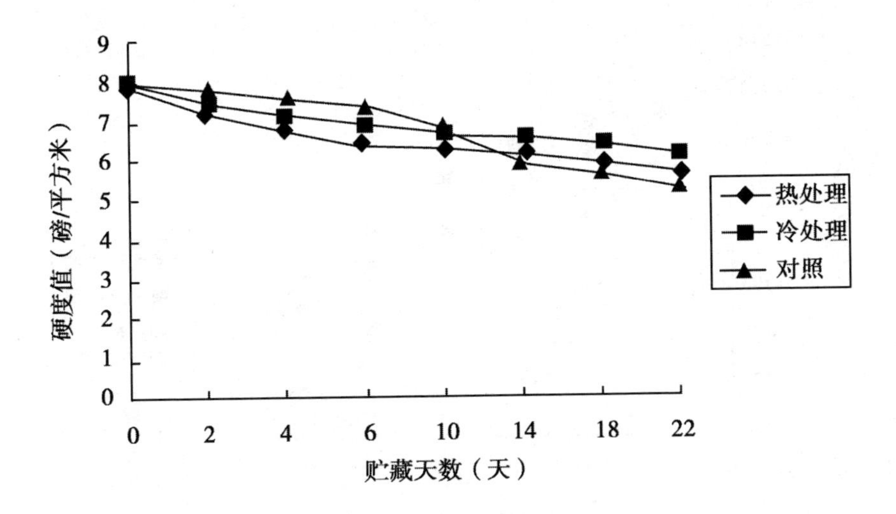

图 1-20　冷、热处理对硬度的影响

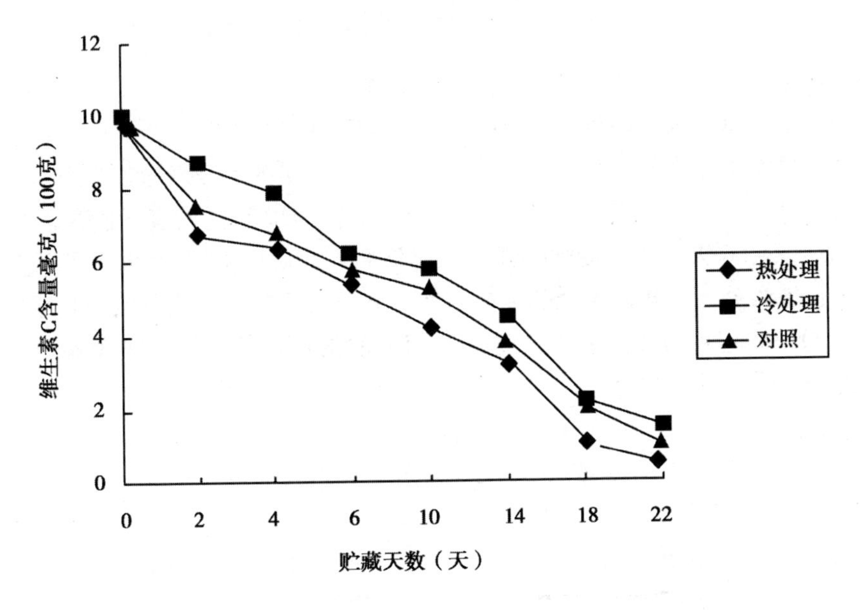

图 1-21　冷、热处理对苹果维生素 C 含量的影响

13.11%；对照组可滴定酸降幅为 16.70%，22 天时降至 17.85%。冷激处理可滴定酸量高于对照，说明冷激处理可以有效地抑制可滴定酸的降低，保持了果实的品质和风味，延长了果实的货架期。

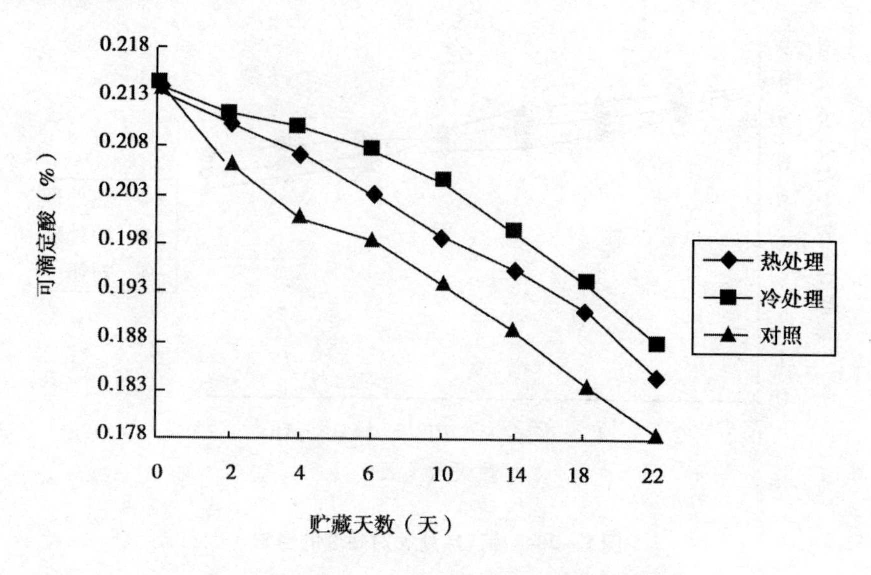

图 1－22　冷、热处理对苹果可滴定酸的影响

（4）冷、热处理对苹果呼吸强度的影响

苹果是典型的呼吸跃变型果实。呼吸跃变的出现是果实开始衰老的标志，是果实生命中的转折期，其出现的早晚与果实的贮藏寿命关系密切。呼吸跃变过去以后，果实的呼吸作用开始下降，即果实进入衰老阶段。如图 1－23所示，6 天内果实的呼吸强度迅速降低，贮藏第 14 天时出现了跃变高峰，且冷激处理、热激处理的果实峰值均低于对照组，而热激处理的呼吸强度为 31.89 毫克/千克·小时，达到 3 组实验的最低值，说明热激处理有助于抑制果实的呼吸强度。

（5）冷、热处理对苹果失重率的影响

图 1－24 所示，在贮藏期间，处理组与对照组失重率均呈上升趋势，其中，处理组比对照组失重率增加的速度小，且热激处理组对抑制果实失重率较为显著，可以更好的保持果实的水分[15]，有助于保持苹果在货架期品质的质量。

3. 讨论

（1）从以上的研究结果我们可以发现：果实的后熟软化和冷激处理、热激处理的关系非常密切。果实的硬度、维生素 C 含量、可滴定酸的含量高低直接决定着果实的内在品质，影响苹果的风味和营养价值。实验证明，冷激处理对苹果果实的硬度下降有一定的抑制作用，还可以有效的抑制苹果果实的维生素 C 含量、可滴定酸含量的降低，保持了果实的品质和风味，

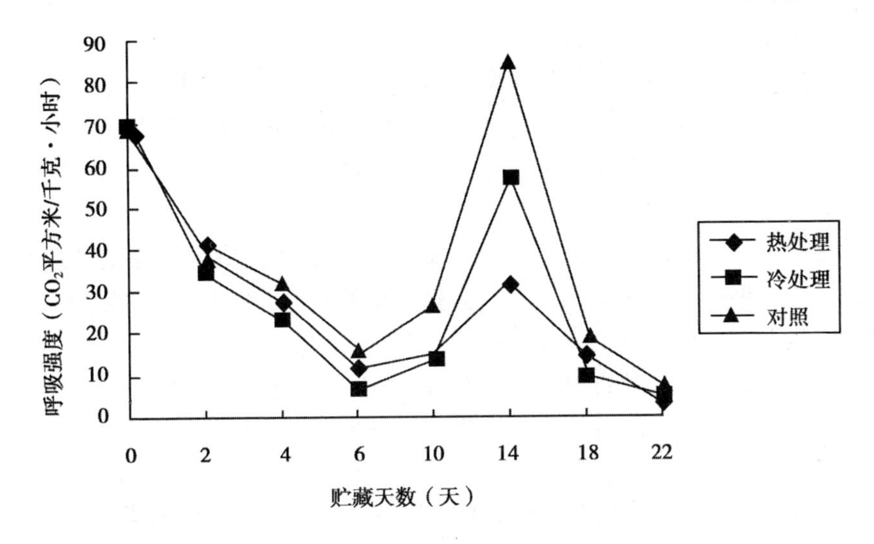

图1-23　冷、热处理对苹果呼吸强度的影响

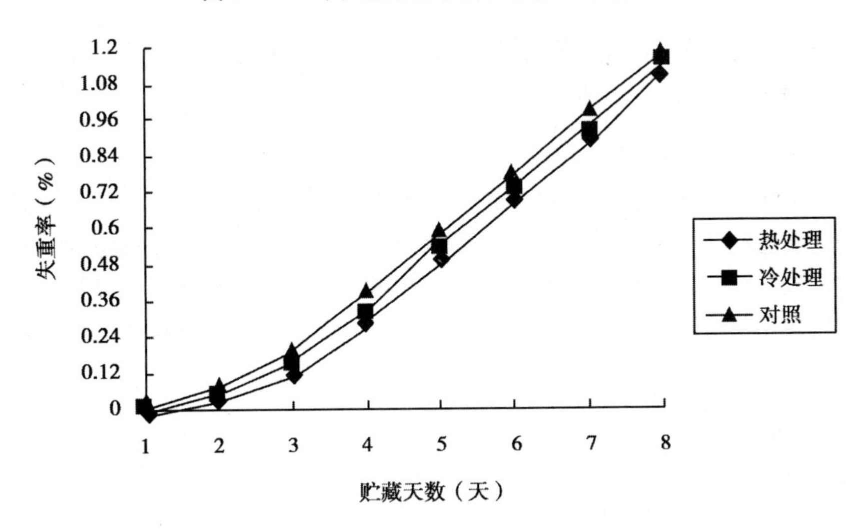

图1-24　冷、热处理对苹果失重率的影响

延长了果实的货架期，使得果实清脆爽口、营养价值高。

（2）冷激处理具有耗能少、操作简便、保鲜效果明显等特点，因而具有广大的商业应用前景。但必须把握好处理时间，因为冷激处理时间短，对果实成熟、衰老的抑制效果欠佳；而冷激处理的时间太长会导致果实失重和腐烂的增多。因此对于冷激处理对果实贮藏方面的应用，还必须作进一步的研究。

4. 结论

①实验结果表明，随着贮藏期的延长，对照组和冷激处理、热激处理组的果实硬度均逐渐下降。冷激处理、热激处理在贮藏后期均可以有效延迟果实的硬度下降，且冷激处理组的硬度下降最慢，可以更好的保持果实品质，延长果实货架期。

②苹果果实的维生素 C 含量、可滴定酸高低直接决定着果实的内在品质，影响苹果的风味和营养价值。实验结果表明，冷激处理的苹果果实其维生素 C 含量、可滴定酸的含量均高于对照。

③贮藏期间，热激处理使果实的呼吸强度峰值变低，说明热激处理抑制了果实的衰老进程；冷激处理、热激处理均抑制苹果果实水分的减少，但热激处理可以更好的保持水分，缓解果实的失重率。

④综上所述，选用冷激处理处理采后苹果，短期内可缓解苹果硬度下降速度，减少维生素 C 含量、可滴定酸含量的损失。

四、ABA 处理对猕猴桃果实后熟软化的影响

1. 材料与方法

（1）材料和处理

以市售的猕猴桃果实为材料，选择大小均匀、色泽一致、无病虫、无损伤的果实进行以下实验：①用 ABA 浓度为 50 毫克/千克，浸渍果实 2 分钟。果实要浸渍均匀，然后取出阴干，贮存在聚乙烯薄膜塑料袋。②对照：用清水浸渍果实 2 分钟。果实要浸渍均匀，然后取出阴干，贮存在聚乙烯薄膜塑料袋。注：每 1 千克一袋，处理果与对照果均为室温 20℃条件下贮藏。

（2）仪器与试剂

①仪器：大气采样器（CD/QC—I 型，金坛市科析仪器有限公司，LZB-3 苏州流量计厂）、碱式滴定管、研钵、手持式折光仪（成都泰华光学公司）、泰勒硬度计（HP—30 型，天津市津东机械厂）、电炉、水浴锅等。

②试剂：ABA 正丁醇、20% NaOH 溶液、饱和 $BaCl_2$ 溶液、1% 的酚酞乙醇溶液等。

（3）测定项目及方法

①果实硬度：预先用刀片在果实最大横径处（果实腰部）薄薄削去一层相对应两侧的果皮组织，然后一手握果实，并以活塞垂直地指向削去表皮的部分，另一手握住硬度计，施加压力直至测头顶端部分压入果肉时为止，

即可在标尺上读出游标所指的公斤数或磅数。

②可溶性固形物：

a. 打开手持式折光仪盖板，用干净的纱布或卷纸小心擦干棱镜玻璃面。在棱镜玻璃面上滴2滴蒸馏水，盖上盖板。

b. 于水平状态，从接眼部处观察，检查视野中明暗交界线是否处在刻度的零线上。若与零线不重合，则旋动刻度调节螺旋，使分界线面刚好落在零线上。

c. 打开盖板，用纱布或卷纸将水擦干，然后如上法在棱镜玻璃面上滴2滴果蔬汁，进行观测，读取视野中明暗交界线上的刻度，即为猕猴桃汁液中可溶性固形物含量（%）（糖的大致含量）。重复3次。

③呼吸强度：用气流法测定。

2. 结果与分析

（1）ABA处理对猕猴桃硬度的影响

果实采后随着贮藏期的延长，果肉硬度均表现下降趋势。如图1－25所示，对照与处理果的硬度下降过程均分两个明显阶段。第一阶段是从第1天至第6天，果肉硬度下降迅速，处理果硬度平均从21千克/平方厘米降至11.57千克/平方厘米，平均下降幅度为63.83%，日降幅也约为10.67%，果肉硬度由13.44千克/平方厘米降至11千克/平方厘米，平均每天的硬度损失率为4.32%。此阶段称之为硬度缓降期。而对照果硬度第一阶段平均下降幅度为59.15%，日降幅也约为9.86%，下降幅度均比处理果低。在常温贮藏条件下，ABA处理能够加速果实硬度的下降，促进果实的软化。

（2）ABA处理对猕猴桃可溶性固形物含量的影响

伴随着果实硬度的下降，果实的可溶性固形物明显上升。整个过程如图1－26所示，起初处理果平均可溶性固形物含量为16.13%，第10天可溶性固形物平均含量上升到20.11%，日平均上升幅度为3.98%。而对照果含量日平均上升幅度为3.31%。由此可以看出经过ABA处理后果实的可溶性固形物含量比对照高，且处理浓度越大的其上升越快。

（3）ABA处理对果实呼吸强度影响

猕猴桃是典型的呼吸跃变型果实，在20℃下，呼吸强度很快上升，对照果实在贮后第2天就已达到峰值，达到（CO_2）：48.05毫克/千克·小时，而ABA处理果在前4天呼吸强度相对较低，但在采后第6天迅速上升，达到最高值，为（CO_2）：52.94毫克/千克·小时，ABA处理并未促进果实的

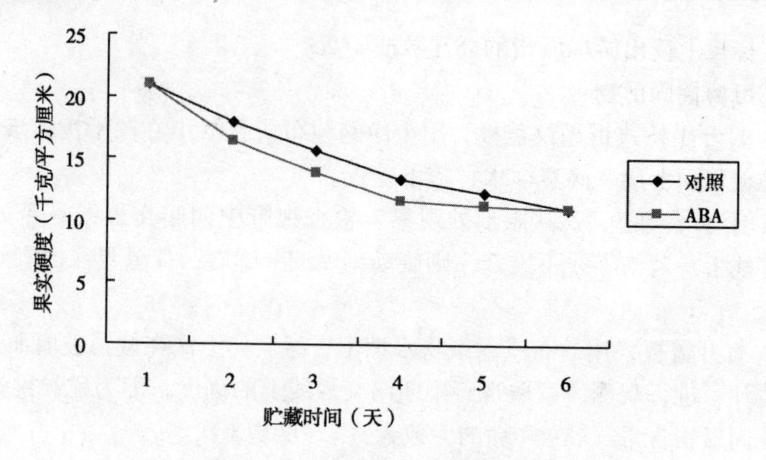

图 1-25　ABA 对果实硬度的影响

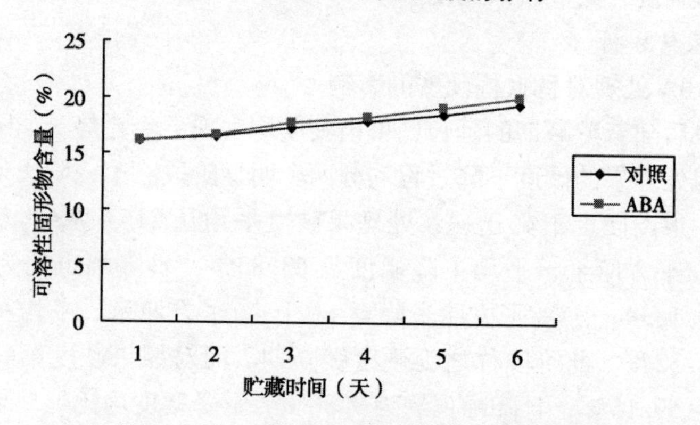

图 1-26　ABA 对果实可溶性固形物含量的影响

呼吸强度，但其加快的果实的后熟。之后在贮藏末期呼吸强度又有所下降。

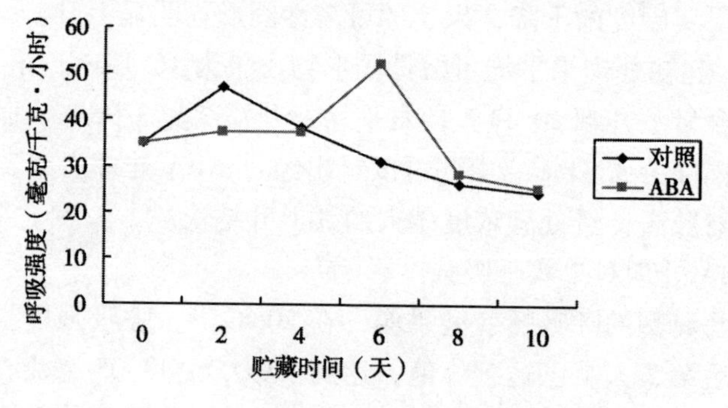

图 1-27　ABA 对果实呼吸强度的影响

3. 讨论

长期以来，乙烯都是人们所公认的果实后熟衰老激素，尤其是乙烯在跃变型果实成熟过程中的作用已有较多研究。但是，近年来人们开始强调另一种成熟衰老激素 ABA 在果实成熟过程中的调控作用，多数试验表明，外源 ABA 处理能够促进果实后熟衰老过程中呼吸升高和果实的完熟。周丽萍等研究发现，在常温下 ABA 对采后葡萄呼吸有显著的促进作用，施用 ABA 后 10 小时，呼吸速率是对照的 1.35 倍，同时外源 ABA 对葡萄乙烯释放率有明显促进作用。陈昆松等用 25 毫克/升外源 ABA 处理海沃特果实可明显促进乙烯生成，并使乙烯跃变峰提前 3 天出现，其最大值为对照的 1.4 倍，同时加速了果实的软化进程。这在草莓、冬枣上也有相关报道。

(1) 从以上的研究结果我们可以发现：果实的后熟软化与 ABA 的关系非常密切，经 ABA 处理后使猕猴桃加快了果实的软化，同时使可溶性固形物含量升高，其食用品质明显提高。但是 ABA 处理并没有很好的促进果实的呼吸强度。

(2) 猕猴桃后熟软化过程中分为两个明显阶段：硬度速降期和硬度缓降期，这一现象可能是因为猕猴桃果实软化的不同阶段是由不同的酶调控的相应的生物过程：淀粉作为细胞内容物对细胞起着支 撑作用，并维细胞的膨压，当淀粉被水解后，引起细胞胀力的下降，导致果实软化。果实的硬度可能与果实中的果胶含量有关。果胶质组分的构成是猕猴桃是否成熟的重要指标之一，果实中非水溶性果胶含量愈多，果肉硬度愈大。随着果实成熟度的提高，非水溶性果胶逐渐分解为水溶性果胶，细胞间松弛，果实硬度也随之下降。

4. 结论

随着贮藏期的延长，猕猴桃果实的可溶性固形物含量逐渐升高 同时伴随果肉硬度的下降。经过 ABA 处理后果实的可溶性固形物含量比对照高。经 ABA 处理后果实的呼吸强度低于对照，呼吸跃变没有提前。原因有可能是它参与的果实的软化，但与果实软化进程的快慢没有直接关系。

五、水杨酸保鲜冬枣初探

1. 材料与方法

(1) 材料

供试材料为冬枣。冬枣于 2006 年 10 月 14 日上午采收，采自山西省太谷县北张村，当日运回山西农业大学果蔬贮藏实验室。采收标准：均选果实端正，大小均一、果实充分发育，绿色开始转淡（俗称发白，有色枣阳面着色），挑选果皮颜色基本一致，无病虫害和机械伤的果实为实验材料，

（2）处理方法

采后第2天对果实进行水杨酸（SA）处理。用0.1克/升和0.3克/升的水杨酸（SA）浸泡12分钟，以水浸为对照（CK），自然晾干，分别放入袋中于室温（4～15）℃和冷库（0～1）℃贮藏．每次各取10个果实进行测定。

（3）试验器材

微量滴定管、手持折光仪、Dds-11A型电导仪

（4）测定内容及方法

①果实维生素C的测定：2，6—二氯酚靛酚钠法，单位为毫克/100克FW。

②可溶性固形物的测定（折光仪法）：在每个果上取2块果肉，混合研磨后，用纱布过滤后取汁，用折糖仪测量可溶性固形物含量，重复3次。

③果实膜渗透性的测定：取10个果实，用打孔器（直径为1厘米），将果实纵向打孔，使果肉成一条肉柱，然后用刀片将其切成1毫米厚的圆片，称两组各两克，放入50毫升的小烧杯中，加去离子水30毫升，在真空干燥器中抽气5分钟，放气30分钟。弃去浸泡液，用滤纸吸干附着在组织圆片上的水分，再放入装有30毫升蒸馏水的烧杯中，有电导仪测定提取液电导度（C_1）再将烧杯放在沸水中煮3～5分钟，冷却至室温再测提取液的电导度（C_0）。根据以下公式计算出膜渗透率：

$$\text{Le}（\%）=\frac{C_1}{C_0}\times 100$$

④腐烂率的测定（采用计数法观察）

腐烂率：依其枣果表面腐烂生霉的面积分为4级。

0级——果表面无生霉腐烂现象

1级——果表面生霉腐烂面积在（0，1/4）

2级——果表面生霉腐烂面积在（1/4，1/2）

3级——果表面生霉腐烂面积在（1/2，1）

腐烂率（%）=Σ（腐烂级别×该级别果数）/（最高级别×检查总果数）×100。

⑤褐变指数的测定

褐变指数：取不同处理的枣果，沿果核边纵切，依其切面果肉的褐变面积分为5级。

0级——切面无褐变（果肉白色）

1级——果肉褐变面积在（0，1/4）

2级——果肉褐变面积在（1/4，1/2）

3级——果肉褐变面积在（1/2，3/4）

4级——果肉褐变面积在（3/4，1）

褐变指数（%）=Σ（褐变级别×该级别果数）/（最高级别×检查总果数）×100。

2. 结果与分析

（1）水杨酸处理对不同温度下冬枣果实维生素C含量的影响

维生素C即抗坏血酸（ascorbic acid），是一种极其重要的水溶性维生素，它的含量的高低表明了果实的营养品质的高低。它也是果蔬脂质过氧化的非酶防御系统的重要组成成分之一，直接用于清除能够对细胞特别是膜系统造成伤害的活性氧物质，以防止膜脂的过氧化反应，保护膜系统的完整性，延缓果蔬的衰老和腐烂。

不同温度下水杨酸处理条件下冬枣维生素C含量的变化如图1－28、图1－29所示；刚采收时（发白时）冬枣果实还没有完全成熟，其维生素C含量较低，为330毫克/100克FW，随着成熟度的增加，及贮温的不同，维生素C含量呈现不同的变化趋势，在室温条件下，贮藏期10天，CK成直线上升，达到最高点562毫克/100克FW，而0.1克/升水杨酸处理和0.3克/升水杨酸处理在20天时分别都升高达到峰值。冬枣果实0.1克/升水杨酸处理和0.3克/升 水杨酸处理和对照维生素C含量的最高值分别为583毫克/100克FW、576毫克/100克FW和562毫克/100克FW 。可见，水杨酸处理延长了果实维生素C含量高峰期的出现，10天左右。达到最高值之后含量不断下降，说明枣果膨大期已过，开始进入衰老期，枣果实开始变软。在整个贮藏过程中水杨酸处理与对照的含量始终保持接近但高于对照，相比较再20天后0.1克/升水杨酸处理的维生素C含量始终稍高于0.3克/升水杨酸处，说明0.1克/升水杨酸处理一定程度上降低了果实维生素C的损失，提高了果实的营养价值与食用品质。

低温条件下，在贮藏期20天时，都达到最高值，变化幅度要大于室温下，冬枣果实0.1克/升水杨酸处理，0.3克/升水杨酸处理和对照维生素C含量的最高值分别达到610毫克/100克FW、549毫克/100克FW和584毫克/100克FW，随后均快速下降到400毫克/100克FW以上，在贮藏后期即20天后，0.1克/升水杨酸处理和0.3克/升水杨酸处理变化均高与对照，相比较0.1克/升水杨酸处理又略高于0.3克/升水杨酸处理，且从整个贮藏过程来看，低温条件下，维生素C含量始终保持很高值，而且均高与室温条件下的维生素C含量。说明低温与水杨酸处理的相互作用对提高冬枣维生素C含量，减少损失有显著的效果。0.1克/升水杨酸处理较0.3克/升水杨酸处理好。保持了枣果的食用品质与营养价值，改善口感，延长了果实的衰老。

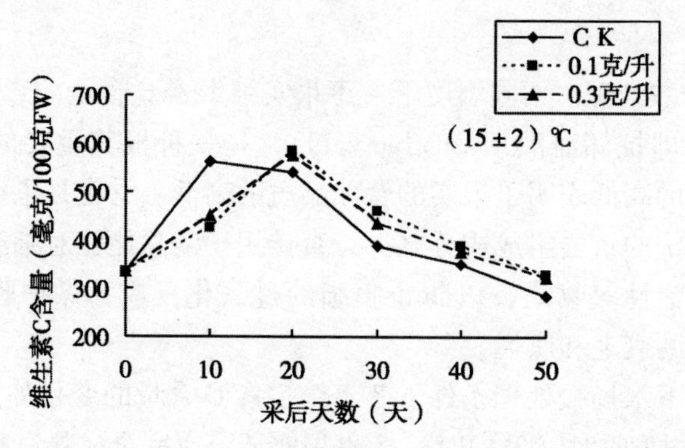

图1-28　室温条件下水杨酸处理对冬枣维生素C含量的影响

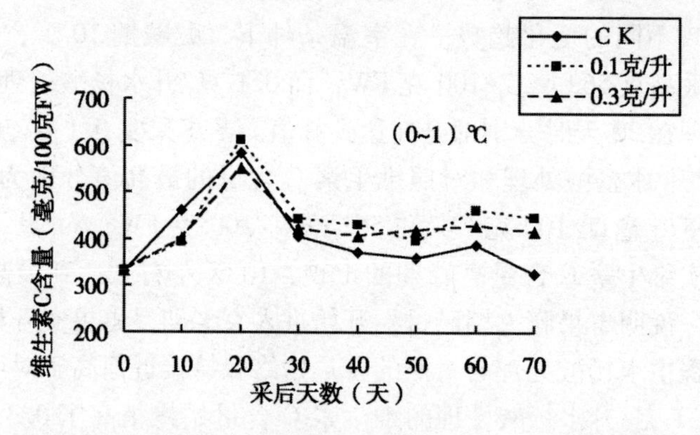

图1-29　低温条件下水杨酸处理对冬枣维生素C含量的影响

（2）水杨酸处理对不同温度下冬枣果实可溶性固形物的影响

从以下图1-30和图1-31中可以看出，在室温条件下，在前10天，

0.1 克/升水杨酸处理，0.3 克/升 水杨酸处理和对照均呈上升趋势，0.3 克/升水杨酸处理上升速度最快，到 40 天时，分别达到峰值，0.1 克/升水杨酸处理，0.3 克/升水杨酸处理和对照的最高值分别为 23.4%，24%，23.6%。除了第 30 天时，整个贮藏过程中 0.1 克/升水杨酸处理可溶性固形物含量，始终低于其他两种，由此可见 0.1 克/升水杨酸处理有助于可溶性固形物含量的提高，除了第 30 天时，0.3 · 升水杨酸处理低于其他两种，在前 40 天中 0.3 克/升水杨酸处理可溶性固形物含量始终保持最高值，可见 0.3 · 升水杨酸处理能增加可溶性固形物的升高，但是相比较它不利于贮藏期的延长；在低温条件下，在储藏期前 40 天，水杨酸处理基本低于对照，从 40 天后起，0.1 克/升水杨酸处理始终明显低于其他两种，到贮藏后期 70 天（此时，果实已出现明显的萎蔫，不适合继续贮藏）达到最大 19.5%，说明在低温条件下，0.1 克/升水杨酸处理，可抑制可溶性固形物的形成，延长贮藏期，可见，低温与 0.1 克/升水杨酸处理的相互作用，可明显的抑制冬枣果实的可溶性固形物的增加，延长贮藏期。

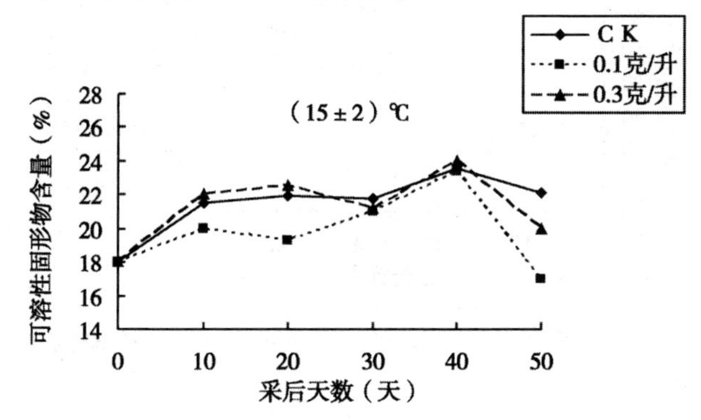

图 1-30　室温条件下水杨酸处理对冬枣可溶性固形物含量的影响

（3）水杨酸处理对不同温度下冬枣果实膜渗透性的影响

从图 1-32 和图 1-33 中可以看出：在整个贮藏过程中，枣果实的膜渗透性即相对电导率均成上升的趋势。在室温条件下，除了第 10 天 0.1 克/升水杨酸处理的相对电导率下降外，整个过程中 0.1 克/升水杨酸处理，0.3 克/升水杨酸处理和对照的果实的膜渗透性均呈升高的趋势，到贮藏后期达到峰值，分别为 53%，58%，61%，0.1 克/升水杨酸处理明显低于其他两种，保持很低的水平。可见，0.1 克/升水杨酸处理能显著的降低冬枣果实的膜渗透性，抑制它的升高；在低温条件下，变化趋势与室温条件下基本一

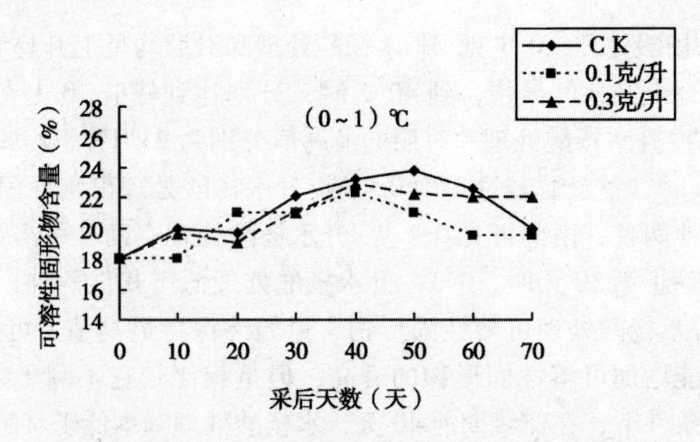

图1-31 低温条件下水杨酸处理对冬枣可溶性固形物含量的影响

致，从整个贮藏过程来看，水杨酸处理均低于对照，且值小于室温条件下。可见，低温与水杨酸处理的相互作用，能明显的降低膜的渗透性，抑制它的升高，从而延长果实的贮藏期。变化规律如图1-32和图1-33所示。

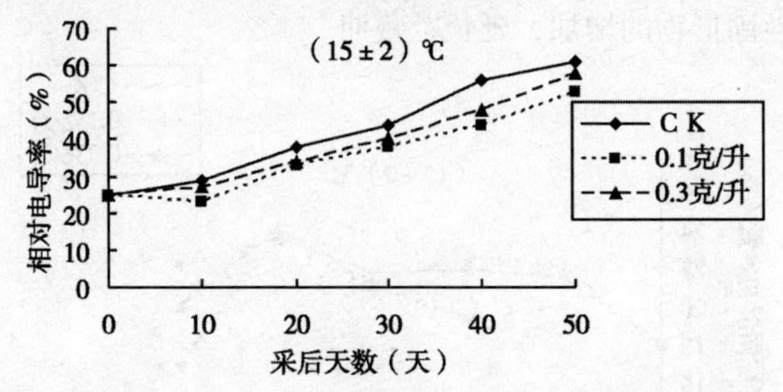

图1-32 室温条件下水杨酸处理对冬枣相对电导率的影响

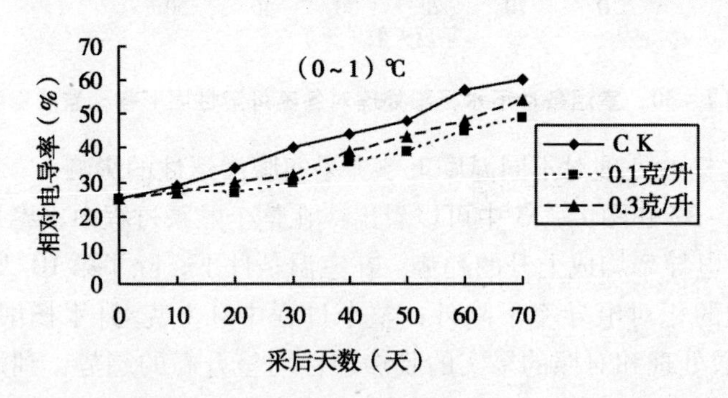

图1-33 低温条件下水杨酸处理对冬枣相对相对电导率的影响

(4) 水杨酸处理对不同温度下冬枣果实腐烂率的影响

腐烂率是反映冬枣贮藏品质好坏的重要指标。果实在贮藏过程中，由于果肉内的生理生化反应和微生物的侵染，会有不同程度的病理病害，甚至变质腐烂，所以贮藏的果实其腐烂率会不断上升，也就是贮藏品质变差。

冬枣果实采后在水杨酸处理后的好果率变化如图 1－34 和图 1－35 所示：从两图中可看出，冬枣的腐烂率随着贮藏时间的增加而逐渐下降，只是在室温条件下冬枣果实腐烂率变化更快，相比较，0.1 克/升水杨酸处理腐烂现象出现的最早，在 20 天时，腐烂率为 10%；在室温条件下，0.3 克/升水杨酸处理和对照的腐烂率在贮藏的前 20 天其腐烂率是 0%，20 天后，水杨酸处理与对照的果实均开始腐烂，并且上升幅度较大，在贮藏第 50 天测定时已经上升到了接近 100%。0.1 克/升水杨酸处理的果实腐烂率有所缓和但不明显。与室温条件下的相比，贮藏在低温 (0～1)℃条件下的冬枣在贮藏后期即第 60 天后才开始发生变化，但不明显，只是果实出现萎焉现象，到 70 天时，腐烂率也不到 20%，3 种处理没有明显的变化区别。由此可见，低温条件下贮藏的冬枣其腐烂率远远小于室温下贮藏的冬枣的腐烂率，差别显著。这表明，低温与水杨酸处理明显减缓了冬枣腐烂率的上升，延缓了冬枣的成熟和衰老，延长了贮藏期。

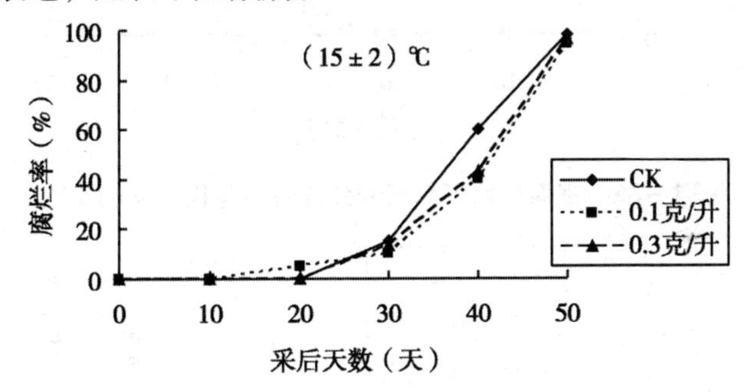

图 1－34 室温条件下水杨酸处理对冬枣腐烂率的影响

(5) 水杨酸处理对不同温度下冬枣果实褐变率的影响

水杨酸处理对冬枣果实褐变率的影响如图 1－36 和图 1－37 所示。在室温条件下，在贮藏期 20 天后，果实开始发生褐变，后逐渐上升，到后期均达到 80% 左右，相比较 0.1 克/升水杨酸处理有较低的褐变指数，但不明显。在低温条件下，褐变现象相比室温下始终保持很低，到贮藏后期基本都没有明显的褐变发生。可见，低温可有效地抑制和降低果实褐变的发生，保

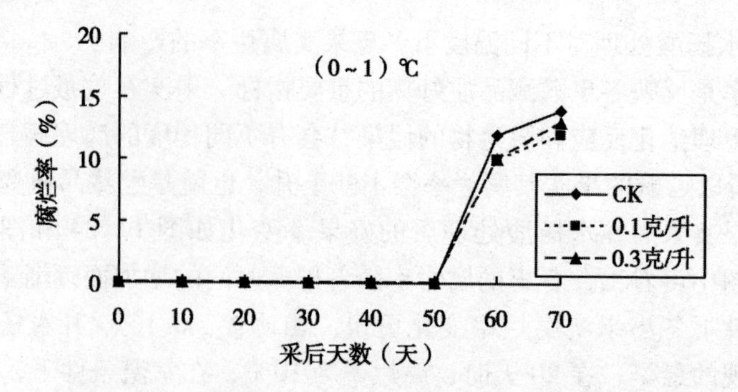

图1-35　低温条件下水杨酸处理对冬枣腐烂率的影响

持果实的营养价值与食用品质，延长贮藏期。变化规律如图1-36和图1-37所示。

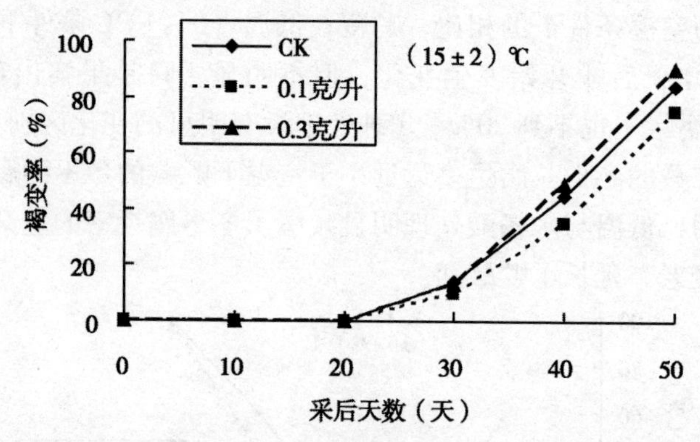

图1-36　室温条件下水杨酸处理对冬枣褐变率的影响

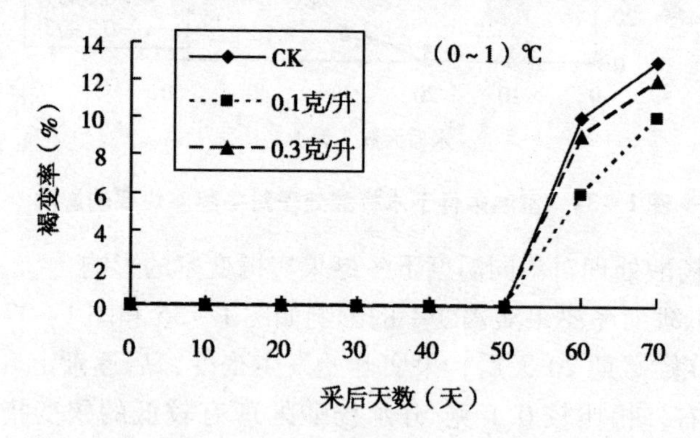

图1-37　低温条件下水杨酸处理对冬枣褐变率的影响

3. 结论

①水杨酸处理一定程度上抑制了冬枣果实内维生素 C 的转化和损耗，水杨酸处理（0.1 克/升）和（0.3 克/升）与对照相比，在室温和低温下，对冬枣维生素 C 含量的变化影响不是很大；但水杨酸处理与低温的相互作用，可提高果实维生素 C 含量，提高果实的营养价值与食用品质，而且与室温相比，贮藏期也延长了约 20 天。相比较 0.1 克/升水杨酸处理好于 0.3 克/升水杨酸处理。

②在室温条件下，0.3 克/升水杨酸处理增加了果实的可溶性固形物，而 0.1 克/升水杨酸处理抑制了果实的可溶性固形物的生成，有助于果实的贮藏；在低温条件下，相比较，0.1 克/升水杨酸处理到贮藏后期保持最低含量，从整个贮藏过程来看，水杨酸处理的可溶性固形物均低与对照。可见，低温与水杨酸处理的相互作用能明显地降低可溶性固形物的形成，延长贮藏期。

③SA 处理能有效地抑制渗透率的变化，降低果实的膜渗透性。在冷藏条件下，SA 处理降低枣果实渗透率的作用更大。从两种温度条件下看，0.1 克/升水杨酸处理对果实的膜渗透性都有明显的抑制作用。

④在低温条件下，在贮藏后期，果实腐烂率都没有明显的上升，可见低温与水杨酸处理有利于保持冬枣较低的腐烂率。

⑤在室温下冬枣果实在贮藏后期褐变率已达到 80% 左右；而在低温条件下，到贮藏后期基本都没有明显的褐变发生。可见，低温可有效地抑制和降低果实褐变的发生。

第二章　北方果蔬加工技术及应用

果蔬营养丰富，是人们日常生活中的重要副食品。发展果蔬生产，保障果蔬供应，对改善人民生活，发展农村经济，繁荣城乡市场，满足外贸需求，都具有十分重要的意义。果蔬加工是果蔬生产与销售之间的一个重要环节，是保证果蔬丰产丰收的手段。北方果蔬加工业有着丰富的原料资源。发展果蔬加工业有着十分广阔的前景和潜力。

第一节　北方果蔬加工的基本知识

一、果蔬加工的概念

以新鲜果蔬为主要原料，利用物理、化学和生物化学的方法将果蔬原料组织杀死，改变其性状、性质，经过不同的加工、调配处理，制成风味、形状、色泽各异的工业食品，这种加工过程称为果蔬加工。

二、果蔬加工的意义

果蔬种类繁多、食用习惯多种多样，而且许多种类的果蔬不耐运输、贮藏，或者具有鲜食口味不佳的特点。这样就需要利用果蔬加工这一手段来调节和保障果蔬的供应。果蔬在生产、供应、需要等方面具有以下一些特点。

第一，果蔬生产受自然条件的限制，具有一定的季节性、地区局限性。而果蔬的供应则要求平衡，人民对果蔬的需求则是长年都需求的，为了调节供需平衡，除了在果蔬生产中采取新品种的选育，早、中、晚熟品种配套，利于保护地生产等措施之外，就需要通过运输、贮藏、加工的方法来调节余缺。将生产旺季收获的果蔬通过贮藏、加工保存起来，放到生产淡季投放市场，以满足人民对果蔬的长年需要。

第二，果蔬大多数都含有大量的水分，组织脆嫩、营养丰富、体积庞大，在采收之后如果无适当的包装、运输、贮藏条件，果蔬很容易腐烂。因此，果蔬生产中经常出现丰产不丰收的现象，使国家、集体、个人的利益受到损失。而将果蔬通过加工以后可以普遍提高其保藏性能，有利于果蔬的长期保存和运输。

第三，果蔬虽可以通过贮藏延长其供应时间，但是由于果蔬是一个活产品的保藏过程，要保证果蔬不丧失生命、新鲜饱满，就必须给它创造一个十分适宜的贮藏环境，这种贮藏环境的确立是需要一定人力和物力的。另外基于某些果蔬自身的特点，它们并不能长期贮藏，或者说目前还没有很好的贮藏方法，为了满足周年供应，就需要依靠加工来解决。

第四，人们饮食生活中对食品的要求是多样化的，对果蔬的要求也一样，不仅要求食用新鲜的果蔬，还要求有一些风味特别、花样繁多、食用方便的加工制品。通过加工可以增加果蔬的花色品种，方便食用，并对于活跃市场满足人民生活日益增长的需要起一定作用。

第五，搞好果蔬加工，可以充分利用和开发当地资源，提高果蔬生产效益，广开就业门路，促进农村商品经济的迅速发展。将生产旺季收获的果蔬通过加工提高其商品价值和经济效益，充分利用农村剩余劳力，改变过去农村乡镇只进行原材料生产，使原料和商品生产相结合，为国家、人民创造更多的财富。

第六，搞好果蔬加工，对调整农业产业结构、调整果蔬种植结构有着积极作用。我国加入 WTO 之后，大宗农产品在国际市场的竞争中受到冲击，而果蔬种植、果蔬加工属于劳动密集型生产，在国际市场中我国具有比较优势。果蔬加工业的发展会带动果蔬种植的结构调整。

第七，搞好果蔬加工，可以扩大农产品出口市场，支援国家经济建设。

因此，果蔬加工业的发展无论在满足消费者对果蔬消费日益增长的需求，还是对推动农业结构调整，增加农民收入，加强社会主义新农村建设都有着十分重要的意义。

三、果蔬加工保藏的原理

新鲜果蔬营养丰富、组织柔软、含有大量的水分，一旦采收脱离植株或经过各种手续的加工处理后，就要丧失其生命力、丧失生理机能和它们所固有的抗病性和耐藏性，这样遇到适宜的环境条件，它们就会在微生物的作用下发生腐烂、在自身酶的作用下发生不适宜的生物化学反应及化学变化使其腐败变质。

果蔬腐败表现在许多方面，如：变质、变味、变色、软化、生霉、酸败、腐臭、膨胀、浑浊、分解等现象都属于腐败，腐败后的果蔬则失去了食用价值和商品价值。因此果蔬加工制品要想长期保存，就必须创造条件，抑制和破坏酶的活性，杀死和控制引起果蔬腐败的微生物以及引起人致病的微生物，将一些不利于果蔬加工制品质量的化学反应控制在最低程度。

不同果蔬加工制品其加工工艺不同，保藏原理亦不相同，果蔬加工制品的保藏原理概括有以下几方面。

1. 脱水保藏

果蔬干制就是利用这一原理加工保藏的。当果蔬利用热能或其他能源将其中大部分水分脱除后，会降低果蔬中的水分活度，使微生物不能利用果蔬中的水分和营养物质进行活动繁殖；果蔬中的酶也会由于缺乏有效水分作为反应介质而不能发生催化反应。因此，脱水干制后的果蔬就不易腐败，也便于保藏。

2. 高渗透压保藏

果蔬糖制品是主要利用这一原理加工保藏的。这些制品利用食糖或食盐提高到一定浓度，提高制品的渗透压来保藏加工的。果蔬中加入大量的糖分、盐分时，使得这些制品的渗透压远远大于微生物的渗透压，这就可以有效地阻止微生物的活动和浸染。

3. 发酵保藏

果蔬酿造制品主要是利用这一原理加工保藏的。利用于果蔬加工的发酵主要有酒精发酵、醋酸发酵等。发酵保藏主要是利用有益微生物活动的产物——酒精、醋酸，以及有益微生物自身活动的优势来抑制有害微生物的活动。

4. 速冻保藏

速冻保藏是利用 -30℃的低温将处理的果蔬快速冻结，然后在 -18℃的低温条件下长期保存。速冻低温使果蔬组织内部的一些生化变化及化学变化减弱，使大多数微生物营养体死亡，使一些微生物及微生物的孢子处于休眠或假死，这样速冻制品在冷冻的低温条件下就得以长期保存。

5. 杀菌保藏

果蔬罐藏制品、汁液制品等是利用这一原理加工保藏的。其他加工制品也在其工艺过程中配合使用杀菌的方法。食品杀菌的方式有热力杀菌、射线杀菌、化学杀菌等，目前在果蔬加工多数是利用热力杀菌的。在杀菌的同时往往也可以灭活酶，提高产品的保藏性能。

果蔬加工是根据新鲜果蔬自身的品质特性，利用加工保藏的基本原理，结合不同加工制品的工艺方法，制成营养丰富、色香味形俱佳、食用方便、耐贮运、安全卫生的果蔬制品的过程。

四、果蔬加工厂的建立

果蔬加工厂宜建立在原料生产基地。这样可以保证向果蔬加工厂提供新鲜原料，减少果蔬原料在运输中的损耗和节省运费。

果蔬加工厂的建立要本着原料充足、工艺先进、技术可靠、市场对路、投资少、见效快，既能满足社会需要，又能获得最佳经济效益的原则进行。

果蔬加工厂的建立，与当地资源、交通运输、农业发展都有密切关系。果蔬加工厂的厂址选择是否得当，涉及一个地区的长远规划。有时甚至还影响到基建进度、投资费用及建成投产后的生产条件和经济效果。同时，与产品质量和卫生条件，与职工的劳动环境等，都有着密切的关系。厂址选择工作应当符合当地的发展规划与产业布局。

（一）厂址选择的原则

1. 符合国家的方针政策

果蔬加工厂的厂址应设在当地的规划区域内，以适应当地近、远期发展规划的统一布局，尽量不占耕地或少占耕地，做到节约用地。所需土地应按基建要求征用。

2. 保证原料的供应

果蔬加工厂多设在原料产地或产地附近的城市郊区。这样不仅可保证加工厂获得质量新鲜的原料，而且有利于加强加工厂对原料生产的指导和联系，还便于辅助材料、包装材料的获得，有利于产品的销售，同时还可以减少原辅料等的运输费用。

3. 厂区的地质与卫生条件

厂区的地势应高于当地历史最高洪水位，特别是主厂房及仓库。厂区自然排水坡度最好在 0.004 ~ 0.008。所选厂址要有可靠的地质条件，应避免加工厂设在流沙、淤泥、土崩断裂层上。在矿藏地表处不应建厂。

厂址附近应有良好的卫生环境，没有有害气体、放射源、粉尘和其他扩散性的污染源（包括污水、传染病医院等）。特别要避开上风向的工矿企业，厂址不应选在受污染河流的下游。还应尽量避免在古坟、文物、风景区和机场附近建厂，并避免高压线、国防专用线穿越厂区。

所选厂址面积的大小，应能尽量满足生产要求，并有发展余地和留有适当的空余场地。

4. 方便的运输与供电、供水条件

厂址应有较方便的运输条件（公路、铁路及水路），方便的供电及动力。

厂址附近不仅要有充足的水源，而且水质要好，水质必须符合卫生部所颁发的饮用水质标准。若采用江、河、湖水，则需加以处理。若要采用地下水，则需向当地了解，是否允许开凿深井。同时，还得注意其水质是否符合饮用水要求。水源水质是果蔬加工厂选择厂址的重要条件，特别是果蔬汁加工厂对水质要求更高。厂内排除废渣，应就近处理。废水经处理后排放。要尽可能对废渣、废水做综合利用。

（二）加工车间的布置与设计要求

加工车间是果蔬加工厂的核心，合理科学的加工车间设计与布置，不仅对建成投产后加工产品的种类、产品的质量、新产品的开发、原料的综合利用、产品的销售及经济效益等有很大关系，而且影响到工厂整体的发展。因为加工车间一经施工就不易改变，所以，在设计过程中必须全面考虑。设计必须与土建、给排水、供电、供气、通风采暖、制冷、安全卫生、原料综合利用以及三废治理等方面取得统一协调。

1. 加工车间的布置

加工车间的布置，主要是根据加工车间所需的全部设备、生产流程，在一定的建筑面积内做出合理安排，包括生产车间、下水道、门窗、各工序及各车间生活设施的位置，进出口及防蝇、防虫措施等。

2. 加工车间的设计要求

第一，满足加工产品的生产要求，同时必须从本车间的位置与其他车间或部门间的关系，以及工厂发展前景等方面，进行总体设计规划。

第二，加工车间设备布置要按照工艺流程科学合理地以流水线作业安排。对于一些特殊设备可按相同类型适当集中，以便于管理。

第三，在进行生产车间设备布置时，还要考虑到设备的调整、设备的更新，留有适当余地。同时还应注意设备相互间的间距及设备与建筑物的安全维修距离，保证操作方便，维修装卸，清洁卫生。

第四，加工车间与其他车间的各工序要相互配合，保证各物料运输通畅，避免重复往返。要尽可能利用加工车间的空间运输，合理安排加工车间人员进出要和物料进出分开。并且要注意各种废料的排出与及时处理。

第五，应注意车间的采光、通风、取暖、降温等设施。必须考虑生产卫生和劳动保护。如卫生消毒、防蝇防虫、车间排水、电器防潮及安全防火等措施。

第六，对散发热量、气味及有腐蚀性的介质，要单独集中布置。对高压机房、空调机房、真空泵等既要分隔，又要尽可能接近使用地点，以减少输送管路及损失。

第七，可以设在室外的设备，尽可能设在室外并加盖简易棚保护。

加工厂建成后，还要规定生产方案，搞好工艺设计，物料衡算和供水、供电、供气平衡。设备安装完后，要搞好调整、试车和试产，产品合格后才能正式投产。

五、果蔬加工用水的处理

果蔬加工厂的加工用水量大，而且对水质要求高。生产不同加工产品对水质硬度的要求也不同。工厂用水必须符合饮用水标准。水中不应含有重金属盐类，不应含有铁盐，铁会使产品发生黑色。水中不允许有致病菌，寄生病虫卵和耐热性细菌存在，无悬浮物、无异味、不含对人类健康有害的物质。

（一）水的硬度与果蔬加工品的关系

水的硬度与果蔬加工品的质量有很大关系。水的硬度是以水中氧化钙的含量来计算的。水的硬度 1 度是指 100 毫升水中含氧化钙 1 毫克。凡硬度在 8 度以下的水称软水，硬度在 8 ~ 16 度的称中等硬水，16 度以上称高度硬水。水中所含镁盐不应过多，如 100 毫升水中含有 4 毫克氧化镁，就会使水有明显的苦味。

制作果蔬糖制品和半成品保存时以硬水为宜，可增进制品硬度和脆度，有利于保持原料形态。罐头制品和制果蔬汁时以软水为好，用硬水处理会使组织变硬，表皮粗糙，加热杀菌后易生成沉淀影响产品品质和外观。

（二）加工用水的处理

根据对加工用水的要求，一般来自地下深井或来自水厂的水，可以直接作为加工用水，但不适宜作锅炉用水。如水源来自江河、湖泊、水库，则必须要进行澄清、消毒和软化等处理后才能使用。加工用水处理主要包括以下内容：

1. 澄清、过滤

（1）自然澄清

将水静置于贮水池中，使其自然澄清，可除去60%～70%的杂质、悬浮物及泥沙。

（2）加混凝剂澄清

自然水中的悬浮物质表面一般带负电荷，当加入的混凝剂水解后生成不溶性带正电荷的阳离子时，便与悬浮物发生电荷中和而聚集下沉，使水澄清。常用的混凝剂为铝盐、铁盐。铝盐主要有硫酸铝和明矾。铁盐主要有硫酸亚铁、硫酸铁及三氯化铁。

（3）过滤

让水通过一种多孔性或具有空隙结构的装置，进一步除去水中的悬浮物或胶态杂质并减少微生物数量。可采用砂石过滤器或砂芯过滤器来过滤。

但澄清过滤不能除去水中的铁盐。需要除去铁盐时，要将水喷成雾状，从2米以上高处自然落下，与空气充分接触，使溶解于水中的二价铁盐经氧化后变成不溶解于水的三价铁，然后经过滤除去沉淀物即可。

2. 消毒

天然水中含有大量的细菌及虫卵，为了达到饮用水标准，需进行消毒处理。常用的方法有漂白粉消毒和紫外线消毒。

（1）漂白粉消毒法

漂白粉加入到被消毒的水中后能分解出游离氧和氯气，这两者均有杀死水中微生物的作用，使水得到消毒。漂白粉的用量以输水管末端流出水的余氯量计算。含氯量在0.1～0.3毫克/升为宜，如小于0.1毫克/升，则消毒作用不彻底，大于0.3毫克/升则产生氯气味。

（2）紫外线杀菌

利用紫外线消毒器对加工用水进行消毒的方法。紫外线杀菌器杀菌速度快，效率高，操作简单，又不会改变水的物理性质和化学性质，水不带异味。但紫外线杀菌器内的紫外线灯管使用一定时间后，需进行更换。

3. 软化

软化的目的是降低水的硬度，以适合某些加工用水的要求。硬水有暂时硬水和永久硬水之分，水中含有钙、镁碳酸盐的称为暂时硬水，含钙、镁硫酸盐或氯化物的称永久硬水。暂时硬度和永久硬度称为总硬度。特别是锅炉用水对硬度要求更严格，必须采用软水。天然水经澄清、消毒后，如果水的硬度不符合要求，还须进行软化处理。

（1）加热软化法

可除去暂时硬度，因为水中的碳酸氢钙和碳酸氢镁的溶解度随水的温度上升而下降，当将水加热到100℃时，则分解成二氧化碳和碳酸钙（或碳酸镁）而沉淀，然后经过滤除去沉淀物。

（2）加石灰与碳酸钠法

加石灰能除去暂时硬度，加碳酸钠能除去永久硬度，加石灰与碳酸钠则能除去暂时硬度和永久硬度。处理时，只需将预先配好的石灰与碳酸钠溶液，加入到待处理的水中搅动。碳酸盐类沉淀后再过滤除去沉淀物。

（3）离子交换软化法

利用离子交换树脂将水中的钙、镁离子吸附到交换树脂上，而交换树脂上的钠离子和氢离子被释放到水中，从而使水达到软化。常用的有钠型离子交换树脂和氢型离子交换树脂。离子交换树脂在处理了一定量的水后会失去交换作用，这时钠型离子交换树脂需用盐酸溶液来活化；氢型离子交换树脂则用氯化氢溶液来活化。经活化后的离子交换树脂仍可继续使用。

为了得到中性的或所需要酸碱度的软水，应同时有两个离子交换树脂的装置，即一个为钠型，另一个为氢型，将经过各自软化后的水按比例混合。

4. 除盐

经软化的水中含有其他的盐类，为了得到无离子的中性软水，需除盐。

（1）电渗析法

是一种用电力把水中的阳离子和阴离子分开并被电流带走的方法，从而得到无离子中性软水，该法能连续化自动化处理水，不需要外加任何化学药剂，因此，它不带任何危害水质的因素，同时对盐类的除去量也容易控制。

（2）反渗透法

在反渗透水处理器中，对水施加压力，使水分子通过反渗透膜，使水中的盐离子被截留，从而达到除盐目的。

六、果蔬加工常用的原辅材料及食品添加剂

果蔬加工过程中，往往需要添加一些原辅材料和食品添加剂，用以改善和增进果蔬加工制品的风味、色泽、品质和保藏性。

（一）果蔬加工中的原辅材料

原辅材料的种类很多，常用的原辅材料是日常生活中的调味品。原辅材料要符合食品卫生法的要求，其用量一般不受限制，可根据加工工艺要求添加使用。主要有以下几种。

1. 砂糖

砂糖是果蔬糖制加工的主要辅料，在果蔬罐头、汁液制品及腌制中常添加使用。要求砂糖要洁白、纯净、干燥、甜味醇正，其中含蔗糖量在99%以上，还原糖在0.17%以下，含水量不得超过0.07%。

2. 食盐

在果蔬腌制品和罐头制品中使用，还可用于原料的护色处理以及原料的半成品保藏。果蔬腌制时对食盐的要求不太严格，但在罐头制品等加工时要求使用精盐。要求食盐洁净、无杂质、洁白无异味，氯化钠含量不低于99.3%，钙、镁离子各不超过0.03%，含水量不超过0.3%。

3. 食醋

主要在果蔬腌制品中使用。要求具有食醋特有的香味，酸味要柔和、不涩、无异味、澄清、无悬浮物、无沉淀、无杂质、不生白。醋酸含量在3.5克/100毫升以上。

4. 酱

果蔬腌制品的酱菜需使用大量的酱。要求酱具有正常酿造酱色，醇正的酱香味，无苦味、焦糊味和酸味等不良风味。黏稠适中，无杂质。

除以上几种主要辅料外，还有一些香辛料，如：花椒、茴香、桂皮、干姜、辣椒粉、芥末面等，要求必须具有本身应有的浓郁气味，无杂质、无霉变、干燥、洁净。

（二）食品添加剂

食品添加剂是添加于食品中，用以改善食品外观、风味、质地和保藏性

的少量无营养价值的物质。食品添加剂多数都限制其用量，使用时必须严格遵守国家食品卫生法所规定的使用范围和使用剂量。食品添加剂的种类很多，应用于果蔬加工中的主要有以下几种。

1. 防腐剂

防腐剂主要起抑制微生物、提高食品保藏性的作用。主要包括苯甲酸、苯甲酸钠、山梨酸、山梨酸钾及花楸酸等。起杀菌作用的防腐剂还有漂白粉、漂白精、亚硫酸、亚硫酸钠等。

2. 抗氧化剂

氧化酸败、氧化变色等是食品败坏的重要因素，抗氧化剂的应用可以抑制氧化反应的发生。常用的抗氧化剂有丁基羟基茴香醚、L-抗坏血酸、L-抗坏血酸钠、维生素 E 等。

3. 调味剂

调味剂主要是增进和改善食品风味。其中酸味剂对防腐剂和抗氧化剂起增效作用；鲜味剂有谷氨酸钠（味精），5-肌苷酸钠等；酸味剂有柠檬酸、苹果酸、乳酸、酒石酸、醋酸、磷酸等；甜味剂有糖精、甘草、甜叶菊苷等。

4. 增稠剂

增稠剂可以增加食品的黏度，给食品以黏滑适宜的口感，改善和稳定食品的性质和组织结构。增稠剂主要包括琼脂、明胶、海藻酸钠、果胶等。

5. 香精、香料

香精、香料可以改善和增进食品的香味。使用最多的香精、香料包括橘子香精、柠檬酸精、香蕉香精、菠萝香精等。

6. 酶制剂

酶制剂常应用于制汁时的澄清过程中。通常使用的有果胶酶、淀粉酶、蛋白酶、纤维素酶等。

7. 食用色素

食用色素用以改变和增进食品的外观色泽。食用天然色素有红曲色素、紫胶色素、β-胡萝卜素、姜黄、焦糖、叶绿素铜钠等；食用合成色素有：苋菜红、胭脂红、柠檬黄、靛蓝、樱桃红、亮蓝等。

第二节　北方果蔬干制技术

果蔬干制就是在自然或人工控制条件下使果蔬中水分蒸发脱除的工艺过

程。通过干制使果蔬的水分减少，将可溶性固形物的浓度提高到微生物不能利用的程度，并使果蔬本身所含的酶的活性也受到抑制，由此使干制果蔬得以长期保存。

一、果蔬干制的方法和设备

果蔬干制方法有多种形式。干制方法的选择，应根据被干制果蔬的种类、干制品的品质的要求及干制成本等因素综合考虑，选用合理干燥方法。

干制方法可以分为自然干制和人工干制两大类。

（一）自然干制的方法和设备

采用阳光和风力的干燥方法被称为自然干制，即晒干和风干。

1. 自然干制的方法

晒干是指利用太阳辐射的作用和空气对流作用进行的干制过程。

（1）太阳辐射作用

在太阳辐射作用下，物料获得太阳辐射能后，其温度就随之上升，物料内部的水分因受热向外部蒸发，物料表面的空气由于水分的蒸发逐渐处于饱和状态，这时在空气自然对流作用下会使果蔬原料表面的水分向空气中扩散，使果蔬原料得到干燥。炎热、干燥、通风是最适于晒干的气候条件。

为了有效地利用太阳辐射能进行晒干，可以在干制过程中采用将晒帘或晒盘向南倾斜，提高晒干品表面所受到的太阳辐射强度。倾斜角度以 15 ~ 30 度为宜，高纬度地区可大些，低纬度地区小些。

（2）空气的干燥作用

空气的干燥作用取决于大气的温度、湿度和风速几方面的气候条件。利用干热风与物料之间的温度差、湿度差而使物料得到干燥。

自然干制的“晒干”一般需要在高温、干燥的季节进行，如我国内陆夏秋季节少雨的地区；“风干”则需要特定的地理位置，如新疆吐鲁番地区。

2. 自然干制的设备

自然干制的主要设备，“晒干”需要晒场、晒盘、运输工具等，以及必要的建筑物如工作室、贮藏室、包装室等；“风干”则还需通气良好的风干房。

干制时为了加速果蔬均匀干燥，干燥过程中应经常翻动，同时还应注意防雨。晒干与风干时间因果蔬种类、形状和气候条件的不同而有差异，有的需 2 ~ 3 天，长的则需 10 余天，最长可达 3 ~ 4 周。

（二）人工干制的方法和设备

人工干制是指人为地创造和控制干燥工艺条件的干燥方法，人工干制可大大缩短干制时间，获得较高质量的产品。

人工干制的设备一般要具备良好的加热装置及保温设施，保证干制时所需的较高而均匀的温度；要有完善的通风设施，能及时排除蒸发的水分；要良好的卫生条件和劳动条件。

1. 烘灶

烘灶是最简单的人工干制设备，其构造类似与“火炕”。由两道高1米、长3米的单层砖墙构成火道，两墙之间相距约2米，上面架设木椽5～6根，上铺竹帘或苇席。也可在地下掘坑建灶。干制果蔬时将处理好的原料摊在竹帘或苇席上，厚度10～20厘米，在火道生木炭火，使“炕面”温度维持在50℃左右，通过火力大小来控制干制温度。

2. 烘房（烤房）

利用烘房进行人工干制，与烘灶相比生产能力大为提高，烘房干燥速度较快，设备亦较简单。烘房属加热的热空气对流式干燥设备，一般为长方形土木结构，由主体结构、升温设备、通风排湿和装载设备组成。烘房形式很多，有煤火加热式、蒸汽加热式等。

（1）主体结构

烘房多为砖木结构或钢筋水泥结构。一般长度为6～10米，宽为3～3.4米，高为2.2米。建筑面积的大小，根据需要干燥的制品的产量而定。烘房高度不宜过高，否则会导致烘房内上下部温差过大，影响干制效果，同时也不便于操作管理。烘房房顶多为平顶式，有利于保温。

烘房建造时宜选择土质坚实、空旷通风、干净卫生、交通方便处。烘房的方位要依据干燥季节的主风向而定，即烘房的长度应与干燥季节主风向垂直，这样便于通风排湿。

（2）升温设备

设计的原则是，升温快，保温效果好，能源消耗少。

煤火加热式烘房的升温设备由烧火坑、灰门、炉膛、主火道、墙火道、烟囱组成。

①烧火坑：位于地平面下，深150厘米，宽160～180厘米，长与烘房的宽度相等，是管理炉火的一个地方。

②灰门：高 80 厘米，上宽 40 厘米、下宽宽 50 厘米，长度根据炉膛的长度而定。

③炉膛：多数设两个，与灰门相接。炉膛呈枣核形，长 85 ~ 90 厘米，宽 45 ~ 50 厘米，高 45 厘米。炉条，近炉门端高、后端低，前后高度相差 12 厘米。炉条间距 1.5 ~ 2 厘米，每个炉膛需 10 ~ 12 根炉条。炉门宽 20 厘米，高 24 厘米。入火口，即炉膛与主火道连接处，呈 25 ~ 30 度的坡度向后延伸，近炉膛一端处低，至火道一端高。入火口宽 24 厘米，高 20 ~ 24 厘米，至主火道一端处宽 36 厘米，高 24 厘米。这一段坡度直线长度达 40 厘米，称为爬火道，是炉膛中的烟火进入主火道的通道。炉膛顶部适宜呈圆拱形。

④主火道：烘房内的两侧各设一条主火道，可以设在地平面以下 20 厘米处，也可以高出地平以上 10 厘米。主火道自炉膛上延伸至烘房的另一端与墙火道连接，长度与烘房长度一致，宽 1 ~ 1.1 米，高 30 厘米。两火道之间的距离为 40 ~ 60 厘米，用作人行道。主火道内距离爬火道末端 30 厘米处，要用土坯斜立成“∧”字状，使炉膛内的烟火通过入火口能分成两股烟火。然后用土坯在火道内以雁翅形排列 3 道，使烟火在主火道内分成四股弯曲绕行，以利热能充分利用。土坯间距为 15 ~ 18 厘米，靠近炉膛一端排列稀疏些，以利烟火较顺畅地进入主火道，而在主火道中后部排列要紧密一些，使烟火在前进中稍受阻力，热能散发与烘房内，不至于迅速通过烟道而有烟囱排出。从距炉膛 2 米处，用细土垫成缓坡只有与墙火道相连接的地方，此处厚约 15 厘米。这样可以使烟火缓慢而顺畅上升。主火道的四周用土坯筑成，这些土坯与雁翅形排列的土坯一道，既构成主火道，又作为支撑物以支托作为主火道面的大土坯。

⑤墙火道：设与烘房两侧墙上，一端距主火道炕面 30 ~ 40 厘米，对端距主火道 60 ~ 70 厘米，墙火道沿墙壁呈缓坡状至对端。墙火道一端与主火道垂直连接，墙火道的高 24 ~ 30 厘米、宽 13 厘米，嵌于烘房两侧墙内。墙火道另一端呈直线前进拐至后山墙入烟囱。

⑥烟囱：位于后山墙中部，两个炉膛中间，两个烟囱并列于一处，中间用 6 ~ 12 厘米的墙隔开。两个炉膛的烟火从各自的烟囱排出。烟囱的有效高度（墙火道入口处至烟囱顶端）6.5 ~ 7 米，整个烟囱可分为 3 段，底段高 3 米，内径为 37 厘米；中段高 1.5 ~ 2 米，内径 24 厘米，上段高 1.5 ~ 2 米，内径 18 厘米。烟囱基部、主火道末端与墙火道底部的连接处，挖一小圆坑，也叫助火坑，以助火势。

蒸汽加热式烘房的升温设备是由散热器完成升温的，散热器可以均匀安放在烘房四周墙壁上，也可以将散热器制作为承载物料的烤架。

（3）通风排湿设备

设计的原则是，要有足够的通风排湿面积，以便在尽可能短的时间内通过冷热空气的循环，排除烘房内的时热空气，降低相对湿度，加速产品的干燥速度。

据测定，1 立方米烘房容积，应具备 0.015 ~0.02 平方米的通风排湿面积。通风排湿面积为进气窗和排湿筒面积的总和。如果通风排湿面积太小，会延缓干燥过程，降低制品质量。

烘房通风排湿设备由进气口与排气口组成。

①进气口：设于两侧墙基部，距主火道（地面）10 厘米高处，每侧均匀设置 4 ~5 个，每个进气口内宽 20 厘米高 15 厘米，外宽 25 厘米高 20 厘米，内小外大呈喇叭状，外口略向上翘起，以利冷空气进入。每个进气口都设有能开启关闭的小门。进气窗的通风面积，按内侧面积计算，应占整个烘房通风排湿面积的 1/2 弱。

②排气口：排气筒设于烘房顶部中线，一般均匀设置 2 ~3 个。每个排气筒的底部口径为 40 厘米 ×40 厘米，上部口径为 30 厘米 ×30 厘米，底部与房顶平齐，高 0.8 ~1 米，底部设开关闸板，上设遮雨帽。排气筒的通风面积按底部截面积计算，应占通风排湿总面积的 1/2 强。主要作用是排出烘房的湿热空气。

（4）装载设备

装载设备要求坚固耐用，灵巧轻便，主要有烘架和烘盘。烘架为放置烘盘用，以充分利用烘房的面积。

烘架可分为固定式和活动式两种。固定式烘架：固定在烘房内，建造方便，但操作管理均需在烘房内进行，劳动条件差。活动烘架：一般在烘架基部安装轮，可沿着轨道运行，这样物料装卸和检查均可在室外进行，与固定烘架相比劳动条件大大改善。烘架多用角铁制作，每个烘架分 8 ~9 层，最下一层距主火道 25 厘米，其余层距均为 20 厘米。

烘盘是用来盛装原料，多用木制或竹制，形状有长方形、方形或圆形。长方形和方形烘盘可充分利用烘架的面积，圆形烘盘的利用率较低，但圆形烘盘的坚固耐用。烘盘的大小应与烘架的长、宽相适应。一般烘盘长 95 厘米，宽 60 厘米，高 4 ~5 厘米。烘盘底盘应留有方块状或条状空隙。

在各种形式的烘房中还可设空气搅拌或对流装置，使得室内温度均衡。

还可设置温、湿度显示自动控制和自动通风排湿系统。

烘房的生产能力：容积为36立方米小型烘房，可装鲜枣2 000千克，经24～36小时烘干成成品700～1 000千克，可装苹果（切成圆片）10 000千克。燃料消耗每24小时需烟煤200～250千克。

3. 柜式干燥设备

这是一种比较简单的间歇性干燥设备，它的典型结构，是新鲜空气由鼓风机吸入干燥室内，经过排管加热和滤筛清除灰尘后，加热空气流经载料盘与物料接触进行干燥。料盘所载物料约几厘米厚。料盘上设有筛眼以便使热空气流经物料层。

操作时允许使用的最高空气干球温度可达94℃，空气流速每小时70～140米。干制果蔬效果好。干燥时间随果蔬品种及干制品水分要求而异，10～20小时。

4. 隧道式干燥设备

干燥部分为狭长隧道形。原料通过运输设备（小车、传送带），沿隧道间隔地或连续地通过而实现干燥。隧道可分为单隧道式，双隧道式及多层隧道式等几种。干燥间长达10～18米，高1.8～2.0米，可容纳5～15辆装载满料盘的小车。每辆小车在干燥室内的停留时间等于食品必需的干燥时间。

5. 带式干燥设备

带式干燥机由输送带取代了料盘，其余部分和隧道式干燥设备相似。这种设备操作连续化，生产季节中大量干制单一产品时使用这种设备极为适宜。干制时，原料铺在传送带上，随着传送带向前移动而与加热空气接触得以干燥。

传送带式干燥机有立式机型和卧式机型。立式机型：物料从顶部一端定时装入，随着传送带的转动，物料由最上层逐渐向下移动，至干燥完毕后，从最下层一端出来；热空气由下层进入，湿气由上部排气口排出。也有将散热片装在每层金属网带中间进行加热干燥的。卧式机型：与立式比占地面积大，多为单层加热方式与立式相似。

传送带式干燥机干燥速度较快，干燥效果好。

6. 流化床干燥机

流化床干燥也是一种气流干燥法。干燥室呈长方箱形或长槽状，它的底部为不锈钢丝编织的网板、不锈钢多孔不锈钢板或多孔性陶瓷板。多孔板的下面为进热空气用的强制通风室。颗粒状物料由位于设备一端的供料装置散布在多孔板上，热空气经过多孔板与颗粒物料接触经过热交换、吸湿后上升排出。当热空气流速调节适宜时，干燥床上的颗粒物料则呈流化状态，即保持缓慢沸腾态。由于物料脱水后比重减轻，沸腾的高度增高，所以，在流化作用下将干燥物料向位于设备另一端的出口方向推移，通过调节出口处挡板高度，保持物料干燥程度。

流化床式干燥只适宜颗粒状物料的干燥，干燥速度快，干燥效果好，但是相对耗热、耗能量多。

7. 真空干燥

真空干燥的主要目的就是要求在较低的温度下进行物料干燥。气压愈低，水的沸点也愈低。因此，只有在低气压条件下有可能用较低的温度干燥物料。真空干燥时它的压力要降低到267.3～13.37帕。

真空干燥可分为间歇式真空干燥和连续性真空干燥。间歇式真空干燥时最常用的设备为搁板式真空干燥设备。连续真空干燥时，进出干燥室的物料连续不断的由输送带传送通过。为了保证干燥室内的真空度，专门设计有密封性连续性进料和出料装置。

真空干燥具有水分蒸发快，干制品接触氧气少，产品营养物质、色素等保存率高等优点，但是真空干燥设备造价高，生产成本也高。

8. 冷冻升华干燥

先将原料在冰点以下冷冻，使水分变为固态的冰，然后在较高真空度下水分以固态的冰直接升华升华为蒸汽而被除去，物料即被干燥。

冷冻升华干燥由于物料干燥温度低、水分脱除速度快，干制品接触氧气少，可以最大限度保持干制品的营养物质、色素及形状，干制品复水性、复原性好。但冷冻升华干燥干燥设备造价高，耗能高，所以生产成本高。

9. 远红外线干燥

利用远红外线辐射元件发出远红外线，被物料吸收变为热能而达到干燥。红外线是介于可见光与微波之间，波长为0.72～1 000微米范围内的电磁波。一些金属氧化物 TiO_2、SiO_2、ZrO_2 具有发射远红外线的能力。用这些氧化物涂在热源上，便可发射出远红外线。所以一些加热干燥设备稍加改造即可。

远红外线干燥具有速度快，生产效率高，节约能源，建设费用低，干燥质量好的优点。

另外还有微波干燥及膨化干燥等多种方法。

二、果蔬干制过程中的管理

（一）温度管理

需要根据果蔬的特性和产品的质量要求，采用适宜的干燥温度。

可溶性固形物含量高的果蔬或不切分的果蔬进行干燥时，干制温度初期要求温度较低，一般为55～60℃，中期温度可以适当升高到70～75℃，干燥后期温度温度逐步下降到50～55℃，直至干燥结束。

可溶性固形物含量较低的果蔬或切成薄片干燥的果蔬进行干燥时，干制初期温度最高可达85～90℃，随着水分的降低逐渐降低干燥温度至烘干结束。

（二）通风排湿

一般当干燥室内相对湿度达到70%以上时，就应该进行通风排湿工作。根据经验，当人进入烘房，感到空气潮湿闷热，呼吸窘迫时，即表示相对湿度已到达70%以上，即应打开气窗和排气筒进行通风排湿。

（三）翻动与倒盘

在自然干燥、烘灶、烘房等干燥过程中，物料在干燥设施所处的部位不同，接受的热能不同，如上、下部位的温差较大，例如：靠近主火道和炉膛部位的烘盘里所装原料，较其他部位温度高、易烘干，甚至会发生烘焦的现象，距离主火道远的原料则不易烘干，为了使同一烘房内物料干燥程度一致就需要根据干燥升温的方式和物料干燥程度进行倒换烘盘，倒盘的同时抖动烘盘或用手翻动产品，使原料受热均匀。

三、果蔬干制技术

果蔬的干制工艺流程如下。

原料 → 挑选、整理 → 清洗 → 切分→护色→ 烫漂→ 装载→ 干燥→ 干制品

1. 原料的选择

一般选择干物质含量高、风味色泽好、皮薄、肉质厚、组织致密、粗纤维少、新鲜饱满、成熟度适宜、菜心及粗叶等废弃部分少的原料作为果蔬干

制品加工的原料。

2. 原料的分级、清洗

根据原料的新鲜度、大小、品质、成熟度等进行挑选分级，以便于以后各工序的统一操作，且干制品的质量也容易达到一致。分级后进行洗涤，去除表面附着的污物，用0.5%～1.5%的盐酸溶液或0.1%高锰酸钾或600毫克/升的漂白粉溶液在常温下浸泡5～6分钟，再用清水洗涤，除去残留农药。

3. 原料的处理

干制前还应该根据原料的特点对原料进行适当的处理，以加快干燥的速度和改善制品的品质。即按照产品要求去除根、老叶、蜡质、皮、籽等非食用部分和伤、斑等不合格部分。采用人工、机械、热力或碱液去皮，去皮以后再去核、去心和切分。许多原料干制前须切分成片、条、丝或颗粒状，以加快水分的蒸发。

4. 原料的护色

有些果蔬干制前还要进行硫处理。硫处理有熏硫和浸硫两种方法，熏硫在密闭室内进行，每吨原料燃烧硫黄2～3千克，时间为半小时至几小时不等。浸硫是用0.2%的亚硫酸盐溶液浸泡15～30分钟。

5. 原料的烫漂

果蔬热烫可用95～100℃的蒸汽或沸水，时间几秒至几分钟不等，具体依果蔬种类、形状、大小等而定，以酶活性被钝化为适宜。热烫后应迅速用冷水或冷风冷却，停止热的作用。

6. 干燥

果蔬干制的目的是脱除原料一定量的水分，提高果蔬中可溶性固形物的浓度，使微生物不能利用。同时抑制果蔬中所含酶的活性，并设法保持果蔬原有风味，从而使果蔬得以长期保存。

7. 产品回软、分级、包装和贮存

（1）回软

回软又称均湿或水分的平衡，目的是通过干制品内部和外部水分的移动，使各部分的含水量均衡，呈适宜的柔软状态，以便产品处理和包装运输。方法是把冷却后的制品堆放起来或放置在密闭容器中。脱水果蔬一般要回软1～3天。

（2）压块与包装

果蔬干制后，呈蓬松状态，体积大，不利于包装和运输，常需要压缩成块，干燥后包装。

包装容器要求能够密封、防虫、防潮。亦可采用真空充气包装、葡萄糖氧化酶除氧小袋包装等。

（3）贮藏

干制品一般贮藏于0～2℃，不超过10～14℃，相对湿度30%左右，避光保存。同时，应注意贮藏环境的清洁、防鼠、防虫。

8. 干制品的复水

果蔬干制品一般都在复水后食用或使用。干制品的复水是指干制品重新吸收水分后在重量、大小、形状、质地、颜色、风味、成分、结构以及其他可见因素等各个方面恢复原来新鲜状态的程度。果蔬干制品的复水方法是将脱水果蔬放在12～16倍重量的冷水中，经过0.5小时的浸泡，再迅速煮沸并保持沸腾5～8分钟。

四、果蔬干制品加工实例

（一）黄花菜（金针菜）的自然干制

1. 工艺流程

原料选择→原料处理（洗涤、切分、热烫、硫处理）→升温烘烤→通风排湿→倒盘烘烤→产品回软、分级、包装→成品贮存

2. 操作要点

（1）原料选择

选择花蕾大、黄色或橙黄色的品种，待花蕾充分发育而未开放时采摘（裂嘴前1～2小时采收）。

（2）蒸制

采摘后的花蕾要及时进行蒸制，否则会自动开花，影响产品质量。方法是把花蕾放入蒸笼中，水烧开后用大火蒸5分钟，后用小火焖3～4分钟。当花蕾向内凹陷，颜色变得淡黄时即可出笼。

（3）干燥

蒸制后的花蕾应待其自然凉透后装盘烘烤。干燥时先将烘房温度升至85～90℃，放入黄花菜后，温度下降至75℃，并在此温度下干燥不超过10小时。最后令温度自然降至50℃，直至烘干。在此期间注意通风排湿，保持烘房内相对湿度65%以下，并要倒换烘盘和翻动黄花菜2～3次。也可将

蒸好的菜摊放在晒场上晾晒，在天气晴朗的情况下，每2～3小时翻动1次，1～2天即可晒好。

（4）均湿回软

干燥后的黄花菜，由于含水量低，极易折断，应放到蒲包或竹木容器中均湿，当黄花菜以手握不易折断，含水量在15%以下时，即可进行包装。

（二）甘蓝的干制

1. 工艺流程

原料选择→原料处理（洗涤、切分、热烫、硫处理）→升温烘烤→通风排湿→倒盘烘烤→产品回软、分级、包装→成品贮存。

2. 操作要点

（1）原料选择

选择叶球大的优质干蓝，糖分含量不少于4%。

（2）洗涤、切分

将甘蓝用清水漂洗干净，剥去破损的叶子和腐败变色的部分，将菜心去掉，按一定规格切成3～5毫米细条。洗涤用软水，可用0.5%～1.5% HCl溶液或0.1% $KMnO_4$ 液或0.06%漂白粉液在常温浸泡5～6分钟，再用清水冲洗。

（3）热烫

热烫目的在于破坏果蔬中氧化酶系统，防止褐变和维生素氧化；增加膜透性，加快干燥速度，干制品复水时易吸水；排除组织内空气，保护叶绿素，并可除去果蔬中固有的苦涩味，同时在一定程度上起到了杀菌作用。

（4）硫处理

用熏硫法或浸硫法。熏硫法：1立方米熏硫空间需用硫黄200克或每吨原料2千克。浸硫法：1 000千克果蔬原料加入 H_2SO_3 液400千克，要求 SO_2 浓度为0.15%，加入亚硫酸应含 SO_2 浓度0.52%。SO_2 在碱性中不易释放，因此常在亚硫酸盐中加入一定量柠檬酸，将溶液调节成微酸性。

（5）升温烘烤

前期急剧升温，然后在70℃根据干燥的状态，逐步降温在55～60℃。需6～9小时。

（6）通风排湿

烘箱或烘房内相对湿度达70%以上，需要排湿。

（7）倒盘烘烤

使原料受热均匀，成品干燥度一致。

（8）产品回软、分级、包装和贮存

回软即均湿、发汗，目的是通过干制品内部与外部水分的转移，使各部分的含水量均衡，以便包装和贮存。包装容器要求封严、防虫、防潮。低温0～2℃，不超过10～14℃，相对湿度30%，进行避光保存。

（三）脱水蒜片

1. 工艺流程

原料选择→原料处理（洗涤、切分、热烫、硫处理）→升温烘烤→通风排湿→倒盘烘烤→产品回软、分级、包装→成品贮存。

2. 操作要点

（1）原料选择

选用蒜瓣完整、成熟、无虫蛀，直径4～5厘米的蒜头为原料。

（2）剥蒜去鳞片

可人工剥蒜瓣，并要同时除去附着在蒜瓣上的薄蒜衣。

（3）切片

用切片机切成厚度为0.25厘米的蒜片。太厚，烘干后产品颜色发黄，过薄，容易破碎，损耗大。

（4）漂洗

可将蒜片放入池或缸内，经过3～4遍漂洗，蒜片基本干净。

（5）甩水

将漂洗过的蒜片置于离心机中甩水1分钟。

（6）干燥

甩水后的蒜片进行短时摊凉，装入烘盘，每平方米烘盘摊放蒜片1.5～2千克为宜。烘烤温度控制在65～70℃，一般烘6.5～7小时，烘干后蒜片含水量在5%～6%为宜。

冻干大蒜粉，冻干大蒜粉的工艺流程如下。

鲜大蒜→去蒂、分瓣→浸泡→剥皮、去膜衣→漂洗→滤干→低温破碎→冷冻干燥→粉碎→过筛→真空包装→成品

大蒜冻干的最佳工艺参数因冻干机不同而不同。对于热量由冷冻层传导的冻干设备，最佳压力为6.7帕，最佳料层厚度为1厘米左右，加热介质温

度约为53℃。冷冻温度最好为-60℃。

（四）香菇干制

1. 工艺流程

原料选择→装盘→干燥→分级→包装→成品

2. 操作要点

（1）原料选择

应选菌膜已破，菌盖边缘向内卷成“铜锣边”的鲜菇。采收太早影响产量，香味不足，采收太迟则菌盖展开过大，肉薄，菌褶色变。

（2）装盘

按大小、菇肉厚薄分别铺放在烘盘上，不重叠。将装大朵菇或淋雨菇的烘盘放在烘架的中下部，小朵菇、薄肉菇放在烘架的上部。菌盖向上菌柄向下。

（3）干燥

开始温度以40℃（不超过40℃），以后每隔3~4小时升高约5℃，10小时以后升高到55~60℃，14小时降到常温。最好不要一次烤干，80%干时便出烤，然后复烤3~4小时，这样干燥一致，不易碎裂。含水量在12%~13%。

（4）分级

按花菇、厚菇、薄菇和菇丁等级分级。

（5）包装

待菇体冷却至稍有余温时装入塑料薄膜袋中，扎紧袋口，然后排放于纸箱或装于衬有防潮纸的木箱内，箱内放一小包石灰作干燥剂。

（五）南瓜粉干制

1. 工艺流程

原料选择→切分→热烫→粗碎→过滤→浓缩→干燥→成品

2. 操作要点

（1）原料选择

选择老熟南瓜，对切，除去外皮，瓜瓤和种子。切片或刨丝。

（2）切分

处理后的南瓜肉切成直径为1.5厘米大小的瓜丁。

（3）热烫

沸水中热烫5~8分钟。

(4) 粗碎

用锤式粉碎机粉碎，打成浆状，粉碎机筛网以60目孔径为宜。

(5) 过滤

通过浆渣分离机，去除粗渣，取出滤液。

(6) 浓缩

将过滤液通过浓缩设备将其可溶性固形物提高至30%左右。

(7) 干燥

采用喷雾干燥，料液温度维持在55℃，得到色泽绿黄，粉状均匀的南瓜粉。

(六) 薇菜的干制

1. 工艺流程

原料→采摘→整理→热烫→晾晒→揉搓→贮藏→成品

2. 操作要点

(1) 采摘

薇菜生长很快，发芽后4~5天即可采摘，否则老化而失去商品价值。采摘时在20厘米以上部位掐下，装入筐中，不要袋装或捆扎，以免搓伤。

(2) 整理

采收后除去老化根部，并将粗细分开。

(3) 热烫

从摘下到热烫不能超过4小时。选用无油、不锈钢锅煮菜，锅里先放好铁丝网或大笊篱，以便翻动和及时出锅。水菜比为3∶1，下菜时火要急，水要开，菜应全部浸在水中，以使受热均匀，并不断翻动，煮3~5分钟。

(4) 晾晒

将煮后的薇菜摊放在草席上晾晒，阳光充足时15分钟翻动1次。晾晒时不能遭雨淋，不能露水打，白天未晒干的菜，晚上应将菜摊放在通风的棚中，尽量避免用火炕炕干或炭火烘干。

(5) 揉搓

将菜置于草袋片上，双手张开轻轻地朝一个方向进行圆形揉搓，揉到手感发黏时摊到草袋上继续晾晒，待浆汁干后再进行第二、第三、第四次揉搓，第三、第四次揉搓要比前两次用力，以菜不断、不破为佳。薇菜干制应达到色泽棕红或棕褐色，组织柔软，富于弹性，透明，菜株完整、多皱纹、呈卷曲状。菜干直径为 0.2 厘米，长 5 厘米以上，含水量不超过 13%。无老化根，无黑斑，无霉变，无杂质和异味。

（6）贮藏

薇菜干具有吸湿性，因此应封装在塑料袋内，并放在干燥通风处，严禁同有味物品放置在一起。

（七）苹果圈的干制

1. 工艺流程

原料选择→清洗→去皮→切分→盐水护色→硫处理→干燥脱水→均湿（回软）→分级→包装→成品

2. 操作要点

（1）原料选择

原料要求选择含糖量高、含单宁少、皮薄肉密、中等大小苹果。在九成熟或充分成熟时采收。剔除烂果、伤残果。品种一般以中晚熟为好。

（2）清洗、去皮、切分

用流水将表面洗净。手工或机械去皮。用捅心器去果心，然后再横切成 5~7 毫米的薄片苹果。

（3）盐水护色

切分后的苹果圈，立即将果片投入到 1% 食盐水中，防止变色。

（4）硫处理

果片从盐水中捞出，沥干水分，作熏硫或浸硫处理。

熏硫：将果圈分层放在密闭容器中，每层厚度不超过 3 厘米，然后用硫黄（为原料重的 0.2%~0.4%）熏果片 10~30 分钟。

浸硫：用配好的 0.3% 的亚硫酸氢钠溶液，浸泡果片 5~7 分钟，浸后沥干水分。

（5）干燥脱水

将处理好的原料，在烘盘上整齐地铺放一层，然后放入烘箱或烘干机中，干燥初期温度为 75~80℃，以后逐渐降至 50~60℃，干燥时间 5~8 小时，直至果片用手紧握时互不粘接而稍有弹性为止。

（6）回软

为使干制苹果圈果片之间及果片内部各部分含水量均衡，质地呈柔软状态，将干燥后的果片放于贮藏室的密闭容器内堆放 2~3 个星期。

（7）分级

应根据产品质量分为标准成品、次品、未干品和废品等。

（8）包装

成品干制苹果圈经过秤量，用塑料薄膜、纸盒、木箱等食品包装材料包装即为成品。谨防产品受潮。

（八）葡萄干的加工

1. 工艺流程

原料选择→剪串→浸碱处理（熏硫）→干燥脱水→回软、除梗→包装→成品

2. 操作要点

（1）原料选择

原料要求选择果皮薄、果肉丰满柔软，外表美观，含糖量高的品种。一般以“无核白”、“无子露”和有子的“玫瑰香”、“牛奶”等品种为原料。果实采收时要充分成熟，但不能过熟。

（2）剪串

当葡萄果穗太大时要剪为几个小穗。同时要剔除小果粒、未熟果粒和损伤腐烂果粒。

（3）浸碱处理（熏硫）

将果穗放入浓度为1.5%～4%的氢氧化钠溶液中，浸1～5秒钟。薄皮种也可用浓度为0.5%的碳酸钠或碳酸钠与0.5%氢氧化钠的混合液处理3～6秒钟。浸碱后立即放到清水中冲洗干净。经过浸碱处理的，可以除去葡萄皮上附着的果粉，使干制时间可缩短。干制白葡萄干时，需熏硫3～5小时。

（4）干燥脱水

葡萄干的加工可使用晒干、风干及人工干制等方法进行干燥脱水。

①晒干：葡萄装入晒盘，在阳光下曝晒10天左右。当表面干燥时，进行翻动，使未干燥的放在表层继续曝晒。至2/3的果实呈现干燥状，用手捻果粒无葡萄汁液渗出时，即可将晒盘叠起来，阴干一星期。在晴朗的天气，完全干燥时间共20～25天。

②风干：将处理后的葡萄果穗挂在风干房中的干燥架上，使其靠自然的干热风进行干燥，经过25～30天即可达到完全干燥。这种干燥方法只适宜能够较长时间具有高温、干燥、并且风速大的新疆吐鲁番盆地。

（5）回软、除梗

将果串收回堆放15～20天，使之干燥均匀。在此期间除去果梗，即为干制产品。

（6）包装

将干燥的葡萄干用塑料薄膜、纸盒、木箱等食品包装材料包装即为成品。

（九）红枣干制

1. 工艺流程

原料选择→挑选、分级→热烫→干燥→回软→分级包装→成品

2. 操作要点

（1）原料选择

选择新鲜成熟、果大核小、皮薄肉厚、含糖量高的原料进行加工。适宜干制加工的枣品种有金丝小枣、鸡心枣、圆铃枣、相枣、赞皇大枣、稷山板枣、壶瓶枣、骏枣、木枣等。

加工制干的红枣要在完全成熟时采收，此时的枣皮色紫红、富有光泽、富有弹性、含水量低、制干率高；若采收偏早，因果实未充分成熟，制干的红枣表面光泽度差，肉质硬瘦。由于枣果皮薄、肉脆，极易在采摘及运输中形成内伤，采收时严禁敲打、摇树，要尽量用手摘，做到轻摘、轻放。

（2）挑选、分级

要挑选剔除病虫枣、破枣和风落枣等。按枣果大小、成熟度进行分级。

（3）热烫

将鲜枣装入筐内，浸于沸水中烫漂5～10分钟，以果皮稍软为度。热烫后用冷水迅速冷却。

（4）干燥

①晒制：晒制多在枣园的空旷地搭设木架，上边铺以苇席，将枣铺在苇席上晒制。由于枣多于秋季9月底左右，这样在晒制过程中白天要用木棍翻动，晚上把枣收成堆，盖上苇席，防止露水打湿红枣，若遇雨，则要对红枣进行遮盖，以防红枣腐烂。曝晒5～10天，即可制成干枣。

②人工干燥：将经过烫漂的红枣送入烘干室逐步加温干燥，首先使枣果加温到35～40℃，需6～8小时，这时用力压枣果时，枣果表面会出现皱纹；继续升温使干燥温度达55～60℃，保持6～10小时，水分大量蒸发；再使干燥温度达65～70℃，再缓慢下降至50℃左右，保持6～8小时，即完

成干燥。干燥温度切忌超过 70℃。温度过高，红枣中糖分和其他有机物因高温而出现分解、焦化、味道变苦等变化。

人工干燥后的枣果必须进行通风散热，待冷却后方可堆积。否则由于红枣本身含糖量高，在热能的作用下，糖分易发酵变质，果胶也会分解，轻者使枣带有酸味，重者腐败变质。

（5）回软

刚干燥的制品内外水分不均，需堆放 15～20 天回软，使水分平衡。方法是在仓库内将红枣堆高 1 米左右，每平方米竖立秸秆一束，以利散热通气。回软时应注意检查，以防发热、发酵、虫鼠危害。必要时应进行倒翻。

（6）分级包装

通常采用目测和手测的方法进行分级。同一个包装内应当大小均匀，色泽一致，无破损伤残。然后根据需要装入一定大小的塑料袋内。

（十）柿饼干制

1. 工艺流程

原料选择→清洗、去皮→干燥、捏饼、回软→上霜→成品

2. 操作要点

（1）原料选择

原料柿果要求色泽转红（转黄），肉质坚硬，含糖量高，无核或少核，个头中等，形状扁圆。柿果的采收成熟度与柿饼品质关系十分密切。柿子采收时间应在 10 月中旬，采收过早，果实含糖量低，柿坯不易软化，出霜困难，成品霜色褐，风味淡，肉干硬，出饼率也低。采收过迟，则果实易软化，不易加工成型。采收应在果实普遍发红、个别背光果面发青时采收为好。

（2）清洗、去皮

将柿果洗净、沥区水分，剪去柿蒂翼，然后可用手工或旋皮机去掉表皮，去皮要求薄匀，不漏旋、不重旋，果蒂周围留皮要尽量少一些，一般宽度不能超过 0.5～1 厘米。

（3）干燥、捏饼、回软

干燥方法有两种，即晾晒与烘烤。

①晾晒：将去皮后的柿果果顶向上，单层排在与地面有 30 厘米以上空隙的苇席或晒盘上进行通风晾晒，晚间用席盖好，防露水，阴天要防雨，10 天左右果肉皱缩，果顶下陷，进行第一次翻动，以后每隔 3～4 天翻动一次，

翻动的同时要根据干燥程度进行捏饼。当柿果表面形成一层干皮时，进行第一次捏饼。方法是两手握饼，纵横重捏，边捏边转，将果肉纤维捏散。捏饼后晾晒5～6天，将柿果收回堆放回软2天，当柿果表面干燥、皮皱，肉色红褐时，要及时捏，且要重捏，要把内部果肉硬块捏散；进行第二次捏饼。方法是用中指顶住柿萼，以两手拇指从中间向外捏，边捏边转，捏成中间薄四周厚的碟形。再晒3～4天，堆积回软1天。当柿果表面起大皱纹时，再结合整形捏，即用双手拇指和食指从果的中心向外捏成中间薄、边缘厚的碟状形，要捏断靠近果蒂的果心，以防果顶缩入。整形后再晒3～4天，即可上霜。

②烘烤：先控温35～40℃，待柿果脱涩后再升温到50～55℃。开始升温不能过快过高，慢慢升温，以免影响脱涩。同时，在烘烤过程中，也要根据干燥程度进行3次捏果处理。整个烘烤、捏果过程需4～5天，以柿饼干燥至含水量为30%左右为宜。

（4）上霜

柿果内所含的糖为多甘露醇糖和葡萄糖。当果肉内的可溶性物质渗出附着在柿饼表面，当遇到温度较低、干燥的条件，就在其表面会形成一层白色的糖结晶，即为上霜。上霜的方法主要有两种：①一般先将柿饼取下两饼顶部相合，蒂部向外。在缸底铺一层干柿皮，上面排一层柿饼，再铺一层柿皮，上面再排一层柿饼，直至排满为止。封好缸口，置用凉处生霜；②也可将晾晒的半成品堆在木板上，盖以塑料薄膜，4～6天后柿饼回软，内部可溶性物质渗出，在有风的早晨，取出放在通风阴凉处摊开，果面一干，便有柿霜出来。

经几次堆垛和晾摊，柿霜一次比一次出现得快而好。当失水70%左右，柿饼内外软硬一致时不再摊晾。

（5）分级、包装

待果饼面凝结一层柿霜后，进行分级、定量包装。包装规格小包装每包250～500克，大包装每包2 500～5 000克。

（6）贮存

加工好的柿饼在常温下避光贮存，保质期为6个月左右。利用低温则可以延长贮存期。

（十一）杏干的加工

1. 工艺流程

原料的选择→分级→清洗、切分、去核→熏硫→干制→回软→分级、包装→成品

2. 操作要点

（1）原料的选择

选择肉厚、味甜、纤维少，香气浓，甜酸适口，果肉呈橙黄色，非粘核的品种，主要品种有：北京水晶杏、河北大香白杏、甘肃金妈妈杏、山东历城大峪杏、青岛辐轴鲜、河北关老爷脸、山西永济红梅杏、新疆的阿克西米西等。在果实充分成熟但不过熟时采收。剔除残破及成熟度不适宜的果实。

（2）分级

按品种、大小、成熟度进行分级。同一批加工的产品应均匀一致。

（3）清洗、切分、去核

用清水洗净，用不锈钢刀沿果实缝合线对半切开，切面应平滑整齐，除去果核（有的不切开去核，为全果带核杏干），切分后将果片切面向上排列在筛盘上，不可重叠。

（4）熏硫

将盛装杏果片的筛盘送入熏硫室，熏硫 2 ~ 4 小时，硫黄的用量约为鲜果重的 0.4%。在熏硫前用 3% 盐水喷洒果面，有防止变色和减少硫黄用量。熏硫良好的杏果片呈黄色半透明状，其果碗里应充满汁液，干制后的成品能保持鲜艳的金黄色或橙红色。

（5）干制

①自然干制：将熏硫后的果片放置在晒场，日光曝晒到 5 ~ 7 成干时，叠置阴干至所要求的干燥度。干燥适度的杏干，肉质柔软，不易折断，用手紧握后松开彼此不粘连，两指间捻压果片没有汁液渗出。

②人工干制：将熏硫后的果片在室外晾晒 1 ~ 2 小时，放入烘房等干燥设备内进行干制，装载量为每平方米摆放 7 ~ 9 千克，初温 50 ~ 55℃、4 ~ 6 小时，逐渐升温到 70 ~ 80℃，当湿度大时要及时通风排湿，干燥时间 24 ~ 36 小时。

（6）回软

把干制后的杏片堆在一起，需堆放 3 ~ 4 天，使水分平衡。堆放时也需

要倒翻。

(7) 分级、包装

将色泽差的、破损的杏干拣出，进行大小、颜色分级后即可包装。成品杏干的质量要求是色泽橙黄，柔软，不粘手，呈半透明状，大小均匀，形状整齐，具有浓郁的杏酸甜风味，含水量不高于18%。

(十二) 梨干的加工

1. 工艺流程

原料选择→清洗→去皮、切分→护色→干制→回软→包装→成品

2. 操作要点

(1) 原料选择

选择肉质柔软细致，石细胞少、糖分含量高、香气浓、果心小的品种。

(2) 清洗

将选择好的梨用流动水充分洗涤，除去表面泥沙。如果果皮表面有农药残留时，将果实放在1% NaOH和0.1%~0.2%的洗涤剂混合液中，浸泡10分钟，控制水温40℃，然后用水冲洗干净即可。

(3) 去皮、切分

洗净后的原料，削除果皮，将果梗和萼片切除，然后切成圆片形或块形(对半切或4~8块)。为防止去皮、切分后果实氧化变色，可用1%~2%的食盐或3%的维生素C水溶液浸泡。

(4) 护色

用量与苹果干同，熏硫时间以果实切分的方法和厚薄而不同，需要8~24小时，熏硫时间宜稍长，可使成品色泽美观（淡黄色），而且呈半透明状。

(5) 干制

自然干制时，在太阳下曝晒2~3天后，再移到阴凉通风处晾干。经3~6周可完成干制过程。

人工干制时，在烘房内装载量每平方米4~5千克，初温55℃，终温65℃，干制时间30~36小时。最后产品色泽淡黄，柔软并不易折断，含水量10%~15%。

(6) 回软

把干制的梨片或梨块堆在一起，堆放3~4天回软，使水分平衡。

(7) 包装

按大小、色泽不同分级后进行包装。

第三节　北方果蔬罐藏技术

果蔬罐藏是将经过一定处理的果蔬装罐，经排气、密封、杀菌等工艺维持密封状态，使果蔬得以长期保藏的方法。果蔬罐头在延长某些果蔬的供应期，改善果蔬原有风味，方面消费者食用等方面有着十分重要的作用。

一、果蔬罐藏工艺

果蔬罐藏是将经过一定处理的果蔬密封在一个容器中，经高温杀菌，使罐内果蔬与外界环境隔绝而不被微生物再污染，同时杀死罐内有害微生物（即商业灭菌）并使酶失活，从而得以在室温下长期保存的保藏方法。果蔬罐头，在常温下可保存1~2年。

（一）罐藏原料及处理

1. 罐藏原料

虽然果蔬中大部分品种都适宜于加工罐头，但并不是任何种类和品种的果蔬都适于罐头加工，为了保证产品的质量，我们要选定适宜的品种。

用作罐藏的果蔬原料要求新鲜度高，无机械损伤及虫蛀和霉烂等缺陷。果蔬原料的成熟度对罐头制品的色泽、组织、风味等有重要影响，并对工艺过程、原料的利用率都有一定影响，所以需要根据果蔬的种类不同，选择在适宜的成熟度进行采收。

2. 罐头原料预处理

罐藏的原料预处理包活原料的挑选、分级、清洗、去皮、切分、去核、热烫、抽空等。

(1) 原料的挑选、分级

通过挑选剔除病虫害、机械损伤的原料，可减少加工中的损耗，并且可以降低成本、减少浪费。为了便于原料处理的机械化和自动化，要求果蔬整齐、大小适中。

（2）原料的清洗

原料的清洗的目的是为了除去果蔬表面附着的尘土、泥沙、残留农药以及大量的微生物。清洗用水要符合饮水标准。多数为机械洗涤，即借助机械力激动水流进行清洗。针对污染较为严重的原料。需要用稀盐酸或醋酸对原料浸泡清洗。

（3）原料的去皮、切分、去核

许多果蔬表皮粗糙，坚韧，或具有不良风味，在罐藏中会引起不良后果，所以在加工前必须去皮。表皮粗糙的果蔬，可用擦皮机去皮，擦皮机是靠涂有金刚砂的转筒借助摩擦作用去皮的；番茄果实可用热烫去皮，利用高压蒸汽或沸水短时间加热使果蔬表皮突然受热松软，然后迅速冷却，皮肉分离，去掉外皮；胡萝卜、土豆等果蔬可以用碱液去皮，一般碱液去皮的浓度（以氢氧化钠计）为1.5%～12.0%，碱液温度应为90℃以上，处理时间为1～2分钟，去皮后立即放入流动的清水中冲洗，然后再用0.3%～0.5%的柠檬酸或0.1%的盐酸中和洗去碱液。许多果蔬原料有时不需去皮，但需要一定的切分处理和修整，如蒜薹要切段、黄瓜切条、莲藕的切分、豆角的去尖切尾、蘑菇的去柄等。

（4）原料的热烫（烫漂）

热烫就是将经过整理、切分等处理的原料放于热水或蒸汽中进行热处理的过程。一般可以根据原料的不同，利用85～100℃的热水或蒸汽，对原料处理2～10分钟。热烫后必须立即冷却，以免余热破坏营养等。

（5）原料的抽空

就是将原料放于一个真空条件下，将组织内部的空气抽出，防止原料氧化褐变与营养物质损失，一般抽空处理需要的真空度为67～80千帕，时间5～10分钟。

（二）装罐、注液

1. 空罐的准备

（1）空罐的要求

果蔬罐头加工常用玻璃罐，要求形状整齐、罐口平整、光滑、正圆、无缺口，玻璃罐壁厚度均匀、无气泡、无裂纹。也有用金属罐的，金属罐使用之前要做防酸处理。

（2）空罐与罐盖的清洗、消毒

空罐在使用前必须进行清洗和消毒。清洗时先用清水（或热水）浸泡，然后用洗瓶机刷洗，再用清水或高压水喷洗数次，进行消毒后，倒置沥干备用。罐盖也要进行同样处理。

2. 罐注液

果蔬罐藏制品中，除了汁液制品和酱制品等外，一般都要向罐内加注液汁，称为罐注液。

（1）注液的目的

果蔬罐头的罐注液一般是糖液。注液的目的是为了填充罐内除果蔬以外所留下的空隙，增进罐头风味、排除空气，并加强热的传递效率提高杀菌效果。在果蔬罐头灌注液中还需要加入适当的柠檬酸。

（2）罐注液的配制

果蔬罐藏时除了液态（如菜汁）和黏稠态（如番茄酱等）食品外，一般都要向罐内加注液汁，称为罐液，主要为糖溶液、食盐溶液或者经调配的香料调味液。果蔬罐头多数要灌注盐水，少数果蔬罐头要灌注糖液。加注罐注液能填充罐内除果蔬以外所留下的空隙，目的在于增进风味、排除空气、增强热的传递效率。要求注液清亮、透明、无杂质、无悬浮物。注液用水要求符合饮用水的卫生标准。

①盐液配制：所用食盐应选用精盐，食盐中氯化钠含量在98%以上。配制时常用直接法按要求称取食盐，加水煮沸过滤即可。一般果蔬罐头所用盐水浓度为1%～4%。

②调味液制备：调味液的种类很多，配制的方法主要有两种，一种是将香辛料经过熬煮制成香料水，然后香料水再与其他调味料按比例制成调味液；另一种是将各种调味料、香辛料（可用布袋包裹，配成后连袋除去）一起一次配成调味液。

③糖液配制：少数果蔬罐头用糖溶液注液，注液糖浓度为25%～45%，要根据原料的含糖量来决定糖液浓度，一般成品开罐后糖浓度为14%～18%。配制糖液的蔗糖，要求纯度在99%以上，色泽洁白、清洁干燥、不含杂质和有色物质。配制糖液用水也要求清洁无杂质，符合饮用水质量标准。糖液配制方法有直接法和稀释法两种。

3. 原料装罐

经预处理整理好的果蔬原料应迅速装罐，不应堆积过久，否则易受微生物污染，影响其后的杀菌。在装罐时应注意以下问题：

（1）罐量

装量因产品种类和罐型大小而异，罐头食品的净重和固形物含量必须达到要求。净重是指罐头总重量减去容器重量后所得的重量，它包括固形物（即装入预处理的果蔬原料）和罐注液，一般要求每罐固形物含量为45%～65%。各种果蔬原料在装罐时应考虑其本身的缩减，通常按装罐要求多装10%左右；另外，装罐后要把罐头倒过来沥水10秒钟左右，以沥净罐内水分，保证开罐时符合产品规格要求。

（2）顶隙

所谓顶隙是指罐头内容物表面和罐盖之间所留空隙的距离，顶隙大小因罐型大小面异，一般装罐时罐头内容物表面与罐边相距4～8毫米。罐内顶隙须留得适当，如顶隙过大，会引起罐内原料装量不足，同时罐内空气量增加，会造成罐内原料氧化变色；如果顶隙过小，则会在杀菌时罐内原料受热膨胀，使罐头变形或裂缝。

（3）内容物的一致性

同一罐内原料的成熟度、色泽、大小、形状应基本一致，搭配合理，排列整齐。有块数要求的产品应按要求装罐。

（4）卫生要求

装罐时要注意卫生，严格操作，防止杂物混入罐内，保证罐头质量。

（5）装罐的方法

装罐的方法可分为人工装罐和机械装罐。果蔬原料由于形态、大小、色泽、成熟度、排列方式各异，所以多采用人工装罐，主要过程包括装料、称量、压紧或注液等。

（三）假封、排气

1. 假封

假封就是将罐盖轻轻盖上，以防止排气时水蒸气凝结后滴入罐内，以及排气后封口时带入冷空气。

2. 排气

排气是预处理整理好的果蔬原料装罐后，密封前将罐内顶隙间的、装罐时带入的和原料组织细胞内的空气尽可能从罐内排除的技术措施。

（1）排气的目的

排气可以抑制好气性细菌及霉菌的生长发育；防止或减轻加热杀菌时因空气膨胀而使容器变形或破损，也可防止玻璃瓶在杀菌时的跳盖；减轻金属罐藏食品出现的罐内壁氧化腐蚀；减少产品品色香味的变化和其他营养成分遭受氧化破坏。

（2）排气的方法

热力排气法：利用空气、水蒸气和食品受热膨胀将罐内空气排除法。目前常用热装罐密封排气法和加热排气法。

热装罐密封排气法就是将物料加热到一定的温度（一般在75℃以上）后立即装罐密封的方法。采用这种方法一定要趁热装罐，迅速密封。

加热排气法是利用蒸汽排气箱或水浴排气装置，排气箱中的温度一般需要100℃左右，将假封后的罐头放入排气箱，经过10～15分钟加热排气，使罐内中心温度加热到90℃左右时完成排气，取出后迅速封盖。因热使罐头中内容物膨胀，把原料中存留或溶解的气体排出来，在封罐之前把顶隙中的空气尽量排除。

真空排气法：常采用真空封罐机进行。因排气时间短，所以，主要是排除顶隙内的空气，而果蔬组织及注液内的空气不易排除，故对果蔬原料和罐液要事先进行抽空脱气处理。采用真空排汽法，罐头的真空度主要取决于真空封罐机的真空度和罐内食品温度。

罐内真空度一般要达到25～30千帕。

（四）密封

果蔬罐头之所以能长期保存而不变质，除了充分杀灭能在罐内环境生长的腐败菌和致病菌外，主要是依靠罐头的密封。密封使罐内食品与外界完全隔绝，罐内容物不再受到外界空气和微生物的污染而产生腐败变质。为保持这种高度密封状态，必须采用封罐机将罐身和罐盖的边缘紧密卷合，这就称为封罐或密封。

罐头排气后需要乘热迅速密封，这样才能够保证罐内形成良好的真空度。密封是由封口机来进行操作的。封口机有小型手扳封口机、半自动封口机、半自动真空封口机、全自动真空封口机等。可以根据生产能力和投资能力来进行选择，最好使用真空封口机。

密封是罐藏工艺中的一项关键性操作，直接关系到产品的质量。

（五）杀菌

果蔬罐头普遍采用的是装罐密封后杀菌。果蔬罐头的杀菌根据果蔬原料的性质不同。杀菌方法一般可分为常压杀菌（杀菌温度不超过100℃）和加压杀菌两种。

1. 常压杀菌

常压杀菌的杀菌温度是100℃，适用于pH值在4.5以下的酸性食品，果蔬罐头大部分pH值在4.5以下。常压杀菌设备较简单，常用的是杀菌锅或杀菌柜，用水作为传热介质，水量要浸过罐头10厘米以上，待罐头中心温度达到100℃后开始计算杀菌时间，杀菌时间多数在30分钟左右。

2. 加压杀菌

加压杀菌是在完全密封的加压杀菌器中进行，靠加压升温来进行杀菌，杀菌的温度在100℃以上。此法适用于pH值大于4.5的低酸性食品。有些的果蔬罐头加工为了缩短杀菌时间也采用加压杀菌。在高温加压杀菌中，传热介质有高压蒸汽杀菌和高压水杀菌。而对玻璃罐采用高压水杀菌较为适宜，可以防止和减少玻璃罐在加压杀菌时脱盖和破裂的问题。

罐头杀菌是由杀菌温度、杀菌时间和反压三个主要因素组成的，一般常用杀菌式来表示对杀菌操作的要求。

杀菌式为：$\dfrac{t_1-t_2-t_a}{T}P$

T——杀菌所要求的杀菌温度（℃）；

t_1——杀菌时升温、升压要求的时间（分钟）；

t_2——在杀菌温度下保持的时间（分钟）；

t_3——降温、降压所要求的时间（分钟）；

P——加压杀菌时加热或冷却时杀菌锅内使用的反压力（千帕）。

（六）冷却

1. 冷却的目的

罐头加热杀菌结束后应当迅速冷却。因为热杀菌结束后的罐内食品仍处于高温状态，热能还在继续对罐头食品作用，如不及时冷却，食品的质量就会受到严重影响，如使果蔬色泽变暗、风味变差、组织软烂、营养损失，甚至失去商品价值和食用价值。

此外，冷却缓慢时，在高温阶段（50～55℃）停留时间过长，还能促进嗜热性细菌如平酸菌繁殖活动，致使罐头变质腐败。继续受热也会加速金属罐内壁的腐蚀作用。因此，罐头杀菌后冷却越快越好。罐头杀菌后一般冷却到38～40℃即可。因为冷却到过低温度时，罐头表面附着的水珠不易蒸发干燥。

2. 冷却方法

常压杀菌的罐头在杀菌完毕后，即转到另一冷却水池或柜中进行冷却。对玻璃罐的冷却速度不宜太快，要分阶段逐渐降温，常采用分段冷却的方法，即80℃、60℃、40℃三段，以免玻璃罐爆裂受损。

在高压杀菌下的罐头需要在加压的条件下进行冷却，即称反压冷却。高压杀菌的罐头在开始冷却时，由于温度下降、外压降低，而内容物的温度下降比较缓慢，内压较大，会引起罐头卷边松弛和裂漏，还会发生突角、爆罐等事故。为此，冷却时需要保持一定的外压以平衡内压。目前最常用的是用压缩空气打入来维持外压，然后放入冷水，随着冷却水的进入，杀菌锅压力降低。因此，冷却初期是压缩空气和冷水同时不断地进入锅内。冷却水进锅的速度，应使蒸汽冷凝时的降压量能及时地从同时进锅的压缩空气中获得补偿，直至蒸汽全部冷凝后，即停止进压缩空气，使冷却水充满杀菌锅，调整冷水进出量，直至罐温降低到40～50℃为止。

3. 冷却用水

罐头冷却过程中有时由于机械原因或因罐盖胶垫暂时软化会造成暂时性隙缝，这样罐头就可能在内外压力差的作用下吸入少量冷却水，如果冷却水不洁净就会导致微生物污染，造成罐头在之后贮运过程中出现腐败变质。

一般认为用于罐头的冷却水中的微生物为每毫升不超过50个为宜。为了控制冷却水中微生物含量，常采用加氯等措施对冷却水进行消毒处理，及时更换冷却水。

（七）罐头的检验

1. 感官检验

变质或败坏的罐头，在内容物的组织形态、色泽、风味上都与正常的不同，通过感官检验可初步确定罐头的好坏。感官检验的内容包括组织与形态、色泽和风味等。各种指标必须符合国家规定标准。

2. 物理检验

包括容器外观、重量和容器内壁的检验。罐头首先观察外观的商标及罐盖码印是否符合规定，底盖有无膨胀现象，再观察接缝及卷边是行正常，封罐是否严密等。再用卡尺测量罐径与罐高是否符合规定。用真空计测定真空度，一般应达26千帕以上。进行重量检验，包括净重（除去空罐头的内容物重量）和固形物重（除去空罐和罐注液后的重量）。

3. 化学检验

包括气体成分、pH值、可溶性固形物、糖水浓度、总糖量、可滴定酸含量、食品添加剂和重金属含量（铅、锡、铜、锌、汞等）等检验项目。

4. 微生物检验

对五种常见的可使人发生食物中毒的致病菌，必须进行检验。它们是溶血性链球菌、致病性葡萄球菌、肉毒梭状芽孢杆菌、沙门氏菌和志贺氏菌。

（八）罐头贮藏

罐头贮藏的形式有两种：一种是散装堆放，罐头经杀菌冷却后，直接运至仓库贮存，到出厂之前才贴商标装箱运出；另一种是装箱贮放，罐头贴好商标或不贴商标进行装箱，送进仓库堆存。

散装堆放费时费工，运输不便，且堆放高度不宜过高，否则容易倒塌造成损失。装箱贮藏，对于大量罐头的贮藏有很多好处，运输及堆放迅速方便，堆高放置较为稳固，操作简便，不费工时；又因为外面有木箱或纸箱保护，罐头不宜接受外界条件的影响，易于保持清洁，但是，它的缺点是不容易检查。

作为堆放罐头的仓库，要求环境清洁，通风良好，光线明亮，地面应铺有地板或水泥，并安装有可以调节仓库温度和湿度的装置。贮藏温度一般为0～10℃，相对湿度为70%～75%。

二、果蔬罐藏制品实例

（一）青刀豆罐头

1. 工艺流程

原料选择→挑选→切端、切段→盐水浸泡→热烫→整理、复检→漂洗→装罐、注液→排气、密封→杀菌、冷却→保温检验→成品

2. 操作要点

（1）原料的选择

原料要求色泽深绿、新鲜饱满、质地脆嫩、豆荚直、无老筋、豆粒尚未发

育完全的豆荚。适宜于罐藏的品种有小刀豆、白子长箕、棍儿豆等。要掌握好采收期，开红花的品种以及豆粒突出的豆荚在装罐加工后易变色，不宜选用。

青刀豆采收后本身衰老和品质变化很快，如不能及时加工易使罐制品质量下降，因此从原料采收到进入加工一般不超过24小时。

（2）原料的挑选、切端及切段

青刀豆原料在进入加工时，需要剔除皱皮、枯萎、有病虫伤等不合格豆荚。整条装罐时，要求豆荚长7.5～12.0厘米（切端后长7～11厘米），横截面直径约7.5毫米。切段装罐的豆荚，每段长3～6厘米。用手工和刀豆切端机，切除刀豆两端的蒂柄和细尖。段装时需要再按规定长度切段。

（3）盐水浸泡

将经过切端、切段后的原料迅速放入盐水中，进行浸泡，以驱除豆荚在生长过程中钻入荚内的小虫，同时也可防止切面氧化。盐水的浓度为2%～3%，浸泡时间为15～20分钟。盐水与豆荚的比例为2：1，要随时捞出浮虫。经盐水浸泡后的豆荚还需再用清水淋洗。注意：豆荚不能用酸处理。

（4）热烫

热烫还可以除去豆荚所含的一些含氮物、含硫物的苦味，免于这些物质对加工用具及金属容器的腐蚀。用沸水热烫2分钟，使表面膨胀，色泽鲜绿为止，热烫后立即冷却，冷却后用0.05%硫酸铜处理30分钟护色。

（5）装罐、注液

装罐时豆荚占罐头净重的60%以上，整荚装罐一定要排列整齐。注液煮沸、过滤后使用，注液温度为85℃。汁液配方为3%盐、0.03%味精、0.1% $CaCl_2$、0.05%花椒大料、0.01%～0.02%明矾、0.12%小苏打。

（6）排气、密封

将注液后的青刀豆罐头放于排气箱中排气，排气后至密封时罐中心部位温度达到75～80℃，排气后要立即密封，罐内真空度要达50.7～53.3千帕。

（7）杀菌、冷却

罐头杀菌时的温度、时间可按10′—30′—15′/118℃或10′—20′—10′/121℃进行。杀菌后要马上冷却，冷却至罐温为38～40℃。

（8）保温检验

罐头冷却后，擦罐入库。抽出一定数量的罐头在37℃条件下保温7天，经检验合格即为成品。

（二）青豌豆罐头

1. 工艺流程

原料选择→去荚→分级→热烫→漂洗→选豆→装罐、注液→排气、密封→杀菌、冷却→保温检验→成品

2. 操作要点

（1）原料的选择

豌豆的种类很多，作为加工罐头用的豌豆，要求是豆粒多、豆粒大而饱满、豆粒甜嫩、色泽鲜绿、豆粒大小整齐一致、色泽均匀、开白色花的品种。豌豆采收后要选的豆粒为原料。

（2）去荚

豌豆收获后需要去荚，可以用手工去荚或用脱粒去荚机去荚。要保证同级豆粒的大小一致。

（3）分级

可以用盐水浮选法分级。因青豌豆的成熟度不同，其淀粉和糖分的含量不同，比重也不同。成熟度高的比重大，用盐水浮选时沉于池底，成熟度低的则浮在盐液表面。用不同浓度的盐水来浮选，就可以按成熟度将青豌豆分级。

（4）热烫、漂洗

用热水热烫，热烫温度为98～100℃，根据豆粒大小、老嫩来确定热烫时间，一般为3～5分钟，成熟度高的、粒大的时间可适当长些。

（5）选豆、装罐、注液

青豌豆热烫之后色泽会发生变化，豆粒可按色泽青绿、绿黄分选，剔除异色、破裂、虫蛀、残次豆及杂质。然后用清水再淘洗1次。装罐时，同一罐内豆粒大小、色泽要一致。装量为罐头净重的55%，注液为2.3%的沸腾食盐水。

（6）排气、密封

排气时要使罐头中心部位的温度达75℃以上，然后密封。密封后罐内真空度达到39.99千帕以上。

（7）杀菌、冷却

青豌豆罐头杀菌一般要用118℃高温杀菌，杀菌后冷却至38～40℃即可。

（8）保温检验

将冷却后的罐头擦去水分入库，抽样在37℃温度下存放5天，经检验合格即可出厂。

（三）玉米笋罐头

1. 工艺流程

原料选择→采收→剥笋→贮存→漂洗→预煮→分选、整修→装罐→注液→密封→杀菌→保温检验→成品

2. 操作要点

（1）原料选择

制作玉米笋罐头的玉米品种一般为生长周期短，适合高密植、矮秆、多穗、穗型整齐的玉米新品种，当玉米穗长至20厘米左右，穗丝吐出即将变色时采收。

（2）采收

一般是果穗抽出后5天，穗顶抽出花丝，在花丝将露时，剥开包叶见到穗轴上籽粒雏形已经形成，长出排列整齐晶亮的小泡时为采收适期。

（3）剥笋

人工剥取，在去包叶的同时，要将花丝及穗柄去除干净，按不同等级分别存放，除去虫蛀变色笋、畸形笋和脱粒笋。

（4）贮存

当日进料，当日加工，不进行贮存。若来不及加工应放在0～4℃、相对湿度90%～95%的冷库中，贮存时间最长不能超过一昼夜。

（5）漂洗

将验收后的合格笋，用清水漂洗，切忌用力搅拌，并在清洗时剔出夹杂物。

（6）预煮

为去除玉米笋的黏液湿味，使组织软化，排除细胞间隙内的空气，破坏酶的活性，稳定色泽，杀死微生物，将漂洗过的玉米笋在夹层锅中预煮。用95℃的热水热烫1～5分钟，以煮透为准。烫后用流动水迅速冷却。并在流动水中去净残留的穗丝及杂质。

（7）分选、整修

热烫后的原料还需进行分选，把掉尖、折断的玉米笋选出，切成2～4

厘米的段，要求切面整齐。

(8) 装罐

将冷却过的玉米笋按等级分别装罐，应特别注意，每罐内笋体大小基本一致。

(9) 加汤汁

装罐后，应迅速注入汤汁，注意保持净重。汤汁配比：1%糖、1%盐、维生素C适量。

(10) 封罐

采用真空自动封罐机封口，真空度不低于53.3千帕。

(11) 杀菌、冷却、检验

杀菌公式为5′—25′—10′/118℃。杀菌后，迅速冷却至罐中心温度为40℃以下。冷却后擦干罐表水，经保温检验后，即得合格产品。

(四) 芦笋罐头

1. 工艺流程

原料选择→清洗→刨皮→切段→热烫→分级、漂洗→装罐、注液→排气、密封→杀菌、冷却→保温检验→成品。

2. 操作要点

(1) 原料的选择

制作芦笋罐头，要求芦笋原料茎长12～16厘米，粗细以茎部平均横径1.0～3.8厘米为宜。要求新鲜、粗纤维少、皮薄、脆嫩、不带泥沙、无空心、开裂、畸形、病虫害、锈斑以及损伤的原料。及时采收，及时加工。

(2) 清洗

采用喷淋及流水洗涤，清除灰尘和被鳞片包裹住的泥沙。芦笋不能在水中浸泡时间太久，要随洗随捞。采收的芦笋当天加工不完时可放于0～4℃冷库保存，并要求库内有较高的湿度，投产前在流水中漂洗10分钟。

(3) 刨皮、切段

正常幼嫩的芦笋可不刨皮，但较粗老的原料常需要刨皮，由茎的嫩尖向基部进行，刨去表皮粗老部分，尽量除去粗纤维及棱角，除去带泥沙或有锈斑的鳞片，剔除裂痕及虫伤。整条装芦笋切成长10.5～11.0厘米的带尖笋条；不足10厘米者切成4～6厘米段，但笋尖与段要分别处理、装罐。切断时要求断面整齐，不能有毛边、斜面。

（4）热烫

原料按粗细、老嫩、整条、切段等分别在90～95℃的沸水中热烫，嫩尖热烫1～2分钟，细条段热烫2～3分钟，粗条热烫3～4分钟。整条装罐的芦笋为了防止笋尖热烫过度，可分段热烫，即先将笋基部热烫1～2分钟，再连同笋尖一起热烫1～2分钟。热烫至笋肉由白色变为乳白色、微透明、弯曲90度不折断。热烫水中加入0.1%～0.3%柠檬酸。要注意及时更换热烫液。热烫后要立即冷却。

（5）分级

段装或笋尖按大、中、小及色泽分级。色泽带绿者不宜装罐，长度不超过4厘米时可留作装罐搭配用。

（6）装罐、注液

罐装芦笋装量为罐头净重的66%～74%，整条装罐者要求笋尖向上排列整齐，段装罐时要粗细搭配，每罐可搭配20%的笋尖，笋尖装于罐头顶部。注入含有2%的食盐、2%的砂糖、0.03%～0.05%的柠檬酸的汤汁，注液温度为85℃。

（7）排气、密封

采用加热排气，要求罐头中心部位温度达70～75℃，然后立即封罐。要抽真空封罐，要求真空度达40～53.3千帕。

（8）杀菌、冷却

杀菌式10′—30′—15′/115℃，为了避免芦笋尖变色，要求杀菌时罐盖一律向下，杀菌完毕后迅速冷却至40℃。

（9）保温检验

为了防止损伤芦笋尖，擦罐时要轻拿轻放，罐盖向上摆放；不再倒置。经检验合格即为成品。

（五）双孢蘑菇罐头

1. 工艺流程

原料选择→采收→护色→漂洗→热烫冷却→修整、分级→装罐、注液→排气、密封→杀菌、冷却→保温检验→成品

2. 操作要点

（1）原料的选择

原料要求大小整齐，色泽洁白，菇体完整，新鲜饱满。

（2）原料采收

采收菇时应在蘑菇开伞前2小时，菌膜尚未破裂时为宜。采收过程中要尽量轻拿轻放，快装、快运，运输时要衬垫保护材料，如稻草、棉花、纱布等，防止振动，防止风吹日晒，采收用具、容器严禁铁、铜等金属，以免蘑菇发黑变色。

（3）护色

采收后置放于空气中，时间稍长，蘑菇就会很快表现出褐色。可以用浓度为0.6%～0.8%的食盐溶液中浸泡4～6小时，或投入到0.03%的焦亚硫酸钠溶液中，浸泡2～3分钟后，装入盛有0.005%焦亚硫酸钠护色液的专用桶内运往加工厂。

（4）漂洗、热烫

护色后的原料捞出，经漂洗除去残留的护色液和原料所带的泥土等，然后进行热烫处理。热烫时，水与蘑菇的比例为3∶2，热烫水中加入0.7%～0.8%柠檬酸以调整酸度减少褐变，沸水热烫5～8分钟。热烫后要迅速冷却。

（5）修整、分级和切片

热烫处理之后，要对带根、柄、有斑点和病虫、畸形等蘑菇进行剔除和修整，然后分级。整菇还可再根据直径大小分级。面积大的蘑菇，纵切成3.5～5.0毫米的薄片为片菇，片形要求规则整齐。

（6）装罐、注液

按片菇、碎菇、整菇装罐，装量为罐头净重的60%～67%。注液为含有2.5%食盐和0.05%柠檬酸经煮沸过滤的溶液，注液温度为80℃以上。

（7）排气、密封

罐头注液后马上放入排气箱，排气箱内温度要在97℃以上，使罐中心温度达到80～85℃，然后立即密封。要求密封后罐内真空度达到46.7～53.3千帕。

（8）杀菌、冷却

杀菌温度121℃，杀菌时间20分钟。杀菌后尽快冷却，使罐中心温度很快降到40℃以下，如果冷却降温太慢，蘑菇色泽加深，而且组织也要软烂。

（9）保温检验

蘑菇罐头冷却之后需要擦罐入库。然后再抽样，放于37℃温度条件下保温5天，经检验合格即为成品。

（六）整形番茄罐头

1. 工艺流程

原料选择验收 →挑选、分级→ 清洗→ 去皮→ 浸泡→ 装罐→ 注液→ 密封→杀菌冷却 →保温检验→ 成品

2. 操作要点

（1）原料的选择与验收

番茄原料要求果实新鲜饱满，色泽鲜红均匀，形状规则，果肉厚、种子少，可溶性固形物含量高，含酸量较高，无病虫害和机械伤的番茄。制作整形番茄罐头时，番茄个体不能太大，一般要求横径为 30～50 毫米，重量约 50 克。

（2）挑选分级

按番茄大小分级，要求同一罐内的番茄大小一致，便于以后各工序的加工，在挑选分级的同时也要将一些不合格的原料剔除。

（3）清洗、挖蒂、去皮

用清水洗净表现附着的污物，然后挖除蒂柄，挖时不要太深，防止种子外流。用热烫去皮，90～98℃热水处理 15～40 秒钟，然后迅速投入冷水使果皮裂开，剥掉外皮，其标准是去皮容易但又不伤皮下肉质。去皮时不宜堆放过厚以免压烂果实，要剔除去皮不净和破裂果实。将去皮后的番茄立即放入 0.5% 的氯化钙溶液中浸泡 10 分钟，以增加番茄果实的硬度。

（4）装罐、注液

将氯化钙处理后的番茄用清水洗净、控去水分，装罐。番茄装量一般为罐头净重的 55% 以上。用浓度为 0.5% 的食盐水注液，其中，加有 0.07% 的氯化钙以改进番茄硬度，增加整果率，目前，国际规定钙盐的含量为 0.035%。注液温度要求在 90℃以上，温度过低不易于排气，温度过高番茄易软烂。

（5）排气、密封

一般使用蒸汽水浴式排气，排气温度不低于 90℃。排气后密封时罐中心温度不能低于 70℃；抽气封罐时真空度要求 53.3 千帕。密封后要检查罐是否密封良好。

（6）杀菌、冷却

番茄罐头 pH 值在 4.3 以下时使用常压杀菌，杀菌温度 100℃，杀菌时

间 20～40 分钟。玻璃罐冷却时要分段冷却，70℃温水 8～10 分钟，45℃温水 8～10 分钟，室温冷水 15～20 分钟，要求冷却到 37～40℃。

如果罐内番茄 pH 值在 4.3 以上时，要在灌注液中添加柠檬酸以控制罐头内容物 pH 值在 4.3 以下。要尽量缩短从排气到杀菌时间，一般以 30 分钟以内为好。

（7）保温检验

整形番茄罐头一般在 25℃的条件下保温检验，保温 7 天以后，经检验合格即可出厂。

（七）清水莲藕罐头

1. 工艺流程

原料选择→清洗→切节、去皮→热烫→修整切分→分选装罐、注液→排气、密封→杀菌、冷却→保温检验→成品

2. 操作要点

（1）原料的选择、清洗

选择横径在 8 厘米以上、组织致密、孔道较细、叶芽较长、品质优良、色泽正常的新鲜莲藕为原料。剔除伤烂、孔道污泥堵塞、有严重锈斑的藕条。在流水中逐条刷洗，彻底洗净泥沙污物。

（2）切节、去皮

用不锈钢刀切去藕蒂、藕节，再用刨刀刨净外表皮，为了防止变色，切节、去皮的莲藕立即浸入 1.5% 的食盐溶液中护色，护色浸泡时间为 15 分钟左右。

（3）热烫、整修与切分

热烫用水中加入 0.10%～0.15% 的柠檬酸，用于防止莲藕变黑，热烫温度为 98～100℃，将藕放入后煮沸 10～15 分钟，以煮透为度。要及时更换热烫液，热烫后用流动水冷却，并进行整修，削去残留表皮及斑点，切成长 10 厘米的藕段。

（4）装罐、注液

装罐量为罐头净重的 55% 以上。注液为 1% 的食盐水，可适当加入柠檬酸。注液温度为 100℃，液体必须淹没藕段。

（5）排气、密封

如果注液后罐中心部位温度不低于 75℃时，可以直接密封，如抽气真

空密封时，真空要求达到48～53.3千帕。

（6）杀菌、冷却

莲藕罐头的杀菌温度为108℃，杀菌时间为60分钟。杀菌时罐头不能横放，以免藕段露出液面造成变色。杀菌后要及时冷却。

（7）保温检验

冷却后擦罐入库。抽取一定数量的样品放于37℃温度下保温5天，经检验合格即可出厂。

（八）盐水胡萝卜罐头

1. 工艺流程

原料选择→整理→切端→清洗、去皮→修整→热烫→分级→装罐、注液→密封→杀菌、冷却→保温检验→成品

2. 操作要点

（1）原料的选择、整理

选择色泽红色、橙红色，形状为圆柱形或微圆锥形，肉质嫩脆的胡萝卜品种为加工原料。要求原料新鲜，色泽新鲜、表皮光滑，无裂、不开叉，无病虫害及机械伤，直径在2.0～3.5厘米。切去胡萝卜蒂、茎盘部的青绿色部分，去掉须根和白色根尖。

（2）清洗、去皮

采用流动水人工清洗，或使用滚筒式清洗机的高压喷射水清洗。去皮多采用碱液去皮，碱液浓度为5%～8%，温度为90～95℃，去皮时间为3分钟左右，从碱液中捞出迅速放于冷水中冲洗，将皮去净，再用流动水洗净胡萝卜表面残留的碱液。

（3）修整、切分

去掉胡萝卜残留的绿色部分、残留的表皮、斑点。整条装罐的胡萝卜要求直径在2厘米左右，长度为10厘米。不适宜整条装罐的可切分成丁或薄片。

（4）热烫

将修整、切分好的原料放入温度为95℃、含有0.2%柠檬酸的热水中，热烫2～4分钟，要根据胡萝卜的大小、厚薄确定热烫时间，热烫后迅速冷却。

（5）装罐、注液

装罐量为罐头净重的60%左右，同一罐内形状、大小、色泽要一致，整条装时一定使胡萝卜尖向上，排列整齐。注液的含盐量为1.5%。密封多

用真空封罐机，真空度要达到53.3～60千帕。

(6) 杀菌、冷却

用121℃的温度高温杀菌，杀菌时间为25～30分钟。杀菌之后罐头要尽快冷却至40℃。

(7) 保温检验

要将冷却后的罐头擦干水分，然后入库。再经保温检验，合格即可出厂。

(九) 清水蕨菜罐头

1. 工艺流程

原料选择→处理→热烫→漂洗→装罐、注液→密封→杀菌、冷却→保温检验→成品

2. 操作要点

(1) 原料选择、处理

采集回来的原料，要及时处理，选取嫩茎部分，弃去过老或纤维较多部分，并将花蕾、叶等部分去掉，也可保留部分花蕾，然后切成碎段或一定长度（或整条）。如果不能马上处理，需将原料全部浸泡在0.2%的焦亚硫酸氢钠溶液中。处理好的原料用流动清水进行充分洗涤，除去泥沙、残渣、虫卵及部分微生物等。一般要求洗涤时间在10～20分钟。

(2) 热烫、漂洗

将处理好的原料倒入沸水中煮5～10分钟，以破坏其中酶的活性和杀死部分微生物。在水中可加入0.2%～0.5%的柠檬酸及0.2%的焦亚硫酸氢钠，以保护原料的色泽，增加风味，有利于杀菌，原料与水之比为1∶1.5。热烫要及时，从原料采收到热烫，一般控制在4小时内进行，超过4小时会影响成品色泽。热烫后及时冷却，常用流动清水浸泡，冲洗15～20分钟，漂洗至水的pH值为6.5～7.0，无二氧化硫气味。

(3) 装罐、注液

装罐时蕨菜排列整齐，并注入含有0.2%柠檬酸的80～85℃的汤汁，顶隙为0.7～0.8毫米。

(4) 封罐、杀菌

用真空封罐机封口，真空度在50.5～53.2千帕。封罐后要逐一检查，不符合要求的另行处理。封罐后及时杀菌，封罐至杀菌的时间要短，在100℃温度下杀菌35分钟，杀菌后逐步冷却至38～40℃。

(5) 检验、贮藏

将杀菌冷却后的罐头擦干水分，然后入库。再经保温检验，合格即可出厂。

(十) 糖水梨罐头

1. 工艺流程

原料选择→清洗→去皮、切分、去果心→修整→护色→热烫→ 装罐、注液→假封、排气→密封、杀菌→冷却→保温检验→成品。

↑ 空罐准备　↑ 溶液配制

2. 操作要点

(1) 原料选择

适宜加工罐头的梨品种很多，罐藏对梨的要求是果实中等大小，果面光滑、果形圆整、果心小、肉质细致、香味浓、石细胞与纤维少、肉白色；加工过程中无明显褐变，七八成熟采收。巴梨是西洋梨中供罐藏的专用种，其他还有大红巴梨、秋福、大香核、菊水、八云、晚三吉、黄蜜、今村秋、鸭梨、秋白梨、雪花梨、苹果梨等品种。

要在原料七八成熟进行采收。要求梨果实无病、虫害，无机械伤及霉烂等。

(2) 清洗

用清水洗净表面泥沙与污物。为了除去果皮附着的蜡质和农药，将梨放入0.1%盐酸溶液中浸泡5分钟，再用清水冲洗干净。

(3) 去皮、切分、去果心

利用机械或手工去皮，去皮要薄、净，根据果实的大小切分成两瓣或3瓣，挖去果心和花萼。

(4) 修整、护色

修去果实所残存的果皮、斑点等，然后将梨“果碗”，投入0.2%硫酸氢钠和0.2%柠檬酸的混合溶液中浸泡10分钟左右即可达到良好的护色，也可以用1%~2%的食盐溶液进行护色。

(5) 热烫

沸水投料预煮5~10分钟。以煮透不夹白心为度，如果热烫不到，酶在高温下活性更大，更易变色，煮过度则影响品质，根据原料含酸量高低可酌情加入0.1%~0.2%的柠檬酸（热烫水中）。热烫后迅速用冷水冷却。

（6）装罐、注液

装罐的要求是，同一罐内的果块大小、色泽要一致，果碗碗心向内排列整齐，控去清水，然后注入配制好的糖液，装罐、注液后要留 5 ~ 6 毫米的“顶隙”，以保证排气后罐内形成良好的真空度。梨罐头开罐后，糖液浓度为一般为 15% ~ 17%，注液糖浓度为 25% 左右，糖液中加入 0.1% ~ 0.2% 的柠檬酸调节风味和 pH 值。

（7）假封、排气、密封

梨罐头的排气，一般是利用蒸汽排气箱或水浴排气装置，排气箱中的温度一般需要 100℃左右，将假封后的罐头放入排气箱，经过 10 ~ 15 分钟排气，使罐内中心温度加热到 85℃以上完成排气，取出后迅速封盖密封。

（8）杀菌、冷却

封盖后的梨罐头利用 100℃杀菌 20 ~ 30 分钟。如果是玻璃罐装，则需要分段冷却，既 75℃—50℃—40℃，然后自然晾干。

（9）保温、检验

在 25℃条件下保温 7 天，进行检验，检验合格则可贴商标、装箱出厂。

（十一）糖水桃罐头

糖水桃罐头是世界水果罐头中的大宗商品，生产量和贸易量均居世界首位，年产量近百万吨。

1. 工艺流程

选料 → 清洗 → 去皮、切半、去核→热烫→修整 →装罐、注液→假封、排气→密封→杀菌→冷却→贮检→成品。

2. 操作要点

（1）选料

桃罐头以黄肉桃罐头为主，白肉桃罐头较少。供罐藏用的黄桃品种多为不溶质黏核品种。要求果形大而均匀、果肉金黄色至橙黄色、香气浓、肉质较致密、核小，近核的果肉无红色素存在。白桃要求肉质纯白、果尖、合缝线及核洼处允许有微红色。

用于罐藏的黄桃品种有黄露、丰黄、连黄、橙香、橙艳、爱保太黄桃和日本引进的罐桃5号、罐桃14、明星等；白桃品种有京玉白桃、北京24、大久保白桃、白凤、新红白桃、白香水蜜桃、中州白桃、晚白桃等。

果实宜在八成熟时采收。剔除机械伤、虫害、腐烂果及残次果。

（2）清洗

桃子含有大量的桃毛，处理前刷洗干净。

（3）碱液去皮

配制浓度为4%～8% NaOH溶液，加热到90～95℃，将桃倒入，经过30～60秒钟，当桃皮变绿，轻轻搓擦使其表皮脱落既可，碱液去皮后的果实放入清水冲洗后，利用0.3%的柠檬酸或稀盐酸进行酸碱中和2～3分钟。

（4）切半、去核

将去皮后桃子沿中缝线对半切开，用挖核器去掉果核，要防止挖破，保持核窝处光滑。

（5）热烫

热烫水中加0.1%柠檬酸煮沸，倒入桃片，在95～100℃水中热烫，可根据观察发现桃块稍微发皮发软，变得透明即可，一般为4～8分钟。桃块不可煮软，热烫后及时用冷水冷却。

（6）修整

用小刀修去“桃碗”的毛边、残留的果皮及一些小的瑕疵。

（7）装罐、注液

装罐时“桃碗”朝内，先留8毫米左右顶隙，注完糖液后留3.8～4毫米左右顶隙。糖液浓度选用28%～30%，加入1.5%～0.3%柠檬酸。注液的温度不低于85℃。

（8）假封、排气、密封

将罐盖轻轻地盖在罐瓶上，扣盖后加热排气10～15分钟，使罐内中心温度达到85℃以上，排气后立即封口。

（9）杀菌、冷却

利用100℃杀菌20～25分钟，杀菌后及时分段冷却到37～38℃。

（10）擦罐、保温、检验

擦去罐头表面的水分，在25℃下保温7天，进行敲检等检验合格后，既可以贴商标、装箱出厂。

（十二）糖水苹果罐头

1. 工艺流程

原料选择→分级→清洗→去皮、去心、切分一护色一脱气→热烫→装罐→注液→排气→密封 →杀菌→冷却→贮检→成品

2. 操作要点

（1）原料选择

一般要求苹果果实大小适当，果形圆整，果肉致密呈白色或浅黄白色，果肉硬而有弹性，耐煮制，风味浓、酸度较高、香气好，成熟后果肉不发软等。罐藏性能较好的品种有红玉、醉露、国光、翠玉、青香蕉、青龙、印度、柳玉、凤凰卵等。苹果的成熟度在8成左右为宜。剔除机械伤、病虫伤及残次果。

（2）预处理

分级后将果实进行清洗、去皮、切分和去心。切分后的苹果要立即放入2%柠檬酸溶液内或2%盐溶液内护色。

（3）脱气和热烫

苹果的组织内含有约25%的气体，脱气后可使产品的质量提高，并在漂烫和渗糖时，蒸汽和糖液容易进入果实组织。脱气可在94.6～98.6千帕的真空度下进行，脱气10分钟左右。在100℃的水热烫5～8分钟。热烫后立即将果块冷却至40℃以下。

（4）装罐

装罐有一定要求，排列整齐，果碗碗心向内，控去清水，然后注入糖液，装罐后留5～6毫米顶隙，保持真空度。

（5）排气与封罐

排气一般用加热的方法，在封罐前将罐头放入排气箱内，通入蒸汽逐渐加热物料，温度保持在85～95℃，排气10～20分钟，使罐的中心温度达到85～88℃。也可将罐头放入锅内进行水浴排气。排气后迅速利用真空封罐机封罐。

（6）杀菌与冷却

在杀菌池或杀菌锅中，沸水杀菌15～20分钟，然后冷却到38～40℃。

（7）保温、检验

25℃下保温7～10天，经过检验合格后既为成品。

（十三）什锦蔬菜罐头

1. 工艺流程

原料选择、处理→拌料→装罐、注液→排气、密封→杀菌、冷却→保温检验→成品

2. 操作要点

（1）原料的选择与处理

制作什锦菜罐头，要选择色泽鲜艳、组织饱满、无病虫害、无机械伤的新鲜原料。一般采用以下几种原料。

①胡萝卜：红色或橙红色品种。清洗后用浓度为5%～10%的氢氧化钠碱液去皮，再经漂洗，切成0.8～1.0厘米见方的小方丁。并要去除硬心、绿色及变色部分。

②马铃薯：白皮马铃薯。削去外皮放入水中护色，切成0.8～1.0厘米见方的小方丁，用沸水煮沸2分钟、冷却。

③青豌豆：用新鲜的品质优良、直径为8毫米以上的青豌豆，色泽鲜绿，在沸水中热烫2分钟左右，冷却浸泡。

④甘蓝：剥去老叶、绿叶，除去硬茎，洗净切片，放入0.5%氯化钙溶液中热烫1分钟（菜：水为1：2），冷却备用。

⑤蚕豆瓣：要求豆粒为1厘米以上，热烫2～3分钟，冷却漂洗。

（2）拌料

将上述原料控去水分，按比例混合拌均匀。

（3）装罐、注液

注液汤汁配比为清水1千克、食盐20克、新鲜芹菜40克、洋葱40克，将这些材料用小火煮沸20～30分钟，用纱布过滤。注液温度为95℃以上。

（4）排气、密封

排气时罐中心部位温度达到80℃以上，立即密封；真空封罐时，真空度必须在53.3千帕以上。

（5）杀菌、冷却

杀菌温度为118℃，杀菌时间为45分钟。杀菌后冷却至罐温为38～40℃。

（6）保温检验

冷却后装罐入库，并抽样在37℃温度下保温7天，经检验合格后出厂。

第四节　北方果蔬汁制作技术

果蔬汁是以果蔬为原料，经过直接压榨或浸提取汁，再经过滤、装瓶、杀菌等工序制成的产品。果蔬汁含有丰富的营养物质，如维生素、矿物质等，色泽自然，风味独特，有些果蔬汁还具有较高的医疗价值，有些果蔬汁又是美容食品，因而果蔬汁是一种良好的营养食品和保健食品。果蔬汁在果蔬加工中历史较短，但发展很快。目前，主要的加工品种有胡萝卜汁、番茄汁、复合果蔬汁等。果蔬汁不仅可以直接饮用，而且还可以作为生产其他食品的配料。

一、果蔬汁制品的分类

我国果蔬汁的分类方法有多种，按加工工艺可以分为澄清汁（透明汁）、混浊汁和浓缩汁。

1. 澄清汁

澄清汁又称透明汁。在制作时经过澄清、过滤这一特殊工序，汁液澄清透明，无悬浮物，稳定性高。因果肉颗粒、树胶质、果胶质等被除去，故其风味、色泽和营养都因部分损失而变差。

2. 混浊汁

混浊汁又称不澄清汁。制作时经过均质、脱气这一特殊工序，使果肉变为细小的胶粒状态悬浮于汁液中，汁液呈均匀混浊状态。因汁液中保留有果肉的细小颗粒，故其色泽、风味和营养都保存的较好。一般是由橙黄色的原料榨取的，含有营养价值很高的胡萝卜素，胡萝卜素大部分含在菜汁悬浮体颗粒中。

3. 浓缩汁

由原汁浓缩而成，一般不加糖或用少量糖调整，使产品符合一定的规格，浓缩倍数有4、5、6等几种。其中，含有较多的糖和酸，可溶性固形物含量可达40%～60%，饮用时应稀释相应的倍数。浓缩汁除饮用外，还可用来配制其他饮料。

二、果蔬汁加工工艺

制作各种不同类型的果蔬汁，主要在后续工艺上有区别。首要的是进行原汁的生产，一般原料要经过选择、预处理、压榨取汁或浸提取汁、粗滤，这些为共同工艺，是果蔬汁的必经途径。而原汁或粗滤液的澄清、过滤、均质、脱气、浓缩、干燥等工序为后续工艺，是制作某一产品的特定工艺，其工艺流程如下。

原料选择——→洗涤——→预处理——→取汁——→粗滤——→原汁

——→{ 澄清、过滤——→调配——→杀菌——→装瓶（澄清汁）
均质、脱气——→调配——→杀菌——→装瓶（混浊汁）
浓缩——→调配——→装罐——→杀菌（浓缩汁）

（一）原料的选择和洗涤

供制汁的果蔬应具有浓郁的风味和芳香，无不良风味，色泽稳定，酸度适当；汁液丰富，取汁容易，出汁率较高；原料的新鲜度高，无发酵或生霉的个体，无贮藏病害及异味发生；原料要有适宜的成熟度，其汁液含量、可溶性固形物含量及芳香物质含量都较高，色泽鲜艳，香味浓郁，榨汁容易。

榨汁前原料首先要充分清洗干净，用清水或用洗涤剂洗除沾附在果蔬表面上的泥沙、尘土、污染物、残留药剂及部分微生物，并除去腐烂发霉部分以及未成熟原料和受机械伤的原料。因原料往往带皮压榨，如果清洗不干净会将灰尘污物带入汁液而影响品质。一般采用浸泡洗涤、鼓泡清洗、喷水冲洗或化学溶液清洗，也可在浓度为0.1%的高锰酸钾溶液，或浓度为0.06%的漂白粉溶液中浸泡几分钟后捞出来，再用清水漂洗干净。

（二）原料的破碎、加热和加酶处理

为了提高出汁率和果蔬汁的质量，取汁前通常要进行破碎、加热、加酶等预处理。

1. *破碎*

为了获得最大出汁量，原料必须适度破碎。破碎颗粒大小会影响出汁率。粒度过大，出汁率小；粒度过小，外层汁很快压出，形成一层厚皮，使内层汁流出困难。番茄可用打浆机破碎和取汁。原料在破碎时常喷入适量的氯化钠及维生素C配成的抗氧化剂，防止或减少氧化作用的发生。打浆是

广泛应用于加工带肉汁的一种破碎工序。

2. 加热处理

由于在破碎过程中和破碎以后果蔬中的酶被释放，活性大大增加，会引起汁液色泽的变化，对果蔬汁加工极为不利。加热可以抑制酶的活性，使果肉组织软化，改变细胞膜的半透性，使细胞中可溶性物质容易向外扩散，有利于果蔬中可溶性固形物、色素和风味物质的提取。适度加热可以使胶体物质发生凝聚，使果胶水解，降低汁液的黏度，因而提高了出汁率。一般热处理条件为温度70～75℃，时间10～15分钟。也可采用瞬时加热，加热温度85～90℃，保温时间1～2分钟。通常采用管式热交换器进行间接加热。番茄等果蔬原料加热软化后能大大提高出浆汁量。

3. 加果胶酶处理

榨汁时果实中果胶物质的含量对出汁率影响很大。果胶含量高的果实由于汁液黏性较大，榨汁比较困难。果胶酶可以有效地分解果肉组织中的果胶物质，使汁液黏度降低，容易榨汁过滤，提高出汁率。因此在榨汁前有时需要在果浆中添加果胶酶，对果蔬浆进行酶解。也可以在果蔬破碎时，将酶液连续加入破碎机中，使酶均匀分布在果浆中。果胶酶制剂的添加量一般为果蔬浆重量的0.01%～0.03%，酶反应的最佳温度为45～50℃，反应时间2～3小时。为了防止酶处理阶段的过分氧化，通常将热处理和酶处理相结合。简便的方法是将果浆在90～95℃下进行巴氏杀菌，然后冷却到50℃时再用酶处理，并用管式热交换器作为果浆的加热器和冷却器。

（三）取汁、粗滤

取汁是制汁生产的重要环节，不同的果蔬原料采用不同的取汁方式，同一种原料也可采用不同的取汁方式。含果蔬汁丰富的原料，大都采用压榨法提取汁液，含汁液较少的原料，可采用浸提的方法提取汁液。

1. 压榨取汁

利用外部的机械挤压力，将汁液从果蔬或果蔬浆中挤出的过程称为压榨。大多数原料通过破碎就可榨取汁液。压榨机械种类很多，包括杠杆式压榨机、螺旋式压榨机、液压式压榨机、带式压榨机、离心分离式榨汁机等。不论采用何种设备和方法，均要求效率高，出汁率高，并能减轻和防止在榨汁过程中损害果蔬汁的色、香、味。

2. 浸提取汁

对于含水量少、难以用压榨法取汁的果蔬原料需要用浸提法取汁。浸提法通常是将适当破碎的原料浸于水中，使果蔬细胞中的可溶性固形物透过细胞进入浸汁中。浸提汁不是原汁，是原汁和水的混合物，即加水的果蔬原汁，这是浸提与压榨取汁的根本区别。浸提时的加水量直接表现出汁量多少，浸提时要依据浸汁的用途，确定浸汁的可溶性固形物的含量。对于制作浓缩汁，浸汁的可溶性固形物要高，出汁率就不会太高；对于制造果肉型果蔬汁的浸汁，可溶性固形物的含量也不能太低，因而加水量要合理控制。一般浸提时原料与水的重量比为1：（2.0～2.5）为宜。

3. 粗滤

粗滤也称筛滤。对于混浊汁要在保存色粒以获得色泽、风味和香味特性的前提下，除去分散在汁液中的粗大颗粒或悬浮颗粒。对于透明果蔬汁，粗滤以后还需精滤，或先行澄清而后过滤，务必除去全部悬浮颗粒。生产上粗滤常在榨汁的同时进行，也可在榨汁后独立的操作。

（四）各种汁液的特殊处理

1. 澄清汁的澄清与过滤

由于汁液中存在的果胶物质对胶体有很强的保护作用，使果胶溶液黏度大，如果不加处理，过滤困难。而且即使过滤之后，在汁液中所存在的果胶和其他高分子物质，在贮存中会产生凝聚沉淀。因此，在过滤之前，必须先进行澄清。常用的澄清方法如下。

（1）自然澄清法

将破碎压榨出的果蔬汁置于密闭容器中，经过长时间的静置，可以促进汁液中悬浮物沉降。这是由于果胶物质逐渐被水解，蛋白质和单宁等逐渐形成不溶性的单宁酸盐。但需要的时间较长，汁液易败坏，因此，在自然澄清之前需要杀菌处理或使用防腐剂处理。

（2）明胶单宁澄清法

果蔬汁液中含有较多的单宁物质。单宁与明胶、鱼胶或干酪素等蛋白物质可形成络合物，随着络合物沉降，汁液中的悬浮颗粒亦被缠绕而随之沉降。此外，汁液中的果胶、维生素、单宁及多聚戊糖等带负电荷，酸性介质中明胶、蛋白质、纤维素等带正电荷，这样，正负电荷的相互作用，促使胶体物质不稳定而沉降，汁液得以澄清。汁液中含有一定数量的单宁物质，生产中为了加速澄清，也常加入单宁。明胶和单宁必须是食用级的，一般每100升汁液大约需要明胶20克，单宁10克。如果没有明胶可以用生蛋清代替明胶，每100升汁液加100～200克生蛋清。

（3）加酶澄清法

果胶酶可以将其水解成水溶性的半乳糖醛酸，而果蔬汁中的悬浮颗粒一旦失去果胶胶体的保护，即很易沉降。生产时，果胶酶依其得到的方式不同和活性、理化特性不同，加工之前需做预试验，一般每吨果蔬汁中加入干酶制剂2～4千克。酶制剂可在榨出的新汁液中直接加入，也可在汁液加热杀菌后加入。

（4）冷冻澄清法

将果蔬汁冷冻，一部分胶体溶液完全或部分被破坏而变成不定型的沉淀，此沉淀可在解冻后滤去，另一部分保持胶体性质的也可用其他方法过滤除去。

（5）加热澄清法

将果蔬汁在80～90秒内加热至80～82℃，然后急速冷却至室温，由于温度的剧变，汁液中蛋白质和其他胶质变性凝固析出，从而达到澄清。但一般不能完全澄清，且由于加热会损失一部分芳香物质，需要有芳香物质回收设备。

为了得到澄清透明且稳定的果蔬汁，澄清之后还须过滤，目的在于除去细小的悬浮物质。设备有袋滤器、纤维过滤器、板框压滤机、真空过滤器、离心分离机等。过滤速度受过滤器滤孔大小、施加压力、汁液黏度、悬浮颗粒密度与大小、汁液的温度等影响。常用的过滤方法如下。

（1）薄层过滤

由石棉和纤维等过滤材料与粘结剂混合、干燥后制成一次性使用的过滤层。使用时，过滤层固定在滤框上，果蔬汁一次性通过过滤层。过滤速度取决于汁液的物理化学性质、过滤层的物理结构和孔隙度及过滤压力。过滤层的过滤范围是由过滤材料的性质决定的，有不同的规格型号，可根据情况选用。

（2）硅藻土过滤

硅藻土具有很大的表面积，既可作过滤介质，又可以把其固定在带筛孔的空心滤框中，形或厚度约1毫米的过滤层，具有阻挡和吸附悬浮颗粒的作用。硅藻土过滤机由过滤器、计量泵、输液泵以及连接的管路组成。影响过滤效果的因素有果蔬汁中不溶性固形物的数量、种类、滤框表面积和滤框中负载硅藻土的量。采用硅藻土过滤机过滤，使汁液更加透亮，一般过滤1 000千克果蔬汁需使用1～2千克硅藻土（0.1%～0.2%）。

（3）真空过滤

真空过滤是加压过滤的相反例子，通过滤滚筒内产生真空，利用压力差使果蔬汁渗透过助滤剂，得到澄清果蔬汁。过滤前，在真空过滤器的过滤筛上涂一层6厘米厚的助滤剂，过滤筛部分浸没在果蔬汁中。经真空泵产生真空，将汁液吸入滚筒内部，而固体颗粒沉积在过滤层表面上形成滤饼。过滤滚筒以一定速度转动，滤饼刮刀不断刮除滤饼，保持过滤流量恒定进行过滤。

（4）超滤

超滤是膜过滤的一种，常见的膜孔径为1～100纳米，借助于不对称膜的选择性筛分作用，大分子物质、胶体物质等被膜阻止，水和低分子物质通过膜。用超滤法过滤果蔬汁具有许多优点，可以提高产量5%～8%，保留较多的风味和营养成分，从而改善果蔬汁口感；节省澄清剂、助滤剂和酶的用量；减少反应罐、泵、压滤机、离心机等设备；减少废渣，从而减少环境污染；可回收果胶和一些特殊的酶；可以起到除菌的作用，有可能直接与无菌包装机连接，不再进行杀菌而生产无菌灌装果蔬汁。

2. 混浊汁的均质与脱气

均质是生产混浊果蔬汁的特殊操作，使果蔬汁中所含的悬浮颗粒进一步破碎，使微粒大小均匀，使果胶和汁液进一步亲合，均匀而稳定地分散于果蔬汁中，防止产生固液体的分离。均质常用的设备有高压均质机、超声波均质机、胶体磨等。均质压力一般需要在20～40兆帕。

均质后的果蔬汁中含有多种气体，气体一方面来源于原料本身，另一方面在原料的破碎、取汁、调配和搅拌、输送等工序中要混入大量的空气，所以得到的果蔬汁中含有大量的氧气、二氧化碳、氮气等。这些气体以溶解形式或在微粒表面吸附着，空气中的氧气可导致果蔬汁营养成分的损失和色泽的变差，降低汁液中的抗坏血酸含量，并使汁液风味发生氧化变劣。微粒表面吸附着的气体会导致混浊果蔬汁微粒漂浮在液面上形成分层，在灌装和杀菌时产生泡沫，影响杀菌效果及灌装操作，因此，为了避免或减少果蔬汁营养成分氧化，预防汁液色泽和分味的变化，避免因悬浮微粒吸附气体而漂浮在液面上，并防止灌装和杀菌时产生泡沫，保证热交换器的效率，混浊果蔬汁必须脱气。脱气的方法有加热、真空法、化学法、充氮置换法等，且常结合在一起使用，如真空脱气的，常将果蔬汁适当加热。

①加热排气法：即用热交换器快速加热果蔬汁至95℃维持30秒钟。

②真空脱气：将果蔬汁在40～60℃下和0.6兆帕左右的真空度下处理，

打浆后的果蔬汁中90%的空气可被除去。设备由真空泵、脱气罐和螺杆泵组成。脱气时间取决于果蔬汁性状、温度和果蔬汁在脱气罐内状态。对于较黏稠的果蔬汁应适当延长脱气时间。真空脱气的最佳条件是在某一温度下产品不沸腾的前提下尽量提高真空度，掌握在低于此真空度沸点的3~5℃为好。

③气体交换法：将果蔬汁中吸附的氧气通过氮气、二氧化碳等惰性气体的置换被排除。如将被压缩的氮气通过专门装置喷射入果蔬汁中，以小气泡形式分布在液体流中，液体内的空气（氧气）被置换除去。

④化学脱气法：利用一些抗氧化剂或需氧的酶类作为脱气剂，效果甚好。在果蔬汁中加入一定量的抗坏血酸即可起脱除氧气的作用，加入比例为1升果蔬汁加抗坏血酸100克，但不适合在含花色素丰富的果品汁中应用。另外，果蔬汁中还可加入葡萄糖氧化酶也可以起到良好的脱气作用。

3. 浓缩汁的浓缩脱水

果蔬汁经过浓缩，使果蔬汁体积小，可溶性固形物含量达到65%~68%，可节省包装和运输费用，便于贮运，糖、酸含量的提高，增加了产品的保藏性。浓缩时，应该首先考虑浓缩果蔬汁产品的质量，使之在稀释复原后，应和原果蔬汁的风味、色泽、混浊度相似，其次考虑果蔬汁对热的稳定性。因而加热的温度、果蔬汁在浓缩机内的停留时间就显得重要，目前所采用的浓缩技术有真空浓缩法、冷冻浓缩法、反渗透浓缩和超滤浓缩法。

（1）真空浓缩法

采用真空浓缩法时，可避免果蔬汁过度受热，防止出现加热臭味，并减轻褐变现象，但汁液中的芳香物质由于受热随蒸汽蒸发而损失一部分该法，所以必须配置芳香回收装置，才能最大限度地提高产品的色、香、味。真空浓缩对热敏性的果蔬汁进行浓缩效果良好。真空浓缩设备由蒸发器、真空冷凝器和附属设备组成。浓缩温度一般为25~35℃，不超过40℃，真空度为93~95千帕。

（2）冷冻浓缩

将果蔬汁在0℃进行冷冻，果蔬汁中的水即形成冰结晶，分离去这种冰结晶，果蔬汁中的可溶性固形物就得到浓缩。结晶过程以两种形式进行，一种为在管式、板式、转鼓式及带式设备中进行的层状冻结，另一种为搅拌的冰晶悬浮液中进行悬浮冻结。冷冻浓缩避免了热及真空的作用，没有热变性，挥发性风味物质损失极微，产品质量远比蒸发浓缩的产品好。但能量消耗高、设备价格高、产品浓缩度低，酶没有被有效钝化，分离时一部分果蔬汁损失等。

(3) 反渗透浓缩

反渗透是依靠膜的选择性筛分作用，以压力差为推动力，水分透过，而其他组分不透过，从而达到浓缩的目的。性能优良的合成高分子膜是实现反渗透浓缩的关键。根据加工方法，反渗透膜可分为不对称膜、中空纤维膜、复合膜、动力形成膜4类。通用的组件有管式、板框式、台式和中空纤维等。渗透速度与操作压力、温度、果蔬汁的化学成分和可溶性固形物的初始浓度有关。一般来说，操作压力越大，一定膜面积上透水速率越大，但这又受到膜的性质和组件特性的影响。在理论上温度越高，反渗透速度越大，但果蔬汁中含有热敏物质，不耐受高温，浓缩温度应控制在40～50℃时为宜。

(五) 果蔬汁的成分调整与混合

为使果蔬汁符合一定规格要求和改进风味，需要适当调整。调整范围主要为糖酸比例的调整，香味物质、色素物质的添加以及几种果蔬汁和果汁的混合。调整糖酸比及其他成分，可在特殊工序如均质、浓缩、干燥、充气以前进行，澄清果蔬汁常在澄清过滤后调整，有时也可在特殊工序中间进行调整。

1. 糖、酸及其他成分调整

汁液的糖酸比例是决定其口感和风味的主要因素。不浓缩汁适宜的糖分和酸分的比例在13∶1～15∶1范围内，适宜于大多数人的口味。一般果蔬汁中含糖量在8%～14%，含酸量为0.1%～0.5%。

除进行糖酸调整外，还需要根据产品的种类和特点进行色泽、风味、黏稠度、稳定性和营养价值的调整。所使用的食用色素的总量按规定不得超过万分之五；各种香精的总和应小于万分之五；其他如防腐剂、稳定剂等按规定量加入。

2. 果蔬汁的混合

许多果蔬如番茄、胡萝卜、芹菜等，虽然能单独制得果蔬汁，但与其他种类的果实配合风味会更好。不同种类的果蔬汁、菜汁按适当比例混合，可以取长补短，制成品质良好的混合果蔬汁，也可以得到具有与单一菜汁不同风味的果蔬汁饮料。

(六) 果蔬汁的杀菌、装瓶、密封

传统的汁液罐藏方法是按照灌装、密封、杀菌的工艺进行加工的。现代

工艺则先杀菌后灌装，采用无菌灌装方法进行加工。

果蔬汁的杀菌的目的是消灭微生物、钝化各种酶类，避免防止果蔬汁在贮存运销中产生发酵等各种不良的变化。

传统工艺生产上一般采用巴氏杀菌，即80～85℃杀菌30分钟左右，然后放入冷水中冷却，从而达到杀菌的目的。但由于杀菌时间过长，很易产生煮熟味，色泽和香味损失也较大。

现代工艺采用高温短时间杀菌，即采用90～95℃保持15～30秒钟杀菌，特殊情况下可采用120℃以上温度保持3～10秒钟杀菌。然后进行无菌灌装。

灌装方式有：

（1）灌装后杀菌法

将果蔬汁加热到85℃以上，趁热装罐（瓶），密封，在适当的温度下进行杀菌，之后冷却。此法产品的加热时间较长，品质下降较明显，但对设备投入不大，要求不高。

（2）热灌装

将果蔬汁杀菌后趁热灌入已预先消毒的洁净瓶内或罐内，趁热密封，冷却。冷却后果蔬汁容积缩小，容器内形成一定的真空度，能较好地保持果蔬汁品质。一般采用装汁机热装罐。

（3）无菌灌装

包括产品的杀菌和无菌充填密封两部分，为了保证充填和密封时的无菌状态，还须进行机器和空气的无菌处理。果蔬汁用高温短时杀菌，从而保持营养成分和色泽、风味。在pH值<4.5的果蔬汁中，采用85～95℃下10～15秒杀菌，pH值>4.5的果蔬汁用135～150℃下2～3秒杀菌。包装容器的杀菌可采用过氧化氢、乙醇、乙烯化氧、紫外线、放射线、超声波、加热法等，也可以几种方法联合在一起使用。同时必须保持连接处、阀门、热交换器、均质机、泵等的密封性。

三、果蔬汁制品加工实例

（一）番茄汁与番茄汁混合饮料

1. 工艺流程

番茄→采摘→收购→运输→贮藏→洗涤→挑选→破碎→预热→榨汁→调味→脱气→高温瞬时杀菌（顶杀菌）→充填密封→后杀菌→冷却→成品

2. 操作要点

(1) 原料选择

番茄汁制品全系原汁，故所用原料为鲜果，须生食时味道良好，富含有可溶性固形物及茄红素，而且完全成热。果形呈球形或卵形，果蒂小不陷而且容易脱落，果皮果肉富有弹性并坚韧，含番茄红色素至少在 7 毫克/100 克以上，含糖量至少在 5% ~6%，pH 值在 4.2 ~4.3。

(2) 原料清洗

原料清洗采用逆流多次清洗系统，对番茄进行 4 次清洗。也可以采用浸渍清洗、化学清洗、空气鼓风清洗、喷雾清洗等方法。

(3) 挑选、修正

挑选和修正是极为重要的加工步骤，一般靠人工挑选。修正与挑选同时进行。

(4) 破碎与预热处理

采用常温破碎提取法，通常称为冷破碎（打浆）法，即番茄不经加热蒸煮就进行打浆。热破碎法指的是在破碎前先用水或蒸汽加热番茄的方法，通常把破碎后的番茄直接加热到 80℃。

(5) 汁液的提取

番茄汁用两种方法提取：一种是挤压提取，一种是过滤。如打浆机或果汁擦碎过滤机即为如此。汁液提取器的挤压作用是由筛内的膨胀螺旋线产生的，番茄浆在提取器里受到越来越大的比力，就紧紧地挤压在筛上，筛的孔眼可大可小，通常为 0.058 ~1.27 毫米，这种挤压作用并不搅拌果浆，因此混入汁液中的空气很少。

(6) 脱气

番茄压碎后，未加热前就立即进行真空脱气，但由于种种原因，通常是在提取汁液后方即进行真空脱气。经过脱气后的汁液，不能再进入空气，因此必须采用密封泵。向贮罐送料时，要从罐底进，而不是从罐顶进。

(7) 调味

加于番茄汁里的调味料是食盐，可以分批在番茄里加盐，把高浓度食盐溶解在一部分番茄汁里，然后，从混合槽下部供应、搅拌混合，但不要混入气泡，或在脱气工艺中添加，连续地混入食盐时，使用粉末定星加料器。管道式混合机，在番茄汁中加食盐的量一般为总重量的 0.5% ~1.2%，市场出售的番茄汁食盐含量平均为 0.65%。

(8) 均质

为了延迟或避免沉淀初分层，番茄汁有时要均质。汁液在6.9～9.7兆帕的压力下从细小的孔眼通过，以便把悬浮物打得很细。玻璃瓶装的番茄汁通常都要经过这一步骤。未采用热破碎的番茄汁，即使均质化也会引起果肉和浆液的分离。

(9) 装罐、密封

番茄汁经预灭菌历即可装罐（或装瓶），先将预灭菌的番茄汁加热至90～95℃后立即装罐，然后立即加盖或密封。

(10) 杀菌

番茄汁虽是酸性产品，但加热处理时，产品会经常出现腐败现象，是由凝结芽孢杆菌的抗热菌株所致。这种微生物不产生气体而造成胖听，但被微生物损坏的番茄汁有发酵的异苦味和特殊的酸味。由热解纤维素梭菌引起腐败的罐头会产生胖听现象。

(11) 瞬间杀菌

番茄汁是含果肉的黏稠液体，因为黏稠，热传导性不良，灭菌需要的时间长，以致降低品质（褐变，色调降低），发生异臭，因而对番茄汁来说，最好是装罐前进行短时间的灭菌，通常都采用高温瞬时灭菌法。用热交换器将番茄汁加热到高温并维持短时间，然后在加氯的水中迅速冷却到90～95℃，接着进行装罐密封工艺，大号罐，装罐和封罐的最低温度为87.7℃，较小的罐则为90.5℃封罐后倒转，罐头在蒸汽或沸水浴中保持3分钟以维持最低的封罐温度，使罐头、盖杀菌消毒，然后将罐头在加氯水中冷却到35℃以下。

(12) 罐内杀菌处理

番茄汁在90～95℃热装罐，密封后在连续回转式压力杀菌机中加热杀菌，然后在加氯的水中迅速冷却到3.5℃以下。

（二）胡萝卜汁

1. 工艺流程

原料选择→清洗、修整、去皮→破碎→漂烫→榨汁→均质→调配→杀菌→密封→装罐→成品

2. 操作要点

(1) 原料选择

用于制造菜汁的胡萝卜，应选择呈橙红色，短粗的胡萝卜比长的纤维

少，适于作为胡萝卜汁的原料，选用表面光滑、纹理细致的为好。

（2）清洗、破碎

将胡萝卜用清水充分清洗后，修整去掉非食用部分等。胡萝卜外茎皮含有苦味物质，如果在加工前将表皮削掉，就可除去胡萝卜茎皮带来的苦味。然后在磨碎机中破碎成一定粒度的胡萝卜泥。色泽良好的胡萝卜汁也可以通过浸渍在热水中15分钟，再经压榨而取汁而得到。

（3）榨汁

用压榨机或水压机压榨。在用水压机压榨前，胡萝卜应在沸水中漂烫15分钟。提取的汁液加热到82.2℃，使其中所有对热不稳定的物质全部凝聚起来，再进行均质处理，以防止后序加工可溶物质发生絮凝。

（4）调味和混合

胡萝卜汁具有甜味，但作为商品还应适当调味，用0.33%的食盐调味，更能发挥其独特的香味。胡萝卜汁有单一的胡萝卜汁和混有其他果蔬汁类的胡萝卜汁。胡萝卜汁可与番茄汁、苹果蔬汁、柑橘汁和柠檬汁等混合制成复合果蔬汁，添加的其他汁液的量以使其不失去胡萝卜所特有的色泽为宜。胡萝卜汁缺乏酸味，添加上述果蔬汁起到酸味的作用。

（5）均质

将糖、酸等物质以及添加的其他果蔬汁混合后，用均质机进行均质。

（6）灌装、杀菌

胡萝卜汁在装罐前预热到71.1℃，装罐，并继续加热至121.1℃，高温处理30分钟。如果加入其他果蔬汁或经过酸化处理的胡萝卜汁，也可以采用常压杀菌。

（三）绿色果蔬复合汁

1. 工艺流程

原料选择→处理→取汁→调配→杀菌→密封→装罐→成品

2. 操作要点

（1）原料选择和处理

根据季节选择芹菜、菠菜、白菜、黄瓜、莴笋、芦笋、番茄、胡萝卜、食用菌等为原料，其中绿色果蔬应占总量的70%左右。制备果蔬汁时应根据原料的性质作适当的处理。绿叶菜应先去掉老根、老叶，清洗后用0.4摩尔/升的碳酸钾溶液浸泡30分钟，以除去表面蜡质。然后在0.005摩尔/升的氢氧化钾沸腾溶液中热烫5分钟以破坏酶活性，再用冷水充分冷却和漂洗，沥干后加入等量水打浆取汁。

（2）取汁

根茎类果蔬必要时先用0.5%～1.5%盐酸或0.1%高锰酸钾进行表面杀菌，再去掉根、皮等。将物料洗净后在70～90℃水中处理3～7分钟，冷却并适当切分后打浆取汁。番茄经清洗并热烫去皮后，破碎去籽，在85℃处理3分钟以破坏酶活性，然后打浆取汁。蘑菇或金针菇用0.4%柠檬酸、0.1%维生素C溶液在80～85℃抽提30分钟，再用0.2%食盐溶液在同温度下抽提30分钟，两次抽提液混合得到食用菜汁。

（3）调配

果蔬汁原料的配合比例除了考虑以绿色果蔬为主外，还应着重考虑各营养素的互补作用。下面介绍一种复合果蔬汁的原料配比：芹菜30%，莴笋15%，菠菜、黄瓜、番茄或胡萝卜、食用菌各10%，芦笋或冬瓜5%，其他10%。

（4）果蔬汁的护绿和防沉淀方法

护绿和防止沉淀是绿色果蔬复合汁制造的关键技术。据生产经验，在原料预处理时用0.4摩尔/升的碳酸钾溶液浸泡30分钟，再用0.005摩尔/升的氢氧化钾沸腾溶液热烫5分钟，取汁后加入5%～10%的豆浆（利用蛋白质起缓冲作用来护绿），最后将果蔬汁pH值调至7～7.5（叶绿素在弱碱性溶液中稳定），对保护绿色有较好的效果。生产上可以通过热沉淀、离心和均质来防止沉淀，同时添加一定量的稳定剂是防止沉淀产生的有效措施。研究认为，果蔬汁用量为40%，pH值7.0，加糖量7.5%，稳定剂用量0.1%时，加工出的产品不仅风味好、色泽佳，而且在规定的保质期内不会发生沉淀和变色。

（5）杀菌、灌装

罐装或瓶装的纯果蔬汁须在115.5～121.1℃高温下杀菌，以破坏耐热性较强的微生物孢子。但高温加热会使果蔬汁带有焦煳味和煮熟味，这将给果蔬汁的质量带来影响。因而可采用无菌灌装法，汁液调配后用超高温瞬时杀菌，杀菌之后再灌装。也可以将果蔬汁酸化，使其pH值降至4.2左右，这样在93.3～100℃温度时快速杀菌、冷却、装罐，得到的产品品质也较好。

（四）芦笋汁

1. 工艺流程

原料选择→清洗→切碎→预煮→榨汁→分离→调配→精滤→装瓶→封口→杀菌→冷却→成品

2. 操作要点

（1）原料选择

多用罐头厂芦笋罐头的下脚料生产，配合少量绿色植株也可，先对原料彻底清洗干净，再切成长 0.5～1.0 厘米的段备用。

（2）预煮

目的在于杀青，使酶失活；同时，可杀灭致病虫卵；还有去除苦味目的。

（3）榨汁、粗滤

用螺旋榨汁机榨汁，并用双层纱布过滤，去其纤维及渣滓等杂质。

（4）调配

1 千克汁中加糖 120 克、柠檬酸 0.2% 充分搅拌。

（5）装瓶、封口、杀菌

装瓶、封口后按常压杀菌或 110℃ 高压杀菌 15 分钟，冷却后为成品。

（五）胡萝卜山楂果茶

1. 工艺流程

原料选择→处理→预煮→打浆→混合→脱气→均质→罐装→封口→杀菌→冷却→成品

2. 操作要点

（1）原料选择

胡萝卜以橙黄色、细心、嫩脆无伤烂者合格；山楂以大个、果胶质高的大为好。

（2）处理

将原料清洗干净后备用，山楂要去籽，胡萝卜要去皮，并将胡萝卜切片再切丝便于煮软。

（3）预煮

胡萝卜加水 2 倍并加酸 0.1% 以便去胡萝卜味；山楂加水 1.5 倍，加热煮10分钟。

(4) 打浆

也可用打浆机将山楂去皮和核，用1.0毫米筛网再过0.6毫米筛网使肉质细腻无渣。

(5) 磨细

胡萝卜经煮软后再经胶体磨磨细，反复两次。

(6) 配料

山楂果浆320千克、胡萝卜浆260千克、白糖150~180千克，增稠剂胶液20千克（还可加天然红色素0.02%，以使色泽漂亮）。

(7) 混合

将各料在胶体磨中再过一次使充分混合后，打入到冷热罐中。

(8) 脱气、均质

为了减少氧化的气泡，要用0.06兆帕脱气并均质，使在2.94兆帕下使果肉破碎到0.002毫米以下，利于悬浮不沉淀。

(9) 加热

使果茶浆料通过片状热交换器，温度上升到85℃，随即用泵将其打进高位罐以便灌装。

(10) 罐装

罐装时使瓶内汁位整齐一致，瓶内要留有顶隙。灌后及时封口。检查封口质量是否漏气。

(11) 杀菌、冷却

杀菌温度100℃，杀菌时间20分钟。冷却到40℃。

(六) 胡萝卜梨果茶

1. 工艺流程

胡萝卜→清洗→切丝→预煮→打浆→磨细→调配→脱气→均质→加热→罐装→封口→杀菌→冷却→成品梨→清洗→破碎→压拌→分离

2. 操作要点

(1) 原料选择

胡萝卜要选心细、橙黄色、质嫩的新鲜茎块，经清洗、去皮后切丝备用。梨不论大、小均可使用。将其清洗干净后，切碎成3.0~4.0厘米的块。

（2）破碎、压榨

将梨块及时压榨出汁。

（3）打浆

将胡萝卜切丝，加水2倍预煮至软并进行打浆。

（4）调配

将胡萝卜汁和梨汁混合，并同时添加增调剂0.09%～0.12%。

（5）磨细

把混合料液在胶体磨内过两遍。

（6）脱气

用0.05兆帕真空脱气使减少果茶中的气泡以保证质量。

（7）均质

在29.4兆帕压力下，使果肉悬浮而不分层和免于沉淀。

（8）加热

将均质后的浆料在片式热交换器内加热到80℃以上，打入高位罐便于灌装。

（9）灌装

在灌装机下，使各个瓶子装满果茶，并保证高低一致、分量准确。计量不准时，人工调节加以修正。

（10）封口

及时封口，要求留有顶隙。

（11）杀菌冷却

杀菌温度100℃，杀菌时间20分钟。杀菌后冷却到38～40℃。

（七）澄清梨汁

1. 工艺流程

原料选择→清洗→破碎、护色→榨汁→粗滤→澄清→精滤→调配→杀菌→无菌灌装→密封→冷却→成品

2. 操作要点

（1）原料选择

应选用风味良好，酸甜适度，味浓，具芳香，色泽稳定，在加工过程中能保持优良的品质，汁液丰富，取汁容易，出汁率高的品种。

（2）清洗

将选择好的梨用流动水充分洗涤，除去表面泥沙。为了去除梨果皮表面的残留农药和果蜡，需要将果实放在1% NaOH 和0.1% ~0.2%的洗涤剂混合液中，浸泡10分钟，控制水温40℃，然后用水冲洗干净即可。

（3）破碎、护色

破碎采用包裹式榨汁机，果浆颗粒要细，以0.2~0.5厘米为宜；而采用带式或螺旋榨汁机时，果浆颗粒可大些。破碎时间要尽量缩短，并应加入适量的抗坏血酸类抗氧化剂以防果汁氧化褐变。

（4）榨汁

果浆不进行中间贮存而直接送去榨汁。第一次榨汁后的果渣加入适量的热水浸泡5~6小时以后再进行第二次榨汁。

（5）粗滤

在榨汁过程中可通过榨汁机上的多孔金属筛网（孔径在0.5毫米左右）进行粗滤以除去粗渣、果皮及种子。

（6）澄清

澄清方法有自然澄清、加酶剂澄清法和明胶单宁法。

①自然澄清法：将粗滤过的果汁置于容器内，贮存在1~2℃的冷库中，经过一定时间的静置，即可得到澄清果汁。静置期间不要随意移动。澄清完毕，用虹吸方法将上层澄清的果汁取出。

②加酶剂澄清法：先将果汁加热到80℃杀菌，待冷却到30~40℃时加入干酶剂（每1 000千克果汁澄清需加干酶剂2~4千克），约4小时以后果汁逐渐澄清。

③明胶单宁法：用单宁与明胶形成的絮状物来澄清果汁。每100千克果汁需加明腋20克、单宁10克。将明胶和单宁分别进行溶解，先加单宁后加明胶，于8~12℃下静置6~12小时澄清。

（7）精滤

澄清后的果汁用板框式过滤机或硅藻土过滤机过滤。

（8）调配

为了使果汁有满意的风味，需要通过成分调整。调整后成品含糖量为12%，酸度为0.35%，并添加适量的香料。但成分调整必须符合有关食品卫生管理办法规定。

（9）杀菌、无菌灌装

梨果汁在调配后应立即杀菌。常用高温短时杀菌，一般用多管式或片式瞬间杀菌器加热至95℃以上，维持15～30秒杀菌。然后进行无菌灌装。或者采用热罐装，即杀菌后的果汁趁热灌入已预先消毒的洁净瓶内或罐内。

（10）密封、冷却

装瓶后迅速密封，并用冷水冷却。

（八）混浊苹果汁

1. 工艺流程

原料选择→清洗→破碎→榨汁→筛滤→瞬时杀菌→冷却→离心分离→脱气→均质→调配→杀菌→灌装→密封→冷却→成品。

2. 操作要点

（1）原料选择

应选用新鲜、汁多、纤维少、且充分成熟的苹果，并去除腐烂、伤残部分，以风味良好，糖酸比合适的品种为好。

（2）清洗

选择好以的原料，必须将附着在果实上的泥土、微生物和农药洗净。水洗后，将果实放在1% NaOH 和0.1%～0.2%的洗涤剂混合液中，浸泡10分钟，控制水温40℃，然后用水冲洗干净即可。

（3）破碎

破碎苹果应符合所采用的榨汁工艺的要求。采用包裹式榨汁机，果浆粒度宜细，以2～6毫米为佳；而采用室式、带式或螺旋榨汁机时，果浆的颗粒宜大些，直至开始榨计时始终保持果浆的粒度。果浆不进行中间贮存而直接送去榨汁。有时为了提高出汁率，用酶处理果浆。酶处理是将果浆迅速加热到40～45℃，在容器中搅拌15～20分钟，加以通风（预氧化）。添加0.02%～0.03%的高活力酶制剂，在45℃处理1小时并间歇缓慢搅拌。

（4）榨汁

适合于苹果榨汁用的榨汁机类型很多，主要的压榨机有螺旋式压榨机、液压式压榨机、轧辊式压榨机、带式压榨机等。

（5）筛滤

榨出的果汁，应立即通过筛滤分离出果肉浆，筛滤使用不锈钢的回转筛或振动筛，滤网以60～100目为宜。

(6) 瞬时杀菌

榨出的果汁，为了杀菌和钝化酶活性，应将果汁进行加热处理。一般采用多管式或片式瞬时杀菌机，加热至95℃以上，维持15～30秒钟，杀菌后立即冷却至30～40℃，以防止氧化。

(7) 离心分离

通过离心分离除去多余的果肉浆。

(8) 脱气

苹果组织中含有部分空气，加上在原料破碎、取汁、输送等工序中要混入大量的空气，所以得到的苹果汁中含有大量的氧气、二氧化碳、氮气等。苹果汁脱气的方法与柑橘汁相似，有加热、真空法、化学法、充氮置换法等，且常结合在一起使用。常将果汁适当加热，结合真空脱气，可以得到较好的脱气效果。

(9) 均质

混浊苹果汁均质常用的均质压力一般需要在20～40兆帕。

(10) 调配

使用砂糖、柠檬酸调整糖酸比，糖酸比一般为10：1～15：1，以增进分味。

(11) 杀菌

一般采用巴氏杀菌，即80～85℃杀菌30分钟左右，然后放入冷水中冷却，从而达到杀菌的目的。但由于杀菌时间过长，很易产生煮熟味，色泽和香味损失也较大，因此有必要采用高温短时间杀菌，即采用(93±2)℃保持15～30秒钟杀菌，特殊情况下可采用120℃以上温度保持3～10秒钟杀菌。

(12) 灌装、密封、冷却

将果汁杀菌后趁热灌入已预先消毒的洁净瓶内或罐内，迅速密封，然后冷却到40℃以下。

(九) 浓缩澄清葡萄汁

1. 工艺流程

原料选择→清洗→破碎、去梗→加热软化→榨汁→酶解、粗滤→澄清、灭酶、精滤→浓缩→除酒石→调配→杀菌、灌装、冷却→成品

2. 操作要点

（1）原料的选择

应选风味良好、汁多的品种。果实要求新鲜、充分成熟、糖度高、单宁含量少。剔除未熟果、过熟果、腐烂果、病虫伤果及机械伤果。

（2）清洗

用0.03%的高锰酸钾溶液浸泡2～3分钟，接着以流动清水漂洗至清水不带红色为止。或者先用清水浸泡，然后送到网状输送机上，选用0.1%的蔗糖脂肪酸酯酸性洗涤液（加0.05%的盐酸），温度控制在30～40℃，使用循环淋洗。再用清水淋洗，最后用一定压力的清水喷洗。

（3）破碎、去梗

清洗后的葡萄用破碎除梗机破碎、去梗，要根据葡萄品种、果实大小不同，调整破碎除梗机轴上的叶片间隔、过滤筛板孔径、轴的转速，破碎时不得将果梗及种子破碎。

（4）加热软化

为了提取葡萄的色素物质和其他物质，一般要进行热压榨。压榨前，将破碎除梗的葡萄在加热器内加热，大多数葡萄汁在软化时加热条件为60～65℃、保持5～6分钟。

（5）榨汁

经加热处理后的葡萄浆中加入0.2%的果胶酶和0.5%的精制木质纤维，以提高出汁率。榨汁时进行两次，两次汁液混合后备用。

（6）酶解、粗滤

先在榨出的葡萄汁中加入果胶酶，再用离心分离机除去黏稠的果浆。离心分离机的转速用6 000转/分，用绒布袋过滤，除渣。

（7）澄清、灭酶、精滤

用复合酶制剂进行酶处理。然后将带酶果汁用平板热交换器或管式消毒器灭酶，灭酶条件85℃、15秒，灭酶后立即冷却到45℃以下。酶处理后的葡萄汁静置，使酶解产物聚集沉降在罐的底部，用虹吸管吸出上清液，送到过滤器里进行精滤。沉淀物用离心机分离，分出的果汁亦送入过滤器精滤。一般使用硅藻土过滤机，使用的硅藻土要求不含铁，粒度适宜，一般加入量为果汁量的0.5%～1%。

（8）浓缩

葡萄汁采用降膜式或强制循环式低温真空浓缩装置，葡萄汁浓缩时，因为有酒石析出，浓缩温度尽量低些，浓缩受热时间尽量快些，对于大型葡萄汁生产厂来说，浓缩时回收芳香物质必不可少。浓缩葡萄汁的糖度一般为58%～60%。

（9）除酒石

浓缩过的葡萄汁由于酒石酸含量高影响产品的稳定性，所以一般用冷却沉淀的方法除酒石。将浓缩过的葡萄汁用冷却器降到－2℃，在罐中静置一夜，就会有相当量的酒石沉淀在底层析出，取上层清液过滤。滤液装入不锈钢罐内，在－7～－5℃的冷却条件下进行第二次、第三次除酒石。

（10）调配

为了使浓缩葡萄汁具有浓郁的葡萄香气，要将回收的含芳香物质的液体再加入浓葡萄汁里。由于浓缩汁芳香物质回添，一般会使浓缩葡萄汁糖度降的低于55%，这就需要用糖液调整糖度为55%。

（11）杀菌、灌装、冷却

调整后的浓缩汁一般多作原料果汁使用，采用大包装。把糖度55%的浓缩的葡萄汁用管式消毒器或板式热交换器，在93℃杀菌30秒，冷却到85℃，用自动灌装机装入内壁带涂层的铁桶内。脱气后密封。然后用内表面冷却机冷却到30℃以下。

第五节　北方果蔬腌制技术

将新鲜果蔬经预处理（挑选、洗涤、去皮、切分等）后，再经部分脱水或不经过脱水，用盐、香料等腌制，使其进行一系列的生物化学变化，而制成鲜香嫩脆、咸淡适口且耐保存的加工品，称为腌制品。制作腌制品的过程称为果蔬腌制。

果蔬腌制是人类对果蔬进行加工保藏的一种古老的方法，也是一种广为普及的腌制加工方法。果蔬腌制加工方法简单易行，成本低廉，产品风味多样，产品易于保存。

果蔬腌制品种类繁多，风味多样，甜、酸、咸、辣应有尽有，可迎合不同口味的食用；可以刺激食欲，帮助消化，深受群众喜欢；加工制作容易，所用设备简单，成本低廉，各家各户都可制作。

一、果蔬腌制品的分类

因果蔬原料、辅料、工艺条件及操作方法不同或不完全相同，而生产出各种各样风味不同的产品。因此分类方法也各异。一般比较合理的分类方法是按照生产工艺进行分类的，所以在此仅介绍按生产工艺分类。

（一）盐渍菜类

盐渍菜类是一种腌制方法比较简单、大众化的果蔬腌制品，只利用较高浓度的盐溶液腌制而成，如咸菜。有时也有轻微的发酵，或配以各种调味料和香辛料。根据产品状态不同有以下几种。

1. 湿态

由于果蔬腌制中，有水分和可溶性物质渗透出来形成菜卤，伴有乳酸发酵，其制品浸没于菜卤中，即菜不与菜卤分开，所以，称为湿态盐渍菜。如腌雪里蕻、盐渍黄瓜、盐渍白菜等。

2. 半干态

果蔬以不同方式脱水后，再经腌制成不含菜卤的果蔬制品，如榨菜、大头菜、冬菜、萝卜干等。

3. 干态

果蔬以反复晾晒和盐渍的方式脱水加工而成的含水量较低的果蔬制品，或利用盐渍先脱去一部分水分，再经晾晒或干燥使其产品水分下降到一定程度的制品。如梅干菜、干菜笋等。

（二）酱渍菜类

酱渍菜类是以果蔬为主要原料，经盐渍成果蔬咸坯后，浸入酱或酱油内酱渍而成的果蔬制品。如酱黄瓜、酱八宝菜、什锦酱菜等。

（三）糖醋渍菜类

糖醋渍菜类是将果蔬盐腌制成咸坯，经过糖和醋腌渍而成的果蔬制品。根据辅料的不同又将糖醋制品分为3种，即糖渍菜、醋渍菜、糖醋渍菜。常见的有糖醋蒜、糖蒜、糖醋黄瓜、糖醋莴笋、糖醋萝卜、糖醋苤蓝等。

（四）盐水渍菜类

盐水渍菜类是将果蔬直接用盐水或盐水和香辛料的混合液生渍或熟渍，

经乳酸发酵而成的制品。如泡菜、酸黄瓜等。

（五）清水渍菜类

清水渍菜类其典型特点是在渍制过程中不加入食盐。它是以新鲜果蔬为原料，用清水生渍或熟渍，经乳酸发酵而成的制品。如酸白菜等。

（六）菜酱类

菜酱类是以果蔬为原料，经过处理后，经盐渍或不经盐渍，加入调味料、香辛料等辅料而制成的糊状果蔬制品。如辣椒酱、蒜蓉辣酱等。

二、咸菜加工技术

咸菜是以盐渍为主的加工品，其工艺流程为：

原料选择→原料处理→入缸腌制→倒缸→腌制→保存

（一）原料选择

选择组织致密、质地脆嫩、含纤维少、无病虫害的新鲜果蔬为原料。

（二）原料处理

原料经清洗、分级，去掉非食用部分，根据原料的大小适当切分。

（三）入缸腌制

果蔬腌制多用缸、坛等，大量生产时可用腌菜池。果蔬原料入缸前要对腌制容器、用具进行消毒处理。腌制时可以干腌也可以湿腌。干腌时可以一次加盐也可以分次加盐，一次加盐可以将原料和食盐同时放入，反复搅动，使食盐与果蔬充分接触以便食盐渗透。水分含量少的果蔬腌制时可将少部分食盐溶于水，先用盐水将果蔬拌好再加食盐。含水量较大且易损伤的果蔬需要放一层菜，撒一层盐，撒盐要均匀，上层用盐量要大于下层，靠食盐的渗透作用使果蔬中的水分渗出，溶解食盐，使食盐均匀地渗入原料中。一般用盐量为15%左右，不超过25%。对于一些幼嫩的果蔬需分次加盐，如咸黄瓜腌制时，就需将一定量的食盐分为两次添加，使其两次脱水，可以去掉一些不良风味，改进质地。也可以用较高浓度食盐溶液来腌制果蔬。

（四）倒缸

咸菜在腌制中要进行倒缸。倒缸促使食盐均匀分布，防止原料局部腐败；倒缸可以散热，排出不良风味。倒缸的次数要根据腌制品的种类、要求来决定。

（五）腌制

根据腌制品所用原料的质地、形状、食盐用量、腌制温度决定腌制时间。一般腌制温度适宜，食盐用量适中时经 20～40 天即可达到腌制成熟。

（六）咸菜的保存

腌制成熟的咸菜可继续压入腌制溶液或者重新配制成的浓度相当的食盐溶液中封缸，放于较低温度下保存，以延长其供应。

三、酸菜加工技术

供腌制酸菜的果蔬多用叶菜类，北方以大白菜、甘蓝为原料，多用直筒形或结球不紧实的，用缸坛腌制。如北方各地的酸白菜，山西雁北的酸甘蓝，以及酸黄瓜、酸豆角等。

以大白菜为原料制作酸白菜的方法：选择直筒型大白菜为酸菜原料。将材料整理，剔除枯黄烂叶和外层老帮，切分（一分为二或一分为四），单株不超过 1 千克时可整株腌制。然后清洗、晾晒（失水 30%，晾到原菜重的 70%）。每 100 千克晾晒后的白菜加食盐 5～6 千克，长期保存的不超过 7～8 千克，装一层菜撒一层食盐，摆叶以复片状为好；最后撒一薄层盐。腌制 1 天后，白菜脱水体积变小可再添加一些菜，在腌制的前 3～5 天可以添菜，使菜卤高于菜面 7 厘米左右，如果达不到可适当加盐水；盖好后放到阴凉处，任其自然发酵，不需翻倒，速度很慢，需 40～60 天；当菜帮呈乳白色，叶肉黄色即为成品，然后存放在冷凉处，保存期可达半年之久。如果有条件给以适当的高温，如腌制在 15～20℃只需 20 天就发酵成熟。一般要求制作酸菜时温度不低于 5℃，不超过 20℃。

另一种制作酸白菜的方法：将经过整理切分后的大白菜不经晾晒，用开水热烫 1～2 分钟，使菜体稍微变皮，但还保持清脆，然后立即冷水冷却，冷却后装缸（不加盐），压以重石，注入清水或含有 1%～2% 的淡盐水，使水淹没原料 10 厘米左右，令其自然发酵。经热烫处理后的酸菜发酵速度较快。

以雪里蕻制作酸菜方法与酸白菜大致相同。以甘蓝腌制时要经过热烫处理后腌制，用盐量比白菜腌制时多。

酸菜腌制时注意几点：① 容器及用具要消毒处理；② 菜要淹没入盐水中；③ 要中温发酵，低温保存；④ 原料要充分成熟后才能食用；⑤ 贮存中需要注意卫生条件，以免腐败菌浸染，分解蛋白质，还原硝酸盐或硝基化合物，从而引起人体罹患癌症。乳酸菌抗酸耐盐，在乳酸发酵中不会将菜中硝酸盐还原成亚硝酸基化合物，因而如果严格控制卫生条件，酸菜不应该致癌。

四、泡菜加工技术

泡菜是将果蔬放入低浓度食盐浓溶液中浸渍，在浸渍过程中，经过乳酸发酵和微量酒精发酵等，制成一种咸酸适度、清脆可口、帮助消化、营养丰富的加工品。其工艺流程如下。

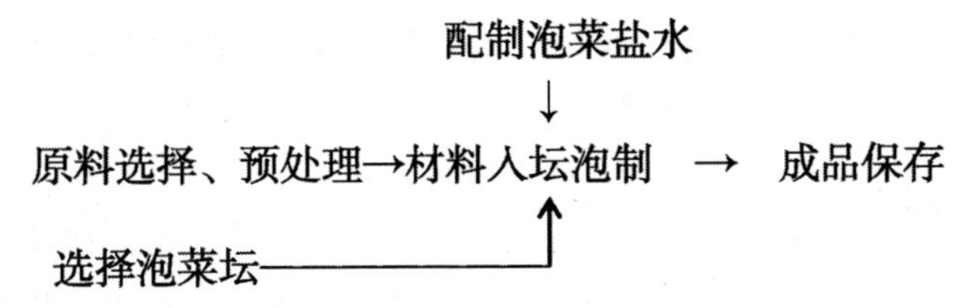

（一）泡菜坛的选择

制作泡菜首先必须有泡菜坛。泡菜坛要求既能抗酸、抗碱、抗盐，能密封隔绝外界空气，又能自动排气。常用上水坛子作为泡菜坛，上面有小盖子，边缘有水槽，能进行自动排气，隔离空气，使坛内形成嫌气状态，利于乳酸菌的活动。上水坛子最适于泡菜使用。

（二）原料选择

凡是组织紧密、质地脆嫩、肉质肥厚而不易软化的新鲜果蔬均可作为泡菜的原料。适宜作泡菜的果蔬种类很多，如根菜中的萝卜、胡萝卜、芥菜头、嫩姜；茎菜中的莴笋、球茎甘蓝；叶菜类的甘蓝、油菜、芹菜；果菜类的青番茄、青辣椒、黄瓜、豆角、豇豆、冬瓜以及蒜薹等都可作为泡菜原料。

（三）原料的整理

将选择好的原料剔除枯黄老叶，剥去厚皮，除去须根，剔除病、伤、烂、差的原料，用清水洗净，据原料大小和食用习惯进行适当切分，可切为条、块、片状。切时最好用不锈钢刀或切后再用清水冲洗，以免铁锈味影响泡菜风味。洗干净的原料要控去水分，适当晾晒，使原料略显萎蔫。

（四）食盐水配制

泡菜用水，以硬水为好，自来水也可行，处理过的软化水不宜用。有时可按一定浓度加入钙盐，如0.05% $CaCl_2$ 可保脆，不变软变黏。

泡菜水配方多种，可据口味随任调整，但加盐量不能超过8%。往往要添加一些辛香料，如酒、辣椒、茴香、花椒、干姜以及大蒜等。可溶性香料可直接投入盐水中，不溶性辛香料经适当研磨，装入棉布做的小袋中备用。常用的配方为：食盐6%~8%、2%红糖或白糖、0.5%白酒、2.5%黄酒、3%鲜辣椒、0.05%花椒、0.05%大料、0.05%五香粉以及少许生姜、陈皮等。

（五）材料入坛

入坛前要将泡菜原料洗净晾干。首先将配制好的卤水注入坛内，大约为坛子的3/5，然后将整理好的原料装坛，约装入一半时放入香料袋，再将另一半装入；装至坛口6厘米时为止，上面用竹片卡住，以免原料浮于水面上。卤水距坛口要留有3~5厘米空隙。随即注入配好的的盐水淹没果蔬。装好后封盖，将水槽中注入清水。

装坛也可以先装原料再注卤水。

（六）泡制发酵

泡菜的发酵过程可分为3个阶段。第一阶段：泡菜在腌制初期主要是盐分向原料内部渗入，菜汁渗出。卤水中的含盐量逐渐降至3%~4%，乳酸发酵缓慢，乳酸含量也少。由于有些耐酸性差的微生物也同时存在，发酵除产生乳酸外，还产生少量的酒精、二氧化碳以及氢气等，表现为较多气体逸出。泡菜未成熟，含有一些杂菌，不宜食用。第二阶段：乳酸菌活动占优势，乳酸菌含量可达0.4% ~0.8%，许多有害微生物在此条件下均不能存活，发酵产生气体很少，泡菜成熟，果蔬基本保持原有色泽，质地脆嫩，咸酸适度，香气浓郁，并略带甜鲜口味。第三阶段：如果继续让其发酵，造成乳酸积累过多，超过1.0% ~1.2%时，口味太酸，乳酸菌自身的活动也受到限制，泡菜表现过熟，色泽灰暗，组织软化，一般应控制不能发酵到此阶段。

（七）泡制管理

①泡菜要全部淹没在盐水中，加入菜后盐水距口3~4厘米；②要注意水槽中水分的控制，槽内经常保持清洁的水，不宜过多过少；③每次取菜时，不能将槽内水带入坛内；④严禁带油腥的用具入坛取菜；⑤发现盐水表面长有白膜时可用高浓度白酒处理；⑥泡菜可一次起盐水多次使用，边吃边泡，首次起盐水对以后泡菜有很大影响；⑦多次泡菜时，要注意原料的选择。

乳酸菌生长最适宜温度26~30℃，夏天制作6~7天即可，冬天时间稍长，可达10~15天；泡菜多数为随泡随吃，如要存放则要加菜、加盐放于低温环境，严格密封坛口。泡菜卤水可持续使用几年，反复使用由于卤水中含有大量乳酸菌，泡制时间可以缩短，如咸度不够可添加食盐、香料等。如发现卤水变质应立即停止使用。

五、酱菜加工技术

酱菜是我国特有的一种加工果蔬，加工生产历史悠久。酱菜是新鲜果蔬通过晾晒、盐腌、脱盐、酱渍而成的制成的一种别具风味的果蔬加工品。酱菜在酱渍过程中能够吸附酱内所含有的氨基酸、糖分、酯类、芳香物质等。酱菜生产中主要使用的有甜面酱和黄豆酱。其工艺流程如下。

原料选择→腌制→脱盐处理→酱渍→成品

（一）原料选择与腌制

选择组织致密、肉质肥厚、质地脆嫩、粗老纤维含量少的果蔬作为酱菜原料。根、茎、叶、果类果蔬都可以制作酱菜。

原料经预处理后大多数必须先用盐腌，只有少数果蔬如草食蚕、嫩姜及嫩辣椒可以不先盐腌直接酱渍。盐腌方法与咸菜制作大致相同。对于含水量大的果蔬，如萝卜、莴笋、黄瓜、菜瓜等，直接加入15%的食盐进行腌制，腌制中要翻缸。对于含水量较少的果蔬则可用浓度为25%左右的食盐溶液腌制。盐腌时间为10～20天。如长期保存时食盐用量应适当加大。

盐腌的目的是使原料脱水、组织紧密、不易折断，还可除去某些果蔬所含的苦涩味，杀死果蔬细胞，改善细胞的透性便于酱液渗入。

（二）脱盐处理

盐腌的菜坯含盐量过多会影响酱菜的风味，还会阻碍酱液渗入使酱菜品质低劣，因此在酱渍前要对菜坯进行脱盐处理。通常用清水或流动水浸泡，夏天2～4小时，冬天7～6小时，脱至含盐量达到2%～2.5%为宜。脱盐后沥干明水或挤至“淡水”备用。

（三）酱渍

酱渍是制作酱菜的关键。一般酱：菜坯为1：1，最少不低于3：7。对于原料体积较大、表现光滑的如萝卜、球茎甘蓝、黄瓜、莴切笋等可以直接投入酱缸酱渍；对于一些个体小、表现不光滑的或经切分成为细丝的果蔬如草石蚕、萝卜丝等，应装袋酱渍，袋子用纯棉袋、细长形，装量为2/3，将菜装袋后投入酱缸酱渍。

酱渍过程常采用三倒缸方式。第一缸：将原料入缸后淹没于酱内，酱渍7天左右，要注意经常翻动原料使之均匀吸附酱料；第一缸酱渍时会脱出一些水分使酱稀释，所以，只能重复使用1～2次，用后可做次等酱油。第二缸：在第一缸中酱渍7天左右倒入第二缸酱内，再经过7天左右，第二缸酱常用上一批的第三缸酱。第三缸：在第二缸酱中酱7天后，倒入第三缸酱中酱渍7天，第三缸酱常用新酱。这样第二缸使用2～3次后，可倒换为第一缸酱，第三缸酱再换为第二缸，可以节省酱料，又可以较好地保证酱菜质量。经三个星期以上时间酱制，酱菜即成熟。可在第三缸新酱中持续酱渍保存。成熟的酱菜具有浓郁的酱香味，质地脆嫩，色泽为酱红色，组织呈半透时状态，咸甜可口。

六、果蔬腌制品的加工实例

（一）方便榨菜

又称小包装榨菜，是以坛装榨菜为原料经切分、拌料、称量装袋、抽空密封、防腐保鲜或杀菌而成。现在各地见有榨菜生产的地区均有方便（袋装）榨菜生产加工投放市场。因小型包装，便于携带，开启容易，取食方便，风味多样，较耐保存，不仅国内畅销，已开始销往国外。

1. 工艺流程

白块榨菜→开坛→切丝→（脱盐→脱水）→拌料调味→称重→装袋→真空封口→（杀菌→冷却→吹干）→检验→装箱→打包→入库

2. 操作要点

（1）原料及开坛

方便榨菜以成熟的未加调味料的榨菜即白块榨菜为原料，白块榨菜可用瓦坛保存也可用大池保存。瓦坛保存，按前“拌料装坛后熟清口”方法进行；大池保存，按前经二道盐腌制、修剪看筋、淘洗、上囤的净熟菜块里加盐6%拌匀，分层入池（腌制池）踩紧，上撒一层盖面盐，用薄膜覆盖严密即可保存。瓦坛保存的应在调味包装间以外专门的开坛间开坛，推车及瓦坛不允许进入调配间。开坛时注意菜块是否变质或霉烂，如有，应加以剔除，同时注意清洁卫生，不可把污物带入菜内。在大池保存的要加强管理，开一池要尽快用完，每天取菜后，池口要封闭严密，防止生水和污物浸入池内。

（2）改形、脱盐

方便榨菜可做成片状、丝状、粒状。改形可用手工也可用切片、切丝机。切分后，若需要降低产品含盐量，可以在一定的料水比下浸泡一定时间，并注意不断搅拌，以脱除部分盐分。

（3）脱水、拌料

脱盐之后由于半成品中含水量较高，有必要脱除部分水分，以保证产品风味和脆度，并利于保藏，一般采用离心脱水。拌料亦可用手工或机械。无论手工或机械操作，其盛器必须用搪瓷或不锈钢容器。味道可根据市场需要调配，基本比例参考如下。

鲜味：味精0.1%～0.15%，白糖3%～44%；醋酸0.1%；五香味：香料末0.2%～0.25%，白糖2%～3%，白酒0.5%～1%；麻辣味：花椒末0.02%～0.03%，辣椒末1%～1.2%，香料末0.2%～0.3%；甜香味：白糖5%～6%，香料末0.15%～1%，白酒0.5%～1%；本味：辣椒末1.2%～1.5%，香料末0.12%～0.2%。

若不采用杀菌保存，则可以在配方中添加0.06%～0.1%山梨酸钾防腐剂。

（4）称重、装袋、抽气、封口

方便榨菜的内包装材料目前主要有两种，一种为铝箔复合薄膜，由聚酯、铝箔、聚乙烯三层薄膜组成。另一种为聚酯、聚乙烯或尼龙、高密度聚乙烯共挤薄膜，厚度50微米以上。袋的大小以装量确定，称好重后的菜通过漏斗或小竹筒装入袋内，压实。袋口不得粘上菜丝或菜汁，如粘上要擦干，否则热合不牢。

（5）杀菌、冷却、吹干

杀菌可采用杀菌池或杀菌锅。待杀菌水沸腾后，把封好口的袋子放在杀菌栏内，吊入杀菌池（锅），开大蒸汽或烧猛火，必须在5～8分钟内使水重新沸腾，开始计时，100克以内包装袋保持10～12分钟，200克袋保持12～15分钟，取出放入冷却池中迅速冷却致略高于室温，取出平铺于吹干台上，开动风机，吹干明水。

（6）检验、装盒

吹干的袋子送装盒前先检验，检出真空度不够，封口不严或有破口的袋。装盒可装成单味或多味什锦，盒上说明品味名称、生产日期等，纸盒外再覆以防潮玻璃纸。

（二）冬菜

北方冬菜主要原料为大白菜，成品金黄色、味道香甜，在北方供荤食炒菜及作汤用。

1. 工艺流程

原料选择→整理→晾晒→腌制→成品

2. 操作要点

（1）原料选择、整理

选择色泽洁白、肉质丰厚、质地脆嫩、品质优良的结球大白菜。收获后，除去绿叶烂邦，切掉菜根，清洗干净，切成1厘米见方的方块或菱形块。

（2）晾晒

将切分后的原料铺在席上晾晒。当每1千克鲜菜晾至150～200克（两天即可）时，称为菜坯。

（3）腌制

每1千克菜坯加食盐125克并充分揉搓，使菜面看不到盐粒为止。之后装入坛内，随装随压，务必紧实，不留空隙，最后在菜表面撒一层食盐，密封坛口。2～3天后将菜取出，每1千克加盐腌制后的菜坯添加蒜泥100～200克，搅拌均匀使蒜泥与菜坯充分混合，如前法装入坛中，捣紧，空隙用菜叶塞满，用牛皮纸糊口使其充分密封。放在室内自然发酵后熟，第二年春天成熟。如果加温可提前成熟。成品金黄色，有特殊风味。

入坛时可以将盐和大蒜泥一起拌入。凡加入大蒜泥的冬菜称为“荤冬菜”，未加蒜泥的则称为“素冬菜”。

（三）五香萝卜干

1. 工艺流程

原料选择→整理→盐腌→囤积腌制→入坛腌制→成品

2. 操作要点

（1）原料的选择、整理

腌制时要选择肉质肥嫩、组织致密，不空心、无病虫害的新鲜白萝卜（最好为小白萝卜）为原料。剔除叶丛、须根及不可食用部分；将萝卜用清水洗净，控去水分；切成萝卜条。小萝卜要切成橘瓣状，以每条都带萝卜皮为宜。

（2）盐腌

每1千克切分好的萝卜条加入20克食盐。为了防止萝卜条发黏和增加其脆度，可适当加一些明矾，其用量不超过0.2%。将食盐等与萝卜条充分搅拌均匀，腌制20～24小时，然后捞出倒缸，再加1～2千克食盐，腌制1～2天。

（3）晾晒

经过二次加盐腌制后，将萝卜捞出放于竹帘等用具上进行晾晒。阳光充足时，晾晒2～3天（白天晾晒，晚上收拢盖好，防止露水打湿），每1千克鲜萝卜条可晒成250克左右的半成品为宜。此时称为“白片”。

（4）囤积腌制

每1千克晒好的“白片”，加70克食盐入囤（竹、苇席编制的囤或缸）腌制；3～5天后翻倒一次，每1千克“白片”再加40～50克食盐囤积腌制；腌至7天时再翻倒一次，每1千克“白片”再加20～40克食盐囤积；囤积10天左右完成囤积过程。

（5）入坛腌制

入坛时每1千克腌好的萝卜条拌入5克五香粉；或者加入2.5克茴香粉、2.5千克花椒粉；再拌入10克熟精盐。将萝卜条与香料充分拌均匀，一边装坛一边用木棒捣紧，尽量不使坛内留有空隙，装满后将坛口用泥等严格密封，外面再用塑料薄膜包扎好。经1个月腌制，五香萝卜干基本成熟，其中伴随有微弱的发酵过程。

在腌制五香萝卜干过程中应注意，萝卜条经晾晒后则不能再接触生水，以免杂菌感染。腌制容器等必须经消毒、晾干才能使用。

成熟的五香萝卜干具有香、甜、脆、嫩的特点，肉质肥厚、色泽呈奶油黄色。随腌制时间的延长，组织变为透明状，咸中带甜，具有萝卜特有风味。

（四）糖醋蒜

1. 工艺流程

原料选择→整理→盐腌→晾晒→糖醋腌制→成品

2. 操作要点

（1）原料选择、整理

应选择鳞茎整齐、肥大、皮色洁白、肉质鲜嫩的白皮蒜。提前几天采收，以减少蒜内辣味小。剔除病虫伤害的烂蒜头，切去根须和叶子；假茎长留1.5~2厘米，以免散瓣；剥去外部粗老蒜皮，清洗干净；将蒜头压入清水中浸泡，排除蒜瓣内空气，除去蒜臭味，一般清水浸泡5~6天，每天换水1~2次，以防泡烂。

（2）盐腌

浸泡后用清水清洗，洗净黏液，控去水分；每1千克鲜蒜用食盐50~100克，装一层蒜，撒一层盐腌制，使产品组织脱水，并增加咸味，每天倒缸1~2次，使蒜与盐充分接触，15~20天即成咸蒜头。也可用20%~25%食盐水腌制，不进行倒缸，但要搅动。

（3）晾晒

将咸蒜头捞出控去卤水，置席上进行晾晒，太阳暴晒3~4天，晒到原重65%~70%时，蒜皮发软，蒜瓣脆嫩为止。晾晒时注意勤翻动并防止雨淋。

（4）糖醋腌制

每1千克晒过的干咸蒜头用食醋600~700克（白醋）、白糖（或红糖）320~400克，先将食醋加热到80℃，加入糖使其溶解，亦可加入少许香料，冷却后备用；将晒好的咸蒜头装入坛内，轻轻压紧，装到坛子3/4高度时，倒入上述配好的糖醋香液，淹没蒜头，一般糖醋液与大蒜的比为1：0.8；糖醋液注满坛子后，坛口用几根竹片横挡，防止蒜头上浮；用三合土和塑料薄膜将坛口密封。经过1.5～2个月即可成熟，时间稍长些，品质会更好。

如此密封的蒜头可长期保存不败坏。成品乳白色或乳黄色或酱褐色。

糖醋蒜制作也可不经过水浸泡，不经过盐腌，直接用食盐水中加糖、醋、香料浸渍，但效果不如上述工艺的好。

（五）糖醋黄瓜

1. 工艺流程

原料选择→清洗→盐腌发酵→脱盐→糖醋腌制→成品

2. 操作要点

（1）原料选择、清洗

选取幼嫩短小、肉质坚实、无病虫害和机械伤的新鲜黄瓜。清洗时应适当浸泡，注意不能擦伤黄瓜表皮。

（2）盐腌发酵

将黄瓜装入坛内，注入等量8%食盐水，在第二天加入占盐水与黄瓜总重量4%的食盐，第三天加入占总重量3%的食盐，以后每天加入占总重量1%的食盐，直至卤水含盐量达15%为止。任其自然发酵，发酵时间因温度而不同，至黄瓜肉质呈半透明状为宜。

（3）脱盐

将盐腌发酵好的黄瓜捞出放入清水中进行浸泡脱盐，浸泡2～3天，每天换2～3次水，除去黄瓜内部含有的多余盐分。

（4）糖醋腌制

配制含有醋酸2.5%的溶液20千克；将丁香粉1克、豆蔻粉1克、桂皮粉1克、白胡椒粉2克，生姜丝4克装入小布袋中。先将醋酸溶液加热至80℃左右，放入香料袋，在80℃温度保持1.0～1.5小时，取出香料袋后加入6千克砂糖，使糖充分溶解。

将经脱盐处理后的黄瓜淹没于上述糖醋液中，将坛口密封，当黄瓜吸饱糖醋香液时即为成品。一般需腌制15天以上。

（六）八宝酱菜

八宝酱菜是由多种种果蔬添加一些果仁如桃仁、核桃仁及花生米等酱制而成的。

1. 工艺流程

原料准备→原料配比→酱渍→成品

2. 操作要点

（1）原料准备

主要用料为球茎甘蓝（苤兰）、黄瓜、莲藕等，辅助用料有腌姜丝、腌花椒、花生米、桃仁、核桃仁等。原料经盐腌后，腌球茎甘蓝切为厚4~5毫米的片然后压花，腌黄瓜需切成长4~5厘米适当大小的片。花生米炒熟，桃仁用盐腌，核桃仁炒熟。

（2）原料配比

球茎甘蓝45%、黄瓜条27.5%、藕片5.5%、姜丝1%、花椒1%、小料5%（小料为4种果蔬腌制品，按30%的腌藕片、30%的腌茄丁、20%的腌白瓜、20%的腌豇豆的比例配制）、果仁15%。也有用盐苤蓝30%、腌黄瓜20%、腌莴苣20%、腌草食蚕10%、腌甘蓝8%、腌生姜2%、腌杏仁6%、花生仁4%的原料配比。

（3）酱渍

将个体较大的几种腌菜如腌球茎甘蓝、腌黄瓜、腌藕片、小料等入缸，用清水浸泡脱盐，然后控水，按比例加入腌姜丝、腌花椒，充分搅拌均匀后装入布袋，在布袋内挤压控水6~7小时。每1千克料坯用甜面酱490克，黄豆酱210克，糖精0.4克，酱油少许。也有按季节调整用酱量的，如冬季用酱量为每1千克配好的原料加400克甜面酱，夏季为320克甜面酱和80克黄酱。入酱后冬季每缸酱酱渍7天左右，夏季酱渍3~4天，要注意每天翻倒3~4次，使菜袋附着酱料均匀。酱制成熟后可将酱菜取出按比例拌入花生米和桃仁，即为八宝酱菜。

（七）酱黄瓜

1. 工艺流程

原料选择→处理→盐腌→脱盐→酱渍→成品

2. 操作要点

（1）原料的选择和处理

选择脆嫩、鲜绿、无籽、六七成熟的黄瓜。采收后清洗，再用0.5%的石灰乳浸泡1~2天，保脆保绿。

（2）盐腌

每1千克黄瓜加160～180克食盐，一层瓜一层盐进行盐渍，每天要倒缸两次，等食盐全部溶化后每天倒缸一次，腌制7～10天成熟。如要长期保存原料时可将用盐量增加到250克。

（3）脱盐、酱渍

盐腌后用清水浸泡2～3天进行脱盐处理，使内部含盐量达到2.0%～2.5%，控去水分进行酱制。每1千克脱盐黄瓜坯用甜面酱750克左右。夏季酱7～10天即可成熟，冬天需15～20天。在酱渍过程中，每天都要进行3～4次翻缸，防止黄瓜周围被稀释而引起败坏。成熟的酱黄瓜色泽墨绿，口味香甜咸脆。

（八）咸萝卜

1. 工艺流程

原料选择→整理→初腌→复腌→成品

2. 操作要点

（1）原料选择、整理

选择色泽洁白、组织致密、脆嫩的白萝卜品种为腌制原料，青皮萝卜、心里美萝卜则不宜咸菜加工。胡萝卜应选用表皮光洁、木质部较小、组织致密的黄色或橙红色品种。对选好的原料要削去须根、叶、茎盘，剔除不可食用部位，用清水洗净。白萝卜个体较大时需要切分，然后经过适当的晾晒，使萝卜表皮的水分蒸散，以表皮稍软为度。

（2）初腌

容器清洗干净后，按1千克萝卜加80克食盐腌制。先用少部分盐溶解成食盐水，然后分层装菜，每层厚度为10～12厘米，装一层菜撒一次食盐水及干盐，上层用盐量稍大于下层。装满后用重石压紧。经24小时腌制后倒缸一次，使盐水上下均匀，将渗出的盐卤水也倒入腌制缸内。再经过24小时左右初腌结束。将初腌后的萝卜放于竹箩、筐篓内用重石压紧，尽量控去水分。

（3）复腌

将经初腌的萝卜每1千克再加100克食盐，用相同的方法装缸压石，经约36小时腌制后，捞出控水，倒入另一缸内压紧。注意盐水要淹没萝卜6～10厘米。再经过1～2个星期后即成成品，封缸保存即可。

（九）咸雪里蕻

1. 工艺流程

原料选择→整理→腌制→成品

2. 操作要点

（1）原料选择、整理

选择叶片肥嫩，叶长在 40 ~ 50 厘米，新鲜、无虫病斑的雪里蕻为原料。去掉雪里蕻根部所带泥土，剔除老叶黄叶，将老根柄削平，按长短老嫩适当分级。清洗、控干水分后，经 6 ~ 8 小时晾晒，使原料表面水分充分晾干。如果当天腌制不完时，必须将原料摊开，以免堆积发热引起腐烂变质。

（2）腌制

咸雪里蕻腌制的食盐用量为每 1 千克整理后的原料加食盐 100 克左右。冬季腌制时用盐量要比春夏季腌制的少一些，腌制时间较短时用盐量要比腌制时间长的少一些。

将菜缸洗净擦干，在缸底撒一层食盐，将整理好的原料根部向下，以螺旋状摆紧，摆一层菜撒一层食盐，撒盐均匀；撒盐后要压紧，生产量大时要进行踏菜，踏菜时要注意先边后中间，使菜出卤水，但不能使菜破损，做到层层压紧踏实出卤。

装满缸后在菜最表层撒一层盐，然后放置竹片，压以重石，再用草泥等封好缸口，外面再用塑料薄膜包扎，经 1 ~ 2 个月即可成熟。如夏天腌制时则要适当揭盖，使其热量散失。

其他许多果蔬均可制成咸菜，如咸苤蓝、咸豆角、咸黄瓜、咸辣椒等，腌制工艺大致相同，不一一详述。

（十）腌蕨菜

蕨菜又名蕨薹、龙头菜、如意菜、拳头菜、正爪菜、山蕨菜等，为蕨科中可食用的多年生草本植物。蕨类植物分布于全球温热带各地，在我国分布也极为广泛，西北、华北、东北稀疏阔叶林和针阔叶树混交林的林间空地和边缘，或荒坡的湿地上尤其多见。

1. 工艺流程

采收→整理→分级→捆把→腌制→成品

2. 操作要点

（1）采收

每年春夏 4～6 月是蕨菜的采收季节，嫩薹高 20～25 厘米，叶苞未展开时，从地面处摘下，基部沾泥土装筐以防老化，箩筐装满后应再用青草覆盖，避免烈日曝晒老化。

（2）整理、分级、捆把

将当日采收的鲜蕨菜洗净泥土，切去粗硬部分，然后按色泽和长短分级，用洁净稻草捆成直径 5 厘米左右的小把，即可盐渍加工。

（3）腌制

将捆成小把的蕨菜放入缸内腌制，第一次腌制时，蕨菜和食盐的比例为 10∶3。在缸内放一层菜撒一层盐，用盐量从底往上要逐层增加，最上面的一层要撒更多的盐。装满后，菜上放石头压紧，封盖。经过 8～10 天，将蕨菜取出，从上到下依次摆放到另一个容器内再进行腌渍。第二次腌渍时，按第一次腌渍的蕨菜和食盐比为 20∶1，一层盐一层蕨菜放入另一个缸内腌制，最上一层还是要多撒一些盐。同时，再用 1 千克水加 350 克盐配成饱和食盐水，灌满腌渍缸，盖好木盖，用石头压紧，放在阴凉处，腌制 14～16 天即成正品。第二次腌渍蕨菜用的饱和食盐水，可留作包装时用。腌渍的蕨菜，用手抓时有柔软感、颜色接近新鲜为好。

第六节　北方果蔬糖制技术

果蔬糖制是以果蔬为原料，用高浓度的糖加工的过程。糖制加工在我国民间有悠久的历史，由家庭的小量制作到近代工厂化规模化的生产，积累了丰富的经验。果蔬糖制品种类繁多，如冬瓜条、糖姜片、蜜藕片、蜜莲子、南瓜泥、胡萝卜泥等，深受广大人民群众的欢迎。

一、果蔬糖制品的分类

果蔬糖制品按照加工方法和制品的状态可以分为果脯蜜饯类和果酱类两大类。

（一）果脯蜜饯类

果脯蜜饯类产品能基本保持果实或果块的完整形状，大多数含糖量在50%～70%，属于高糖食品。果脯蜜饯类制品常依其干湿状态分为干态果脯和湿态蜜饯两类。

1. 干态果脯

干态果脯是在糖制后进行晾干或烘干而制成的表面干燥不带糖液的制品，有的在其外表裹上一层透明的糖衣或形成结晶糖粉，增加其美观程度。

2. 湿态蜜饯

湿态蜜饯是糖制后不进行烘干，保存在糖液中或稍加沥干，而制成的表面发黏的制品。

3. 凉果

指用咸果坯为主要原料、甘草等为辅料制成的糖制品。果品经盐腌、脱盐、晒干，加配调料蜜制，再干制而成。制品含糖量不超过35%，属低糖制品，外观保持原果形，表面干燥，皱缩，有的品种表面有层盐霜，味甘美，酸甜，略咸。

（二）果蔬果酱类

果蔬果酱类产品不能保持果实或果块的完整形状，含糖量大多在40%～65%，含酸量约在1%以上，属于高糖高酸食品。果蔬果酱类通常以水果为主料配以一定量的果蔬加工而成。主要有以下几种。

1. 果酱

原料经过一定处理后，添加糖、酸等物质调配，浓缩而成的凝胶制品，酱体半透明，呈黏稠状，可以保持部分果肉碎块。例如，胡萝卜酱、冬瓜酱等。

2. 果泥

原料经过一定处理后打浆过筛，添加糖、酸等物质调配，浓缩而成的凝胶状制品，酱体半透明，呈半流动状，组织细腻，不需保持有果肉碎块。例如，南瓜泥、复合果蔬泥等。

3. 果冻

利用果实的汁液，添加糖、酸等物质调配、浓缩、冷却凝结而成的凝胶制品，制品透明度好，营养价值高，具有一定的形状。例如，胡萝卜山楂复合果冻。

4. 果糕

利用果浆，添加糖、酸等物质调配、浓缩、冷却凝结而成的凝胶制品，由于存在一定的原料果肉，因此制品透明度差，其他状态同果冻，例如胡萝卜、山楂、红薯多维果糕等。

5. 果丹皮

原料经煮制、打浆，加糖、酸等物料浓缩后，刮片烘干制成的柔软薄片，其原料除了果品果蔬之外，常辅以其他农副产品。

二、果蔬类果脯蜜饯加工技术

果蔬类果脯蜜饯工艺流程如下。

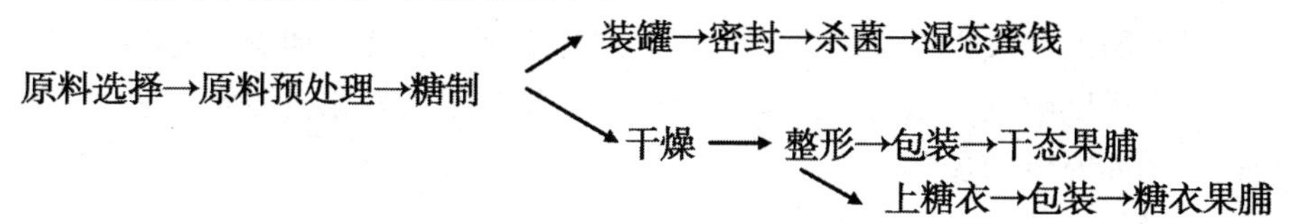

（一）原料的选择

一般选择含水量较少，固形物含量较高，成熟时不易变得绵软，煮制工艺中不易腐烂的品种，以及选择颜色美观，肉质细腻并具有韧性、耐贮运的品种。

（二）原料预处理

果脯蜜饯加工中原料也要进行必要的分级、去皮、去籽、切分、破碎、硫处理、热烫等预处理操作。此外，为了有利于糖煮时的渗糖效果，或增加原料的耐煮性，还往往对一些特殊原料进行划缝、刺孔、硬化、染色等操作。

1. 分级

为方便加工，保证产品的一致性，在加工时需进行分级，常以大小来分级。

2. 去皮、去籽

果蔬原料、果脯蜜饯的品种不同，预处理的要求也不同。大多数果蔬果脯的原料需要去皮、去籽芯，例如生产番茄脯必须去皮，生产冬瓜条必须去皮、去籽芯。生产中，可根据不同需要，采取不同的去皮、去籽芯方法，原则上要求去净，去皮后表面平整不留凹坑，去籽芯后巢部平整。

3. 切分、破碎

根据加工制品的要求，有的原料在加工前需要切分或破碎。切分的目的是为了便于加工和适当造型，可切成块、条、丝、丁、对开和四开等。如冬瓜去皮后切成条形状（先打段后切分），胡萝卜切成长条形。切分可以是手工或机械切分。破碎应用于果酱、果泥、果丹皮等的制作中。

4. 硬化处理

为了提高果蔬果脯蜜饯原料的果肉硬度，增加耐煮性，防止软烂破碎，在糖煮前需进行硬化保脆处理。硬化处理是将整理后的原料浸泡放于石灰或氯化钙、明矾、亚硫酸氢钙等溶液中，浸渍适当时间，达到硬化目的。

5. 果坯的腌制

果坯的腌制过程为腌渍、晾晒、回软和复晒，腌渍时加少量的明矾或石灰，使之适度硬化。原料经盐腌后所含成分发生很大变化，因此只适于少数蜜饯，例如凉果的加工。

6. 染色

为了保持或增进制品的色泽，常需要染色，染色的方法是将原料浸泡于色素溶液中着色，或将色素溶于稀糖液中，在糖煮的同时完成染色。为了增进染色效果，常用明矾作媒染剂。染色时色素的用量不宜过高，一般不超过0.01%。

（三）糖制（煮制和浸渍）

糖制是果蔬糖制品的主要操作。糖制用的容器或设备，一般不用铜、铁制品，以防产品的变色、变味。糖腌渍用的容器多用陶缸、塑料容器或木制的容器，煮制一般采用不锈钢锅。

1. 加糖腌渍（蜜渍）

（1）常压蜜渍

在常压条件下将原料腌渍在糖液中，分次加糖，逐步提高糖液浓度，使制品最后所吸收的糖度达到规定的要求。

（2）真空蜜渍

利用真空条件降低果实内部压力，然后借解除真空时果实内外产生压力之差，促使糖液渗入果内，达到糖制的目的。

真空蜜渍要在真空容器内进行，第一次先用25%的糖液抽空，然后浸泡，第二次用40%糖液抽空浸泡，第三次用60%或70%糖液抽空浸泡。每次抽空条件是真空度98.66～101.33千帕，保持40～60分制能够，待果实不再产生气泡时为止，然后解除真空，使真空器内外压力达到平衡。每次浸渍时间应不少于8小时。经前后三次抽空和浸渍后，果实再于60～70℃下烘干，即为成品。可较好地保存果蔬原有的色香味，保持其原有的松脆质地，避免失水干缩；渗入较多糖分；维生素C损失较少，可避免与金属器皿相接触，所引起的变色、变味现象。

2. 加糖煮制

（1）一次煮成法

将经过预处理的果蔬原料与60%左右浓度的糖液一起倒入锅内共煮，由于糖液渗入果实内而将水分排出，煮锅中的糖液逐渐稀释，这就需几次补加砂糖，以调整糖液的浓度，直至糖液浓度稳定在65%时为止，时间约1小时，煮至果实已有七八成吃糖饱满，呈透明或半透明状。煮制结束后，连同糖液入缸浸泡，一般为24小时捞出，沥去糖液，进行干燥，使制品含水量为19%左右。

（2）多次煮成法

第一次煮制：先用30%～40%的糖液煮，时间很短，待煮沸后稍停即可。以煮到果肉转软透明为度，煮完后连糖液带果块入缸浸泡1天。一般可使煮到果肉内部温度达80～90℃。

第二次煮制：采用50%～60%的糖液，煮制时间稍长。这次煮制是渗糖的关键环节。既要保证渗糖，又不能煮烂，因此对糖液浓度与糖煮的时间要掌握得当。把经过第二次浸渍的果实捞出，沥去糖液，放于竹片上，使果实凹面向上，暴晒或烘烤，除去部分水分，置果实边缘稍卷缩，表面形成细小皱纹，即可进行第三次煮制。

第三次煮制：所用糖液浓度为65%～70%，这时因已经经过两次糖煮和部分干燥，糖液浓度已大大增加，故在浓糖液中熬煮20～30分钟，果实中水分再次降低，含糖量增高到接近成品的标准。捞出、沥去糖液，放于竹片上冷却，手工整形，经晾晒或烘烤，在排除一部分水分即为成品。

（3）真空煮制法

真空煮制在真空锅中进行，煮制前，一般先将果实烫漂片刻，使肉质转软，然后再进行真空煮制。对于肉质紧密的果蔬，掌握其温度要稍低，真空煮制速度要慢，以利于糖分充分渗入；肉质柔软的果蔬，真空煮制速度应快，以免长时间剧烈煮沸引起果蔬破碎，真空煮制所取的真空度为67.73～

84.64千帕，煮制温度为55～70℃。

（4）快速煮制法

把经过前处理的原料先放在煮沸的稀糖液中，煮沸数分钟，如4～8分钟随即捞出原料浸入到冷的糖液中，使之迅速冷却；然后提高原煮糖液的浓度，煮沸后，把浸入冷糖液中冷却了的原料捞出放入其中再煮沸数分钟，并以同样的方法迅速冷却。如此反复进行4～5次，最后达到要求的浓度，而完成煮制过程。

（5）连续扩散法

用由稀到浓几种糖液，对一组扩散器内的果实连续多次浸渍以逐渐提高糖浓度的方法。操作时，先将果实密闭在真空扩散器内，排除果实组织内的空气，而后加入95%的热糖液中，待糖液扩散渗透后，将糖液按顺序转入另一扩散器内，再在原来的扩散器内加入较高浓度的热糖液，如此连续进行几次，果实即能达到所要求的糖浓度。由于此法采用真空处理，所以煮制效果较好，又因采用一组扩散器，这样可以使操作连续化。

（四）干燥

干态蜜饯糖制后应进行脱水干燥，使水分含量不超过18%～22%，干燥后制品应保持完整和饱满状态，不皱缩、不结晶，质地紧密而不粗糙，糖分含量接近72%。

干燥是制作干态蜜饯最后的重要一关，目的是排除水分，提高糖的相对含量，增大渗透压，以利保存。经煮制的糖制品，捞出沥去糖液，铺于竹屉上，送入烤房。烘烤温度控制在50～65℃，温度不能太高，以防糖分结块和焦糖化，也不能低于50℃，以防发酵。在烘烤期间尤其是烘烤中期隔一定时间需要排潮一次。排潮的次数与排潮的时间应根据烤房升温的快慢、温度高低、排潮难易程度以及热量浪费等诸多因素而定。在烘烤期间还要进行1～3次倒盘，把果脯逐个翻转或调换烤盘在烤房内的位置，使烘烤均匀一致，成品品质差异不至于过大。烘烤时间一般在10～30小时，烘烤到手感不黏手、不干硬为宜，含水量以13%～19%为宜。

（五）上糖衣

上糖衣的方法有：

①以3份蔗糖、一份淀粉糖浆和3份水配成，混合后煮沸到113～

114.5℃，离火冷却到93℃，即可使用。将干燥蜜饯浸入以上糖液约1分钟立即取出，散置筛面上，于50℃下晾干，即能形成一层透明的糖质薄膜。

②将干燥的蜜饯浸入1.5%的果胶溶液中，取出在50℃下干燥2小时，也能形成一层透明的胶质薄膜。

③用40千克蔗糖、10千克水煮至118～120℃，浸入蜜饯，取出晾干，但所上糖衣不透明。

④某些蜜饯也可撒拌糖粉，或在加工时有意造成果脯成品表面洁净出糖粉。

（六）整形、回软和包装

干态蜜饯在干燥过程中常出现收缩变形，甚至破碎，因此干燥后需加以整形，使之外观一致，便于包装。整形可在干燥过程中进行，许多产品在干燥后进行，整形过程中同时要剔除果块上遗留的疤痕、残皮、虫蛀品及其他杂质。整形后将制品堆放在干燥的环境下，回软大约一周，使果实内外水分均匀一致。回软后可进行分级包装。干态蜜饯的包装以防潮防霉为主，一般可先用塑料薄膜食品袋包装，也可采用纸盒或透明硬质塑料盒包装，然后装箱。

带汁蜜饯以罐头包装为宜。将蜜饯制品进行挑选，取完整的个体进行装罐，然后加入透明的糖液，也可将原糖液过滤后加入。装罐后密封，于90℃下巴氏杀菌20～40分钟，取出冷却。成品的可溶性固形物应达到68%，糖分不低于60%，保存温度一般不超过20℃。对于不进行杀菌的制品，可溶性固形物含量应达到70%～75%，糖分不低于65%，在10～15℃保存。

三、果蔬果酱类加工技术

（一）果蔬类果酱

果酱是果肉加糖调酸煮制成凝胶状的糖制品，无一定的形状。一般选用成熟度较高，具有该品种正常色泽、优良风味和香气的原料制作果酱、果泥。

一般取软化后的果实，制成带块状的果肉，加糖煮成良好的果酱，必要时可调整酸度（用柠檬酸来调）或加入果胶。高级果酱应去皮加工，将果肉切成小块状，放入锅内，加果肉重量的1/10～1/5的水，加糖煮熟并维持20～30分钟。煮制时间可根据原料的软硬程度和投入果肉的数量来确定，煮制愈快、成品质量愈好，如能采取真空浓缩的方法来加工果酱，其色、香、味以及营养成分都较常压浓缩保存的更好。煮制终点温度为105～107℃，终点浓度以可溶性固形物的含量达到68%或含糖量达到60%为标准。煮成后于85℃下趁热装罐，90℃下杀菌30分钟，冷却后即为成品。

（二）果蔬类果泥

果泥煮制与果酱相似。食糖用量比果酱少，一般为果浆液的1/2。要求制品呈浓厚状态，在平面上不流散。果肉经软化、打浆、筛滤成泥浆状，加糖或不加糖，煮成质地细腻、均匀呈半固体状的制品。成品可溶性固形物含量为65%～68%，含糖量不低于60%，终点温度为105～106℃，含酸量不低于0.6%～0.8%。成品装罐杀菌方法同于果酱。

果泥加工时，有时为了增进制品的风味和香味而加少量的肉桂、丁香等香料，各种香料的用量约为原料重量的0.1%。香料应在接近煮沸终点时加入，不可过早，以免芳香成分挥发损失。

为了改进果蔬类果酱果泥的风味和色泽，改造其营养成分，可制成几种果蔬的混合果酱、果泥，或者在其中添加一定比例的果蔬果肉。

（三）果糕、果冻

利用果实加入一定量的果蔬制作果糕果冻。加热软化时，依原料种类加水或不加水，多汁的果蔬可不加水，肉质致密的原料需加果实重量1～3倍的水。软化时间依原料种类而异，一般在20～60分钟，以煮后便于打浆或取汁为准，若加热时间过久，果胶分解，不利于制品的凝胶。

制作果糕时软化后的果实应用打浆机打浆过筛。制作果冻时则软化后用压榨机榨出汁液或浸提取汁。

在加糖浓缩之前，需要对所得到的果浆和果汁进行pH值和果胶含量测定，形成果糕、果冻凝胶适宜的pH值为3～3.5，果胶含量为0.5%～1.0%。如果含量不足，可适当加入果胶或柠檬酸进行调整。一般果浆（或果汁）与糖的比例是1：（0.6～0.8）。煮制浓缩时水分不断地蒸发，糖浓度逐渐提高，应不断搅拌防止焦煳。当可溶性固形物含量达65%以上，沸点温度达103～105℃，用搅拌桨从锅中挑起少许浆液呈片状脱落时即可停止煮制。将达到终点的黏稠浆液倒入容器内冷却成型，冷却后即成为果糕或果冻。

（四）果丹皮

原料处理后加入重量10%的白砂糖及果蔬重量1/3的水，加热煮至软烂，打浆机打浆。将打浆过滤得到的果蔬浆进行适当浓缩，浓缩至黏稠状备用；将果浆在钢化玻璃板上用模具及刮板制成均匀一致、厚度为3～4毫米的酱膜，四边整齐，不流散；将刮片后的玻璃板置烤房内，65～70℃烘烤8小时。烘烤过程中要随时排潮，促进制品中的水分散失。当烘至不黏手、韧而不干硬时即可结束烘烤；烘烤结束后趁热用铲刀将果丹皮的四周铲起，然后将整块果丹皮从玻璃板上揭起，置适宜散热处冷却。之后即可切分整形，包装后即成成品

四、果蔬糖制品加工中常出现的问题及解决方法

（一）返砂和流糖

一般正常质量的糖制品求质地柔软，光亮透明，但在加工过程中，如果条件掌握不当，成品表面或内部便容易产生蔗糖结晶，这个现象称为“返砂”。这主要由于成品中蔗糖含量过高而转化糖含量不足所造成的。相反，如果糖制品中转化糖含量过高，在高温和潮湿季节，就容易产生吸潮“流糖”现象。

有研究证明，成品中蔗糖与转化糖含量的比例，决定于煮制时糖液的性质，出锅时糖液中转化糖含量以及出锅时半成品的转化糖含量，而最终成品中转化糖含量还与浸泡、烘干有关。糖液的性质主要指糖液的pH值，而糖液的pH值又受所煮原料影响。如果原料身含酸量高，一般不会出现返砂，而原料本身含酸量少，煮制时则需外加酸，以调节糖液的pH值，从而控制糖的转化。一般工厂在车间设置出锅糖液化验设施，以便于控制。控制方法：糖液中总糖量为54%～60%，转化糖占总糖量43%～45%。

（二）煮烂或干缩

有些果实在加工时易发生煮烂破损现象，使成品不能保持完整形状，而有些则由于吃糖不足，经烘烤后又易造成皱缩。主要防止措施：不选用成熟度过高的原料；选择正确适宜的糖制方法。

（三）褐变

糖制品中果脯的颜色一般为浅金黄色至橙黄色，蜜饯的果实和糖液多为浅褐色。深红或深褐色的产品少见，但在某些操作不当的情况下，也可能产生成品颜色褐变的现象。在生产中防止成品颜色褐变的主要方法是：搞好预处理中二氧化硫处理和热烫；控制适当的还原糖含量；缩短高温下的煮制时间；降低糖煮后的糖液浸泡的温度；选择良好的烘烤方式、缩短烘烤时间和加强烘烤管理。

（四）霉变

糖制品发生霉变的原因是糖制品感染有霉菌。霉菌一方面是来源于原料或用具，由于没有彻底灭菌而幸存的；另一方面是制作后重新感染的。

一般来说，糖的浓度在50%以上时，能抑制微生物的生长，但在糖制品长期保存中，由于糖制品中含有较多的转化糖，具有较高的吸湿性。当空气中湿度大，气温高时，由于转化糖的吸湿作用而使糖制品的表面潮湿发黏，严重时造成溶化流糖，使糖度降低，减轻了对微生物的抑制作用，使他们又生长活动起来。另外，霉菌本身较耐高渗透压。因此，防止发生霉变需要保证糖制品的含糖量降低制品水分含量，还可用添加食品防腐剂（防霉剂）的方法进行防霉变。

五、果蔬糖制品加工实例

（一）冬瓜条制作

1. 工艺流程

冬瓜选择→去皮→切条→浸石灰→脱灰→浸泡发酵→热烫→糖腌渍→糖煮→浸泡→糖榨→挑糖→晒烘→分级包装→成品

2. 操作要点

（1）选瓜

先用个大、肉厚、坚实、皮薄、瓤少、成熟但不过老的，无腐烂变质的冬瓜。对局部腐烂的要剔除干净。

（2）去皮切条

将选好的冬瓜清洗后，用刨刀刨去外皮，刨到外皮稍带青色时为止。然后切瓣把瓜瓤挖净后，将瓜肉切成长 40 毫米左右，高、宽 8 ~ 12 毫米见方的瓜条备用。

（3）石灰水浸泡

按每 5 千克水加石灰 0.4 千克的比例，用冷水把石灰化开搅匀。澄清之后，取其上清液倒入浸缸中，然后倒入冬瓜条，使其全部浸没在石灰水中，上边用木板压住，浸泡 8 小时左右，使瓜条质地变硬，能折断为度，待浸透时取出。

（4）脱灰

浸过灰的瓜条，先放入清水中冲洗净表面的石灰，然后用清水浸泡脱灰。浸洗时间为 10 小时左右，2 小时换水一次，共换水 4 ~5 次，脱灰的前段时间换水间隔要小，后段时间换水间隔可延长一些，脱灰脱到 pH 值为 7 时为好。

（5）发酵

脱灰后停止换水，在水中浸泡 10 ~ 14 小时，使其轻微发酵，以增加透性，便于渗糖（发酵至水面有少量泡沫出现时即可）。为加快发酵，水中可少放些白糖。温度应保持在 30℃左右。

（6）热烫

锅内放入约瓜条重为 120% 的清水，加入约瓜条重 0.2% 的明矾，开锅后把瓜条放入，热烫 5 ~10 分钟，烫至瓜条弯曲时不易折断为度，然后立即捞入冷水中冷却，待彻底冷后捞出控净水分。

（7）糖制

①糖淹渍：每 5 千克瓜条用糖 3 千克，并称取 0.2% 的亚硫酸氢钠（保险粉），放在糖中搅拌均匀。然后一层瓜条一层糖，把瓜条淹渍起来。最上层要多撒糖，用糖把瓜条盖住。腌渍 48 小时，进行糖煮。

②糖煮：把淹渍冬瓜条的糖液放入锅内煮沸，将冬瓜条倒入锅中，煮沸后维持 15 分钟左右，然后连糖液带瓜条一齐倒入浸缸中浸泡 24 ~48 小时。

③糖榨：把冬瓜条从糖液中捞出，将糖液倒入锅中加热。调整浓度达 75% ~80%，待糖液煮沸后，把冬瓜条倒入，沸煮 20 ~30 分钟（文火）之后，瓜条全榨成白色，锅上蒸汽不浓时，糖液呈黏稠状即可准备出锅。出锅前可加适量的防腐剂。

（8）挑砂

榨好出锅的冬瓜条，立即捞入盘中，开动吹风机，吹风冷却，并用不锈钢铲不断翻动，待瓜条表面出现糖的结晶不黏铲时，挑砂结束。

(9) 晒烘

将挑好砂的瓜条平铺到席子上冷却晾晒或放入烘房，进行低温烘干（一般在50℃左右），待水分为16% ~18%时，停止烘烤出房。

(10) 包装

将烘好的冬瓜条，进行冷却，然后分级包装，密封保存。或放在阴凉通风处。要求从产品交库日起3个月内不返潮、溶化、发酵、变霉。保存中发现问题及时处理。

（二）胡萝卜山楂苹果复合果糕

1. 工艺流程

原料选择→原料预处理→调配→浓缩→倒盘、冷凝→切块、包装→成品

2. 技术要点

(1) 原料要求

山楂选用新鲜、成熟（但不过熟）、色泽鲜红、无病虫害的果实。苹果选用新鲜、成熟、无病虫害的果实，胡萝卜选用新鲜、成熟、色红的原料。

(2) 原料预处理

用清水将山楂果实漂洗干净后倒入夹层锅内，加入果重50%的水，加热煮沸，煮至果肉软烂，便于打浆为止。需煮20~30分钟，然后将果实连用顺煮水置于打浆机中打浆，即得山楂泥。

苹果漂洗干净后，用破碎机破碎成小果块，或用不锈钢刀切成3毫米厚的薄片，置于夹层锅内，加少量水，煮沸20~30分钟后，打浆，制得苹果泥。

胡萝卜用清水漂洗干净，切成圆薄片，加少量水，置于夹层锅内煮沸软化，打浆，即得胡萝卜泥。

(3) 调配

按山楂泥：苹果泥：胡萝卜泥 =6：2：2 的比例，分别称取3种果泥，倒入夹层锅内，再按全部果泥重量的80% ~100%加入少量白砂糖，搅拌均匀，即可加热浓缩。

(4) 浓缩

浓缩过程中要不停地搅拌，浓缩酱温达到105℃或可溶性固形物达65%时即出锅。

(5) 倒盘、冷凝

浓缩到终点后尽快倒入木盘内冷凝，为使糕体外表光滑，倒盘前可预先在木盘内衬一层聚乙烯薄膜。

(6) 切块、包装

将凝固成块的复合山楂糕用不锈钢刀切成小长方块，用聚丙烯塑料盒包装或塑料食品袋包装、密封。

(三) 蜜胡萝卜片

1. 工艺流程

原料选择→去皮→切分去髓→热烫→糖制→烘烤→上糖衣→成品

2. 操作要点

(1) 原料选择

选择肉质鲜红或金黄，组织紧密，髓心小的胡萝卜为原料。

(2) 去皮

用刀刮去外皮或用蒸汽加热去皮。大规模生产可采用碱液去皮，1% ~ 2% 氢氧化钠，煮沸 1.0 ~ 1.5 分钟，去皮后马上冷水中搅动冷却。

(3) 切分去髓

洗净后沥干水分，切成 0.7 ~ 0.8 厘米厚的圆片，用打孔去心器将其髓部除去，使其成为中心有圆孔的胡萝卜圆形片。

(4) 热烫

用水煮沸，使圆片稍变软，立即捞出沥去水分，可以去除胡萝卜的不良风味。

(5) 糖制

每 1 千克熟胡萝卜圆片加入 45% 的糖液 0.9 千克，柠檬酸 0.05 千克，倾入夹层锅中煮制，并缓慢浓缩，一直到糖液浓度达到 75% 时取出沥干。

(6) 烘烤与上糖衣

糖制好的胡萝卜圆片放于烤盘中，翻拌使其冷却即可上糖衣。如果成品表面还不太干，可送入烤房稍加干燥，再上糖衣。将胡萝卜圆片置于工作台面上，拌上白砂糖粉，并用竹筛筛去多余的糖粉。

(四) 甘薯脯

1. 工艺流程

原料选择→洗涤去皮→切分→煮制→糖液浸泡→烘烤干燥→成品

2. 操作要点

(1) 原料选择

选择肥大的甘薯做原料。

(2) 洗涤去皮

用清水漂洗干净，人工或机械去皮，去皮要干净。

(3) 切分

将去皮后的原料切成长条或其他形状，条状不能大细。切好后用清水洗净。

(4) 煮制

用白砂糖0.4千克，加水1.5千克，加蜂蜜20～30克、柠檬酸或亚硫酸2克，煮沸。放入1千克切好的甘薯条，一次加入，旺火煮开，不同形状和大小的原料煮制时间不同，大约30分钟，至熟而不烂即可。

(5) 糖液浸泡

将煮好的薯条和糖液一起倒入缸中，浸泡24小时，使甘薯条充分吃透糖液，然后捞出沥干糖液。

(6) 烘烤干燥

将薯条均匀摊放于烤盘中，不要叠放，送烤房烘烤。烤房温度为60～70℃，要勤翻和调整烘盘位置。烘烤12～14小时，待薯条含水量达到16%～18%即可出房，剔出小块和碎屑即成甘薯脯。

(五) 糖藕片

1. 工艺流程

原料选择→清洗、去皮→切片→护色→烫漂→糖制→成品

2. 操作要点

(1) 原料选择

选用成熟肥大、壮实新鲜、直径在10厘米左右的莲藕。

(2) 清洗、去皮

洗净泥污杂质，用机械去皮。

(3) 切片

将藕切成0.6厘米左右厚的藕片。

(4) 护色

将藕片浸渍于0.5%的亚硫酸氢钠溶液中，浸泡2～3小时。捞出用清

水漂去残液。

（5）烫漂

在沸水中烫漂20分钟左右，立即在冷水中冷却。

（6）糖制

藕片1千克，放入容器中，加入0.2千克白砂糖，拌和均匀，糖渍4~5天，待藕片充分吸收糖液后，将藕片与糖液一起倒入夹层锅内煮沸，同时加入白砂糖0.3千克，煮到藕片呈透明状时取出，把糖藕片均匀地放在匾中，晾一晾即成甜藕片。

（六）糖姜片

1. 工艺流程

原料选择→清洗、去皮→切片→护色→热烫→糖制→上糖衣→成品

2. 操作要点

（1）原料选择

选用肉质肥厚、结实少筋、块形较大的新鲜嫩姜作原料。

（2）清洗、去皮

将鲜姜先行水洗，去掉泥污，并修剪掉芽，刮去厚皮。

（3）切片

用切片机切成不规则的姜片，片厚2~3毫米。

（4）护色

将姜片在0.5%的亚硫酸氢钠溶液中浸泡10分钟，立即取出，在清水中漂去残液、沥干水分。

（5）热烫

在沸水中烫漂10分钟，立即在冷水中冷却。

（6）糖制

取姜片1千克置于容器中，加入白砂糖300克，充分拌匀，糖渍24小时后，再加入自砂糖100克，拌和糖渍。连续两次，共糖渍7天左右，实际用糖量在500克左右。待姜片呈透明状时，即可入锅糖煮。将姜片与糖液一起倒入锅内煮沸，再加白砂糖15千克，煮至糖姜片呈透明状时，即可出锅，取出冷却。

（7）上糖衣

将煮制后冷却的糖姜片拌上白砂糖粉。

（七）食用菌蜜饯

1. 工艺流程

原料选择→漂洗、护色→热烫→硬化→冷浸糖→糖煮→烘烤、包装→成品

2. 操作要点

（1）原料选择

香菇、平菇、金针菇、猴头等都可以用来制作蜜饯。选取无病害、无虫蛀，菇形正常，菇肉厚实，未散孢子，菇盖大小较一致，切除菇柄，柄长1厘米的食用菌为原料。

（2）漂洗、护色

将选好的平菇等食用菌放在0.03%焦亚硫酸钠漂洗液中，进行漂洗、护色处理，然后捞出沥水。

（3）热烫

将漂洗、护色后的平菇等食用菌投入90～100℃热烫液中（热烫液中含有0.03%焦亚硫酸钠，可起护色作用），热烫约7分钟，煮熟后捞出放在冷水中冷却，降到室温时取出，沥去水分备用。

（5）硬化

将烫煮冷却后的平菇等食用菌浸在0.4%～0.5%氯化钙硬化剂中，使其硬化8～10小时，以增加食用菌的硬度和脆性。菇体与硬化液的重量比为1：2，取出后在流动清水中漂洗10小时，洗水残留氯化钙后，捞出沥去水分。

（6）冷浸糖糖煮烘烤、包装

将沥去水分的食用菌得浸入40%冷糖液中，冷浸5～6小时，使糖液中的糖分初步渗入菇体。

（7）糖煮

首先配制糖液，其方法是在60%糖液中加入1%柠檬酸和0.03%苯甲酸钠，将糖液煮沸。然后倒入冷浸糖液中的菇体，大火煮开，再用文火熬煮，使糖液微沸。在熬煮过程中，不断搅拌，时常用糖量计测量糖的浓度，切忌糖液熬煳。当糖液浓度逐步浓缩到68%～70%时，可结束糖煮。

（8）烘烤、包装

糖煮结束后，将菇体捞出，沥去多余的糖液，将其摊放在烤盘中，摊放厚薄要均匀。然后送入烤房或者烘箱中，在60℃温度下烘烤4小时左右。

烘烤期间要翻动2～3次。烘烤至用手捏菇体无糖液挤出、基本不黏手时取出晾晒，晾晒后用玻璃纸包裹，然后放入塑料袋封口即可。

（八）番茄酱

1. 工艺流程

原料选择→清洗→修整→热烫→打浆→加热浓缩→装罐→密封→杀菌→冷却→成品

2. 操作要点

（1）原料选择

选择充分成熟，色泽鲜艳，皮傅、肉厚、籽少的果实为原料。

（2）清洗

用清水洗净果面的泥沙、污物。

（3）修整

切除果蒂及绿色和腐烂部分。

（4）热烫

将修整后的番加倒入沸水中热烫2～3分钟，使果肉软化，以便于打浆。

（5）打浆

热烫后，将番茄倒入打浆机内，将果肉打碎，除去果皮种籽粒。打浆机以双道打浆机为好。第一道筛孔直径为1.0～1.2毫米，第二道筛孔直径为0.8～0.9毫米。打浆后浆汁立即加热浓缩，以防果胶酶作用而分层。

（6）加热浓缩

将浆汁放入夹层锅内，加热浓缩，当可溶性同形物达22%～24%时停止加热。浓缩过程中注意不断搅拌，以防焦煳。

（7）装罐密封

浓缩后浆体温度为90～95℃，立即装罐密封。

（8）杀菌及冷却

在100℃沸水中杀菌20～30分钟，而后冷却至罐温达35～40℃为止。

（九）胡萝卜泥

1. 工艺流程

原料选择→洗涤→去皮→切碎→预煮→打浆→配料→浓缩→装罐→密封→杀菌→冷却→成品

2. 操作要点

（1）原料选择

选择成熟度适宜，未本质化，呈鲜红色或橙红色，皮薄肉厚，粗纤维少，无糠心胡萝卜为原料。

（2）洗涤

用流动的清水漂洗数次，洗净表面的泥沙及污物。

（3）去皮

将洗净的原料投入浓度为3%～8%、温度95～100℃的碱液中处理1～2分钟，而后放入流动的清水中冲洗2～3次，以洗掉被碱液腐蚀的表皮和残留的碱液。

（4）切碎

去皮后再用手工去除个别残存的表皮、黑斑、须根等，并切成大小、厚薄一致的薄片。

（5）预煮

将薄片放入夹层锅内，加入约为原料重量1倍的清水，加热煮沸，经10～20分钟，至原料煮透为止。

（6）打浆

用双道打浆机打成浆状。打浆机的筛孔径为0.4～1.5毫米。

（7）配料

胡萝卜泥1千克，砂糖500克，柠檬酸3～5克，果胶粉6～9克。先将果胶粉按规定用量与4～5倍重量的糖混合均匀，然后加15～20倍的热水，充分搅拌并加热至沸腾。果胶溶解后将浓度为50%的柠檬酸倒入，搅拌均匀。

（8）浓缩

将胡萝卜泥与25%～80%的糖液倒入夹层锅内，搅拌均匀，加热浓缩，待可溶性固形物达10%～20%、将已配好的果胶粉、柠檬酸溶液加入锅内，搅拌均匀，继续熬煮，当可溶性固形物达40%～42%，即可出锅。

（9）装罐及密封

装罐时酱体温度不低于85℃，装罐后立即密封。

（10）杀菌与冷却

在110～120℃的温度下杀菌20～30分钟，然后逐段冷却至罐温40℃左右为止。

（十）南瓜泥（南瓜糊）

1. 工艺流程

原料选择与处理→打浆→煮制→浓缩→装罐→杀菌→成品

2. 操作要点

（1）原料选择与处理

选用肉质厚、纤维少、含糖量高、色泽金黄的老熟南瓜为原料。削去外部坚硬带蜡质的外皮，切分除去瓜瓤和种子，再切成小块。

（2）打浆

小块南瓜肉与水 2∶1 混合，煮沸，煮软，用打浆机打成泥浆。

（3）煮制浓缩

每 50 千克南瓜泥浆加白砂糖 22.5 千克，柠檬酸 0.3 千克，置于锅内加热煮沸浓缩，边煮边搅，直至含糖量达到 64% ~65% 时即可出锅。

（4）装罐、杀菌

加入柠檬香油 2 克（先溶于酒精后再使用），趁热装罐，加盖密封后用 100℃杀菌 20 分钟即可。

（十一）桃脯的加工

1. 工艺流程

原料选择→切半→去核→去皮→硫处理→糖制（晾晒）→整形→烘干→包装

2. 工艺要点

（1）原料选择

多选用果肉白色的品种，采摘的成熟度应在青转白或转黄时为宜。要求肉质细腻、有韧性，成熟后果肉不软不绵的桃子。

（2）清洗

用清水洗净表面桃毛、污物和残留农药。

（3）切分、去核

先将桃子按大小及成熟度不同分级，然后将选用的桃子沿缝合线用刀劈开，再用挖核刀去除桃核，制成桃碗。

（4）去皮

配制浓度为 4% 的氢氧化钠溶液，煮沸，将鲜桃放入 30 秒左右，立即取出在清水中搅动至表皮全部脱落。

(5) 硫处理

从清水中捞出桃块，沥干水分后，浸入浓度为 0.3% 的亚硫酸氢钠溶液中，浸泡 2 小时左右，使桃肉转为乳白色。

(6) 糖制（晾晒）

第一次糖煮、浸渍：配制浓度为40%的糖液，并加入浓度为0.2%的柠檬酸，将桃碗倒入锅内煮沸，注意火力不要太强，以免将桃煮烂。煮制约 10 分钟后，将桃和糖液一同倒入浸渍缸内，根据桃的大小，浸泡 12~24 小时。

第二次糖煮：将糖液浓度调至 65%，然后将桃碗倒入，煮制 5 分钟即可捞出，沥净糖液，进行晾晒。

晾晒：将桃碗凹面朗上排列在竹屉上，在阳光下晾晒，晒至果实重量减少 1/3 时即可。

第三次糖煮：将糖液浓度调至 65%，然后将晾晒过的桃碗倒入煮锅继续煮 15~20 分钟，即可捞出。

(7) 整形

将捞出的桃坯沥净多余糖液，摊放在烘盘上冷却，待凉后，用于逐一将桃碗捏成整齐的扁平圆形。

(8) 烘干

将整形的桃送入供房，在 55~65℃，烘 36~48 小时即可，烘烤时要经常翻动、倒盘。

(9) 包装

产品冷却后，可采用糖果包装的方法单果包装，也可以塑料薄膜食品袋包装。

(十二) 金丝蜜枣

1. 工艺流程

原料选择→划丝→护色→熏硫、漂洗→糖煮、糖渍→烘烤、整形→包装→成品

2. 操作要点

(1) 原料选择

选用果形大，果肉肥厚、疏松、果核小、皮薄的品种。如浙江的大枣、马枣、团枣，河南的灰枣，山西的板枣、木枣、壶瓶枣等。在果实由青转白

时采收，红熟枣果不宜加工金丝蜜枣，否则制品色泽较暗。

（2）划丝、护色

用排针或机器将每个枣果划丝60～80条，其深度为2～3毫米为宜。划缝太深，糖煮时易烂，太浅糖液不易渗透。划丝针用3～4号缝衣针，每排8～10个，针距1毫米。划丝从一端划到另一端，不能来回划、重针划或交叉划。

（3）护色

经划丝后投入0.1%的亚硫酸溶液中护色。

（4）熏硫、漂洗

划丝后的枣果装筐进行熏硫，硫黄用量为果实重的0.3%，熏硫30～40分钟，至果实汁液呈现乳白色即可。在糖煮前要很好地漂洗。

（5）糖煮

先配制50%的糖液，按糖液与枣果7：10的比例同时下锅煮沸，再加枣汤（上次浸泡枣剩余的糖液）煮沸，加入量为枣果重的1/20，如此反复3次后，开始分次加糖。开始的1～3次，每次加糖为枣果重的1/12，煮5分钟。第4次至第5次，加糖为枣果重的1/10，第6次加糖为枣果重的1/6，每次煮制约20分钟，至可溶性固形物65%左右时出锅，然后连同糖液入缸浸泡48小时。全部煮制时间1.5～2.0小时。

（6）烘烤、整形

浸泡后沥干枣果，送入烤房，在55～65℃，烘6～7小时，进行整形，捏成扁平的长椭圆形，再继续烘至表面不黏手，果肉具韧性为止。

（7）包装

产品冷却后，可采用糖果包装的方法单果包装，也可以塑料薄膜食品袋包装。

（十三）无核糖枣

1. 工艺流程

原料选择→去核→浸泡→糖制→烘干→包装→成品

2. 操作要点

（1）原料选择

选用皮薄、肉厚、核小、含糖量高的品种，果实要求是完整、均匀、无霉烂、无虫蛀、完全成熟的干红枣。

（2）去核

将选好的红枣用去核机将枣核去掉，或用简易捅核器捅出。

（3）浸泡

把水加热至60～70℃时加入红枣，轻轻搅拌，浸泡20～30分钟，使枣肉吸水发胀，枣皮舒展，并洗净污物。随后捞出，再用清水冲洗一遍。

（4）糖制

按干红枣与蔗糖5：4的重量比，先将白砂糖配制成浓度为50%的糖液，加热至沸腾，加入0.3%柠檬酸，再加入浸泡过的枣，沸煮30～40分钟，至果肉呈半透明状为止。接着进行糖渍，将糖液移入缸内，再加入1%的蜂蜜、0.2%桂花和玫瑰等配料拌匀，然后将枣倒入缸中，浸渍48小时，至枣肉渗透糖液、枣面呈黑紫红色时为止。

（5）烘干

捞出枣，将其在沸水中漂一下，洗去枣坯上沾附的糖液，然后摊放于烘盘上，送入烘房烘烤。开始时，烘房温度控制在50℃左右，使枣皮慢慢收缩；烘烤5～6小时后，将温度提高到65～70℃，烘烤约10小时，其间要倒盘数次，使干燥均匀，当枣皮发皱时将温度降低至50～55℃，至枣水分降低到15%左右、手触摸为外硬内软时为止。

（6）包装

烘干后即可进行定量密封包装。

（十四）玉枣的加工

1. 工艺流程

原料选择→挑选分级→去皮→去核→糖煮、糖渍→烘烤→回软→拌粉→包装→成品

2. 操作要点

（1）原料选择

选用果形大，果肉肥厚、疏松、核小、皮薄的品种。在果实红熟或接近红熟的鲜枣采收，绿熟的枣果不易去皮故不能选用。

（2）挑选分级

按照果实大小分级，果实过小的枣果亦不宜加工玉枣。剔除病、虫、伤果及成熟度不足的果实。

（3）去皮

配制浓度为8%～9%的氢氧化钠溶液，煮沸，将鲜枣放入1～3分钟，待果皮能够分离时，立即取出在冷水中搅动、冲洗即可去除果皮。冲洗后也可用0.1%柠檬酸溶液进行中和消除碱液的影响。

（4）去核

用手工或机器去核机去除枣核。

（5）糖煮

用纯蔗糖配制30%～40%的糖液煮沸，把处理好的煮果倒入，在糖煮过程中，随煮随加冷的浓糖液和干砂糖，糖煮时间50～70分钟，糖液浓度55%～60%，枣果呈透明、半透明时即可出锅，然后用煮制的糖液浸泡18～24小时。沥干糖液，摆盘烘烤。

（6）烘烤、回软

烘烤的前期温度为60～70℃，不得高于75℃，后期温度为55～60℃，不得低于50℃，烘烤时间为18～24小时，烘烤后回软12～24小时。使得枣果不黏不燥。在干燥过程中还需要特别注意通风排湿，否则会使玉枣色泽变深，影响产品质量。

（7）拌粉

烘烤、回软后的产品拌葡萄糖与柠檬酸配制的糖粉，糖粉以葡萄糖与柠檬酸以20∶1比例配制，经过粉碎过60目筛。

（8）包装

产品拌粉后，可单果包装，也可以塑料薄膜食品袋包装。

（十五）带汁山楂蜜饯

1. 工艺流程

原料选择→烫漂→去皮、去籽→浸渍→糖煮→冷却→罐装、密封→杀菌、冷却→成品

2. 操作要点

（1）原料选择

选用成色新鲜、果形硕大、肉质厚实、成熟度均匀的优质山楂为原料。剔除病虫、残果。

（2）热烫

将山楂洗净后，放入 70～80℃的热水中热烫 3～4 分钟，然后捞出沥去浮水。

（3）去皮、去籽、整理

将捞出的山楂趁热撕去果皮，切开果实，去籽，去掉果柄及花萼，成为净山楂果坯。

（4）浸渍

将白砂糖配成65%的糖液并煮沸，边煮边滴入冷水，这时糖液中的杂质上浮为泡沫，用勺子将泡沫除去，停止加热，然后将山楂果坯倒入糖液静置浸渍 5 分钟左右。

（5）糖煮

用文火将糖液加热至缓缓沸腾，煮制 10 分钟以后改用猛火。果坯随沸腾的糖液上下翻滚 4～5 分钟后，果实变得透明，糖液也变成红色，即可调至微火保持 4～5 分钟，然后再保持轻微沸腾 2～3 分钟后，停止加热。

（6）冷却

捞出果坯，摊放在洁净的瓷盘中进行冷却。在冷却过程中，要轻轻加以摇动以避免黏连。

（7）罐装、密封

将剩余糖液过滤后除去杂质，再将冷却的果坯倒入糖液，轻轻搅拌均匀，装入经彻底消毒的玻璃瓶中，加盖密封。

（8）杀菌、冷却

密封后投入沸水中沸煮 12～15 分钟，冷却后即为成品。

（十六）杏酱

1. 工艺流程

选料→清洗、去核、修整、护色→软化→浓缩→装罐→封口→杀菌、冷却→成品

2. 操作要点

（1）选料

要求杏果新鲜饱满、成熟适度、无虫眼和霉变。

（2）清洗、去核、修整、护色

用流动水洗去果物表面泥沙、杂物，沿缝合线将杏分开两半，除去杏

核，修去表面黑点斑疤，浸入1% ~1.5%盐水中护色。

（3）软化

在夹层锅中加入杏坯和少量清水软化10~20分钟。

（4）打浆

打浆用孔径为0.7~1毫米的打浆机打浆1~2遍。如果做带肉果酱可不进行打浆。

（5）浓缩

杏酱有块状酱、泥状酱，不同的杏酱，果肉和砂糖的配比不同。如果做块状酱：杏与白砂糖的比例为4∶5；如果做泥状酱：杏泥与白砂糖的比例为7∶8。先将糖溶化成75%糖浆，煮沸过滤浓缩到80%以上，加入杏块或杏泥浓缩20分钟左右，边搅拌边浓缩，当可溶性固形物达到55% ~65%时出锅。

（6）装罐

铁罐要用抗酸涂料铁制成，事先洗净消毒，四旋盖玻璃瓶及盖、胶圈（垫）用75%酒精消毒。装罐温度为85℃，瓶口无残留果酱。

（7）封口

装罐后用封罐机立即封口。封口温度不低于70℃，要逐个检验封口质量。

（8）杀菌、冷却

四旋瓶升温5分钟，100℃保持15分钟。分段冷却，迅速冷却至37℃以下。

（十七）草莓酱的加工

1. 工艺流程

选料→清选→挑选→配料→加热浓缩→装罐→密封→杀菌、冷却

2. 操作要点

（1）选料

应选含果胶及果酸量大、芳香、味浓的品种。果实应八至九成熟，风味正常，果面呈红色或浅红色。

（2）清洗

在流动水中浸泡，洗净泥沙等杂物。

（3）挑选

拧去果梗，剔除杂物和不合格果。

（4）加热浓缩

草莓放入夹层锅中，加1/2的75%糖液，加热使充分转化。搅拌后，再加入余下的糖液和0.1%～0.15%柠檬酸，以气压为0.25～0.30兆帕（2.5～3千克力/平方厘米）的蒸汽继续加热至可溶性固形物达66.5%～67%时，加入0.075%山梨酸，并搅拌均匀，停止加热出锅。

（5）装罐

果酱装入经过消毒的454克玻璃罐中，每锅酱须在20分钟内装完。

（6）密封

趁热放正罐盖，旋紧。酱温应在38℃以上。

（7）杀菌、冷却

封口后投入沸水中煮5～10分钟，然后立即分段冷却。

（十八）山楂果冻

1. 工艺流程

原料选择→清洗→切分、破碎→预煮、浸提→过滤取汁→浓缩→加糖浓缩→冷却成型→成品

2. 操作要点

（1）原料选择

选择成熟度适宜（九成左右），果胶物质丰富，含酸量高，芳香味浓的原料。

（2）原料处理

剔除霉烂变质、病虫害严重的不合格果，然后进行清洗，对半切瓣备用，不需去核、去籽。

（3）预煮、浸提

进行二次。原料与水的比为（0.8～1）：1，煮沸8～10分钟，浸提5～10分钟，然后双层滤布过滤，得第一次果汁。果渣与水的比为（0.8～1）：1，煮沸3～5分钟，浸提3～5分钟，过滤得第二次果汁。

（4）汁液浓缩

将二次取汁所得汁液，浓缩至可溶性固形物含量达8%～10%。

（5）加糖浓缩

上述浓缩液与糖的比为1：（0.5～0.8），称量好糖，分次加糖继续浓缩至可溶性固形物达62%～65%。

（6）冷却成型

将浓缩液趁热倒入成型模具中，在50℃以下冷却成型即为成品。

（十九）山楂果糕

1. 工艺流程

原料选择→清洗→蒸煮→加糖→冷凝→成品

2. 操作要点

（1）原料选择

选用新鲜饱满、成熟度8～9成的果实。剔除虫害、霉烂果。

（2）清洗

用清水洗净并沥去水分。

（3）蒸煮

将洗净的山楂，在锅内蒸或煮至软熟，注意山楂蒸煮切勿过熟，否则果胶分解，影响胶凝能力。一般蒸至山楂果20%裂口为宜。蒸煮的山楂一次性加工不完，可以存放起来，存放方法为，取出蒸煮的山楂冷晾至不烫手，装入缸或坛中。缸或坛容器必须要洗净抹干，山楂装入时一定装实压紧。上边用塑料布密封，再用泥糊严，切勿透气，可长期保存。储存山楂的容器不宜过大，以便于开封后尽速使用，防止长期接触空气污染变质。

（4）加糖、冷凝

取出蒸煮的山楂用打浆机打浆，除去皮和籽。打浆机筛板孔径为0.5～0.8毫米。打成的山楂泥按山楂与糖1∶（0.7～1）的比例加入白砂糖。加糖的方法有5种。

（1）将糖化成65%糖浆煮沸过滤，趁热拌入山楂泥迅速搅匀。如用搅拌机需搅10分钟，倒入事先准备好的容器中静置6小时以上，即可凝成山楂糕。

（2）将糖化成40%糖浆过滤。加入山楂泥一起加热浓缩，不断搅拌，浓缩到可溶性固形物60%以上，倒入盘中冷凝。

（3）山楂打浆后直接加入白砂糖，在搅拌机内搅匀。由于山楂泥和糖都未加热，搅拌一定要充分，拌匀后倒入盘中静置冷凝。采用本法加工，加糖量要适当增加，以山楂泥与糖的比为1∶1为宜。

（4）山楂打浆时加热（在打浆时通入蒸汽），打成山楂泥趁热搅入白砂糖充分搅匀，使糖溶解，倒入盘子中静置冷凝。

（5）山楂蒸软后打浆，趁热拌糖，砂糖事先配成 60% 糖浆，进行澄清过滤并煮沸，将沸糖浆和热山楂泥均匀搅拌，倒入盘中静置冷凝。

（二十）山楂果丹皮

1. 工艺流程

原料选择→清洗→软化打浆→加糖浓缩→刮片干燥→切片包装

2. 操作要点

（1）原料选择

原料要求不太严格，但要求果实充分成熟，色泽好，无病虫害，无腐烂现象。凡不适合生产罐头、果脯的山楂果实，罐头生产中的破碎果实均可，也可用山楂汁生产中的下脚料果渣，但应与鲜山楂混合搭配使用。

（2）软化打浆

按果实与水为 1∶（0.5～0.8）重量比，混合于锅中预煮软化 20～30 分钟，以果实煮软烂为准。将果实连同预煮水一起倒入打浆机（筛板孔径为 0.5～1.0 毫米）中打浆，除去皮渣等杂质，滤出山楂泥。

（3）加糖浓缩

将山楂泥称重后倒入锅中，加入为山楂泥重量 30%～50% 的白砂糖，搅拌均匀，加热浓缩至稠泥状。如果不进行加热浓缩，加糖量为山楂泥重量的 60%～80%，加热后充分搅拌均匀即可。若山楂泥色泽浅，可添加适量胭脂红食用着色剂搅拌。

（4）刮片干燥

将木框模子（长 45 厘米，宽 40 厘米，底边厚 0.4 厘米）放在钢化玻璃板上，用勺挖取山楂泥倒在其上，用木刮刀刮平，摊成 0.3～0.4 厘米厚的山楂泥薄层。将玻璃板送入烘房内，放在烘架上在 60～65℃ 下干燥 8 小时左右。干燥至有一定韧性时揭起，再放入烘盘上继续烘干其表面水分，即成山楂片，其含水量约 10%。

（5）切片、包装

将山楂片切成长 10 厘米，宽 5 厘米的长方形块，在其表面撒些白砂糖（或不撒糖），卷成卷，再用玻璃纸包装即成山楂果丹皮。

第七节　北方果蔬速冻技术

果蔬速冻加工是指果蔬原料经过预处理后，在 -30℃左右的低温条件下，30 分钟内快速冻结，然后在 -18℃的低温下进行保藏的方法。速冻加工可以最大限度地保持果蔬原有的营养价值与原有的色、香、味。

一、果蔬速冻加工技术

果蔬速冻加工工艺因种类而不尽相同，其大致工艺流程如下。

原料选择→清洗→去皮→切分→浸盐水→烫漂→沥水→包装→速冻→冻藏→解冻

（一）原料的选择

为了保证产品的质量稳定，品质划一，速冻加工的果蔬原料应该达到鲜食的标准。即优级原料百分率高，色、香、味充分显现，质地坚脆，最好能做到当日采收，及时加工。采后不能及时加工时，必须贮存于冷库中妥善保存，并尽快加工。加工前应认真挑选，剔除病虫害、机械损伤及老化、枯黄、过于萎蔫的果蔬原料。

（二）清洗与整理

果蔬采收后，表面常附有灰尘、泥沙及碎叶等杂物。而速冻的果蔬多数解冻后就可以马上食用、或者直接进入精加工环节，为保证加工产品符合食品卫生标准，冷冻前必须对原料进行清洗。清洗要根据原料的污染情况和原料自身的特点选择清洗方式和清洗设备。一般是先将原料经过一定洗涤溶液的浸泡后，再用清洗设备清洗。清洗设备有多种形式，如转筒状洗涤机、高压喷水冲洗机等。

清洗方法有手工和机械两种，叶菜类适宜用手工洗涤，根茎类、果菜类适宜用机械清洗。清洗后果蔬应按色泽、成熟度及大小进行分级，分级有利于后序加工工序的进行，同时也是产品标准规格的保证。

（三）预冷

果蔬采收时，一般气温较高，果蔬会带有田间热，再加上果蔬自身呼吸释放的呼吸热，势必使果蔬温度不断提高，代谢活动及微生物的作用加剧，造成败坏。因此，有必要在其速冻加工前或原料暂存期间进行预冷降温。

原料的冷却方法，通常有空气冷却和冷水冷却，冷却用水要注意保持清洁，适时更换，防止污染。空气冷却可采用静止空气冷却或吹风式冷却等。

（四）去皮、切分

小型原料多进行整体冷冻，大型的或表皮比较坚实粗硬的果蔬，则需去皮、切分，制成大小规格一致的产品，以便包装冷冻。速冻果蔬，首先要去掉根须、老叶、黄叶及其他非食用的部分，如青椒去籽、豆角去筋、菠菜去根，茄子、角瓜及大多数果蔬的去皮等，而后按照一般家庭的食用习惯进行切分成形，采用机械或手工切分，分成块、片、条、丁、段、丝等形状。切分形状的大小要根据食用要求而定，但要做到厚薄均匀、长短一致、规格统一。

（五）护色

为了防止果蔬在切分、去皮以及在冷冻和解冻中的氧化变色，常采取的一些措施有以下几种护色方法。

1. 硫处理

将去皮、切分后的果蔬原料浸泡于0.2%～0.4%的二氧化硫溶液中2～5分钟，进行护色处理，能有效地抑制褐变。如用亚硫酸氢钠溶液浸泡亦能收到同样的效果，而且使用方便，价格合理。如将去皮后的整果先在5克/千克的二氧化硫溶液中或相当量的亚硫酸氢钠溶液中浸泡一段时间，切片时取出，切好后再放到新配制的上述溶液中浸渍2～5分钟，捞出后即可装罐或装盒进行速冻。

2. 提高含酸量，降低pH值

提高产品的酸度，可抑制氧化酶的活性，防止氧化变色。一般柠檬酸应用很普遍，它不仅能降低产品pH值而抑制氧化，并且能与果实或糖液中存在的酶促反应催化剂——铁离子和铜离子形成复合盐类，从而起到护色和防止褐变的作用。柠檬酸的用量一般为0.1%～0.2%，高者可达0.5%。

3. 添加抗氧化剂

抗坏血酸是一种强抗氧化剂，能防止酶促褐变，因而普遍应用于果蔬冷冻方面。一般在每100毫升果蔬的糖液中加入100毫克的抗坏血酸（0.1%左右），就可以在速冻保藏及解冻后数小时内不变色。抗坏血酸如果和柠檬酸混用，则效果更好。

（六）浸盐水

果蔬经清洗或适当切分后，一般要在2%左右的盐水中浸泡20~30分钟，以达到驱虫的目的，必要时可延长时间。浸过盐水的果蔬，需在清水中漂洗一次，以去除果蔬表面的盐水和虫体，并达到进一步清洗的目的。

（七）烫漂

烫漂的主要目的是抑制酶的活性，防止由于酶的作用引起的产品色泽和风味的变化。同时，软化纤维组织，去掉辛、辣、涩等不良风味，便于烹调加工。加工速冻果蔬是否需要热烫，因品种不同而异。一般认为，含纤维素多或习惯于炖、焖等方法烹调的果蔬如豆角、芹菜、菜花、蘑菇，经过烫漂后食用效果较好。有些品种如青椒、黄瓜、番茄等，含纤维素较少，不易进行烫漂，否则会使菜体软化，失去脆性，口感不佳。

果蔬一般用沸水短时间热烫，烫漂温度为90~100℃。果蔬品温要达70℃以上，热烫可以钝化酶活的性，避免酶在低温下引起速冻产品品质变化，发生变味、变色及营养物质损失。烫漂用水量与原料的投入量一般掌握在3∶1以上，即3千克水中投入1千克果蔬。热烫时间因原料的品种、大小和成熟度不同而异，一般为1~5分钟。烫漂不足会使品质变劣，热烫过度则会褐变和软烂。为保护果蔬的色泽，在烫漂水中可加入食盐等用以护色。烫漂后的果蔬应及时冷却，以中断热作用，防止色泽变暗、菜体软烂。一般用冷水迅速冷却至5~10℃。

（八）沥水

经切分等处理后的果蔬，无论是否经过烫漂，表面都会附有一定的水分，如果这部分水分不去掉，在速冻过程中很容易使果蔬与果蔬之间结块，这样既影响冻结速度，又不利于冻结后产品的后包装，还要消耗过多的冷量，所以要采取措施对果蔬进行沥干。

沥干的方法很多，有条件的可用离心甩干机和振动筛沥干，也可简单地把菜装入竹筐内，放在架子上，单摆平放，让其自行风干。

（九）包装

包装是保藏好速冻果蔬的重要条件，其作用是：可以有效地控制速冻果蔬在长期保藏过程中体内冰晶的升华，即水分由产品的表面蒸发而成干燥状态，防止产品在保藏期间接触空气而氧化变色，同时便于运输、销售和食用，防止污染，保持产品卫生。冷冻之前包装主要是防止产品失水萎焉及干燥。

速冻果蔬的包装容器所用的材料、种类和形式是多种多样的，通常有马口铁罐、涂胶的纸板杯筒、涂胶的纸板盒或纸盒（内衬以胶膜、玻璃纸、聚酯层）、塑料薄膜袋、复合包装袋或大型桶等。一般能完全密封的容器比开放的好，真空密封包装则更为理想。

实践中，有些切分的果蔬常与糖浆共同包装冷冻。目的是改善风味，并保存芳香气味，减少在低温下水的冻结量。加糖浓度为30%～50%，用量配比为2份原料加1份糖水。某些品种的果蔬，可加入2%的食盐水包装速冻，以钝化氧化酶活性，使果蔬外表色泽美观。

果蔬的包装方法比较多，可将果蔬送入冷库后，分别装入无毒的塑料薄膜袋内，薄膜厚度以0.06毫米为宜，以热合机封口。包装规格可按供应对象来确定，个人消费的，每袋可装0.25～0.5千克；食堂、饭店用的每袋可装5～10千克。利用大包装较省工，但包装材料有隔热作用，会降低冷冻速度，特别是大型包装容器的中心温度下降较慢，对微生物活动有利。因此，最好先将原料预冷后（预冷到2～5℃），再转入大包装，这样较为安全，有利于贮藏。

为了提高冻结速度和冻结效率，大多数果蔬宜采用先速冻后包装，只有少数叶菜类或加糖浆和食盐水的果蔬在速冻前包装。速冻后包装要求迅速及时，从出速冻间到入冷藏库，力求控制在15～20分钟，包装车间的温度应控制在－5～0℃，以防产品回软、结块和品质劣变。

二、果蔬速冻的方法和设备

果蔬的冻结方法及装置多种多样，分类方式不尽相同。速冻常用机械制冷设备进行冻结，并且为了保证速冻产品的品质，速冻产品必须在稳定的低温下保藏。所以果蔬速冻加工需要有用于速冻的速冻机或速冻间，还需

要 -18℃的低温冷库用于速冻产品的保藏和周转。目前果蔬速冻保藏工业中常用的冻结方法和装置有如下几种。

1. 隧道式鼓风冷冻装置

生产上一般采用隧道式冷冻机，是在一个长形的、墙壁有隔热装置的通道中进行冷冻的，通道里有承载架，将产品铺放于浅盘中，然后将浅盘放在承载架上以一定的速度通过此隧道。隧道内部装置又有所不同。一般是将空气由鼓风机吹经冷凝管后降温，降温后冷空气吹到隧道中，穿流于产品之间使其冷冻，这种方法冻结速度快。

一般隧道的温度可分为 3 ~ 6 个阶段，以不同的低温进行冷冻，逐步的降低温度，减少产品在冻结过程中失水。

近来又有一种立式冷冻装置。工作过程是将产品铺放在冷冻盘中，冷冻盘装置在上下循环的链带上，随着链带运动，产品在冷风的作用下进行冷冻，由基部运行到顶端，由顶端卸出。空盘又返回基部再装料，循环操作，周而复始。冷冻盘的升起速度由时间控制装置在调定的时间内穿流运行，可以完全自动化操作，既降低了劳动强度，又提高了效率。

2. 流态化冻结装置

流态化冻结装置适用于冻结球状、片状、圆柱状、块状颗粒食品，尤其适于果蔬类单体的冻结。将原料铺放在网带上或有孔眼的盘子上，铺放厚度据原料的情况而定，一般在 2.5 ~ 12.5 厘米。将冷却的空气以足够的速度由网带的下部向上吹送，冷空气经过网眼与网上铺放的产品接触。这种强制向上吹送的冷气流将产品颗粒吹起悬空漂流波动，颇像液体沸腾的形式，从而增加了食品颗粒与冷气流的接触面，达到快速冷冻。冷冻时空气流速至少在每秒钟 3 米以上，空气的温度一般为 -34℃。这种速冻的特点是传热效率高，冷冻速度快，但这种方法产品冻结干耗损失较大。

食品流态化冻结装置属于强烈吹风快速冻结装置，目前，生产上使用的主要有带式流态化冻结装置、振动流态化冻结装置和斜槽式流态化冻结装置。

3. 间接接触冷冻法

这种方法是将产品与由制冷剂冷却的金属空心板表面接触而进行降温冷冻的，间接接触冷冻设备有多种设计，最初用的是水平装置的空心金属平板，它安装在一个隔热的箱柜中，制冷剂在空心平板中穿流，包装的产品放置在平板上，而后由水压机器带动空心平板，使包装的产品与上下平板的表面在一定的压力下紧密接触通过热交换方式进行冷冻。板式冻结干耗损失小，多为间歇是操作，劳动强度大。

4. 喷淋、浸渍冷冻法

利用载冷剂作为“不冻液”直接喷淋或浸泡被冻结的食品。液体是热的良好传导介质，在冷冻过程中液体制冷剂与产品直接接触，接触面积大，热交换效率高，使产品散热快，冷却迅速。

常用的载冷剂有：① 冷却盐水；②冷却糖溶液；③丙二醇、丙三醇－水混合物。对直接喷淋、浸渍冷冻的载冷剂要求其具有无毒、无异味、经济合理、导热性好、稳定性强、黏度低等特点。

进行浸渍冷冻的产品，有的包装有的不包装。而对于不包装的产品可直接在冷却糖液中迅速冷冻，取出时用离心机将黏附未冻结的液体排除。

5. 深低温冷冻

深低温冷冻用于保持原形的或者是薄膜包装的产品，它是在某种制冷剂作用下，由于制冷剂发生相变（由液相变为气相）过程中会迅速吸收产品中大量的热量而使产品迅速冷冻的方法。低温制冷剂一般都具有很低的沸点，通常采用的制冷剂有液氮、二氧化碳、一氧化二氮。其方法也多为喷淋、浸渍冷冻。

三、速冻果蔬的冻藏与运销

1. 冻藏温度

从果蔬的品质考虑，一般温度低于－10℃，能有效抑制微生物生长繁殖；温度低于－18℃能有效抑制酶的活性，降低化学反应。所以，大多数速冻食品冻藏温度为－18℃。温度越低冻藏效果越好，但是成本相对就越高。

2. 冻藏温度恒定

要求速冻食品在冻藏过程中，温度要稳定，减少波动。当冻藏温度波动大时会加剧水分重结晶现象，使冰晶长大，影响冻藏产品的质量。维持冻藏温度恒定，要注意：①冻藏库的保温与冷冻机的运转要保持正常，温度控制系统的准确、灵敏；②物料进出冻藏库应设“缓冲间”；③每次进出量不宜过大。

3. 速冻果蔬冻结保藏的时间

速冻产品的冻藏期一般可达 10 个月以上，条件好的可达 2 年。

4. 速冻果蔬的流通运销

速冻果蔬的流通运销应使用具有制冷及保温装置的汽车、火车、船、集装箱等专用设施；运输时间长的要控制温度在－18℃以下，一般可控制温度在－15℃。销售时也应有低温货架与货柜。整个商品供应过程也应采用冷链流通系统零售市场的货柜应保持低温，一般仍要求在－18～－15℃。

四、解冻方法

速冻果蔬在使用之前要进行解冻。所谓解冻，是使冷冻果蔬内部的冰晶体状态的水分转化为液态水，同时最大限度地恢复果蔬原有的状态和特性的工艺过程。

果蔬的速冻和冻藏并不能杀死所有微生物，它只是抑制微生物的活动。果蔬解冻之后，由于其组织结构已有一定程度的损坏，因而内容物渗出，温度升高，使微生物得以活动和理化变化增强。由此速冻果蔬应在食用之前再解冻，而不宜过早解冻，且解冻之后应立即食用，不宜在室温下长时间放置。否则由于“流汁”等现象的发生而导致微生物生长繁殖，造成果蔬败坏。解冻时间愈短，败坏的发展愈慢，质量愈好。

解冻作为一个工艺过程常由专门的设备来完成，按供热方式可分为两种：一种是由外面的介质（如空气、水等）经果蔬表面向内部传递热量；另一种是从内向外传热，如高频和微波。按热交换的形式不同则可分空气解冻法、水或盐水解冻法、冰水混合解冻法、加热金属板解冻法等几种。其中，空气解冻法也有3种情况：0～4℃的空气中缓慢解冻；15～20℃空气中迅速解冻和25～40℃空气蒸汽混合介质中急速解冻。进行烹调的速冻果蔬常与烹调结合在一起，不需要专门进行解冻。

五、速冻果蔬加工实例

（一）马铃薯速冻

1. 工艺流程

原料选择→清洗→去皮→修整→切条→分级→漂烫→干燥→油炸→沥油→预冷→速冻→称重包装→冻藏

2. 操作要点

（1）原料选择

薯条加工品种要求为马铃薯原料要求淀粉含量适中，干物质含量较高，还原糖含量较低的白肉马铃薯；薯形要求长柱形或长椭圆形，头部无凹，芽眼少而浅，表皮光滑，无裂纹空心；适合加工薯条的马铃薯品种要求休眠期长，抗菌性强。选择外观无霉烂、无虫眼、不变质、芽眼浅、表面光滑的马铃薯，剔除绿色生芽、表皮干缩的原料。

生产前应进行理化指标的检测，理化指标的好坏直接影响到成品的色泽。马铃薯的还原糖含量应小于0.3%，若还原糖过高，则应将其置于15～18℃的环境中，进行15～30天的调整。

(2) 清洗

可以在水力清洗机中清洗马铃薯，借助水力和立式螺旋机构的作用将其清洗干净。

(3) 去皮

去皮方法有人工、机械、热力和化学去皮。为了提高生产能力，保证产品质量，宜采用机械去皮或化学去皮。去皮时应防止去皮过度，增加原料损耗，影响产品质量。还要注意修整，去芽眼、黑点等。

(4) 切条

去皮后的马铃薯经清水冲淋，洗去其表面黏附的马铃薯皮及渣料，然后由输送带送入切条机中切成条，产品的规格应符合质量要求。

(5) 漂洗和热烫

漂洗的目的是洗去产品表面的淀粉，以免油炸过程中出现产品粘结现象或造成油污染。热烫目的是使马铃薯条中的酶失活，防止酶促褐变产生而影响产品品质，同时使薯条表层淀粉凝胶化，减少油的吸收。采用的方法有化学方法和物理方法，化学方法采用化学试剂（抗氧化剂、抗坏血酸等）溶液浸泡；物理方法即采用热水进行烫漂，时间因品种及贮藏时间的不同而异。

(6) 干燥

干燥的目的是为了除去马铃薯条表面的多余水分，从而在油炸过程中减少油的损耗和分解。同时使烫漂过的马铃薯条保持一定的脆性。但应注意避免干燥过度而造成黏结，通常采用压缩空气干燥。

(7) 油炸

干燥后的马铃薯条由输送带送入油炸设备内进行油炸，油温控制在170～180℃，油炸时间为1分钟左右。

(8) 速冻

油炸后的产品经脱油、冷却和预冷后，进入速冻机速冻。

（9）包装

速冻后的薯条半成品应按规格重量迅速装入包装袋内，然后迅速装箱。包装袋宜采用内外表面涂有可耐高温的塑料膜的纸袋。

（10）冻藏

包装后的成品置于－18℃以下的冷藏库内贮藏。

（二）豆角速冻

1. 工艺流程

原料选择→除尖端→清洗→浸盐水→漂洗→热烫→冷却→甩水→包装→冻结→冻藏→解冻食用

2. 操作要点

（1）原料挑选

选择新鲜脆嫩、色泽鲜绿、成熟度适当，无明显豆粒凸起的豆角，长度8～12厘米，直的为好。

（2）除尖端（掐头去尾）

用剪刀略剪去豆荚两端，不宜剪去过多，以防止水分浸入豆荚而使豆荚在冻结时涨裂，影响质量。

（3）清洗

除去尖端的豆角应及时清洗干净，及时速冻加工，以防锈头（实质上是褐变）产生。

（4）浸盐水

置于2%～4%盐水中浸泡10～30分钟，以驱除小虫。

（5）漂洗

浸泡后用清水将盐分、小虫、黏附的杂质和微生物漂洗干净。

（6）热烫

将漂洗过的豆角置于沸水中，烫漂约2分钟（时间要灵活掌握，时间可延长，但也不可烫漂过度），使表面膨胀，色泽鲜艳，口嚼无生味为止。

（7）冷却

采用冷水迅速冷却，即在3～4分钟达到目的，也可用冷风机冷却。

（8）甩干

采用中速离心机甩去多余水分，或用干纱布擦干，擦到没有明水即可。

(9) 包装

用塑料袋装，热封，包装前也可切成3厘米长便于以后食用。

(10) 冻结

包装后放入速冻机速冻，要求产品色泽鲜绿、豆荚鲜嫩、条形完整、无异味、无粗纤维感、不结块。

(11) 冻藏

在冻结条件下保藏（-18℃）。

(12) 解冻食用

冻藏后连同袋子用冷水解冻，解冻后可迅速凉拌或炒食。

（三）蒜薹速冻

1. 工艺流程

原料选择→剪苗切段→清洗→烫漂→冷却→甩水→包装→冻藏→解冻食用

2. 操作要点

(1) 原料选择

选新鲜、肥嫩、纤维含量少、不老化的蒜薹。

(2) 剪苗切段

根部切去0.5~1厘米，顶部花蕾部分切去，中间部分视情况切成25~28厘米或20~23厘米或2~3厘米条段。

(3) 清洗

切段后要清洗干净，用4%盐水泡30分钟。

(4) 烫漂

沸水热烫，时间比豆角短，10~20秒钟，至色泽转鲜绿为止。

(5) 冷却

冷水迅速冷却，也可冷风机冷却。

(6) 甩干

用离心机甩去多余水分。

(7) 包装

用塑料袋热封包装。

(8) 冻结

包装后放入速冻机速冻。

（9）冻藏

在冻结条件下保藏（－18℃）。

（10）解冻食用

冻藏后连同袋子用冷水解冻，解冻后可迅速凉拌或炒食。

（四）速冻黄瓜

1. 工艺流程

原料挑选→清洗→剖切→去籽→漂洗→甩干→包装→速冻→冻藏→解冻食用

2. 操作要点

（1）原料选择

采用新鲜、色泽绿的黄瓜，黄瓜花斑不宜过多，另黄瓜不宜贮存，采收验收后立即加工。

（2）清洗

用清水将黄瓜表面的泥土杂质及小刺洗干净。

（3）剖切

黄瓜条纵切成两瓣。也可将两瓣从中间再切成四段，切成条或圆片也可。

（4）去籽

黄瓜若过老，要用刀挖去籽实。

（5）漂洗

不用热烫 ，但应充分漂洗。

（6）甩干

采用中速离心机甩去多余水分，或用干纱布擦干，擦到没有明水即可。

（7）包装

用塑料袋热封包装。

（8）冻结

包装后放入速冻机速冻，要求产品色泽清绿，肉质洁白、鲜嫩、无粗纤维感，具有黄瓜应有的风味。

（9）冻藏

在冻结条件下保藏（－18℃）。

（10）解冻食用

冻藏后连同袋子用冷水解冻，解冻后可迅速凉拌或炒食。

（五）菜花速冻

1. 工艺流程

原料挑选→去叶→清洗→切小花→驱虫→漂洗→热烫→冷却→甩水→速冻→冻藏→成品

2. 操作要点

（1）原料选择

要求花球紧密结实、鲜嫩洁白或淡黄，无异色及斑疤。

（2）去叶

除去菜叶、老根及表面霉点。

（3）清洗

充分洗涤干净。

（4）切小花

先从茎部切下大花球，再切成小花球，不能散花，茎部切削要平正。

（5）驱虫

用4%的食盐水浸泡30分钟，驱小虫。并增加其咸味。

（6）漂洗

用清水充分漂去小虫及杂物。

（7）热烫

用0.1%柠檬酸水热烫1分钟左右。

（8）冷却

采用冷水迅速冷却，即在3~4分钟达到目的，也可用冷风机冷却。

（9）甩干

采用中速离心机甩去多余水分。

（10）包装

用塑料袋热封包装。

（11）冻结

包装后放入速冻机速冻，要求产品花朵呈白色或乳黄色，色泽一致，无霉点褐斑，花球鲜嫩、紧密、结实、整齐，无异味。

（12）冻藏

在冻结条件下保藏（-18℃）。

（13）解冻食用

冻藏后连同袋子用冷水解冻，解冻后可迅速凉拌或炒食。

（六）莴笋片速冻

1. 工艺流程

原料挑选→去掉叶子、老根→去皮→切段→热烫→冷却→包装→速冻→冻藏→成品

2. 操作要点

（1）原料要求

挑选粗纤维少、皮薄、脆嫩的新鲜莴笋，及时采收，及时加工。

（2）去叶子、老根、去皮

先应把叶子、老根全部去掉，再用刀剥去外部粗硬的皮，漂洗干净。

（3）切分

按其长度切成 5 厘米长的小段，然后再切成 2 ~ 3 毫米厚的薄片，最后再切成 1 厘米宽的条。

（4）热烫

沸水热烫至透明、青绿为止，时间 1 ~ 2 分钟。

（5）冷却

采用冷水迅速冷却，即在 3 ~ 4 分钟达到目的，也可用冷风机冷却。

（6）甩干

采用中速离心机甩去多余水分，或用干纱布擦干，擦到没有明水即可。

（7）包装

用塑料袋热封包装。

（8）冻结

包装后放入速冻机速冻。

（9）冻藏

在冻结条件下保藏（ –18℃）。

（10）解冻食用

冻藏后连同袋子用冷水解冻，解冻后可迅速凉拌或炒食。

（七）青豌豆速冻

1. 工艺流程

原料选择→削豆粒、分级→浸盐水→拣选→热烫→冷却、沥水→速冻→

包装→冻藏

2. 操作要点

(1) 原料选择

选用白花品种，要求豆粒鲜嫩、饱满、均匀，呈鲜绿色，色泽一致。加工成熟度以乳熟期为好，此时含糖量高而淀粉少，质地柔软，甜嫩适口。

(2) 削豆粒、分级

人工或机器削荚，机器削荚应尽量避免机械损伤。削出的豆粒按直径大小用筛子分级。要求豆粒直径不小于5毫米。

(3) 浸盐水

将豆粒放入2%的盐水中浸泡约30分钟，既可驱虫，又可分离老熟豆。然后先捞取上浮的嫩绿豆，下沉的老熟豆作次品处理。浸泡后的豆子用清水冲洗干净。

(4) 拣选

将经浮选漂洗的豆粒倒在工作台上，剔除异色豆、有破裂和有病虫害的豆粒，并除去碎荚、草屑等杂质。

(5) 热烫

将豆粒放入沸水中烫漂1.5～3分钟，要适当翻动，使其受热均匀，热烫至口尝无豆腥味为适宜。

(6) 冷却、沥水

热烫后的豆粒立即投入5～10℃的冷水或常温水中冷却，轻轻搅拌以加快冷却。冷却后捞出沥干水分。

(7) 速冻

采用流态化速冻。即将豆粒均匀地放入硫化床输送带上，厚度为30～40毫米，在-35～-30℃，冷气流速为4～6米/秒的条件下冻结3～8分钟，至中心温度为-18℃以下。

(8) 包装

用聚乙烯袋包装，再装入纸箱中。

(9) 冻藏

包装后迅速送入低温冷库中，冻藏温度为-20～-18℃，在此温度下贮藏期限为12～16个月。

（八）蘑菇速冻

1. 工艺流程

原料处理→分级→护色→烫漂、冷却→沥水→速冻→包装→冻藏

2. 操作要点

（1）原料处理　分级护色烫漂、冷却沥水速冻

蘑菇菌体非常柔软，易损伤，易变色，特别是手摸部分更易变色，所以，采摘时应轻轻地拿伞柄。采后应在2～4℃下冷藏，并在24小时之内冻结。

（2）分级

根据伞径的大小，可以将蘑菇分为大、中、小3级。

（3）护色

将蘑菇浸入1%的柠檬酸水溶液中，抽真空护色3分钟。

（4）烫漂、冷却

烫漂时间据直径大小而定，一般控制在2～5分钟。烫漂后，应马上用17～18℃的水喷淋冷却，然后再浸入1%的柠檬酸水溶液中继续冷却。

（5）沥水

冷却后捞出沥干水分。

（6）速冻

进行快速冻结，冻结时间要求在20分钟内，且冻结蘑菇中心温度降到－20℃以下。

（7）包装

用聚乙烯袋包装，再装入纸箱中。

（8）冻藏

包装后迅速送入低温冷库中，冻藏温度为－20～－18℃。

（九）菠菜速冻

1. 工艺流程

原料选择→整理→热烫、冷却→速冻→包装、冻藏

2. 操作要点

（1）原料选择

菠菜主要有圆叶和尖叶两类，圆叶菠菜适于速冻。选用鲜嫩、无黄叶、无白斑、无抽薹、无病虫害的圆叶品种进行速冻加工。由于菠菜水分蒸发

快，叶片易萎蔫，故采后要尽快加工。

（2）整理

剔除枯黄、焦叶，并剪去0.5厘米左右的根头，修去根须，拣出抽薹株，然后用清水将菠菜洗干净，轻轻捆成小把，一排排放入竹筐中。

（3）热烫、冷却

烫漂时先将根部烫1分钟，然后再烫叶子，要防止根部时间过短，叶片烫漂时间过长。因为根部烫漂不足，贮藏中会褐变；叶片烫漂过度，会失去鲜艳的翠绿色。烫漂后立即投入冷水中冷却，至中心温度达10℃以下。冷却速度对菠菜的色泽影响很大，冷却速度快者颜色翠绿，冷却速度慢者颜色褐暗。冷却后沥去水分。

（4）速冻

将沥水后的菠菜于-35℃左右的速冻机中冻结，至中心温度达-18℃以下。

（5）包装、冻藏

菠菜在冻藏中水分容易升华，影响产品质量，因此，应在冻结后包冰衣。将冻好的菠菜块从盘中取出（把菠菜盘放于温水中即可取出菠菜块），然后置于3～5℃冷水中浸渍3～5秒，迅速捞出。这样，不仅可以防止干耗，而且能保持色泽，减少菜叶损坏。将包好冰衣的菠菜块，装入聚乙烯塑料袋中密封，于-18℃以下的冷藏库中贮藏。

（十）大蒜片速冻

1. 工艺流程

原料选择→整理→甩干→速冻→包装→冻藏

2. 操作要点

（1）原料选择

选择干燥、清洁、成熟、无虫、无腐烂、未变质的大瓣蒜头。

（2）整理

按大中小进行分级；用不锈钢刀切除根蒂，剥去外皮，掰开蒜头；剥去蒜头的内衣膜，去掉斑点、霉烂、发芽、虫蛀、形状不整齐的蒜头；清洗去除蒜头的鳞片、碎片等不合格者。

（3）甩干

用离心机甩干蒜头上多余的水。

（4）速冻

把蒜瓣平铺在速冻盘内，在快速冻结机中进行冻结，冻结温度为 -35℃以下，使产品中心温度达到 -18℃以下。

（5）包装

用聚乙烯塑料袋进行真空密封包装。

（6）冻藏

包装后及时冻藏，库温为 -18℃以下。

（十一）速冻甜玉米粒

1. 工艺流程

原料采收→预冷→去苞叶、穗须→清洗、检选→脱粒→热烫、冷却→筛选→速冻→包装、冷藏

2. 操作要点

（1）原料采收

采收成熟度适中的甜玉米，采后及时运回工厂，注意防止暴晒、雨淋和机械损伤。

（2）预冷

将甜玉米摊开在有鼓风设备的阴凉通风处短期存放。切不可堆积，以防因散热不好而导致品质下降。甜玉米采收后成熟度增长很快，应在数小时内冻结，若不能冻结，应及时冷却至5℃以下贮藏。

（3）去苞叶、穗须

手工剥去苞叶，除去玉米须，并剔除有病虫害及干瘪的甜玉米。

（4）清洗、检选

将去除苞叶的甜玉米放入2%的盐水中浸泡25～30分钟驱虫，再用清水漂洗干净。捞出后进行检选，去除残留的玉米须、苞叶、病虫害及机械损伤的籽粒，注意轻拿轻放。

（5）脱粒

采用机械脱粒，注意调整好切削甜玉米刀具中心基准，使刀具尽可能从籽粒根部切削，保证甜玉米粒的完整。

（6）热烫、冷却

将玉米粒放入沸水中热烫2～4分钟，捞起迅速用冷水冷却到10℃以下，捞出沥掉水分。

（7）筛选

将甜玉米粒通过有两层不锈钢筛子的振动筛，按甜玉米粒大小分级，并人工检选出玉米须、碎玉米芯等。

（8）速冻

分级后的甜玉米粒送入 -35℃的低温下进行单体速冻，至中心温度达 -18℃以下。

（9）包装、冷藏

冻结后的甜玉米粒在冷冻车间迅速装袋、计量、封口并装箱，立即送入 -20 ~ -18℃的低温冷库中冷藏。

第八节　北方果酒酿造技术

果酒酿造是以果品为原料利用有益微生物活动加工制造的产品的技术。果酒酿造的主要产品是葡萄酒。世界上生产的葡萄中约有 80% 用于酿酒。葡萄酒含有丰富的营养成分，并具有降血压、舒筋活血等健身功能，所以随着经济的发展，人民对葡萄酒的消费在日益增长。因此，因地制宜建立葡萄酒生产基地，发展葡萄酒生产具有十分广阔的前景。

一、红葡萄酒的酿造

1. 工艺流程

原料选择→去梗、破碎→容器准备、装缸→亚硫酸处理→发酵液调整→主发酵→过滤、压榨→后发酵→陈酿、换桶除渣→调制→装瓶→杀菌→冷却→成品

2. 操作要点

（1）原料选择

酿造红葡萄酒的原料要求葡萄中糖、酸、单宁含量高，紫黑色、香味浓郁、颗粒较小的品种。主要品种有赤霞珠、黑比诺、品丽珠、塞北魂、加里酿等。在最佳食用成熟期采收，剔除腐烂果粒和未熟果粒。

（2）去梗、破碎

先除去葡萄果梗，用除梗机或手工去梗然后再用破碎机破碎，破碎时不能将种子破碎，破碎设备与果实接触的部件应使用硬木质、不锈钢或者纯铝

以及硅铝合金为宜，注意在破碎过程中果实不应与铜、铁容器及用具接触。破碎后得到果浆。

（3）容器准备、装缸

发酵容器可以用木桶、陶瓷缸、坛，不锈钢发酵罐等，在使用前应充分清洗干净，利用硫黄熏蒸等方法消毒。将破碎后得到果浆装入发酵容器中。注意不可装的过多，以免发酵时发酵液外溢，应留出总容积的1/5的空隙。酿造红葡萄酒的容器在主发酵时多为开放容器。

（4）亚硫酸处理

装入葡萄果浆以后，立即在发酵容器中加入亚硫酸溶液，以防止杂菌繁殖，保证酵母菌正常繁殖和活动。加入亚硫酸的量以容量计算，使其中 SO_2 含量为0.01%，SO_2 含量过多会影响酒酵母的繁殖，SO_2 含量过少易感染杂菌。

（5）发酵液调整

葡萄酒中的酒精是由果实中的糖分发酵转化而来，据报道1.7克糖能生成1度酒精。一般葡萄含糖量在14%～20%，可生成8.0～11.7的酒精度，因此需要根据一般葡萄酒的酒精度要求为12～18度，在发酵前对葡萄果浆中含糖量的测定结果确定加糖量。加糖宜在发酵旺盛时进行。葡萄酒中要求的含酸量一般在0.5%～0.75%，要求葡萄果浆的含酸量在0.6%～1%为宜。既适合于酵母菌，又能抑制杂菌，使葡萄酒风味最好。若果浆中酸度过低，可用柠檬酸、酒石酸等调整。

（6）主发酵（前发酵）

葡萄酒发酵一般选用优良的葡萄酒酵母菌，将菌种经过三级扩大培养成酒母液，酒母液的用量为发酵液的1%～10%，加入酒母液后在20～25℃下开始进行发酵，在发酵的前几天每天早晚各搅动一次，将浮在面上的皮渣压入发酵液内，前发酵一般5～10天即可完成。在主发酵过程中发酵液的温度和可溶性物质的含量不断变化，在旺盛发酵时期品温升至最高，以后又逐渐下降。当品温降至接近室温，可溶性物质约等于1%时发酵即将结束。发酵过程中的降温控制主要是利用发酵罐（池）有冷却管或蛇形管，以输送冷水或冰水降温，或双层发酵罐的罐体外层有保温层，夹套内输送冷水或致冷介质用来降温。

（7）过滤、压榨

当完成主发酵后要及时分离皮渣，分离方法是先将容器中清澈的酒液滤出，剩余含有皮渣和沉淀的部分酒液利用粗滤和小型螺旋压榨机进行压榨取出，再将发酵液装入发酵容器，装量为容量的95%，后发酵的容器要严格密封。

（8）后发酵

后发酵温度一般控制在15~18℃，缓慢地进行后发酵1个月左右，使残存的糖分进一步发酵为酒精。当后发酵结束时，糖分降到0.1%。

（9）陈酿、换桶除渣

完成发酵的葡萄酒被称为新酒，新酒酒液浑浊、口感辛辣、不宜饮用，必须进行贮存陈酿使之成熟。把后发酵酒用虹吸法吸入用于陈酿的酒桶内，装量为100%，在8~12℃的温度下贮存陈酿，其间要进行多次换桶，除去酒中沉淀，还需要进行添桶，始终使酒桶装满酒。换桶前切忌移动或振动酒液。应采用虹吸方法，尽量不使酒液接触空气，以免过度氧化。陈酿时间需1~2年。时间越长酒的品质越好。

（10）成品酒调制（勾兑）

经过陈酿的葡萄酒，用虹吸管吸出，对酒液的成分进行检测，根据成品酒的要求进行适当的调制，调制的内容主要是酒度、酸度、糖分及色泽与香味。加工干红葡萄酒一般不调糖，甜红葡萄酒则需要调糖。除了糖分其他成分调整幅度不宜过大。调制后的红葡萄酒还需要适当时间的存放，使其口感更协调。

（11）装瓶、杀菌、冷却

装瓶前需要对酒液进行一次精滤，保证酒液澄清不浑浊。装瓶、密封后加热到60~70℃，经10~15分钟杀菌，杀菌后冷却即为成品。

二、白葡萄酒的酿造

1. 工艺流程

原料选择→破碎→压榨→澄清→容器准备、装缸→亚硫酸处理→发酵液调整→主发酵、后发酵→陈酿、换桶除渣→调制→装瓶→杀菌→冷却→成品

2. 操作要点

（1）原料选择

酿造白葡萄酒的原料要求葡萄中糖、酸、单宁含量高的浅色葡萄品种。主要品种有长相思、雷司令、琼瑶浆、白福儿、龙眼等。在最佳食用成熟期采收，剔除腐烂果粒和未熟果粒。

（2）破碎、压榨

用破碎机将果粒挤破，然后立即进行压榨取汁，在压榨时，采用适当的

压力，尽可能压出果肉中的汁液，而不压破种子和果梗。

（3）澄清

澄清主要利用静置法和酶法澄清。在静置澄清时每升果汁中加入150～200毫克的二氧化硫，以防止果汁自然发酵影响澄清，静置24小时即可分离沉淀物，取得澄清汁。酶法澄清一般用果胶酶，果胶酶的用量应根据酶的活力先做小试验确定用量，以使用精酶为宜。将酶用水溶解后，加入果汁中搅拌均匀，静置12小时即可澄清。此外，高速离心或用压滤机加硅藻土精滤。在葡萄破碎时或压汁后加入二氧化硫，可以有效地杀死或抑制侵入果汁中的杂菌，而对葡萄酒酵母菌无损害。

（4）容器准备、装缸

与红葡萄酒相同，不同的是酿造白葡萄酒的容器多为密闭容器。

（5）亚硫酸处理

加入亚硫酸的量以容量计算，使其中SO_2含量为0.015%～0.02%，稍高于红葡萄酒所使用的SO_2含量，因为，白葡萄酒中单宁物质含量少。

（6）发酵

发酵分前发酵（或称主发酵）和后发酵两个阶段。前发酵阶段，由于酵母的生长繁殖，促使发酵加剧。当发酵激烈进行时，有大量二氧化碳气体从容器底部上升，发酵罐中会由气体排出发出声响。前发酵温度掌握在18～20℃。当前发酵进行将近一半（3天左右时间），即发酵液的糖分下降1/2时，就向发酵液中补充白砂糖。加糖的比例为每10千克发酵液加白砂糖1.1千克。糖可用发酵液溶解，溶解时应充分搅拌，切不可有部分糖分沉于容器底部。经过补充糖分的发酵液，再继续进行主发酵，经过2～3天，发酵液甜味逐渐消失，酒味明显增加，发酵趋于缓慢，气泡大量减少，液面不再翻腾，品温开始下降，这时就进入后发酵阶段。

在后发酵过程中，残糖会继续生成酒精，同时酒中的酸与酒精发生酯化作用产生芳香物质，香气逐渐增加。随着发酵过程逐渐停止，酵母活力减弱，这就增加了有害杂菌的感染机会，稍一疏忽便会造成酒的酸败。为了避免这种情况，当主发酵终止时，应将原酒移入小口的容器内，并使酒液装满密闭，经2周左右，完成后发酵，并且酒中杂质慢慢沉积于容器底部，酒液变清，这时可用虹吸方法将澄清的酒液抽出进入陈酿。

白葡萄酒整个发酵阶段需保持15～20℃的温度，为低温发酵。在此温度下，生成的葡萄酒挥发酸含量低，果香风味物质损失少。

（7）陈酿、调配、装瓶、杀菌等

同红葡萄酒。

第九节　北方果蔬加工技术应用

一、山楂胡萝卜复合饮料的研制

1. 材料与方法

（1）试验材料

山楂（市售）、胡萝卜（市售）、白砂糖（一级）、柠檬酸（分析纯）、CMC（食品级）和卡拉胶（食品级）。

（2）试验仪器与设备

电子天平，恒温水浴锅，破碎机，榨汁机，胶体磨，杀菌锅，灌装机。

（3）工艺流程

山楂汁、胡萝卜汁→混合调配→均质→灌装→杀菌→冷却→成品

（4）操作要点

①山楂汁的制备：选择成熟度一致，无病虫，无腐烂变质的新鲜原料山楂，用流动水充分洗涤，去除泥沙、杂质及残留农药，添加适量水加热浸提，浸提结束之后用纱布过滤，得到山楂汁。

②胡萝卜汁的制备：挑选无病虫害的、无腐烂的胡萝卜，清洗干净后去皮切成小块，用榨汁机将胡萝卜榨汁，过滤得到胡萝卜汁。

③混合调配、均质：依次添加白砂糖、柠檬酸、稳定剂，然后搅拌均匀。将混合好的汁液通过胶体磨均质。

④灌装、杀菌、冷却：灌装后采用75℃水浴杀菌5分钟后，分段冷却至室温。

（5）试验方法

①山楂汁提取条件的试验：称取一定量的山楂，按照与水比1:2、1:3、1:4，分别在80℃、85℃、90℃加热软化后浸提1小时、1.5小时、2小时。浸提后用纱布过滤，通过测山楂汁的重量及可溶性固形物含量，计算提取率。

提取率（%）=（山楂汁可溶性固形物含量×山楂汁重量）/山楂重

量×100

采用 L_9（3^4）正交试验，正交试验因素水平如表2-1所示。

表2-1 山楂汁提取因素水平表

水平	A 山楂与水的比	B 软化温度（℃）	C 提取时间（小时）
1	1:2	80	1
2	1:3	85	1.5
3	1:4	90	2

②山楂汁添加量的试验：配制100毫升复合饮料，胡萝卜汁添加量20毫升，白砂糖添加量13克，柠檬酸添加量0.1克，分别加入50毫升、55毫升、60毫升、65毫升、70毫升进行感官评价，确定山楂汁的最佳添加量。

③胡萝卜汁添加量的试验：由于胡萝卜汁的味道大部分人不易接受，故在选择添加量的时候选择了少量适宜。配制100毫升复合饮料，其中60毫升山楂汁，白砂糖添加量13克，柠檬酸添加量0.1克，分别加入10毫升、15毫升、20毫升、25毫升和30毫升胡萝卜汁，进行感官评价，确定胡萝卜汁的最佳添加量。

④白砂糖添加量的试验：配制100毫升复合饮料，其中60毫升山楂汁，15毫升胡萝卜汁，0.1克柠檬酸，分别加入10克、11克、12克、13克、14克白砂糖调配，进行感官评价，确定白砂糖的最佳添加量。

⑤柠檬酸添加量的试验：配制100毫升复合饮料，其中60毫升山楂汁，15毫升胡萝卜汁，白砂糖添加量选择13克，向其中分别加入0、0.05克、0.1克、0.15克和0.2克的柠檬酸进行调配，进行感官评价，确定柠檬酸的最佳添加量。

⑥复合饮料最佳配方的正交试验：以山楂汁，胡萝卜汁，白砂糖添加量，柠檬酸添加量为4个因素，分别选取3个水平进行正交试验，通过感官评价，由正交试验确定最佳配方，采用 L_9（3^4）正交设计，正交试验因素水平如表2-2所示。

表 2-2　山楂胡萝卜复合饮料配方正交试验因素水平

水平	A 山楂汁（毫升）	B 胡萝卜汁（毫升）	C 白砂糖添加量（克）	D 柠檬酸（克）
1	60	15	12	0.05
2	65	20	13	0.1
3	70	25	14	0.15

⑦稳定剂的选择：本试验选用的稳定剂是 CMC（羧甲基纤维素）和卡拉胶混合稳定剂，分别按照不同的比例进行试验，在复合饮料中加入 0.15 克的稳定剂，两种稳定剂的比例如表 2-3 所示。添加之后放置 10 天，观察试验效果。

表 2-3　混合稳定剂添加水平表

试验组别	1	2	3	4	5
CMC：卡拉胶	1:1	1:2	2:3	3:2	2:1

⑧山楂胡萝卜复合饮料感官评分标准（表 2-4）

表 2-4　山楂胡萝卜复合饮料感官评价

色泽（25 分）	香气（25 分）	滋味（25 分）	组织状态（25 分）
20~25 分 橙红色	20~25 分 具有典型的山楂香气 及胡萝卜的气味	20~25 分 酸甜适口，柔和， 无异味	20~25 分 均匀一致，无杂质和 悬浮物，流动性好
15~20 分 橙色	15~20 分 具有山楂香味 及淡胡萝卜味	15~20 分 酸甜程度一般，无异味	15~20 分 轻微分层，无杂质。流动性较好
10~15 分 红色	10~15 分 山楂味淡	10~15 分 酸甜比例失调，无异味	10~15 分 分层明显，流动性差
10 分以下 其他色	10 分以下 无山楂香味	10 分以下 酸甜比失调， 有严重异味	10 分以下 严重分层，流动性极差

2. 结果与分析

（1）山楂汁提取条件的确定

采用 $L_9(3^4)$ 正交试验，比较山楂与水的比例，软化温度，浸提时间对山楂汁提取率的影响，确定最佳的山楂汁提取条件，试验结果如表2－5所示。

表2－5　山楂汁提取条件试验结果

处理号	因素			提取率（%）
	A	B	C	
1	1	1	1	8.44
2	1	2	2	9.13
3	1	3	3	8.34
4	2	1	2	9.50
5	2	2	3	10.92
6	2	3	1	12.14
7	3	1	3	11.06
8	3	2	1	12.22
9	3	3	2	11.63
K_1	25.91	29.00	32.80	
K_2	32.56	32.27	30.26	
K_3	34.91	32.11	30.32	
k_1	8.64	9.67	10.93	
k_2	10.85	10.76	10.09	
k_3	11.64	10.70	10.11	
R	3.00	1.09	0.84	

由表2－5可知，影响山楂汁提取率的排列顺序为A＞B＞C，即山楂与水的比对山楂汁提取率的影响最大，其次为软化温度，提取时间影响最小。根据表2－5可直观的找出最优的水平组合为$A_3B_2C_1$，按照各因素的最好水平选取的组合为$A_3B_2C_1$，两种判断方法的结果是一致的，即山楂汁提取的最佳条件为山楂与水的比为1∶4，软化温度为85℃，浸提时间为1小时。

（2）山楂汁添加量对复合饮料的影响

不同山楂汁添加量对复合饮料结果的影响如图2－1所示。

由图2－1可知每100毫升饮料中添加65毫升山楂汁时饮料的感官评分最高，此时复合饮料呈现出的颜色为橙红色，且口感方面既有山楂的酸甜，山楂的味道又不至于过重。因此正交试验选择60毫升、65毫升、70毫升3个水平。

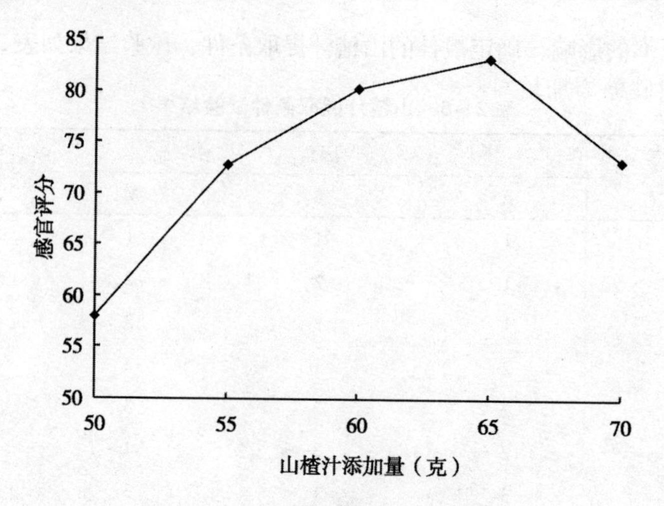

图2－1　山楂汁添加量对饮料的影响

（3）胡萝卜汁添加量的确定

不同的胡萝卜添加量对复合饮料结果的影响如图2－2所示。

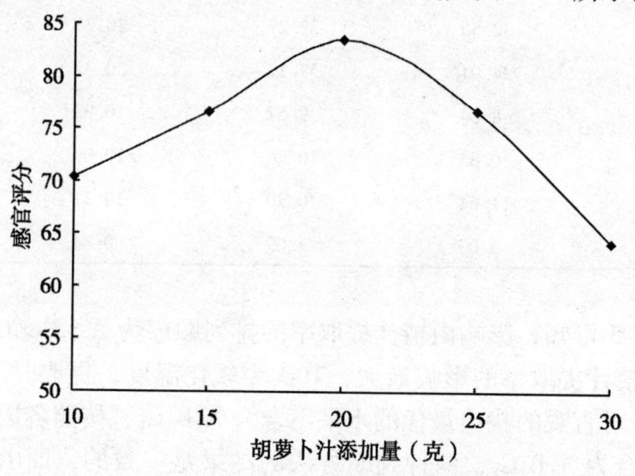

图2－2　胡萝卜汁添加量对饮料的影响

由图2－2可知每100毫升复合饮料中添加20毫升胡萝卜汁时复合饮料感官评分最高，产品的滋味既不会有过浓的胡萝卜味，也不至于使胡萝卜味被完全掩盖，能呈现较适宜的胡萝卜风味，符合大多数人的喜好。故正交试验选择15毫升、20毫升和25毫升3个水平。

（4）白砂糖添加量对复合饮料的影响

不同白砂糖添加量对复合饮料的影响如图 2－3 所示。

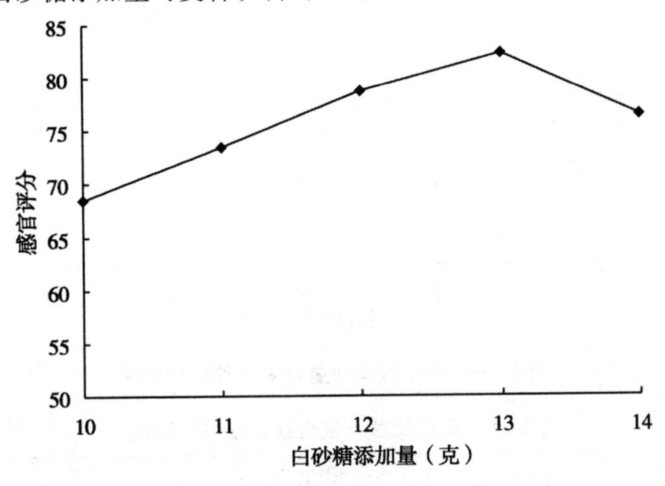

图 2－3　白砂糖添加量对复合饮料的影响

由图 2－3 可知，当 100 毫升复合饮料中白砂糖的添加量为 13 克时，复合饮料的感官评分最高，产品的口感酸甜适宜。加糖量不足时饮料不同程度上偏酸，而加糖量过高时，饮料过甜。因此，正交试验的 3 个水平选择为 12 克、13 克和 14 克。

（5）柠檬酸添加量对复合饮料的影响

不同的柠檬酸添加量对复合饮料的影响如图 2－4 所示。

由图 2－4 可知，不同的柠檬酸添加量，复合饮料的感官评分差别较大，当 100 毫升复合饮料中柠檬酸添加量为 0.1 克时复合饮料的感官评分最高，饮料的口感最佳，柠檬酸添加量过低或过高都会导致口感不佳，故正交试验选择 0.05 克、0.1 克和 0.15 克 3 个水平。

（6）山楂胡萝卜复合饮料最佳配方的确定

根据各单因素试验的结果，利用 L_9（3^4）正交试验，比较山楂汁添加量，胡萝卜汁添加量，白砂糖添加量，柠檬酸添加量对复合饮料的色泽、香气、滋味和组织状态的影响，以 10 人小组，按照评分标准对不同配比的复合饮料进行感官评价。试验结果如表 2－6 所示。

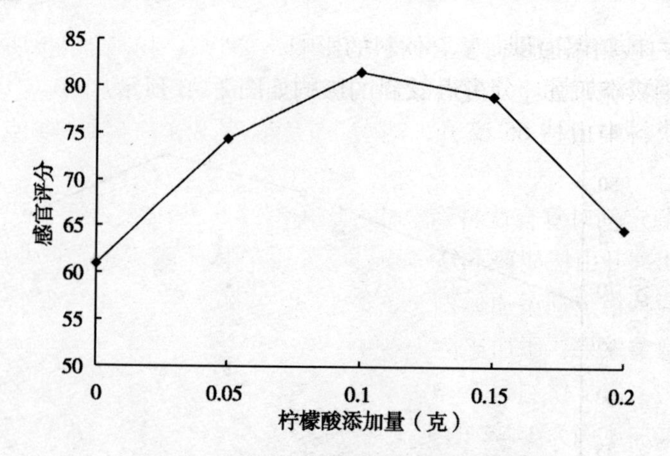

图 2-4　柠檬酸添加量对复合饮料的影响

表 2-6　山楂胡萝卜复合饮料配方试验结果

处理号	因素				评分
	A	B	C	D	
1	1	1	1	1	77.8
2	1	2	2	2	82.7
3	1	3	3	3	82.3
4	2	1	2	3	81.0
5	2	2	3	1	85.6
6	2	3	1	2	80.5
7	3	1	3	2	79.9
8	3	2	1	3	80.8
9	3	3	2	1	82.5
K_1	242.8	238.7	239.1	245.9	
K_2	247.1	249.1	246.2	243.1	
K_3	243.2	245.3	247.8	244.1	
k_1	80.9	79.6	79.7	82	
k_2	82.4	83	82.1	81	
k_3	81.1	81.8	82.6	81.4	
	1.5	3.4	2.9	1	

由表 2-6 可知影响复合饮料品质的因素的排列顺序为 B > C > A > D，

即胡萝卜汁添加量影响最大，依次为白砂糖添加量，山楂汁添加量，影响最小的为柠檬酸添加量。分析得复合饮料品质最优的组合为 $A_2B_2C_3D_1$，即 100 毫升复合饮料中山楂 65 毫升，胡萝卜汁 20 毫升，白砂糖 14 克，柠檬酸 0.05 克。

（7）稳定剂对复合饮料稳定性的影响

在 100 毫升山楂胡萝卜复合饮料中添加 0.15 克的 CMC 和卡拉胶的复合稳定剂，两种稳定剂添加比例为 1∶1、1∶2、2∶3、3∶2、2∶1，静置 10 天观察其稳定效果，添加比例为 2∶3、3∶2 的在静置几天后即出现大量的絮状悬浮物，添加比例为 1∶1、2∶1 的出现大量的沉淀物及少量的絮状悬浮物，而添加比例为 1∶2 的则出现最少的沉淀物且没有絮状悬浮物出现，因而，试验选择 CMC 与卡拉胶为 1∶2 的复合稳定剂，且加入总量为 0.15 克。

3. 结论

山楂汁提取的最佳条件为山楂与水的比例为 1∶4，软化温度为 85℃，浸提时间为 1 小时；复合饮料的最佳配方为每 100 毫升复合饮料中山楂汁 65 毫升，胡萝卜汁 20 毫升，白砂糖 14 克，柠檬酸 0.05 克；复合稳定剂 0.15 克；复合饮料中添加 CMC 与卡拉胶为 1∶2 时放置一段时间后，稳定性最好。

二、山药速冻加工工艺研究

1. 材料与方法

（1）实验材料与设备

山药：产自山西省太谷县。

主要实验试剂：氯化钠、柠檬酸、维生素 C、（均为分析纯）、1.5% 的愈创木酚、酒精、H_2O_2。

实验设备：电子天平、托盘天平、脱水机、电热恒温水箱、速冻机、低温贮藏柜、烫漂锅、包装机。

（2）工艺流程

原料选择→清洗→去皮→切片→护色→热烫→冷却→沥水→装盘→速冻→包装→冻藏→解冻

（3）操作要点

①原料选择：选用已成熟、直径在 3.5 厘米以下，色泽鲜艳、气味浓

郁、具有良好组织特性及均匀性外观、无腐烂的山药为原料。

②清洗、切片、护色：用清水洗净山药表面的泥沙、污物，将清洗干净的山药手工去皮，并切成一定厚度（根据实验情况而定）的块片，然后迅速浸入护色液中护色。

③热烫、冷却、沥水：在沸水中热烫，热烫后迅速捞出，用流动的自来水将其冷却。经冷却后的山药立即置于脱水机中进行沥水，以免残留水带进包装形成较大的冰块而影响外观形状和质量。

④装盘、速冻：装盘后的山药迅速进入速冻设备进行冻结，在 30 分钟内完成冻结。

⑤包装、冻藏：将冻结好的山药包装后迅速送入冻藏箱（-18℃）中冻藏，应保持温度的稳定。

⑥解冻：解冻时将山药连包装袋置于 25℃ 的水中，边解冻边换水，以提高解冻速度。

（4）实验方法

①切片厚度对山药速冻产品的影响：选取 5 种切片厚度即（0.2 ±0.1）厘米、（0.6 ±0.1）厘米、（1.0 ±0.1）厘米、（1.4 ±0.1）厘米、（1.6 ±0.1）厘米的山药在沸水中烫漂 2 分钟进行对比，将五组样品速冻后取出，对其在颜色质地风味等感官评价上打分，并分析其失水率，最后比照选出其中的最利于山药速冻的切片厚度。评分如表 2-7 所示。

表 2-7　速冻山药感官品质评分标准

项　目	指　标	评　分
颜　色（30 分）	乳白色	20~30
	红　色	10~20
	褐　色	0~10
形态质地（40 分）	表面完整饱满、内部硬脆	30~40
	表面完整较饱满、内部较硬脆	20~30
	表面不完整、内部发软	0~20
风　味（30 分）	山药味浓	20~30
	山药味较淡	10~20
	无山药味或有异味	0~10

山药失水率的测定方法：本试验采用称重法进行测定，即取各种厚度预

处理方式的速冻山药约200克（精确到0.01克），解冻后放入漏勺中滴落10分钟，将滴落液称重，而后计算失水率。每批山药解冻后做三份平行。

失水率（%）=流失的汁液质量/初始质量×100

②护色处理实验设计：在山药护色工艺中，由于单一的护色剂效果不好，本试验选择不同浓度的氯化钠（A）、维生素C（B）、柠檬酸（C）为护色剂，D为护色时间。选取 L_9（3^4）正交表进行优化，如表2-8所示。

表2-8 山药烫漂处理因素水平表

水平	因素			
	A 氯化钠（%）	B 维生素C（%）	C 柠檬酸（%）	D 护色时间（分钟）
1	0.3	0.5	0.6	20
2	0.6	1.0	0.8	30
3	0.9	1.5	1.0	40

③烫漂对照实验：对山药分别做热烫（其时间根据热烫实验确定，取最佳值）和不热烫（根据试验选出的最佳护色液及时间进行护色）两种处理后进行速冻，在-18℃下冻藏，7天后对其色泽进行观察对比。

④烫漂时间处理试验设计：本实验采用沸水烫漂。将切成片状的山药置于沸水中分别烫漂0.5分钟、1.0分钟、1.5分钟、2.0分钟、2.5分钟、3.0分钟。山药中含有各种酶，其中，以过氧化物酶最耐热，故山药烫漂后检验酶是否失活，其方法如下：烫漂冷却后，将山药片用质量分数为1.5%的愈创木酚、酒精溶液及等量的 H_2O_2 混合溶液进行检验，如数分钟内山药切片不变色则表示过氧化物酶已失活，根据山药片上的褐变程度来判断酶的失活情况。如褐变严重则颜色很深，用“++++”表示；褐变较轻则用“+++”表示；褐变轻微则用“++”表示；褐变极轻微用“+”表示；无褐变则用“O”表示。褐变颜色愈深，说明其过氧化物酶的活性越强；颜色越浅，说明酶活性越弱；无褐变，说明酶已失活。

2. 结果与分析

（1）不同切片厚度对速冻山药品质的影响

切成不同厚度的山药相同条件下预处理，速冻后冷藏贮存7天，取出后解冻，对其感官质量打分评价，并分析其失水率，如表2-9所示。

表 2-9　不同厚度山药感官品质评价及失水率测定结果

厚度（厘米）	感官评分			失水率（%）
	颜色	质地	风味	
0.2 ±0.1	30	10	10	3.07
0.6 ±0.1	30	12	11	3.11
1.0 ±0.1	26	23	20	3.82
1.4 ±0.1	10	28	24	4.21
1.6 ±0.1	10	28	25	4.18

由表 2-9 可以看出，山药切片厚度在（1.4 ±0.1）厘米时，虽然其质地与风味评价都较高，其失水率也在可接受的范围之内，但是褐变现象严重，导致其商品价值下降，故非最佳的切片厚度。而厚度在（0.6 ±0.1）厘米，山药速冻解冻后破损严重，山药原有风味基本失去，已经失去了食用价值。（1.0 ±0.1）厘米的山药切片，其颜色质地及风味变化都很小，汁液流失率也低，因此该切片厚度是最利于山药速冻加工的厚度。

（2）护色对速冻山药品质的影响

按照前述 1. 材料与方法中（3）操作要点有关原料选择的方法，对样品进行护色处理，参照表 2-9 对产品进行感官评分，结果如表 2-10 所示，其极差分析结果如表 2-11 所示。

表 2-10　山药护色正交试验的感官评分结果

试验号	因素				感官评分
	A	B	C	D	
1	1	1	1	1	74
2	1	2	2	2	89
3	1	3	3	3	78
4	2	1	2	3	72
5	2	2	3	1	82
6	2	3	1	2	86
7	3	1	3	2	76
8	3	2	1	3	80
9	3	3	2	1	75

表 2－11　山药护色正交试验的的极差分析

因素	A	B	C	D
K_1	80.3	74	80	77
K_2	80	83.7	78.7	83.7
K_3	77	79.7	78.7	76.7
R	3.3	9.7	1.3	7.0
较优水平	$A_1B_2C_2D_2$			
因素主次	B＞D＞A＞C			

从以上正交试验感官评分结果及极差分析结果可以看出，各成分影响山药护色效果的因素主次水平为 B＞D＞A＞C，其护色的最佳搭配组合可以选择 $A_1B_2C_2$，即护色液为 0.3% 氯化钠 +1.0% 维生素 C +0.8% 柠檬酸，护色时间为 30 分钟。

（3）烫漂时间对速冻山药品质的影响

通过对比两组山药样品贮后褐变风味及质地、汁液流失情况，如表 2－12 所示，未经热烫的山药虽然用 0.3% 氯化钠 +1.0% 维生素 C +0.8% 柠檬酸的混合护色液进行了护色处理，但在冻藏 7 天后即开始发生褐变，而经热烫处理的山药在冻藏 7 天后其色泽没有发生任何变化。鲜山药如果不热烫处理而经速冻后直接冻藏，虽然其风味与质地质量都很好，汁液流失也极少，但会发生严重的酶促褐变现象，对产品感官品质影响很大，故必须经热烫处理以破坏酶的活性来防止褐变。不经热烫处理的山药的营养保健成分虽然可以得到完好的保存，但在冻藏过程中会发生褐变而降低其商品价值。

表 2－12　烫漂对照处理试验感官对比结果

试验组	褐变情况	风味	质地	汁液流失
经烫漂山药	无	较浓	较硬	少
未烫漂山药	严重	很浓	硬脆	很少

（4）速冻山药烫漂时间的确定

山药烫漂后颜色质地及酶活性情况如表 2－13 所示。由表 2－13 可以看出，在烫漂时间为 1.0 分钟时，山药气味和质地都变化不大，而过氧化物酶也大大地被抑制，当烫漂时间为 1.5 分钟时，气味接近正常，质地有变软的迹象，过氧化物酶已经失活。时间再延长下去，尽管酶失活但商品价值越来越差。因此，在沸水中烫漂时，烫漂时间以 1.0 分钟为最佳，最长不超过 1.5 分钟。

表 2－13　烫漂山药颜色、质地及酶活性变化

项目	烫漂时间（分钟）					
	0.5	1.0	1.5	2.0	2.5	3.0
山药质地	硬脆	较硬	发软	变黏	很黏	发烂
褐变情况	+ + +	+ +	0	0	0	0
过氧化物酶活性	较强	极弱	失活	失活	失活	失活

3. 结论

本试验表明山药速冻加工中山药切片厚度为（1.0 ±0.1）厘米，护色液为0.3% 氯化钠 +1.0% 维生素 C +0.8% 柠檬酸，护色时间为30 分钟，还必须进行热烫处理，否则在冻藏过程中会发生褐变，山药在沸水烫漂下的最佳时间为60 秒 。在此条件下，引起褐变的酶类已基本失活，山药感官变化小，而且在最大程度上减少了山药营养保健成分。

三、低糖桃酱加工工艺的研究

1. 材料与方法

（1）原料

桃来自山西省农业科学院果树研究所桃园。

白砂糖、果胶、明胶、柠檬酸、蛋白糖、维生素 C 均为市售食品级。

（2）工艺流程

原料（桃）→选料、清洗→切半→去核→护色、软化→去皮→打浆→配料→浓缩、添加辅料→装罐→密封→杀菌→冷却→成品

（3）操作过程

选用八成熟、无病虫、无机械损伤、无腐烂、质地致密的桃。清洗除去表面附着的泥土等杂物，再放进清水中漂洗、沥干，沿桃子缝合线对半劈开，用圆形挖核圈或匙形挖核刀挖出桃核。去核后的桃片立即放入 1% ~2% 的食盐水中，防止桃褐变。用4% ~6% 的氢氧化钠溶液，保持在 90 ~95℃ 的温度下，浸 30 ~60 秒钟，进行脱皮，然后取出桃子投入流动水中冷却，将去皮后

的桃放入高速捣碎机中打浆，打成浆状，得到组织较细腻的桃浆。桃浆中加10%糖水，放在夹层锅内加热煮沸20～30分钟，使果肉软化。软化时要不断搅拌，并加入规定量的浓糖液浓缩。将桃酱装入经清洗消毒的玻璃罐内，在酱体温度不低于85℃时立即密封，封罐后立即杀菌、冷却。

（4）桃酱的评价方法

桃酱评价的方法可用感官评价法，由10名食品专业人员组成评定小组，对产品的色、香、味、形态打分，满分为10分，取平均值。

2. 结果与分析

（1）各辅料添加量对桃酱风味的影响

在本实验中，以白砂糖、柠檬酸、蛋白糖的添加量为3个因素，每个因素分别做3个不同的水平，以感官评定为主要评价标准，进行3因素3水平正交试验，实验设计及结果如表2－14所示。

表2－14　配方试验因素水平表

水平	因素		
	A 白砂糖（%）	B 柠檬酸（%）	C 蛋白糖（%）
1	14	0.5	0.05
2	15	0.6	0.06
3	16	0.7	0.07

表2－15　配方试验结果表

序号	因素			可溶性固形物含量（%）	pH值	感官评分
	A	B	C			
1	1	1	1	22	3.42	7
2	1	2	2	24	3.32	8.2
3	1	3	3	26	3.38	8.8
4	2	1	2	27	3.48	7.8
5	2	2	3	28	3.37	7
6	2	3	1	26	3.52	8
7	3	1	3	24	3.28	7.6
8	3	2	1	26	3.24	7
9	3	3	2	21	3.26	7.2
k_1	8	7.4	7.3			

（续表）

序号	因素			可溶性固形物含量（%）	pH 值	感官评分
	A	B	C			
k_2	7.6	7.4	7.7			
k_3	7.27	8	7.8			
R	0.73	0.6	0.5			

由表 2－15 可以看出，白砂糖、柠檬酸、蛋白糖这三个因素的添加量最优组合为 $A_1B_3C_3$，即白砂糖 14% 柠檬酸 0.7% 蛋白糖 0.07%，依据此配方，制成的果酱酸甜可口，风味宜人。产生可溶性固形物为 26%，但此时的桃酱凝胶效果差、极易流散，涂抹性较差，难以满足市场需求，因此，在本实验中选择适当的增稠剂来弥补其不足。

（2）增稠剂对果酱凝胶效果的影响

我们在上述桃酱中加入明胶和果胶增稠剂，比较不同增稠剂的应用效果。评分方法由 10 名食品专业人员组成评定小组，对产品的凝胶效果和涂抹性进行评分，满分为 5 分，取平均值。

①明胶对果酱凝胶效果的影响：由表 2－16 可见，当明胶的添加量为 0.9% 时。可达到较好的凝胶效果，形成稳定的凝胶。

表 2－16　不同浓度明胶的使用效果

明胶添加量（%）	凝胶效果评分	涂抹性评分
0.1	1	2
0.3	3	4
0.5	4	3
0.7	4	4
0.9	5	5

②果胶对果酱凝胶效果的影响：由上述表 2－17 可见，果胶的添加量达到 0.8% 和 0.9% 时，可以达到良好的添加效果，形成稳定的凝胶；但在 0.8% 时果酱的色香味形均能达到最佳状态，效果极佳。

3. 结论

通过试验得到桃酱的最佳配方为：白砂糖添加量 14%、柠檬酸添加量

0.7%、蛋白糖添加量0.07%、果胶添加量0.8%或明胶添加量0.9%。制成的桃酱可溶性固形物含量为26%，pH值为3.38，风味宜人，色泽自然，果酱凝胶稳定，涂抹性良好。

表2-17　不同浓度果胶的使用效果

果胶添加量（%）	凝胶效果评分	涂抹性评分
0.5	3	2
0.6	3	4
0.7	4	3
0.8	5	5
0.9	5	5

四、超声波处理对常压热风干燥香蕉片的影响

1. 材料与方法

（1）材料与设备

①试验材料与试剂：香蕉（市售）；柠檬酸（食品级）；亚硫酸氢钠（食品级）；氯化钠（食品级）。

②试验设备：超声波清洗机 型号KQ500DE 江苏省昆山市；数显鼓风干燥箱 型号GZX-9240MBE 上海博讯实业有限公司医疗设备厂。

（2）试验方法

①工艺流程

原料选择→清洗→去皮→切片→护色→超声波处理→常压热风干燥→成品

②操作要点

a. 原料选择：选择九成熟，无机械损伤的香蕉。

b. 清洗：用流动水充分洗涤，去除泥沙、杂质。

c. 去皮、去络、切片：剥去香蕉外皮，用不锈钢小刀将果皮四周的丝络挑除，切成厚度2~3毫米的香蕉片。

d. 护色：配制复合护色剂为柠檬酸2.0克/升+亚硫酸氢钠0.5克/升+氯化钠1.0克/升，将切好的香蕉片迅速放入护色剂中，浸泡30分钟。

e. 超声波处理：把护色好的香蕉片放入超声波清洗机中处理。

f. 常压热风干燥：常压热风干燥香蕉片工艺参数为干燥温度60℃，干

燥香蕉片的产品含水量为32.00% ±5.00%。

（3）试验指标测定

①超声波功率对热风干燥香蕉片的影响：超声波频率40千赫，预处理温度30℃，分别在超声波功率200瓦、250瓦、300瓦、350瓦、400瓦、450瓦、500瓦条件下预处理6分钟，然后进行热风干燥处理，测定产品复水率和进行感官评价。

②超声波作用时间对热风干燥香蕉片的影响：超声波频率40千赫，预处理温度30℃，于200瓦功率下进行预处理，分别超声处理2分钟、4分钟、6分钟、8分钟、10分钟、12分钟和14分钟，然后进行热风干燥处理，测定产品复水率和进行感官评价。

③超声波作用温度对热风干燥香蕉片的影响：超声波频率40千赫，于200瓦功率下分别在20℃、25℃、30℃、35℃、40℃、45℃、50℃下处理20分钟；然后进行热风干燥处理，测定产品复水率和进行感官评价。

④超声波预处理条件正交试验：在单因素试验基础上，以产品复水率以及感官评价为考核指标，采用L_9（3^3）正交试验优化超声波预处理条件，正交实验因素水平如表2－18所示。

表2－18　正交试验因素水平表

因素水平	A 超声波功率（瓦）	B 超声波处理时间（分钟）	C 超声波处理温度（℃）
1	350	6	35
2	400	8	40
3	450	10	45

⑤香蕉片感官评价：随机取干燥好的香蕉片3～5片。再根据表2－19香蕉片质量评分标准对香蕉片产品进行感官评分。

表2－19　香蕉片感官评分标准

标准	评分/分
组织状态完好，色泽黄亮，有光泽，风味纯正	10
组织状态较好，色泽黄，有光泽，风味纯正	8
组织状态好，色泽黄，风味纯正，稍淡薄	6
组织状态较差，色泽黄，无光泽，风味纯正	4
组织状态不佳，色泽黄，稍暗，风味纯正，稍淡薄	2

⑥复水率测定：将常压热风干燥好的香蕉片放入水中，让其充分吸水20～30分钟；沥干表面和四周的水，称重，计算。

复水率＝（复水后物重－复水前物重）/复水后物重×100%

2. 结果与分析

（1）超声波功率对热风干燥香蕉片的影响

由图2－5和图2－6可知，随着超声波功率的增加，感官评分先减少后

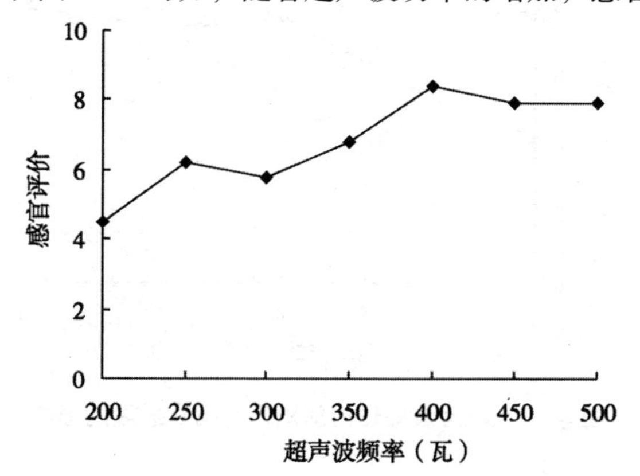

图2－5　超声波频率对产品感官质量的影响

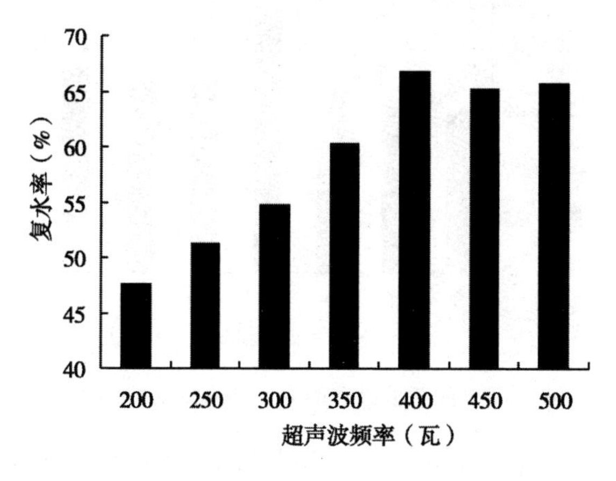

图2－6　超声波频率对产品复水率的影响

增大，产品复水率先增大后降低；400瓦预处理条件下的复水率为最高。可能的原因是超声波功率指声波所具有的能量，功率越大，能量也越大，对物料性状和内部结构的机械作用强度亦愈大；过高的功率会导致细胞破裂，从而导致在干燥过程中水分蒸发效果分布不均，影响蒸发通道的形成，降低了

热风干燥后香蕉片的复水率。故正交试验中，超声波预处理功率选择 350 瓦、400 瓦、450 瓦三个水平。

（2）超声波作用时间对热风干燥香蕉片的影响

从图 2 -7 和图 2 -8 可看出，随着超声波处理时间的增加，香蕉片的感

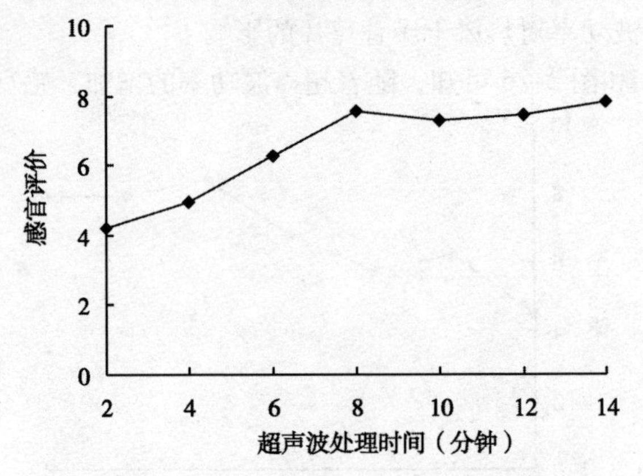

图 2 -7　超声波处理时间对产品感官质量的影响

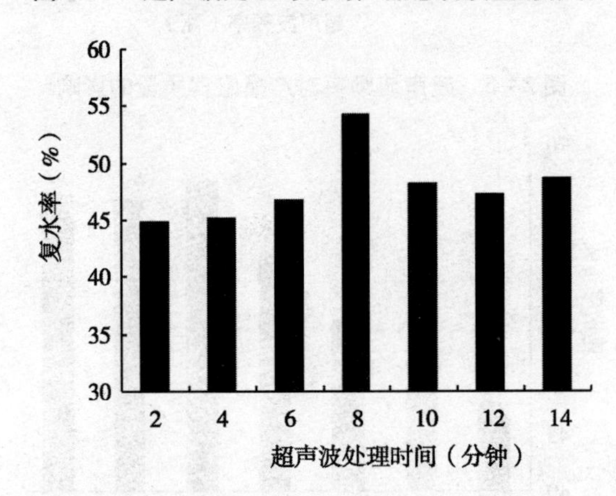

图 2 -8　超声波处理时间对产品复水率的影响

官评分先增大后降低，处理时间 8 分钟条件下达到最大；产品复水率也是处理 8 分钟条件下达到最大。可能的原因是经适当时间地超声波后，原料内部组织逐渐形成海绵状疏松结构，水分蒸发效果更佳均匀，在蒸发过程中利于蒸发通道的生成；另一方面，海绵状疏松结构有助于改善热风干燥香蕉片的口感及外观，从而提高感官评分。故正交试验中，超声波预处理时间选择 6 分钟、8 分钟和 10 分钟 3 个水平。

（3）超声波作用温度对热风干燥香蕉片的影响

由图2－9和图2－10知，40℃处理条件下的感官评分较高，产品复水

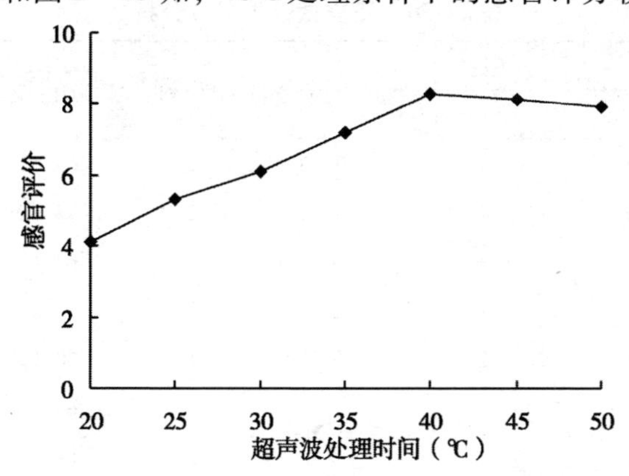

图2－9　超声波处理温度对产品感官质量的影响

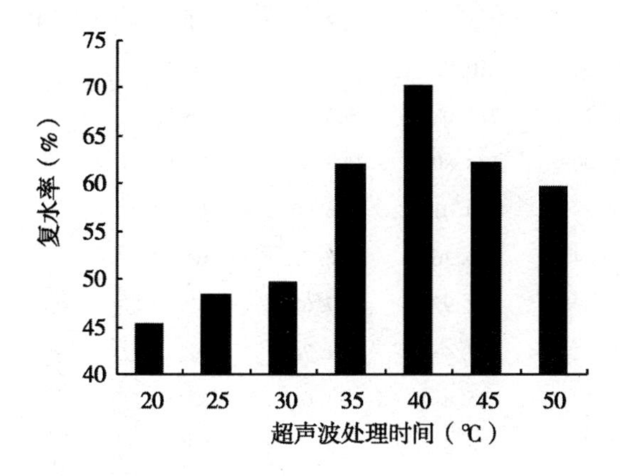

图2－10　超声波处理温度对产品复水率的影响

率最大；过高或过低的超声波处理温度均对产品品质有一定不良影响。可能的原因是较低的超声波处理温度会使样品无法完全受到超声波的影响，无法形成更好的蒸发通道，不便于蒸发时的水分的蒸发干燥；而超声波处理温度较高时，过高的温度会促使香蕉片的熟化，是的香蕉片的颜色加深，从而使得产品的感官颜色变深，影响其感官评分。故正交试验中，超声波预处理温度选择35℃、40℃、45℃3个水平。

（4）超声波预处理条件正交试验

表 2－20　正交试验结果及分析

试验号	因素			D 空列	复水率（%）	感官评价
	A	B	C			
1	1	1	1	1	68.62	8.1
2	1	2	2	2	72.91	9.5
3	1	3	3	3	63.15	7.5
4	2	1	2	3	71.84	9.2
5	2	2	3	1	70.15	8.9
6	2	3	1	2	64.23	7.4
7	3	1	3	2	69.56	8.5
8	3	2	1	3	68.02	8.1
9	3	3	2	1	61.42	6.8
K_{11}	204.68	210.02	200.87	200.19		
K_{12}	206.22	211.08	206.17	206.7		
K_{13}	199.00	188.80	202.86	203.01		
K_{11}	68.23	70.01	66.96	66.73		
K_{12}	68.74	70.36	68.72	68.90		
K_{13}	66.33	62.93	67.62	67.67		
R_1	2.41	7.43	1.76	2.17		
K_{21}	25.1	25.8	23.6	23.8		
K_{22}	25.5	26.5	25.5	25.4		
K_{23}	23.4	21.7	24.9	24.8		
K_{21}	8.37	8.60	7.87	7.93		
K_{22}	8.50	8.83	8.50	8.47		
K_{23}	7.80	7.23	8.30	8.27		
R_2	0.70	1.10	0.63	0.54		

表 2－20 结果表明，最优水平为 2 号组合，即 $A_1B_2C_2$，按照极差 R 的大小确定各因素的主次顺序为：B（超声波作用时间）＞A（超声波功率）＞C（超声波作用温度），根据 K 值分析得出的最佳组合为：$A_2B_2C_2$，未出现在 9 组试验中，因此增加验证试验，结果如表 2－21 所示。

表 2－21　验证试验

处 理	复水率（%）	感官评价
$A_1B_2C_2$	72.91	9.5
$A_2B_2C_2$	73.85	9.8

由表2－21可知，经验证试验，组合更优于 $A_1B_2C_2$ 组合，因此，确定超声波预处理香蕉片最优条件为 $A_2B_2C_2$，即超声波功率400瓦、超声波作用时间8分钟、超声波作用温度40℃；此条件下的感官评价评分为9.8，复水率为73.85%。

3. 结论

超声波处理香蕉片的最优工艺条件为：功率400瓦，处理时间8分钟，频率40千赫，处理温度40℃，此条件下的常压热风干燥风干香蕉片的感官评价评分为9.8，复水率为73.85%。

五、喷雾干燥制作山药粉的研究

1. 材料与方法

（1）试验材料

山药：市售新鲜山药。

试剂：柠檬酸、β-环状糊精（食用级）。

（2）仪器与设备

打浆机、高压均质机、恒温干燥箱、小型喷雾干燥仪

（3）试验方法

①工艺流程

选料→清洗→去皮→切片→护色→预煮→打浆→均质→喷雾干燥→成品

②操作要点

a. 选料：挑选表面光滑，无虫眼、无病害的新鲜山药。

b. 清洗：用清水冲洗，洗净表面的泥沙、污物。

c. 去皮：手工去皮。

d. 切片：用刀将山药切割成大约1厘米厚的片。

e. 护色：切片后要尽快放入0.2克/100毫升柠檬酸护色液中护色20分钟。

f. 预煮：护色后在沸水中预煮5分钟。

g. 打浆：预煮后放入打浆机中进行打浆。

h. 均质：将打浆的山药液经高压均质机处理，均质压力为40兆帕。

i. 喷雾干燥：将制备好的料液进行喷雾干燥。喷雾干燥制成粉后在对其进行质量测评前要用密封包装进行保存，以防其吸潮影响最后的质量评价。

③试验内容

a. 不同的料水比对山药粉质量的影响：配制料水比为1∶1、1∶2、1∶3、1∶4、1∶5五种浓度的山药液进行喷雾干燥，进风温度控制为120℃，进料量选择400毫升/小时，不加入助干剂。

b. 不同的进风温度对山药粉质量的影响：进风温度选择120℃、140℃、160℃、180℃、200℃分别进行喷雾干燥，料水比选择1∶2，进料量选择400毫升/小时，不加入助干剂。

c. 不同的进料量对山药粉质量的影响：进料量分别选择400毫升/小时、500毫升/小时、600毫升/小时、700毫升/小时、800毫升/小时进行喷雾干燥，进风温度选择120℃，料水比选择1∶2，不加入助干剂。

d. 助干剂添加量对山药粉质量的影响：助干剂选择β-环状糊精，分别选择加入与山药质量比为0%、2%、4%、6%、8%的助干剂进行喷雾干燥，进料量选择400毫升/小时，料水比选择1∶2，进风温度选择120℃。

④山药粉的质量评价：喷雾干燥制成的山药粉质量评价包括色泽、组织状态，以及成品含水量的评价。含水量的测定：取成品3克左右称重，然后将其放入恒温干燥箱中干燥待其恒重后再称重，根据它的前后重量差计算含水率。

含水率（%）＝（m_1-m_2）/m_1

m_1——干燥前重量

m_2——干燥后重量

评价小组由10个人组成，每个人根据产品的色泽、组织状态、含水量的评分标准进行评分，最后取平均值（表2－22），满分100分。

表2－22　山药粉质量评价

色泽（40分）	组织状态（40分）	含水量（20分）
颜色洁白	呈干燥粉末，无凝块结团	<4%
30～40分	30～40分	20～15分

（续表）

色泽（40分）	组织状态（40分）	含水量（20分）
白色泛黄	虽有凝块结团，但易松散	4%～8%
20～30分	20～30分	15～10分
黄色严重并带焦黑	凝块结团较结实	>8%
10～20分	10～20分	5～10分

2. 结果与分析

（1）不同的料水比对山药粉质量的影响

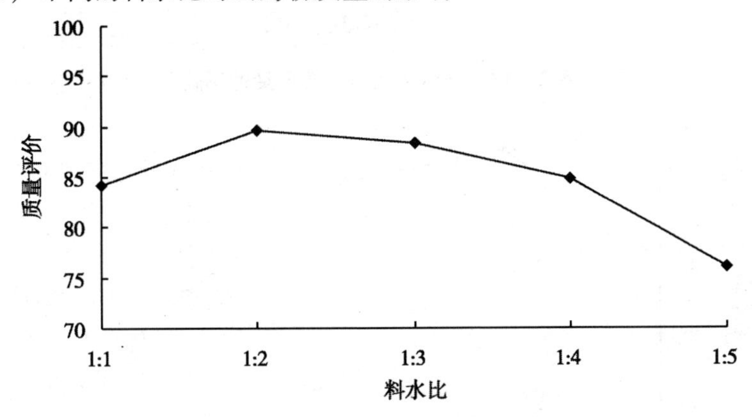

图2－11　料水比对山药粉质量的影响

由图2－11可知，料水比为1∶1时，山药粉质量评价较高，但在试验过程中发现物料流动性差，易堵塞喷嘴。料水比为1∶4以后，山药粉质量评价较低，主要因为料液中含水量大，干燥后的山药粉含水量也大，影响质量评价，因此料液比选择1∶3为最佳。

（2）不同的进风温度对山药粉质量的影响

由图2－12可知，山药粉的质量评价随着温度的升高先是升高后又降低，因为进风温度不同，对制成的山药粉在色泽以及组织状态上会有影响，温度没有达到，制成的粉在组织状态上不够松散，容易凝结成团，温度太高又会使粉的颜色泛黄甚至产生焦糊味。因此，温度选择160℃为最佳。

（3）不同的进料量对山药粉质量的影响

由图2－13可知，山药粉的质量评价随着进料量的增大先升高又降低，因为进料量小，产品色泽受到影响，进料量大，产品的含水量过高，都会影

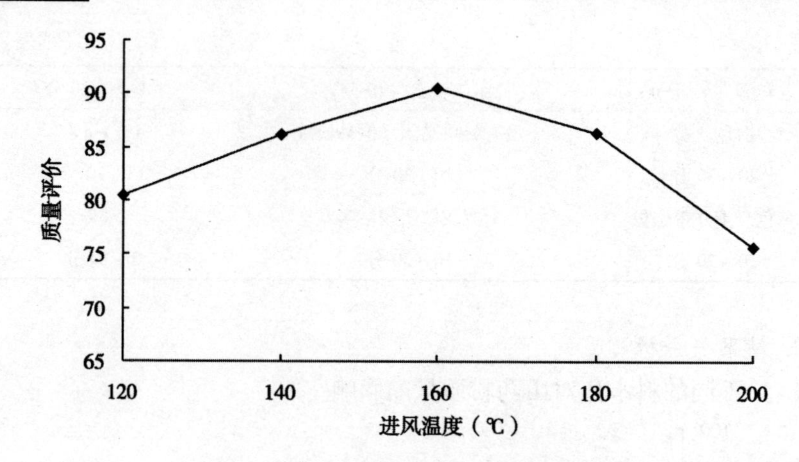

图 2－12　进风温度对山药质量的影响

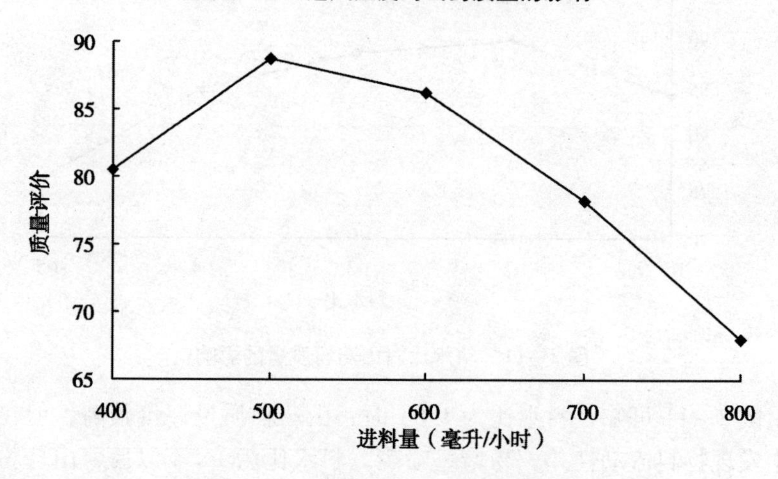

图 2－13　进料量对山药粉质量的影响

响产品质量评价，因此，最佳的进料量为 500 毫升/小时。

（4）助干剂添加量对山药粉质量的影响

由图 2－14 可知，助干剂添加量不同，对产品最后的质量评价也会有不同的影响，但添加量达到 2% 以后，产品的质量评价变化不大。因为助干剂对于产品干燥具有促进作用，添加到一定量以后促进作用不明显。在试验过程中加入助干剂后，山药粉的出品率明显提高，黏壁情况也有明显改善。因此助干剂添加量选择 4%。

（5）正交试验结果与分析

经过单因素试验后，选择进料量、进风温度、进料量、助干剂添加量四

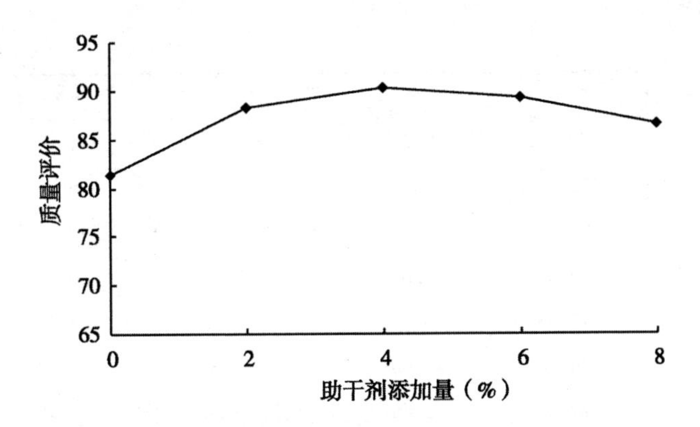

图 2－14　助干剂添加量对山药粉质量的影响

个因素作正交试验以进一步确定最优的工艺系数。试验为 4 因素 3 水平，方案及处理结果如表 2－23 和表 2－24 所示。

表 2－23　正交试验因素水平表

水平	因素			
	料水比（A）	进风温度（℃）（B）	进料量（毫升/小时）（C）	助干剂添加量（%）（D）
1	1∶2	140	400	2
2	1∶3	160	500	4
3	1∶4	180	600	6

表 2－24　喷雾干燥制取山药粉的实验结果

处理号	A	B	C	D	质量评价
1	1	1	1	1	90
2	1	2	2	2	96
3	1	3	3	3	92
4	2	1	2	3	76
5	2	2	3	1	77
6	2	3	1	2	79
7	3	1	3	2	76
8	3	2	1	3	78
9	3	3	2	1	74

（续表）

处理号	A	B	C	D	质量评价
K_1	279	242	247	241	
K_2	232	250	245	250	
K_3	228	249	246	247	
k_1	93.00	80.67	82.33	80.33	
k_2	77.33	83.33	81.67	83.33	
k_3	76.00	82.00	82.00	82.33	
R	17.00	2.66	0.66	3.00	

由表2－24作直观分析可以看出，4个因素由主到次依次为A>D>B>C，即影响山药粉质量评价的因素依次为料水比>助干剂添加量>进风温度>进料量，最优组合应该为$A_1B_2C_1D_2$，而实际所得到的最优组合却是$A_1B_2C_2D_2$，根据验证试验，$A_1B_2C_2D_2$组合优于$A_1B_2C_1D_2$组合，所以综合以上因素，选择$A_1B_2C_2D_2$为最佳的水平组合，即喷雾干燥制山药粉的最佳工艺条件为料水比为1∶2，进风温度为160℃，进料量为500毫升/小时，助干剂添加量为4%。

3. 结论

经过试验确定喷雾干燥制山药粉的最佳工艺条件为料水比为1∶2，进风温度为160℃，进料量为500毫升/小时，助干剂添加量为4%。经喷雾干燥制成的山药粉不仅品质良好，而且加工条件简单快捷，制得成品营养丰富，易于保藏，使用方便，必会有很广阔的市场前景。

六、不同热处理对枣转红及其干制的影响

1. 材料与方法

（1）材料

半红壶瓶枣（产地为太谷南沙河村）。

（2）试剂

抗坏血酸、柠檬酸、硫酸铜、酒石酸钾钠、亚铁氰化钾、氢氧化钠、次甲基蓝、葡萄糖等均为分析纯。

（3）仪器与设备

微波炉（G80F20CN2L-B8（RO），格兰仕微波炉电器有限公司）、远红

外快速干燥箱（YHG-400-Ⅱ 上海跃进医疗器械有限公司）、电热恒温鼓风干燥箱（101-3 BS-Ⅱ 上海跃进医疗器械厂）。

（4）方法

①不同热处理对枣转红试验

a. 热风处理：用 70 ℃、85 ℃、90 ℃的热风分别处理半红枣 20 分钟、30 分钟。

b. 远红外处理：用 70 ℃、85 ℃、90 ℃的远红外辐射分别处理青枣 10 分钟、20 分钟。

c. 微波处理：用功率 160 瓦、240 瓦的微波分别处理半红枣 3 分钟、5 分钟。

以上处理后的枣冷却至室温，装于敞口的塑料袋中，待全部转红后记录所需时间，测定其维生素 C 和总糖的含量，并观察其转红的色泽。

②不同热处理对转红红枣干制影响试验

用上述转红试验处理最好的方法得到的转红枣进行干制试验。

a. 热风干制：选择转红后的枣在热风温度 65 ℃和 80 ℃进行干制。

b. 远红外干制：选择转红后的枣在远红外温度 65 ℃和 80 ℃进行干制。

c. 微波干制：选择转红后的枣在微波功率 160 瓦和 240 瓦进行干制。

干制到枣含水量为 20% ~25% 时记录所需干制时间，测定其总糖和维生素 C 的含量，不同试验均重复 3 次，并观察其干制品的色泽、形态。

③测定方法：红枣总糖测定参照国标 GB 6194—86 水果、蔬菜可溶性糖测定法，维生素 C 测定参照国标 GB 6195—1986 水果、蔬菜维生素 C 含量测定法（2，6-二氯靛酚滴定法）。

2. 试验结果与分析

（1）不同热处理转红试验

①热风处理转红试验：从表 2 -25 可以看出，转红时间随处理温度升高而缩短，随处理时间延长而变短，总糖含量变化不大，维生素 C 含量随处理温度升高，随处理时间延长而减少。在常温下总糖含量和维生素 C 含量最大，但所需转红时间最长，色泽不好，在热风 90℃处理 30 分钟后，虽然转红时间最短，但总糖含量和维生素 C 含量最小，色泽暗红，综合考虑，热风处理时选择处理温度 80℃、处理时间 30 分钟。

表 2-25　热风处理转红试验结果

处理方法	转红时间（小时）	总糖（%）	维生素 C（毫克/100 克）	色泽
常温	120	20.87	315.68	黄红色、无光泽
70 ℃、20 分钟	72	20.64	280.49	浅红色、光泽度差
80 ℃、20 分钟	60	20.52	250.38	红色、有光泽
90 ℃、20 分钟	54	20.28	238.72	红色、有光泽
70 ℃、30 分钟	68	20.21	240.23	浅红色、光泽度差
80 ℃、30 分钟	52	20.24	224.65	紫红色、鲜亮有光泽
90 ℃、30 分钟	48	20.31	210.38	暗红色、有光泽

②远红外处理转红试验

表 2-26　远红外处理转红试验结果

处理方法	转红时间（小时）	总糖（%）	维生素 C（毫克/100 克）	色泽
常温	120	20.87	315.68	黄红色、无光泽
70 ℃、10 分钟	8	20.58	247.34	黄红色、无光泽
80 ℃、10 分钟	6	20.41	186.43	红色、有光泽
90 ℃、10 分钟	3	20.31	135.31	红色、有光泽
70 ℃、20 分钟	4	20.29	136.32	浅红色、光泽度差
80 ℃、20 分钟	2	20.44	130.6	紫红色、鲜亮有光泽
90 ℃、20 分钟	2	20.32	107.48	暗红色、有光泽

从表 2-26 可以看出，远红外加热转红因其加热均匀，因而转红时间较短，总糖含量变化不大，维生素 C 的含量相对较多，80℃和 90℃处理时间 20 分钟后的转红时间都较短，但 80℃处理 10 分钟后的总糖含量和维生素 C 含量较高，分别为 12.44%和 130.6 毫克/100 克、色泽最好。综合考虑，选择远红外处理温度 80℃、处理时间 20 分钟作为较好的转红方法。

③微波处理转红试验：从表 2-27 可知，微波处理枣时间较短，由于其瞬时温度较高，因而相对常温自然转红造成和维生素 C 损失较多，且热处理时间较短使转红时间仍然较长，微波功率 240 瓦处理所需转红时间为 36 小时，比微波功率 160 瓦处理的要短，但微波功率 240 瓦、处理 3 分钟后，转红的枣色泽较好，综合考虑，选择微波功率 240 瓦、处理时间 3 分钟作为

较好的转红方法。

表 2-27　微波处理转红试验结果

处理方法	转红时间（小时）	总糖（%）	维生素 C（毫克/100 克）	色泽
常温	120	20.87	315.68	黄红色、无光泽
160 瓦、3 分钟	48	20.17	239.64	浅红色、光泽度差
160 瓦、5 分钟	48	20.31	221	浅红色、光泽度差
240 瓦、3 分钟	36	20.69	233	紫红色、鲜亮有光泽
240 瓦、5 分钟	36	20.74	198.73	紫红色、鲜亮有光泽

由表 2-25、表 2-26 和表 2-27 的实验结果可以看出，热风处理温度 80℃，处理时间 30 分钟组所需转红时间 52 小时，远红外处理温度 80℃、处理时间 10 分钟所需转红时间 2 小时，微波功率 240 瓦、处理时间 3 分钟所需转红时间 36 小时，这 3 个处理组转红后枣的色泽都较好，但总糖含量和维生素 C 含量不同，考虑到枣果转红过程中时间太长，水分含量大会发霉变质。在保证原料不腐败变质的基础上，选择远红外处理温度 80℃、处理时间 20 分钟作为本试验的最佳转红方法。

（2）不同热处理干制试验

表 2-28　不同热处理干制试验结果

处理方法	干制时间（小时）	总糖（%）	维生素 C（毫克/100 克）	色泽	形态
热风 65 ℃	38	69.51	25.63	红色、有光泽	不饱满、皱纹较多较深
热风 80 ℃	10	62.77	0.72	红色、有光泽	较饱满、皱纹较多较深
远红外 65 ℃	22	61.43	46.57	紫红色、鲜亮有光泽	饱满、皱纹少而浅、弹性较好
远红外 80 ℃	7.5	60.26	3.27	紫红色、鲜亮有光泽	饱满、皱纹少而浅、弹性较好
微波 160 瓦	0.5	56.41	86.44	暗红色、有光泽	不饱满、有破裂果
微波 240 瓦	0.4	54.38	62.18	暗红色、有光泽	不饱满、有破裂果

从表 2-28 可以看出，不同热处理组干制后的产品总糖含量都达到干制红枣的国家标准（GB/T5853—2009），热风干制所需的干制时间较长，产品形态不好，微波干制所需干制时间较短，产品有破裂果，并且在实验中，时间稍微延长，枣核部位焦化，所以热风感知和微波干制不选用。远红外干制

受热均匀，产品色泽、形态较好，选择干制时间7.5小时、80℃处理。

3. 结论

热风处理半红枣转红较好的方法是处理温度80℃、处理时间30分钟，远红外处理半红枣转红较好的方法是处理温度80℃、处理时间20分钟，微波处理半红枣转红较好的方法是微波功率240瓦、处理时间3分钟。

热风处理、远红外处理、微波处理半红枣，总糖和维生素C的含量相对于自然转红的枣都减少，但色泽比自然转红的枣好。综合考虑，选择远红外处理温度80℃、处理时间20分钟作为最佳的转红方法。关于热促进枣转红的机理有待于进一步研究。

干制方法对转红红枣的总糖影响较小，对维生素C的影响较大，对色泽、形态影响明显。热风干制所需时间较长，耗能多；微波干制所用时间较短，但易引起枣果发裂，远红外干制所需时间介于微波干制和热风干制之间，干红枣品质较其他处理的好，选择干制品品质相即远红外处理温度80℃、处理时间7.5小时。

七、山药真空干燥工艺的研究

1. 材料与方法

（1）材料

山药选用山西太谷生产的新鲜、粗细均匀、无病虫害、个体完整无损表面无虫眼、肉质洁白的光皮长柱形山药。

试验所用化学试剂氯化钠、无水氯化钙、柠檬酸均为分析纯。

（2）仪器与设备

真空干燥箱、真空泵、恒温水浴箱、电子天平、托盘天平、不锈钢刀、烧杯。

（3）方法

①山药片真空干燥工艺流程

鲜山药→精选→清洗→去皮→切片→护色→热烫→冷却→装料→真空干燥→真空包装

②操作要点

a. 精选：选择外形圆整、表面光滑、瘤少而小、无病虫害、无冻伤的山药块根作为干制原料。

b. 清洗：把山药放入水池中浸泡10～15分钟，洗去表面附着泥土等杂质，再用清水冲洗 2～3 次。

c. 去皮：人工用不锈钢刀去皮。去皮后的山药表面无黑点、光滑、色白。

d. 切片：用不锈钢刀切成 2～3 毫米厚的薄片，在放入护色液中待用。

e. 护色：护色液选用 0.2% 柠檬酸、0.2% 氯化钙、0.5% 氯化钠的复合液。护色时间为 30 分钟，防止褐变。

f. 热烫：试验中热烫条件是 80℃下水中保持 1 分钟。

g. 冷却：热烫后将山药片取出立即投入冷水中，减少余热效应对原料品质和营养的破坏。

f. 装料：2～3 毫米厚的山药片单层铺料，装料时要均匀快速。

h. 真空干燥：设定干燥温度，打开真空泵，设定真空度，开始干燥。

i. 真空包装：干燥完毕的物料采用真空包装，防止吸潮。

③干燥时最佳真空度与温度组合筛选：本试验从经济、实用的原则，固定切片的厚度与热烫的温度与时间，选用了 3 种真空度 0.05 兆帕、0.06 兆帕、0.07 兆帕，3 种干燥温度 45℃、50℃、60℃进行两因素重复 3 次试验。通过干燥所用的时间和能量消耗以及干后产品的感官质量，选出真空干燥山药片时真空度与温度的最佳组合。

④干燥曲线的绘制：干燥过程中每隔 30 分钟测定一次含水量，干燥时间以开启真空泵记时开始。然后以干燥时间为横坐标，含水量为纵坐标，画出干燥曲线。

⑤干燥速率曲线的绘制：干燥速率就是干制过程中山药绝对水分和干制时间的关系曲线。干燥速率曲线就是干制过程中任何时间的干燥速率和该时间山药绝对水分的关系曲线。以样品的含水量为横坐标，干燥速率为纵坐标，画出干燥速率曲线。

⑥干后复水时最佳水温与时间组合筛选：干制品的复水性部分受原料加工处理的影响，部分则因干燥工艺条件而异。试验对不同干燥工艺的山药片进行复水试验，以确定干燥工艺对复水性能的影响。复水容器采用烧杯，用水量为 200 毫升。试验时，使试样浸渍在水中，在不同水的温度（30℃、60℃、90℃）下，每隔 5 分钟对试样进行测定。测定时用滤纸擦干试样表面水分称重，每个试样复水时间为 1 小时。

⑦感官特性评定：感官特性主要根据干制品的风味、色泽、所保持原有形态的程度进行评定。色泽呈乳白色，滋味及气味具有山药应有的滋气味、

无异味，形状平整为优；味道较淡或有异味、色泽变黄甚至变褐、形状严重卷曲为差。

⑧试验指标：山药片含水率 $W_t=(M_t-M_d)/M_t\times100\%$

式中：M_t——山药脱水 t 时刻的质量；M_d——山药片中干物质的质量。

干燥速率 $U=(W_t-W_{t+1})/\Delta t$

式中：W_t——山药片样品 t 时刻的含水量；W_{t+1}—样品 t + 1 时刻的含水量；Δt—样品干燥时间间隔。

复水性能用复水比 R 表示：$R=G_1/G_2$

式中：G_1——干制品复水后的质量；G_2——干制品复水前的质量。

2. 结果与分析

(1) 真空干燥山药片最佳温度与真空度的确定

山药片在 0.07 兆帕真空度，3 种不同温度下的干燥曲线及干燥速率曲线如图 2 – 15 和图 2 – 16 所示。

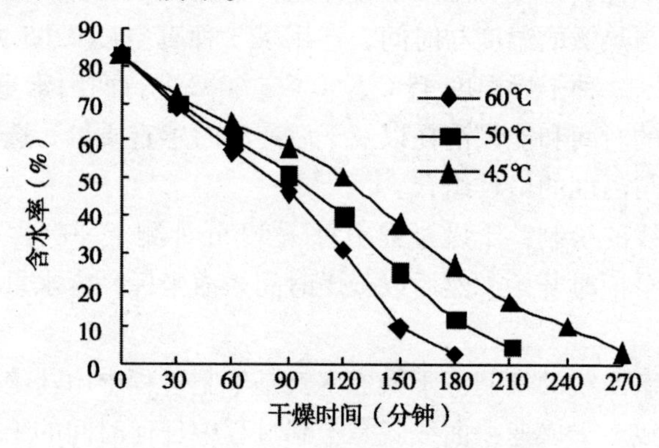

图 2 – 15　0.07 兆帕真空度干燥曲线

从图 2 – 15 可以 看出，在 0.07 兆帕真空度下，当山药片含水率为 82% 时，60℃用时大约 180 分钟，50℃用时约为 210 分钟，45℃需时则大约需要用 270 分钟。当山药片含水率为 50% 时，60℃所用时间大约需要 100 分钟，而 50℃和 45℃用时则超过了 120 分钟。由图 2 – 16 可知，3 种温度干燥时，山药片经过初期加热阶段，干燥速率由零增至最高值后，都进入到恒速干燥阶段，此阶段的干燥速率如下：60℃为 0.68%/分钟，50℃为 0.58%/分钟，45℃为 0.545%/分钟。3 种温度相比较，60℃时恒速干燥阶段速率较大，山药片被干燥到时水分为 5% ~10% 时，45℃所用时间相对较长，两种较高温度所用时间基本相同。因为干燥前期山药片水分含量高，它能够较好吸收较

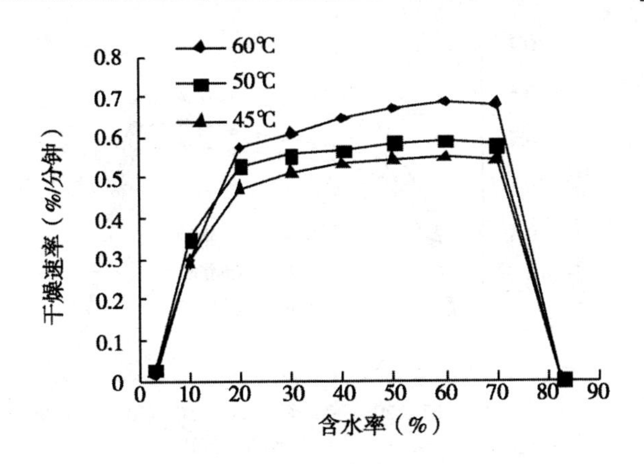

图 2－16　0.07 兆帕真空度干燥速率曲线

多热量，使水分蒸发较快，同时，高温下的快速脱水也可使山药片表面迅速收缩而阻碍了内部水分的扩散，最终造成60℃干燥后期速率和50℃干燥速率其本相同。

山药片在0.06兆帕、0.05兆帕真空度下的干燥曲线和干燥速率曲线与0.07兆帕的相似，即在45℃时干燥较慢，60℃条件下干燥速度较快，60℃下前期干燥速度快，后期干燥速率低于50℃。为了节约干燥用能量和避免山药片的高温热损害造成感官变劣的不良影响，选择较低的50℃作为最佳温度，进行不同真空度下的干燥试验，结果如图2－17和图2－18所示。

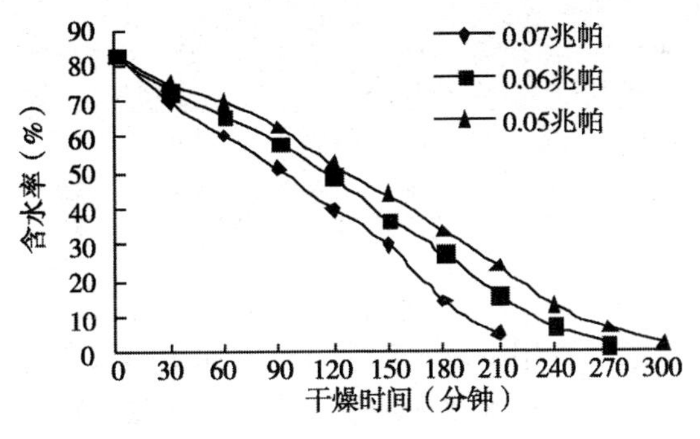

图 2－17　50℃干燥曲线

由图2－17可以看出，在50℃干燥温度下，当山药片含水率为82%时，在0.05兆帕真空度下大约需要300分钟，0.06兆帕需要270分钟，0.07兆

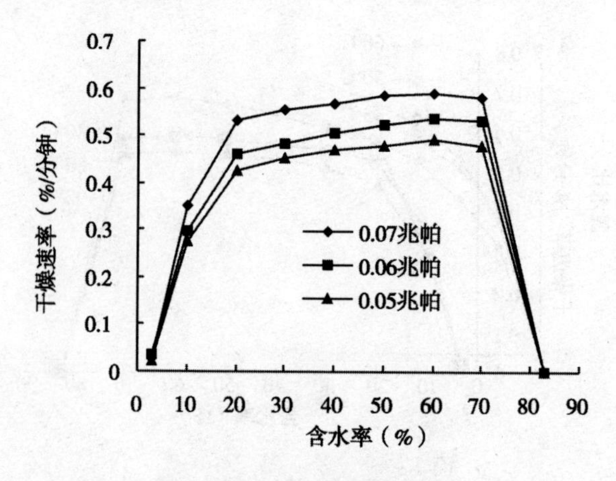

图 2－18　50℃干燥速率曲线

帕需要 210 分钟，当山药片含水率为 50% 时，0. 05 兆帕需时 170 分钟，0. 06 兆帕和 0. 07 兆帕都需时约 150 分钟。由图 2－18 可知，在恒速干燥阶段，山药片在 0. 05 兆帕、0. 06 兆帕、0. 07 兆帕干燥速率分别为 0. 48%/分钟、0. 53%/分钟、0. 58%/分钟。由图 2－17 和图 2－18 结果可知，0. 06 兆帕真空度下山药片干燥速率较 0. 05 兆帕高，较 0. 07 兆帕低，从时间和能量两方面综合考虑，选择 0. 06 兆帕比较合适。

（2）不同干燥参数对干制品感官特性的影响（表 2－29）

表 2－29　不同干燥方法对山药干制品感官特性的影响

感官特性	0. 07 兆帕			0. 06 兆帕			0. 05 兆帕		
	60℃ 180 分钟	50℃ 210 分钟	45℃ 270 分钟	60℃ 210 分钟	50℃ 270 分钟	45℃ 300 分钟	60℃ 240 分钟	50℃ 300 分钟	45℃ 330 分钟
颜色	黄	乳白	乳白	黄	乳白	淡黄	淡黄	乳白	黄
形状	卷曲	微卷	微卷	卷曲	平整	平整	平整	平整	平整

（3）复水性能试验

干制品一般复水后食用，复水后恢复到时原来的状态的程度是衡量干制品的重要指标，一般常用复水比来衡量。其复水比除与物料的成分、物料的加工温度、复水物料的体积有关外，一般与水温和浸水时间相关。把在 50℃和 0. 06 兆帕条件下干制所得山药片在 30℃、60℃、90℃水中浸泡，其复水特性曲线如图 2－19 所示。

由图 2－19 可以看出，浸泡水温越高，干山药片的复水速度越快。干山

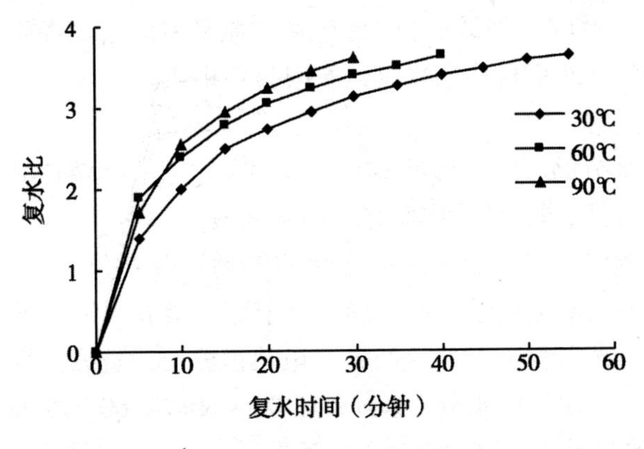

图 2－19　复水特性曲线

药片在30℃中，用时55分钟未达到饱和极限值，而在60℃水中，干山药片在40分钟内即增重至极限，在90℃水中，干山药片在30分钟 即达到饱和。在较低温度下，浸时越长，复水越充分，且逐渐趋向饱和极限值。从时间和效果（复水比大小，感官和营养成分）两方面考虑，选择60℃复水温度下用时40分钟较为合适。

3. 结论与讨论

通过实验得出，山药真空干燥的的工艺参数为：干燥温度50℃，干燥真空度0.06兆帕；干制品复水工艺参数为：温度60℃，时间40分钟。在山药干制加工预处理中，由于各地山药品种不同，其山药中酶系不尽相同，故加工过程中应根据具体原料状况筛选出适宜的护色剂，调整护色液浓度、护色时间等，还有热烫中的温度与时间也会影响产品的干燥时间与复水性。在生产中，应根据品种的不同，通过小试确定热烫时间及温度参数，以保证产品质量。对于预处理操作对山药真空干制的影响有待于进一步研究。

八、不同干燥方法对红枣品质的影响

1. 材料与方法

（1）试材与仪器

①材料与试剂

材料：太谷壶瓶枣，购自太谷南沙河村。

试剂：硫酸铜、亚铁氰化钾、葡萄糖、2，6- 二氯靛酚等，均为分析纯。

②试验仪器：101—3BS—Ⅱ型电热恒温鼓风干燥箱，上海跃进医疗器械

厂产品；ME—2080MG 型微波炉，海尔微波制品有限公司提供；HW—350AS 型远红外干燥箱，北京科伟永兴仪器有限公司提供。

（2）试验方法

①原料枣水分的测定：参照 GB 8858—88 水果、蔬菜产品中干物质和水分含量的测定方法，测得鲜枣含水量为 64. 92%。

②不同干燥方法对壶瓶枣水分变化的影响：取 4 份 1 千克 左右洗净的壶瓶枣，分别进行电热恒温干燥、远红外干燥、微波干燥、远红外微波联合干燥，干燥至枣含水量为 20% ~25%。电热恒温干燥选取干燥温度为 60 ℃，每 30 分钟 测定 1 次枣的水分；远红外干燥选取温度 60 ℃，每 15 分钟 测定 1 次枣水分；微波干燥选取功率为 300 瓦进行，每 2 分钟测定 1 次枣水分；远红外—微波联合干燥先进行远红外干燥，温度为 60℃，而后进行微波处理。

③总糖和维生素 C 含量变化的测定：总糖测定参照 GB/T 6194—86 水果、蔬菜可溶性糖测定法；维生素 C 测定参照 GB 6195—1986 水果、蔬菜维生素 C 含量测定，采用 2，6- 二氯靛酚滴定法。

2. 结果与分析

（1）不同干燥方法对壶瓶枣水分含量变化的影响

电热恒温干燥的干燥曲线如图 2 – 20 所示。

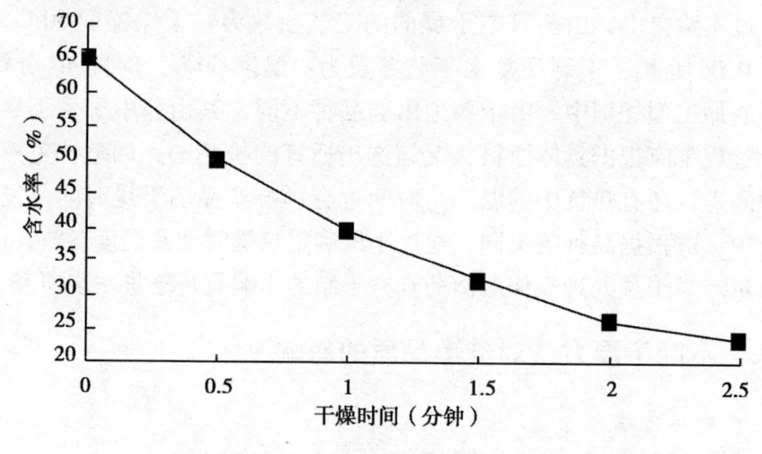

图 2 – 20　电热恒温干燥曲线

由图 2 – 20 可以看出，电热干燥的水分变化特点是干燥前期速率快，当干燥时间达到 1 小时，枣失水率为 38. 77%，随着干燥的进行，干燥曲线的变化趋于平缓，当枣含水量达到 23. 75% 时，所用时间为 2. 5 小时。

远红外干燥的干燥曲线如图 2－21 所示。

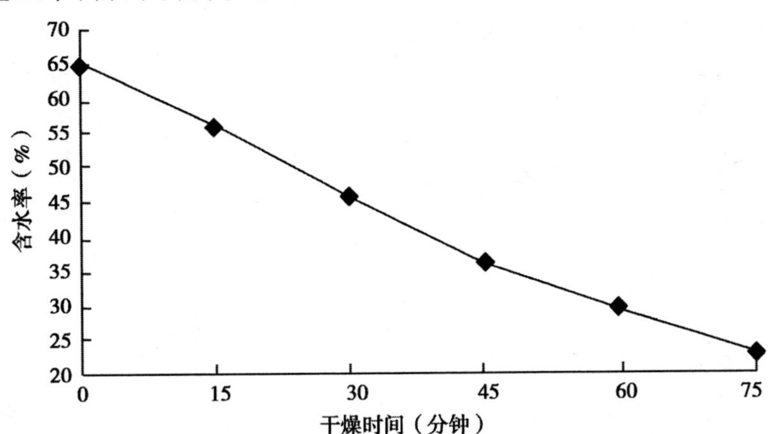

图 2－21　远红外干燥曲线

由图 2－21 可知，远红外干燥与电热干燥相比，电热干燥所用时间为 2.5 小时，而远红外干燥用时 75 分钟，且干燥速率较稳定，当干燥时间为 60 分钟时，枣失含水率为 54.68%。

微波干燥的干燥曲线如图 2－22 所示。

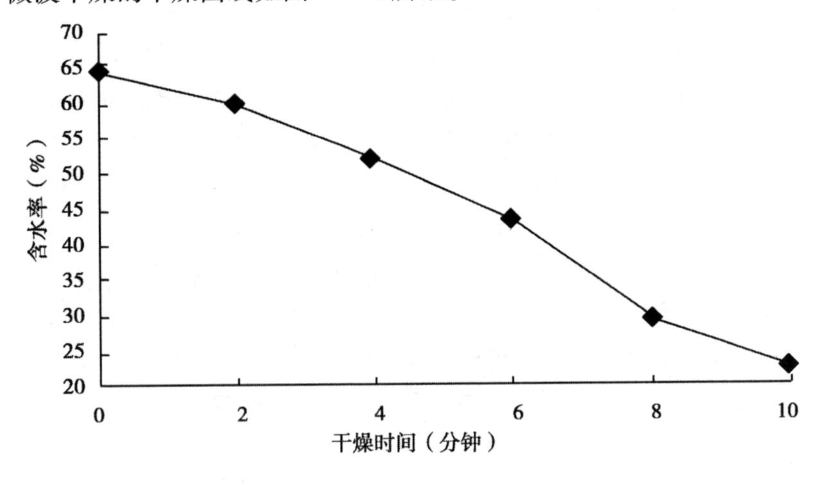

图 2－22　微波干燥曲线

由图 2－22 可知，微波干燥红枣在干燥开始阶段干燥速率慢，当干燥时间为 6 分钟时，枣失水率为 33.12%，到干燥后期干燥速率加快，且大大缩减了干燥的时间，只需 10 分钟 就可将鲜枣干燥至含水量 22.6%。

远红外微波联合干燥曲线如图 2－23 所示。

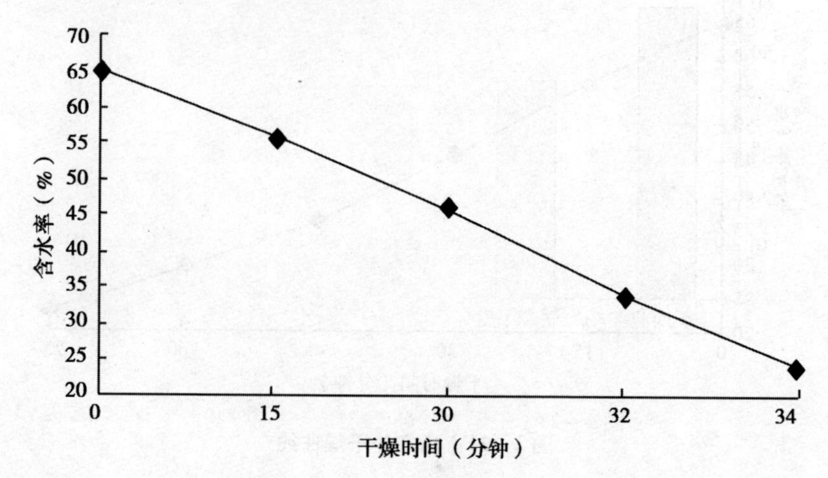

图 2－23 远红外微波联合干燥曲线

图 2－23 中 30 分钟 前为远红外干燥过程，30～34 分钟为微波处理，当干燥时间为 30 分钟时，枣失水率为 29.39%，当干燥时间为 32 分钟时，即微波干燥开始 2 分钟，枣失水率为 47.3%。

（2）不同干燥方式对枣品质的影响

①对枣总糖含量的影响：由图 2－24 可知，干燥前枣总糖质量分数为 59.15%，不同的干燥方式所得的总糖质量分数依次为远红外—微波联合干燥 44.3%，远红外干燥 42.6%，电热干燥 38.1%，微波干燥 25.23%，由此可见，远红外—微波联合干燥能够保持高的枣总糖含量。

②对枣维生素 C 含量的影响：由图 2－25 可知，干燥前枣维生素 C 质量分数为 424.85 毫克/100 克，不同干燥方式干燥后所得维生素 C 质量分数依次为微波干燥 112.51 毫克/100 克，远红外—微波联合干燥 101.85 毫克/100 克，远红外干燥 48.63 毫克/100 克，电热干燥 20.52 毫克/100 克。微波干燥处理时间较短，对枣果维生素 C 的影响较小，其次为远红外—微波联合干燥，电热恒温干燥由于时间较长，对维生素 C 的破坏较大。

3. 结论

（1）电热干燥的水分变化特点是干燥前期速率快，当干燥时间达到 1 小时，枣失水率为 38.77%，随着干燥的进行，干燥曲线的变化趋于平缓，当枣

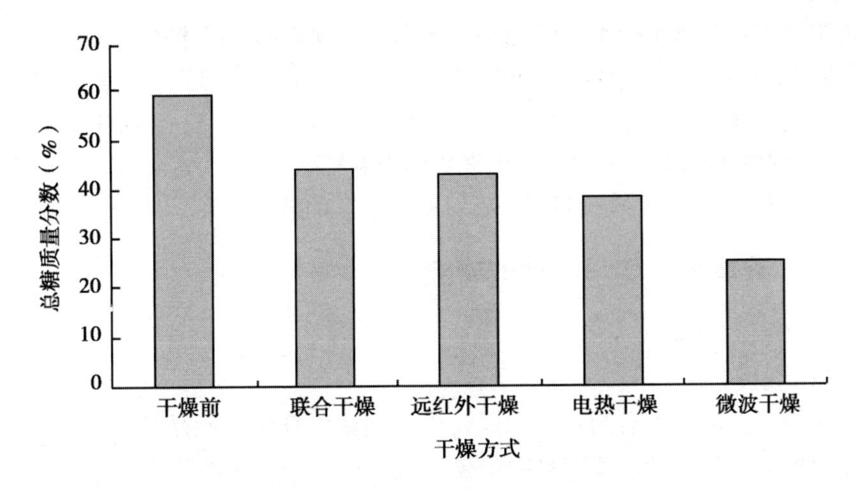

图 2-24　干燥方式对枣总糖含量的影响

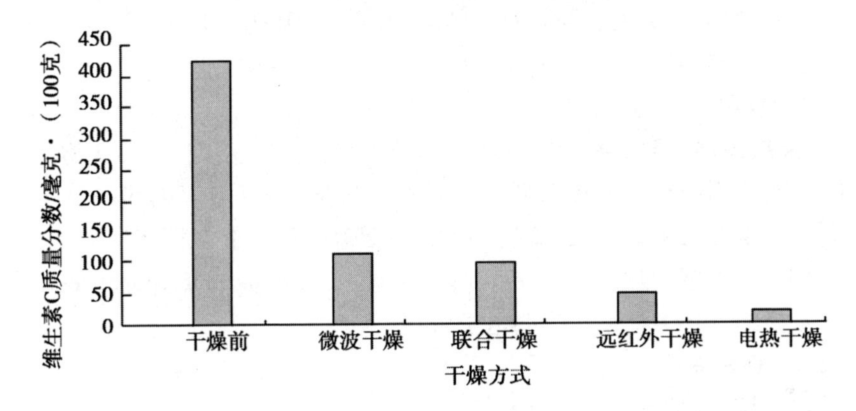

图 2-25　不同干燥方式对枣维生素 C 含量的影响

含水量达到 23.75% 时，所用时间为 2.5 小时。远红外干燥与电热干燥相比，电热干燥所用时间为 2.5 小时，而远红外干燥用时 75 分钟，且干燥速率较稳定。微波干燥红枣在干燥开始阶段干燥速率慢，当干燥时间为 6 分钟时，枣失水率为 33.12%，到干燥后期干燥速率加快，只需 10 分钟 就可将鲜枣干燥至含水率 22.6%。远红外—微波干燥干燥时间为 30 分钟时，枣失水率为 29.39%，当干燥时间为 32 分钟时，枣失水率为 47.3%。

（2）干燥前枣总糖含量为 59.15%，不同的干燥方式所得的总糖含量依次为远红外—微波联合干燥 44.3%，远红外干燥 42.6%，电热干燥 38.1%，微波干燥 25.23%，由此可见远红外—微波联合干燥能够保持高的枣总糖含量。干燥前枣维生素 C 含量为 424.85 毫克/100 克，不同干燥方式干燥后所得维生素 C 含量依次为微波干燥 112.51 毫克/100 克，远红外—微波联合干燥 101.85 毫克/100 克，远红外干燥 48.63 毫克/100 克，电热干燥 20.52 毫克/100 克。微波干燥处理时间较短，对枣果维生素 C 的影响较小，其次为远红外—微波联合干燥，电热恒温干燥由于时间较长，对维生素 C 的破坏较大。

九、荠蓝胶流变学特性的研究

1. *材料与方法*

（1）材料

荠蓝胶，实验室自制；黄原胶，山东淄博中轩生物制品公司；瓜尔胶，产于印度，广州同利物资贸易有限公司供应；亚麻胶，郑州海特食品添加剂有限公司。

NaCl、KCl、$CaCl_2$、Na_2CO_3、Na_2SO_4、Na_2HPO_4、HCl、NaOH、柠檬酸、蔗糖（分析纯）。

（2）仪器

恒温振荡器（THZ-82 型，国华企业）；组织捣碎匀浆机（JJ-2 型，国华企业）；台式离心机（TDL-5 型，上海安亭科学仪器厂）；电热鼓风干燥箱（中环实验电炉有限公司）；旋转黏度计（NDJ-1 型，上海精密仪器厂）；流变仪（AR 550 型，TA instruments）；pH 计（sartorius professional meter PP-15）；水浴锅（DZKW 型，光明电子仪器厂）。

2. *试验方法*

（1）荠蓝胶的制备

荠蓝籽皮加 33 倍蒸馏水，61℃浸提 3.5 小时后，用组织捣碎机高速搅拌，使吸水溶胀的胶质与种籽皮分离，再用 4 000 转/分钟离心沉淀皮渣，收集的胶液经无水乙醇三级沉淀浓缩，60℃鼓风干燥得到荠蓝胶（纤维状），粉碎后（过 80 目筛）作为荠蓝胶粉样品。该法制取胶质得率为荠蓝籽皮的 25% 以上。

（2）荠蓝胶溶液静态流变性的测定

①荠蓝胶溶液表观黏度的测定：NDJ-1 型旋转黏度计测定荠蓝胶溶液的表观黏度。根据溶液黏度大小选用合适的转子及转速进行测量。每次测量采用恒温水浴锅保温 30 分钟，保证测量在恒温下进行。

②荠蓝胶与几种常用的食品胶黏度的比较：配制浓度为 0.1%、0.2%、

0.3%、0.4%和0.5%的荠蓝胶、亚麻胶、黄原胶、瓜尔胶溶液，在25℃下，用NDJ-1型旋转黏度计2号转子，60转/分钟测量各食品胶溶液的表观黏度值。

③荠蓝胶溶液浓度对表观黏度的影响：配制浓度分别为0.1%、0.2%、0.3%、0.4%、0.5%、0.6%、0.7%、0.8%、0.9%的荠蓝胶溶液，在25℃下，用NDJ-1型旋转黏度计3号转子，60转/分钟测量各浓度的表观黏度值。

④温度变化对荠蓝胶溶液表观黏度的影响：配制浓度为0.1%、0.3%、0.5%的荠蓝胶溶液，将其分别在20℃、30℃、40℃、50℃、60℃、70℃、80℃、90℃恒温水浴加热30分钟，然后用NDJ-1型旋转黏度计的2号转子，适合的转速下测其表观黏度变化。

⑤pH值变化对荠蓝胶溶液表观黏度的影响：配制浓度为0.1%、0.3%、0.5%的荠蓝胶溶液，用0.5摩尔/升 NaOH和HCl分别调其pH值为2、3、4、5、6、7、8、9、10、11，在25℃下，用NDJ-1型旋转黏度计的2号转子，30转/分钟测其表观黏度变化。

⑥剪切速率对荠蓝胶溶液表观黏度的影响：配制浓度为0.1%、0.3%、0.5%的荠蓝胶溶液，在25℃下，用NDJ-1型旋转黏度计的2号转子对各浓度分别在6、12、30、60转/分钟测其表观黏度变化。

⑦电解质与非电解质对荠蓝胶溶液表观黏度的影响

a. 电解质对荠蓝胶溶液表观黏度的影响

配制浓度为0.3%的荠蓝胶溶液，分别测定盐酸盐NaCl、KCl、$CaCl_2$，金属钠盐Na_2CO_3、Na_2SO_4、Na_2HPO_4为表2－30浓度梯度下，对荠蓝胶液表观黏度的影响。测定条件：25℃，NDJ-1型旋转黏度计的2号转子，30转/分钟。以上盐溶液配制时将荠蓝胶溶液和水的密度视为1.0克/毫升。

表2－30　盐的浓度水平

盐浓度（毫摩尔/升）	1	2	3	4	5	6	7	8	9
NaCl	0	0.18	0.6	1.8	6	18	60	180	600
KCl	0	0.18	0.6	1.8	6	18	60	180	600
$CaCl_2$	0	0.09	0.3	0.9	3	9	3	90	300
Na_2CO_3	0	0.09	0.3	0.9	3	9	3	90	300
Na_2SO_4	0	0.09	0.3	0.9	3	9	3	90	300
Na_2HPO_4 $12H_2O$	0	0.09	0.3	0.9	3	9	3	90	300

b. 非电解质对荠蓝胶溶液表观黏度的影响

配制浓度为0.3%的荠蓝胶溶液，添加蔗糖、柠檬酸为表2-31浓度梯度时，在25℃下，用NDJ-1型旋转黏度计的2号转子，30转/分钟测定胶液表观黏度变化。

表2-31　浓度水平

浓度（%）	1	2	3	4	5	6	7	8	9	10
蔗糖	0	1	2	4	6	8	10	12	14	16
柠檬酸	0	0.01	0.05	0.1	0.2	0.3	0.4	0.5		

（3）荠蓝胶溶液动态流变性质的测定

配制质量分数0.5%的荠蓝胶溶液，采用AR550流变仪测定动态流变性质。

①线性黏弹区的测定：采用AR 550型流变仪，选择直径为40毫米、2度锥形板，温度25℃，振荡频率1赫兹，测定复合模量G^*随振荡应力的变化。复合模量G^*恒定的振荡应力区为线性黏弹区。

②动态流变性质的测定：在线性黏弹区范围内，固定一振荡应力，由AR 550流变仪分别测定荠蓝胶溶液的储能模量G'、损耗模量G''及动力学黏度η'随振荡频率的变化。

3. 结果与分析

（1）荠蓝胶与几种常用的食品胶表观黏度的比较

荠蓝胶作为一种新型植物胶，选择与其来源相近的油料作物种皮胶亚麻胶，广泛应用的高黏度植物种籽胶瓜尔豆胶及微生物胶黄原胶，在常用的低浓度下比较其表观黏度，如图2-26所示。

由图2-26可见，随着胶液浓度的增大，各溶液的黏度均升高，荠蓝胶和黄原胶黏度上升速率较其他胶快，二者溶液浓度达到0.5%时，已超出测量范围。各浓度的黄原胶、亚麻胶、瓜尔胶溶液的黏度均小于对应浓度的荠蓝胶溶液。荠蓝胶有望成为一种新的高黏度的天然植物胶。

（2）荠蓝胶溶液浓度对表观黏度的影响

溶液浓度（C%）与表观黏度（兆帕·秒）的关系及浓度（C%）与黏度对数（l克η）的实验数据分别如图2-27所示。荠蓝胶溶液表现为非牛顿流体的特性，其表观黏度与浓度成指数规律增加。

随着溶液浓度的增加，荠蓝胶分子数增多，分子间的交联增强，故其黏

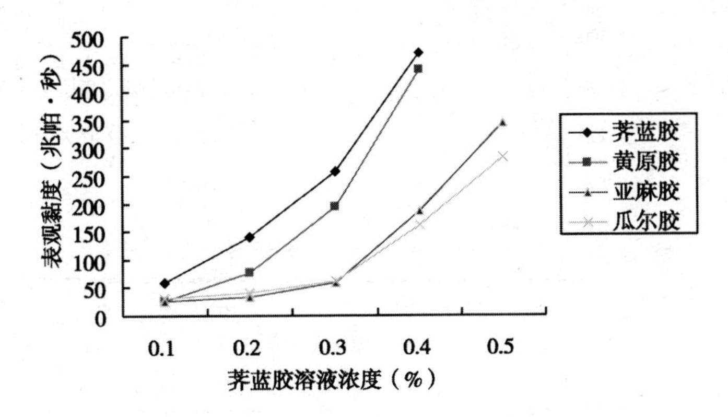

图 2－26　荠蓝胶与几种常见食品胶溶液黏度的比较

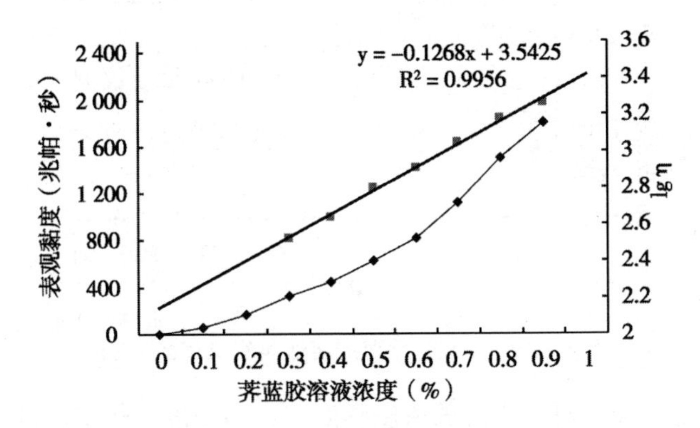

图 2－27　浓度对荠蓝胶溶液表观黏度及其对数的影响

度上升。浓度 0.6% 以下的胶液黏度增加程度较小，0.6% 以上的黏度增加幅度较大。这是高分子间的联结程度随浓度的升高而增强的结果。由图 2－27 可知，当溶液的浓度在 0.3% ～0.9% 范围内，荠蓝胶浓度与其表观黏度对数呈良好的线性关系，可以引用图 2－27 中的式子分别计算中间浓度在 25℃下的黏度（η 表观黏度；C 浓度）。

（3）温度对荠蓝胶溶液表观黏度的影响

温度对 0.1%、0.3% 和 0.5% 浓度荠蓝胶溶液表观黏度的影响，如图 2－28 所示。0.1% 的荠蓝胶液黏度几乎不受温度影响。0.3% 和 0.5% 的荠蓝胶液随着温度升高，表观黏度逐渐下降，在较高温度（60～90℃）时，表观黏度下降幅度减小，表现非牛顿流体特征。

荠蓝胶溶液随着温度升高，表观黏度下降，速度与浓度、温度高低有关。温度升高导致分子热运动的加剧，削弱了胶体大分子间缠结，使荠蓝胶

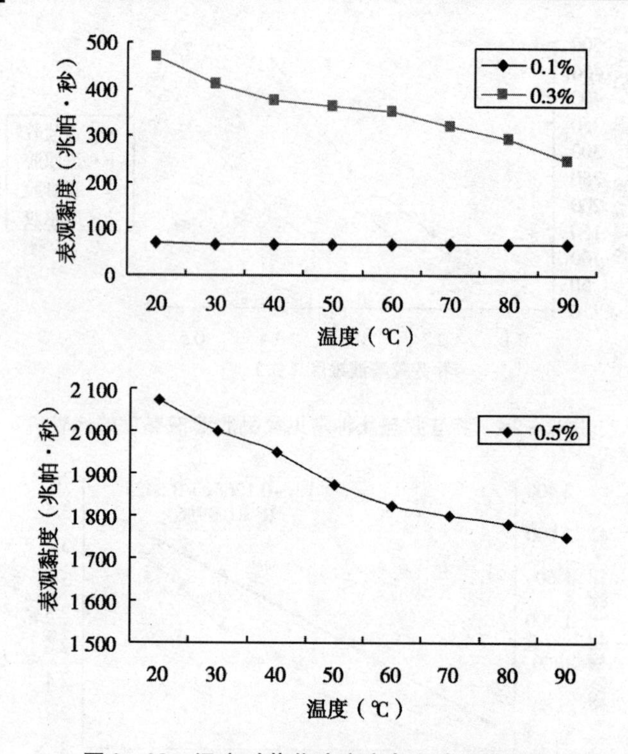

图 2-28 温度对荠蓝胶溶液表观黏度的影响

溶液表观黏度下降。对于不同的浓度的溶液，高浓度胶体溶液的黏度随温度变化幅度大，可能因为浓度大的溶液有较高的活化能。在较低温度范围内，溶液中胶体分子间的缠结大部分得到削弱，故表观黏度降低幅度很大，而在较高温度范围内，此时分子间的缠结只有剩余的小部分也几乎得到完全地削弱，故表观黏度也下降但幅度很小。

（4）pH 值变化对荠蓝胶溶液表观黏度的影响

pH 值对荠蓝胶溶液表观黏度的影响伴随浓度的增加而显著，如图 2-29 所示。0.1% 的胶液受 pH 值变化的影响很小。0.3%、0.5% 的胶液在酸性条件下，随着 pH 值的降低，黏度逐渐降低；在碱性条件下，随着 pH 值的增大，黏度也逐渐下降，但碱对荠蓝胶溶液黏度的影响比酸稍弱；在 pH 值 6~7 弱酸性条件下，荠蓝胶溶液的黏度达到最大值。这跟亚麻籽胶溶液 pH 值对表观黏度的影响规律相似。

不同浓度时荠蓝胶溶液自身的 pH 值都约为 6，可能是荠蓝胶溶液在微酸性时黏度最大的原因。酸的介入会改变了荷电胶体粒子间的相互作用，胶体

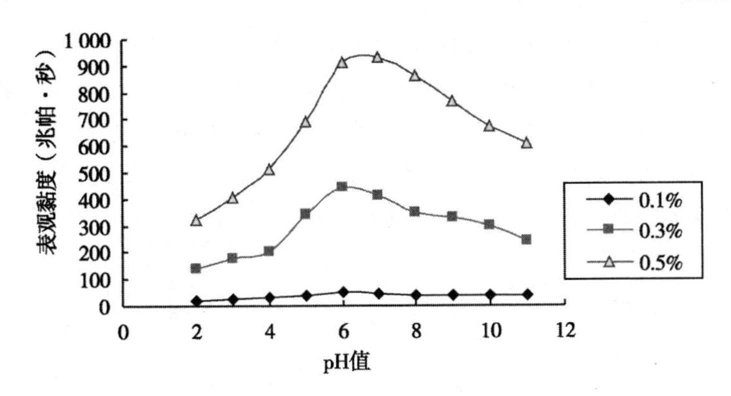

图 2-29　pH 值对荠蓝胶溶液黏度的影响

的水化和溶解能力，同时强酸条件下荠蓝胶大分子容易发生降解，从而导致胶液黏度下降。与酸相比，碱的影响较小，其主要是 OH^- 与带负电荷多糖分子之间的相斥，减少分子之间的缠结，从而使多聚糖分子收缩，黏度降低。

（5）剪切速率对荠蓝胶溶液表观黏度的影响

不同浓度荠蓝胶溶液的表观黏度都随着剪切速率的增加而下降，如图 2-30所示。随着浓度的增加，其表观黏度随剪切速率变化的程度亦增加。溶液浓度增高，剪切稀化的程度加剧，从而表现出更强的假塑性流体特征，0.5% 的荠蓝胶液表观黏度已降低超出测量范围。

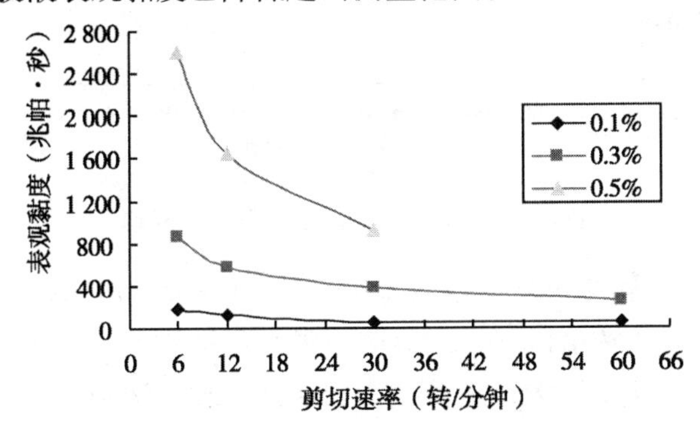

图 2-30　剪切速率对荠蓝胶溶液表观黏度的影响

这一现象主要是由于荠蓝胶溶液的多糖大分子在速度梯度场中的定向所致。剪切速率越大，定向作用越强，分子与流动方向趋于一致，同时大分子间的缠结减弱，溶液的表观黏度随着剪切速率的增加而下降，浓度越大，这种作用越显著。

（6）电解质和非电解质对荠蓝胶溶液表观黏度的影响

①电解质对荠蓝胶溶液表观黏度的影响：以溶液中离子浓度为横坐标，溶液表观黏度为纵坐标作图（由于零无法用科学计数法表示，因而以 1×10^{-5} 代替阴阳离子浓度为零的空白值），其结果如图 2－31 所示。电解质在一定浓度范围内都会引起荠蓝胶溶液黏度的显著下降。

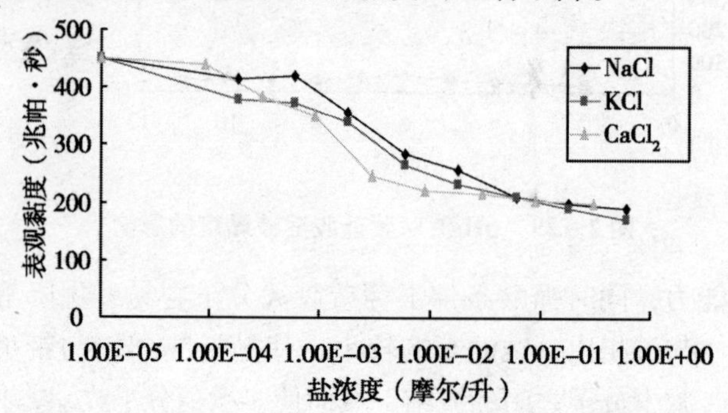

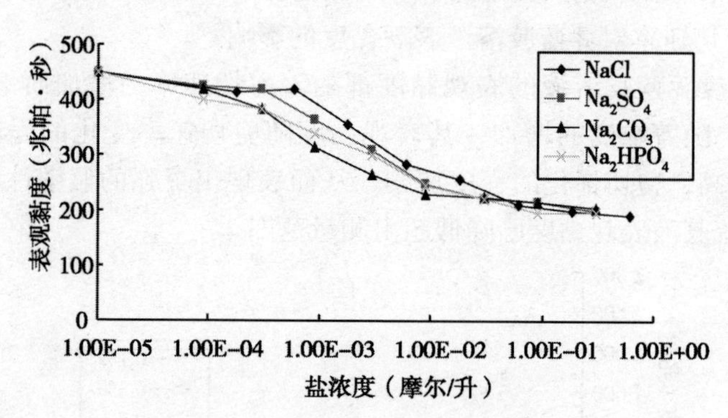

图 2－31　盐对荠蓝胶表观黏度的影响

NaCl、KCl 金属盐对低浓度荠蓝胶溶液的表观黏度影响规律类似，在 10^{-3} 摩尔/升数量级浓度以下，对溶液表观黏度影响不大，在 $10^{-3}\sim10^{-1}$ 摩尔/升的数量级浓度范围内，随着盐添加量的增加，溶液的表观黏度急剧下降，到 10^{-1} 摩尔/升的数量级浓度范围后，随着盐浓度的增加，溶液表观黏度下降缓慢。同时，试验表明，KCl 比 NaCl 对胶液黏度破坏更大，即阴离子相同，即使阳离子价态一致，对胶液黏度的影响仍不相同。相对一价金属盐的溶液，含二价金属盐 $CaCl_2$ 的胶溶液在 10^{-4} 摩尔/升浓度时，表观黏度就开始急剧下降，10^{-2} 摩尔/升的数量级浓度范围后，溶液表观黏度基本上保持不变。阴离子相同时，随阳离子强度增大，电解质对胶液黏度破坏增大。

电解质 NaCl、Na_2CO_3、Na_2SO_4、Na_2HPO_4 阳离子相同时，从图 2-31 中可以看到阴离子 CO_3^{2-}、SO_3^{2-}、HPO_4^{2-} 的存在对 0.3% 浓度的荠蓝胶溶液黏度的影响规律相似，Cl^- 离子稍有差异。前 3 种阴离子在 10^{-3} 摩尔/升数量级浓度时，溶液表观黏度就开始随着盐添加量的增加，急剧下降，到 10^{-2} 摩尔/升 的数量级浓度范围后，随着盐浓度的增加，溶液表观黏度下降基本保持不变。其中，Na_2CO_3 同其他盐相比对黏度的破坏更为显著，随着 Na_2CO_3 浓度的增加，胶液颜色加深。Cl^- 的添加浓度在 10^{-3} 摩尔/升的数量级以下时对溶液黏度影响不大，在 10^{-3} ~ 10^{-1} 摩尔/升的数量级浓度范围内造成溶液表观黏度急剧下降，在 10^{-1} 摩尔/升的浓度数量级以上，随着盐浓度的增加溶液表观黏度变化不大。

双电层理论认为，电解质的加入压缩了胶体粒子表面的双电层厚度，减小相互作用力，使体系黏度降低。电解质浓度越大，价数越高，压缩双电层的能力越强，从而使黏度进一步下降。当电解质的添加量达到一定极限，再继续增加浓度，胶液的黏度不再下降，这可能是由于离子作用已达到饱和。

②非电解质对荠蓝胶溶液表观黏度的影响：蔗糖和柠檬酸使 0.3% 浓度荠蓝胶溶液表观黏度明显下降，如图 2-32 和图 2-33 所示。蔗糖浓度在 8% 以下时，胶液体系黏度缓慢下降，大于 8% 时，胶液的表观黏度保持最低值基本不再变化。柠檬酸浓度在 0.01% 以上就会引起体系黏度的急剧下降。当柠檬酸浓度增加到 0.20% 以上，溶液的表观黏度保持最低值而不再变化。

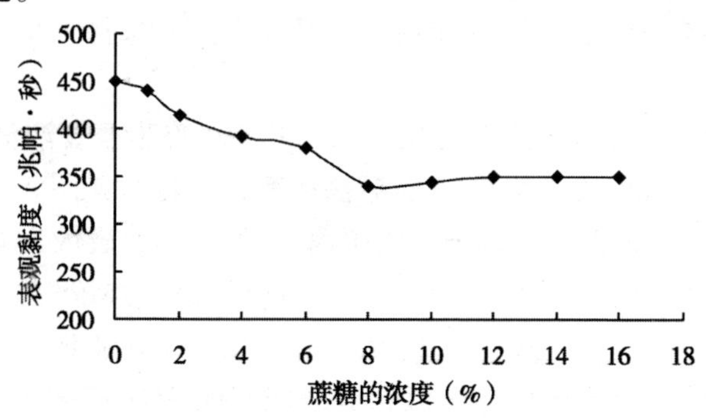

图 2-32　蔗糖对荠蓝胶表观黏度的影响

荠蓝胶溶液体系中，添加蔗糖的情况下，蔗糖分子优先与水分子相互作

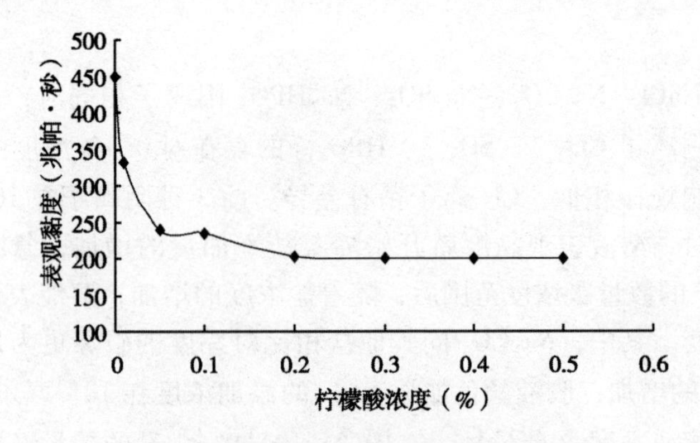

图 2－33 柠檬酸对荠蓝胶表观黏度的影响

用，减少了与胶体大分子相互作用的水分子的数量，使水的活性有所减弱，一定程度上削弱了大分子与小分子的相互作用，同时蔗糖的存在也可能干扰荠蓝胶多糖大分子自身相互靠近，减弱胶多糖大分子间的作用力，从而导致体系的黏度有所减低。柠檬酸对食品胶溶液黏度的影响主要是体系 pH 值变化引起的，从体系的 pH 值对黏度的影响来考虑，图 2－33 的结果与前述（4）中所得结论相符。

（7）荠蓝胶溶液的动态流变性质

①线性黏弹区的确定：在测定溶胶的黏弹性质时，为了不破坏它的结构，需要在线性黏弹区内进行测定。线性黏弹区是指复合模量 G^*（$G^* = G' + iG''$）不随振荡应力或应变发生变化的区域。

从图 2－34 可以看出，荠蓝胶溶液在振荡应力为 0.5～2.0 帕的范围内显示线性黏弹区，复合模量 G^* 呈线性关系。本试验选择 1.0 帕的振荡应力来测定荠蓝胶溶液的动态流变性质。

②荠蓝胶溶液的动态流变性质：浓度 0.5% 的荠蓝胶溶液的贮能模量 G'、损耗模量 G'' 和动力学黏度 η' 随振荡频率的变化，如图 2－35 所示。荠蓝胶溶液的动力学黏度 η' 随振荡频率的增大而减小，表现为剪切变稀的特性，与静态流变性质测定的结果相符。大部分食品体系或生物大分子溶液，一般都属于黏弹性流体，其 G' 和 G'' 均不同程度地依赖于振荡频率。在所采用的大部分振荡频率范围内，荠蓝胶溶液的贮能模量 G' 大于损耗模量 G''，且 G' 与 G'' 都随振荡频率的变化而变化，反映了荠蓝胶溶液弱凝胶的性质。这是由于胶液中大分子之间互相作用，形成了网状结构。贮能模量 G' 大于 G''，表明荠蓝胶弹性大于黏性，且以弹性为主。G' 与 G'' 在低频区出现相交

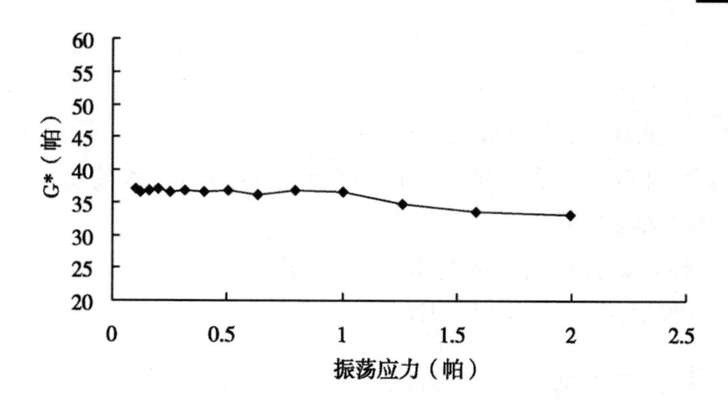

图 2－34　荠蓝胶溶液的复合模量 G^* 与应力的关系

点，体系稳定。

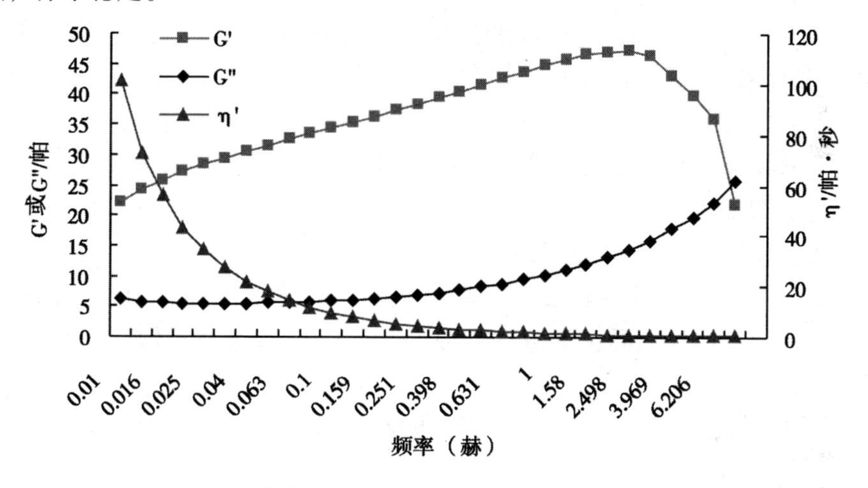

图 2－35　荠蓝胶溶液的 G′、G″、η′随扫描频率的变化

4. 结论

第一，荠蓝胶与几种食品胶在常用低浓度下，表观黏度的比较表明：荠蓝胶溶液表观黏度大于对应各浓度的黄原胶、亚麻胶、瓜尔胶溶液。荠蓝胶在低浓度时就有很高的黏度，有望成为一种新的高黏度的天然植物胶。

第二，荠蓝胶溶液为非牛顿流体，表观黏度与浓度成指数规律增加，具有剪切稀化的特征，假塑性的程度随着浓度的增加而增大。溶液的表观黏度对温度有较强的依赖性，随着温度的上升其表观黏度下降。酸、碱都会降低荠蓝胶溶液的表观黏度，但碱对其影响比酸较弱。

第三，电解质 $NaCl$、KCl、$CaCl_2$ 及 Na_2CO_3、Na_2SO_4、Na_2HPO_4 对浓度

0.3%荠蓝胶溶液黏度的影响有类似规律，即盐浓度在一定范围内会使胶体溶液黏度急剧下降。在实际生产中可控制盐浓度以避免溶液黏度大幅下降。蔗糖能明显降低0.3%荠蓝胶溶液的黏度，在饮料生产中若使用荠蓝胶作增稠剂时，宜用甜味剂代替蔗糖。柠檬酸在低浓度时就可以使0.3%的荠蓝胶溶液表观黏度大幅度降低。

第四，线性黏弹区内，浓度0.5%的荠蓝胶溶液贮能模量G′大于损耗模量G″，荠蓝胶溶液表现弱凝胶的性质。

十、荠蓝胶提取工艺的优化

1. 材料与方法

(1) 试验材料与仪器

荠蓝籽皮，北京康福多生物技术发展有限公司提供；无水乙醇（分析纯）；恒温振荡器（THZ-82型，国华企业）；组织捣碎匀浆机（JJ-2型，国华企业）；台式离心机（TDL-5型，上海安亭科学仪器厂）；电热鼓风干燥箱（中环实验电炉有限公司）；旋转黏度计（NDJ-1型，上海精密仪器厂）。

(2) 试验方法

①荠蓝胶提取工艺路线及操作要点

a. 工艺路线：荠蓝籽皮→乙醇回流除杂→热水浸提→匀浆→高速离心→取上清液→加乙醇沉淀浓缩→鼓风干燥→研磨过80目筛→荠蓝胶→测定

b. 材料预处理：荠蓝籽皮用85%的乙醇回流除杂2.5小时，滤去浸提液，自然风干。

c. 热水浸提：称取8克除杂后的荠蓝籽皮，按试验设计加入一定的蒸馏水，铝箔膜密封，恒温振荡水浴锅中浸提。

d. 乙醇沉淀：浸提后的样品经匀浆，离心（4 000转/分钟，15分钟），皮渣加100毫升蒸馏水二次离心，收集上清液，加入2倍体积无水乙醇，搅拌均匀，静置15分钟，过滤得胶体沉淀，再经2次100毫升无水乙醇脱水浓缩，得纤维状沉淀，60℃鼓风干燥1.5小时，研磨过80目筛，即得荠蓝胶（粉末）。

②荠蓝胶黏度的测定：NDJ-1型旋转黏度计测定0.5%荠蓝胶溶液的黏度，测定条件：25℃，2号转子，转速6转/分钟。每一温度测量点采用恒温水浴锅保温20分钟，保证测量在恒温下进行。

③芥蓝胶得率计算：在相同的芥蓝胶提取工艺和干燥条件下，比较其得率（称量精确到千分位）。

$$芥蓝胶得率=\frac{芥蓝胶质量}{芥蓝籽皮质量}\times 100\%$$

④芥蓝胶单因素提取试验：分别以不同的浸提温度、时间、液料比、pH值做单因素试验，考察各单因素对芥蓝胶得率和黏度的影响。实验三次重复。

⑤二次通用旋转组合设计：在单因素试验基础上，确定试验因素与水平，采用3因素3水平的二次通用旋转组合设计，确定芥蓝胶提取的最优工艺组合。数据统计分析：采用SAS统计软件包进行处理。具体设计如表2－32所示。

表2－32　二次通用旋转组合设计的因素与水平表

X_{xj}	Z_1 浸提时间（小时）	Z_2 浸提温度（℃）	Z_3 液料比（毫升/克）	
r	4.7	76.8	38.4	$r=1.682$, $N=20$, $M_c=8$, $M_0=6$, $Z_{0j}=(Z_{1j}+Z_{2j})/2$, $\triangle j=(Z_{2j}-Z_{0j})/r$, $X_j=(Z_j-Z_{0j})/\triangle j$
1	4	70	35	
0	3	60	30	
－1	2	50	25	
－r	1.3	43.2	21.6	
△j	1	10	5	

⑥芥蓝胶组成分析：应用二次通用旋转组合设计确定的芥蓝胶最优提取工艺条件，提取芥蓝胶，进行化学组成分析。

多糖测定：　　　苯酚－硫酸比色法

粗蛋白质测定：　凯氏定氮法

水分测定：　　　105℃常压干燥法

灰分测定：　　　灼烧法

2. 结果与分析

单因素对芥蓝胶得率和黏度的影响

①浸提温度对芥蓝胶得率和黏度的影响：固定浸提时间为2.5小时，液料比30∶1，浸提1次，不同浸提温度的芥蓝胶得率和黏度如图2－36所示。随着温度的升高，芥蓝胶得率不断增加，在50℃前增加显著，温度大

于60℃时，增加趋势变得平缓。温度在60℃，70℃，80℃的得率之间无显著差异。浸提温度对荠蓝胶溶液的黏度影响很大。随着浸提温度的升高，荠蓝胶溶液的黏度逐渐降低。高温浸提有利于多糖、蛋白质等大分子的溶出，但同时会对多糖的结构与活性有一定的影响。高温加热是一种导致胶体高分子降解的因素，并且这种降解的程度随温度的升高而加剧。这可能是不同浸提温度下荠蓝胶溶液黏度呈现下降趋势的原因。综合考虑，荠蓝胶得率和黏度，浸提温度选择50~70℃。

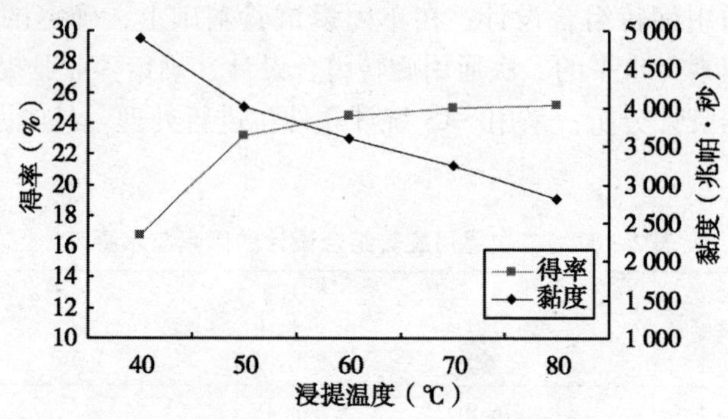

图2-36　浸提温度对荠蓝胶得率和黏度的影响

②浸提时间对荠蓝胶得率和黏度的影响：取8克荠蓝籽皮，固定提取温度60℃，液料比30：1，浸提1次。不同提取时间的荠蓝胶得率和黏度如图2-37所示。随着浸提时间的延长，荠蓝胶得率呈现上升的趋势，当时间从1小时延长到2小时，得率提高6.32%，呈直线上升趋势。此后，延长时间得率上升缓慢，提高幅度分别为：1.35%、1.08%、0.30%、1.64%。浸提时间的适当延长有助于荠蓝籽皮中大分子物质，如多糖、蛋白质分子的溶出，使荠蓝胶得率显著增加；长时间浸提，物质浸出达到一定平衡时，得率上升变得缓慢。

浸提1~4小时，荠蓝胶液黏度呈现上升趋势。浸提时间的适当延长，高分子多糖在浸出物中比例逐渐增大，多糖分子量与胶液黏度紧密相关，这使得浸提初期荠蓝胶黏度上升。但长时间高温加热会破坏胶体结构，这可能是4小时后黏度出现下降的原因。综合考虑，荠蓝胶得率和黏度，浸提时间选择2~4小时。

③液料比对荠蓝胶得率和黏度的影响：取8克荠蓝籽皮，固定提取时间为2.5小时，温度60℃，浸提1次。不同液料比的荠蓝胶得率和黏度如图

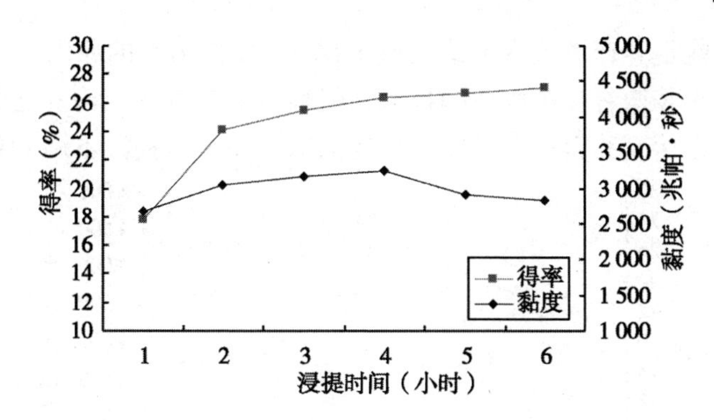

图 2－37　浸提时间对芥蓝胶得率和黏度的影响

2－38所示。液料比的增大对提高芥蓝胶得率的影响较为明显。芥蓝胶得率随液料比的增加而提高，液料比为 30：1 时达到最大值。芥蓝胶黏度随液料比的增加先上升后下降。液料比较低时，多糖等大分子不能充分溶胀浸出，得率较低；液料比较高时，有利于大分子物质的浸出，但稀薄的浸提液经醇沉浓缩，胶质容易损失，提取效率降低。Cui 研究表明，高溶剂倍量下亚麻胶中粗蛋白含量更高。高液料比，芥蓝胶组分蛋白质含量的增加可能是其黏度降低的原因。综合考虑芥蓝胶得率和黏度，液料比选择 25：1～35：1。

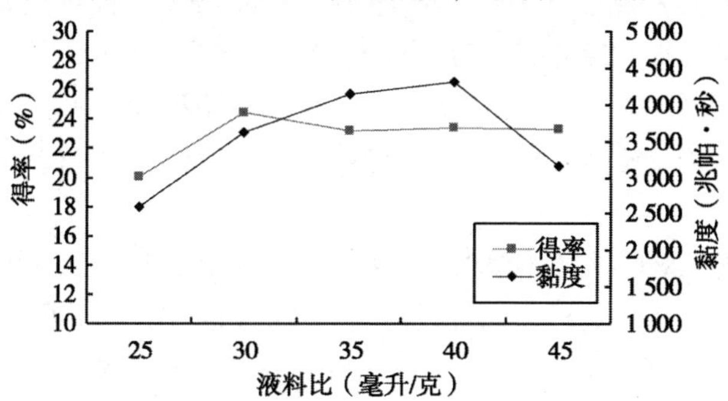

图 2－38　液料比对芥蓝胶得率和黏度的影响

④ pH 值对芥蓝胶得率和黏度的影响：取 8 克芥蓝籽皮，固定浸提温度 60℃，时间为 2.5 小时，液料比 33：1，浸提 1 次。不同 pH 值浸提，芥蓝胶得率和黏度如图 2－39 所示。浸提 pH 值对芥蓝胶提取有显著影响。由酸性到偏碱，芥蓝胶得率逐渐升高，碱性情况下，得率急剧下降。同时，芥蓝胶液黏度在酸性或碱性情况都较低，在 pH 值为 6 时达到最大值。芥蓝籽皮加蒸馏水的浸提液，其 pH 值为 5.86，pH 值为 6 浸提时对胶体结构的影响

最小，这可能是荠蓝胶液黏度最大值出现在 pH 值为 6 的原因。浸提液偏碱性虽然有助于荠蓝籽皮中胶质的提取，但酸碱会对胶体结构及性质有负面影响。综合考虑荠蓝胶得率和黏度，后期的试验中，浸提液不调 pH 值。

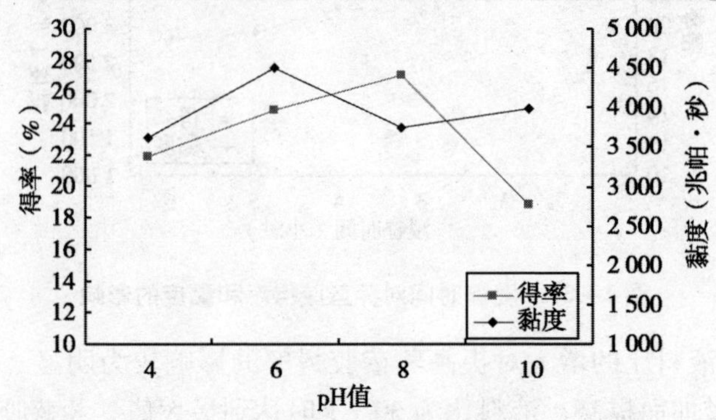

图 2 - 39　pH 对荠蓝胶得率和黏度的影响

3. 二次通用旋转组合设计实验结果及其模型分析与检验

(1) 提取工艺条件优化数学模型的建立

3 因素 3 水平二次通用旋转组合试验方案及结果如表 2 - 33 所示。以荠蓝胶得率（Y_1）和黏度（Y_2）为响应值，通过 SAS 软件对试验数据进行响应面分析（RSA），得到回归方程为：

$$Y_1 = 25.09027 + 1.296778X_1 + 0.678211X_2 + 1.204054X_3 - 0.31625X_1X_2 - 0.25875X_1X_3 - 0.65375X_2X_3 - 1.02555X_1^2 - 0.663157X_2^2 - 0.866451X_3^2 \quad (1)$$

$$Y_2 = 3269.283 - 128.1079X_1 - 49.6584X_2 + 192.5252X_3 + 90.625X_1X_2 - 70.625X_1X_3 - 65.625X_2X_3 + 70.14212X_1^2 + 78.98073X_2^2 - 130.4999X_3^2 \quad (2)$$

式中：$X_1 = (Z_1 - 3)/1$，$X_2 = (Z_2 - 60)/10$，$X_3 = (Z_3 - 30)/5$，Z_1、Z_2、Z_3—— 提取工艺条件中对应的时间、温度、料液比的实际值。

从表 2 - 34 中 F 检验和失拟检验的结果表明，方程（1）决定系数 $R^2 = 0.9592$，失拟项在 0.01 水平上不显著，说明未知干扰因子对荠蓝胶得率干扰很小，回归项在 0.01 水平上极显著，说明该方程与实际情况拟合很好。方程（2）的失拟项在 0.05 水平上显著，且回归项在 0.01 水平上不显著，方程拟合不好，说明对荠蓝胶黏度的影响则不只浸提温度、时间、液料比三因素，还存在其他干扰因子，如配制荠蓝胶溶液时的水温、搅拌时间及速率、放置时间等，有待进一步研究。

表 2－33　试验设计及结果

试验号	浸提时间（小时）	浸提温度（℃）	液料比（毫升·秒/克）	得率 Y_1（%）	黏度 Y_2（兆帕·秒）
1	1	1	1	24.94	2 830
2	1	1	－1	23.19	3 120
3	1	－1	1	24.97	3 000
4	1	－1	－1	21.77	2 750
5	－1	1	1	22.93	3 425
6	－1	1	－1	21.31	3 155
7	－1	－1	1	22.86	3 680
8	－1	－1	－1	17.46	3 425
9	1.682	0	0	24.54	3 700
10	－1.682	0	0	20.14	3 560
11	0	1.682	0	24.54	3 550
12	0	－1.682	0	22.19	3 760
13	0	0	1.682	24.12	3 700
14	0	0	－1.682	21.46	2 425
15	0	0	0	25.46	3 405
16	0	0	0	25.36	3 025
17	0	0	0	25.43	3 200
18	0	0	0	24.38	3 160
19	0	0	0	25.00	3 350
20	0	0	0	24.86	3 420

表 2－34　试验结果方差分析表

	变异原因	自由度（DF）	平方和（SS）	F 值	P 值	显著性
得率 Y_1	总回归	9	81.02364	26.09718	0.0001	**
	一次项	3	49.0464	47.39257	0.0001	**
	二次项	3	27.2224	26.30446	0.0001	**
	交互项	3	4.754837	4.594505	0.028642	*
	失拟项	5	2.559572	2.875654	0.13557	
	纯误差	5	0.890083			
	总误差	10	3.449655			

（续表）

	变异原因	自由度（DF）	平方和（SS）	F 值	P 值	显著性
黏度 Y_2	总回归	9	1 354 618	1.444669	0.286627	
	一次项	3	764 010.4	2.444399	0.124319	
	二次项	3	450 548.4	1.441499	0.288445	
	交互项	3	140 059.4	0.44811	0.724096	
	失拟项	5	918 301.8	7.432633	0.023044	*
	纯误差	5	123 550			
	总误差	10	1 041 852			

注：** 表示极显著水平（$P < 0.01$）；* 表示显著水平（$P < 0.05$）

(2) 提取工艺条件优化数学模型的解析

从表 2－35 中可以看出影响荠蓝胶得率的各因素按影响大小排依次为浸提时间、液料比、浸提温度，它们对荠蓝胶得率的影响都达到了极显著水平，且这 3 个因素的二次项均达极显著水平，交叉项 X_2X_3 达显著水平，提示了影响的非线性关系。

表 2－35　影响荠蓝胶得率各因素的方差分析

因　素	自由度	平方和	F　值	P 值	显著性
X_1	1	22.96581	66.57423	0.0001	**
X_2	1	6.28174	18.20976	0.001644	**
X_3	1	19.79896	57.39403	0.0001	**
X_1X_1	1	15.15709	43.93797	0.0001	**
X_1X_2	1	0.800112	2.319399	0.158746	
X_1X_3	1	0.535613	1.552655	0.241145	
X_2X_2	1	6.337743	18.37211	0.001596	**
X_2X_3	1	3.419112	9.911462	0.010364	*
X_3X_3	1	10.81908	31.36278	0.000228	**

注：** 表示极显著水平（$P < 0.01$）；* 表示显著水平（$P < 0.05$）

图 2－40、图 2－41 和图 2－42 给出了一个因素固定于零水平，余下两个因素的交互作用的响应面图和等值线分析图。从响应面的最高点和等值线可以看出，在所选的范围内存在极值，既是响应面的最高点，同时也是等值线最小椭圆的中心点。

由 SAS 分析得到最大响应值（Y_1）时 X_1、X_2、X_3对应的编码值分别为 $X_1 = 0.544$、$X_2 = 0.097$、$X_3 = 0.577$。与其相对应的荠蓝胶的最佳提取条件为：浸提时间 3.54 小时，浸提温度 60.97℃，液料比 32.88 : 1，理论最佳得率为 25.82%。

采用得到的最佳提取条件进行荠蓝胶浸提的验证实验，同时考虑到实际操作的便利，将荠蓝籽皮浸提荠蓝胶最佳条件修正为浸提时间 3.5 小时，浸提温度 61.0℃，液料比 33 : 1 时，3 次重复，实际测得的得率为 25.34%，与理论预测值相比相对误差在 1.9% 左右。

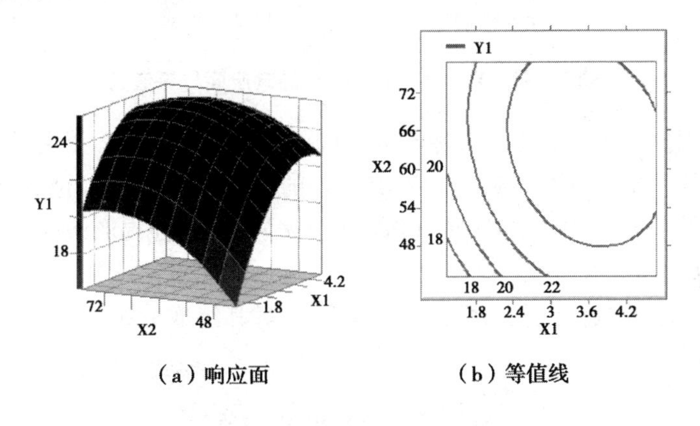

图 2－40　$Y_1 = f(X_1, X_2)$ 的响应面与等值线

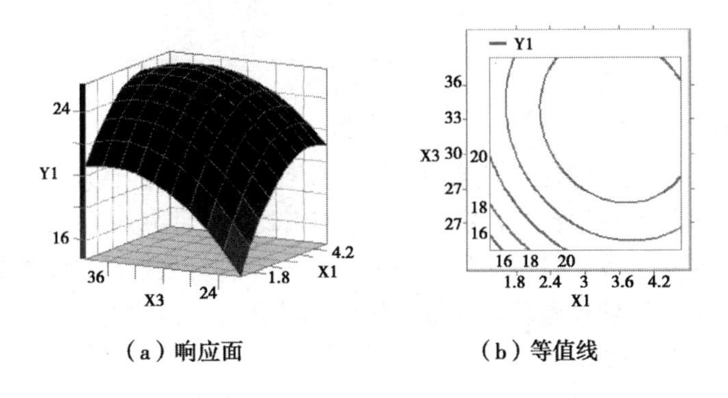

图 2－41　$Y_1 = f(X_1, X_3)$ 的响应面与等值线

（3）荠蓝胶组成分析

通过 85% 乙醇回流，溶解原料所含单糖、低聚糖及苷类等干扰性成分，过滤去除杂质后，再用水提醇沉法制得荠蓝胶，分析结果表明，其主要成分

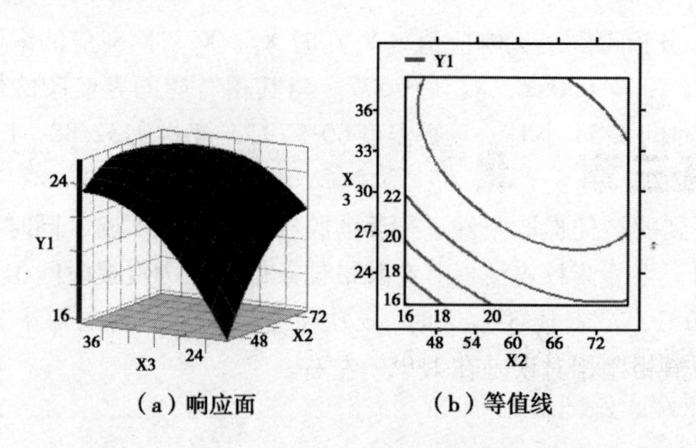

（a）响应面　　（b）等值线

图 2-42　$Y_1 = f(X_2, X_3)$ 的响应面与等值线

是多糖和蛋白质。大分子的多糖与荠蓝胶的黏度紧密相关，蛋白质的含量对荠蓝胶性能（如乳化性，起泡性）有一定的影响。得率最高的提取条件下，荠蓝胶的黏度为 3 100兆帕·秒（浓度 0.5%），与其他提取条件下所得胶液相比，黏度值较大。

应用得率的最优工艺条件提取荠蓝胶，对其组成分析，结果如表2-36所示。

表 2-36　荠蓝胶组成分析

	多糖（%）	粗蛋白（%）	水分（%）	灰分（%）
荠蓝胶	71.03	11.60	9.00	9.10

4. 结论

第一，在试验范围内，影响因素对荠蓝籽皮中浸提荠蓝胶，得率的影响顺序为浸提时间 > 料液比 > 浸提温度，3 因素均达到了极显著水平。

第二，建立了荠蓝胶得率的回归方程，方差分析表明模型拟合很好。通过响应面分析，得到荠蓝胶得率最佳提取工艺条件：浸提时间 3.5 小时，浸提温度 61.0℃，液料比 33∶1。

第三，该工艺条件下提取的荠蓝胶，主要成分是多糖（71.03%）和蛋白质（11.60%），且黏度值较大。

第三章　北方果蔬鲜切技术及应用

鲜切果蔬又称最少加工处理果蔬、半成品加工果蔬、轻度加工果蔬、切分（割）果蔬、调理果蔬等，它是指新鲜果蔬原料经过分级、整理、挑选、清洗、整修、去皮、切分、包装等一系列处理后用塑料薄膜袋或以塑料托盘盛装外覆塑料薄膜包装，使产品保持生鲜状态的一种新式果蔬加工产品。消费者购买这类产品后，不需要作进一步的处理，可直接食用或烹调。随着现代生活节奏的加快和生活水平的提高，人们对果蔬消费的需求越来越高，鲜切果蔬以其清洁、卫生、新鲜、方便、营养、无公害等特点，近年来的消费量增加相当快，特别受到欧美、日本等国家消费者的喜爱，在我国也开始逐渐受到关注。

第一节　北方鲜切果蔬的市场优势

鲜切果蔬的研究始于20世纪50年代，最初是以马铃薯为原料；到20世纪60年代，美国已进入商业化生产，主要供应餐饮业；20世纪90年代，鲜切果蔬产品得到迅猛发展，在美国、欧洲、日本等国家和地区十分盛行，鲜切果蔬的加工已进入了工业化、规模化生产。20世纪末，鲜切果蔬的生产在我国才真正起步，并逐步发展壮大起来。目前，在北京、上海、广州、深圳等大中城市的一些超级市场上都可以看到鲜切果蔬产品，鲜切果蔬在我国正逐步走进人们的生活中，并逐渐受到广大消费者的青睐。

一、鲜切果蔬的特点

1. 新鲜

鲜切果蔬从采收到销售均处于冷链系统，果蔬活体一直保持在低温状态，使产品保持了生鲜果蔬的新鲜风味。

2. 方便、营养

方便是鲜切果蔬产品最大的特点，消费者便于购买、携带，买后即可开袋烹调，鲜切果蔬与其他果蔬产品相比，最大程度保持了生鲜果蔬的风味物质及营养成分。

3. 安全卫生

鲜切果蔬的生产采用无公害果蔬为原料，加工、运输、销售等各个环节均按鲜切果蔬生产标准及其质量控制体系操作，保证了产品从田园到餐桌食用的安全卫生。

4. 可食率高

鲜切果蔬的可食率接近100%。

二、果蔬鲜切加工的意义

鲜切果蔬的生产、流通、消费关系到人们的健康、安全和环境保护等多个方面，既适应了社会的需要，又经济实惠，受广大消费者的欢迎，因此鲜切果蔬的加工具有重要的现实意义。

1. 鲜切果蔬的加工贯彻了国家果蔬产业政策，提高了果蔬加工率

我国果蔬主要鲜销，果蔬加工率不足30%。国务院《关于促进农产品加工发展的意见》明确了积极发展菜篮子产品加工为农产品加工的重点领域，要求“积极发展有机果蔬产品和绿色果蔬产品加工，搞好果蔬的清洗、分级、整理、包装，推广净菜上市，发展脱水果蔬、冷冻菜、保鲜菜等”；农业部《农产品加工发展行动计划》也把果蔬加工制品列为重点领域，要求“根据国内外市场需求，大力发展无公害、绿色、有机果蔬及加工制品。在种植、加工和销售环节实行全程质量控制。重点抓好施肥、农药使用等关键环节，净化果蔬生产环境，搞好果蔬的清洗、分级、整理包装等处加工，大力推行净菜上市。重点发展和研制开发技术含量高的低温脱水果蔬、冷冻或速冻菜、保鲜菜、果蔬粉、净配菜、调味及调理果蔬、果蔬汁及果蔬罐头等系列产品”。可见，发展鲜切果蔬是符合国家果蔬产业发展政策的。同时，发展鲜切果蔬在一定程度上改变了我国从采后直接进入流通领域的供应旧模式，实现了果蔬的产地集中加工，提高了果蔬的加工率，基本建立了果蔬产业集中加工、分散供应的新模式。

2. 鲜切果蔬的加工满足了市场的需求，能够提供优质、方便、安全、卫生的生鲜果蔬产品

鲜切果蔬能够满足果蔬消费市场对果蔬产品品质的要求，满足消费者对食品安全和健康的要求。同时，鲜切果蔬的出现为广大城市居民提供了方便，大大缩短了人们的炊事时间，适应了城市居民快节奏、高效率的生活要求。

3. 鲜切果蔬的加工增加了果蔬的附加值，提高了果蔬的综合效益

鲜切果蔬的上市实现了我国果蔬产品从低级农产品向高级商品的过渡，鲜切技术的研究开发是果蔬由不含或低技术含量转化为新技术的高附加值产品，其经济、社会效益十分突出，可增值 1 ~ 5 倍，大大提高了果蔬产品的附加值。鲜切果蔬的加工在果蔬产地完成，果蔬采收后立即进行加工，减少了中间环节，从而减小了果蔬的采后损失，提高了果蔬的综合效益，同时有利于果蔬种植、加工、销售一条龙产业化运作的实现，形成以加工为龙头带动果蔬种植发展的良性循环，使果蔬产业增效，菜农增收。

4. 鲜切果蔬的加工减少了城市生活垃圾的排放，改善了城市环境

城市生活垃圾主要为厨房垃圾，是城市环境的重要污染源之一，其中，果蔬残余物又在厨房垃圾中占有相当比例。目前，我国的果蔬基本未进行简单处理即进入居民家中，果蔬中丢弃的果蔬垃圾平均占果蔬质量的 20% ~ 40% 左右。鲜切果蔬的进城可以减少果蔬垃圾 15%，是减少城市生活垃圾的有效途径之一，对减少环境污染，改善城市形象等方面具有重要意义。

5. 鲜切果蔬的加工可促进果蔬的出口

果蔬产业是劳动密集型产业，生产的机械化程度低、劳动强度大。工业化国家如日本、美国等发达国家由于土地资源限制、劳动力价格高，果蔬加工成本高，有利于我国鲜切果蔬在国际市场上的竞争。国际上为了保护本国农产品，经常会对造成市场威胁的进口农产品实行进口限制。但是，鲜切果蔬是属于果蔬加工制品，不在进口限制范围内，同时它以加工品形态直接外销，还可以避开麻烦的鲜菜检疫问题，进而可以增加国内果蔬的出口。

三、鲜切果蔬的市场优势

在现代社会随着人们购买力的增强，生活节奏的加快，对健康的关注以及广告媒体的宣传，人们的消费模式正在发生变化。鲜切果蔬因其自身具有营养、方便、新鲜等特点越来越被人们所青睐。它所占的市场份额也越来越大，具有广阔的发展前途。因为鲜切果蔬免去了食用前的清洗、去皮、切

割、去壳等处理，节省了时间，减少了产品的运输费用和垃圾的处理费用。将采收后或经贮藏后的新鲜果蔬送往加工厂经过鲜切加工后，能广泛用于快餐业、宾馆饭店、单位食堂、零售或进一步的加工。

鲜切果蔬与速冻果蔬相比，虽然保鲜时间短，但它更能保持果蔬的新鲜质地和营养价值，无须冻结和解冻，食用更方便，生产成本低，在本国或本地区销售具有一定优势。由于鲜切果蔬具有清洁、卫生、新鲜、方便等特点，因而在美欧、日本等国家深受消费者的喜爱。

目前，鲜切果蔬的生产在我国刚刚起步，加工规模较小。随着我国人民生活水平的提高，现代生活节奏的加快，人们对果蔬消费的要求除了优质新鲜外，对于食用简便性也提出了越来越高的要求，特别是对于双职工家庭和某些“单身贵族”来说更是如此。另外，由于实行每周 5 天工作制，假期外出野餐机会不断增加，鲜切果蔬正日益深入到饮食生活中。目前，在各个城市的一些超市已有鲜切果蔬的上市，受到消费者欢迎。

第二节　北方适合鲜切的果蔬品种

果蔬种类繁多，含有丰富的维生素、矿物质、碳水化合物、糖类、酸类等物质，是人类不可缺少的食物，又是重要的经济作物。科技进步与社会发展带来了果蔬消费的全新格局，要求安全、新鲜、营养、卫生、方便。鲜切果蔬是目前我国果蔬产品加工发展趋势之一。近年来，随着生活水平的不断提高和现代生活节奏的加快，人们对鲜切果蔬的需求量增加很快，如今高品质的鲜切果蔬已成为发达国家果蔬消费的主流。随着经济的发展和广大消费者消费观念的更新，鲜切果蔬正在逐步走进人们的生活中，最终被人们所喜欢和接受。但是，并不是每种果蔬都适合进行鲜切加工，就同一种果蔬而言，对其品种又有特殊的要求。本节将果蔬种植学与果蔬品质学结合起来，详细阐述适合鲜切果蔬加工的果蔬种类及其品种。

一、鲜切果蔬产品的特性

鲜切果蔬的加工与传统的果蔬加工如冷藏、冷冻、干制、腌制等不同，其最大的特点就是产品经过一系列处理后仍能保持生鲜状态，能进行呼吸作用，因此鲜切果蔬产品具有自身的一些特性。

1. 鲜切果蔬产品的生理生化变化

（1）呼吸强度增强

去皮、切分等加工过程不可避免地给果蔬造成人为的机械损伤，使果蔬的天然保护层消失，会引起呼吸作用的增强，其增强程度随果蔬种类、发育阶段、切割程度及加工车间温度的不同而异，一般说来，由于切割引起的呼吸强度能增加1.2～7.0倍，甚至更大。切割产品上覆盖有水膜，影响气体扩散，使高CO_2低O_2状态出现，刺激产生无氧呼吸，同时还会加快水分的损失。对于同一种类的果蔬，切割程度越大，呼吸强度也越大。由于鲜切果蔬的呼吸强度较果蔬原料更大，所以若包装材料的透气性不佳，或采用较高真空度的真空包装，则会导致无氧呼吸，从而引起乙醇、乙醛等异味物质的产生，影响产品的风味。

（2）乙烯产生量增加

切割、运输中的振动、冲击、摩擦等造成的机械损伤，使果蔬呼吸强度增高，并刺激果蔬组织内源乙烯的产生，从而促进组织的衰老和质地的软化等。

（3）酶化学反应加快

进行切割等加工处理，会造成新鲜果蔬细胞组织的破碎，使果蔬体内各种酶与底物的区域化被破坏，酶与底物直接接触，同时氧气供应量增加，促进了各种氧化及水解反应，从而导致产品色、香、味、质地及营养价值的下降。如多酚氧化酶催化多酚类物质的氧化聚合，导致果蔬切割表面的褐变；脂氧合酶催化不饱和脂肪酸的氧化作用，导致大量具有难闻气味的低级醛类和酮类物质的产生；果胶酶等细胞壁降解酶催化细胞壁物质的水解，导致产品组织的软化等。生产中通常采用抑酶剂，来抑制包括多酚氧化酶在内的多种酶的活力，以降低鲜切果蔬的褐变程度，延长产品的货架期。

2. 鲜切果蔬产品的营养成分变化

在鲜切果蔬的加工和贮存过程中，维生素C的损失是影响产品营养质量的主要因素。除了切割造成的机械损伤会促进维生素C的氧化损失外，加工中的去皮、清洗等工艺也会造成维生素C等营养物质的损失。如马铃薯的维生素C主要集中于皮下，由于去皮而造成的损失高达35%。水洗是鲜切果蔬加工的重要步骤之一，但在水洗时会不可避免地造成水溶性营养成分的溶出和损失。如切碎的甘蓝在水中放置1小时，会损失7%的维生素C。此外，产品的贮藏温度、光照和包装等，也会影响营养成分的变化。在鲜切果蔬的生产过程中，通常采用低温、低氧、避光贮藏，可减少营养成分的损失。

3. 微生物侵染

新鲜果蔬在去皮、切分等加工过程中，易受到空气、加工用水以及加工机械中各种微生物的侵染。侵染鲜切果蔬的微生物主要有细菌、真菌、病毒和寄生虫等。由于大部分果蔬属于低酸性食品，加上切割处理造成果蔬营养成分的外流，因而为微生物的生长繁殖提供了理想的生长条件，造成鲜切果蔬在加工、贮藏过程中发生的交叉污染加重。鲜切果蔬作为一种可食性接近100%的即食性产品，病原微生物的生长不仅会导致产品的败坏，更重要的是还会导致食用后的安全问题。

二、鲜切果蔬的品种要求

鲜切果蔬的加工给果蔬带来了一系列的变化，如生理、成分及微生物的变化，特别是切分直接给微生物提供了更多入侵的机会，同时增大了与空气的接触面积，导致鲜切果蔬产品色泽、脆度等理化性质的劣变，极不利于鲜切果蔬品质的保持。这些问题一方面可通过鲜切果蔬加工过程中的护色、保脆技术解决，另一方面就是通过鲜切果蔬加工品种的筛选，选择适宜加工鲜切果蔬专用品种。这就是首先要提出对果蔬加工品种的要求，选择不易褐变、脆变且耐贮藏的品种，以保证鲜切果蔬产品的品质。例如，马铃薯适宜于制作鲜切果蔬，但若其还原糖含量≥0.5%、淀粉含量≤14%，加工成片、丝产品时易发生褐变，就不宜做成鲜切果蔬产品。因此，鲜切果蔬加工应选择淀粉含量≥14%、还原糖含量≤0.4%的马铃薯品种。

科研工作者经过多年的攻关研究，总结出了鲜切果蔬加工对果蔬原料品种的要求有如下几个方面。

① 作为果蔬鲜切加工的原料为无公害果蔬；

② 作为果蔬鲜切加工的果蔬应容易清洗及修整；

③ 果蔬的干物质含量应比较高；

④ 果蔬的水分含量应较低；

⑤ 加工时汁液不易外流；

⑥ 酚类物质含量应较低；

⑦ 去皮切分后不易发生酶促褐变；

⑧ 耐贮运等。

因此，并不是所有的果蔬种类和品种都适合于鲜切果蔬的加工生产，只有满足上述要求的果蔬品种，才能加工出优质的鲜切果蔬产品。

三、适合鲜切的果蔬品种

果蔬色泽鲜艳、营养丰富，既是人们喜爱的美味佳肴，也是维持人体正常生理机能、保持健康所必需的食品。然而由于果蔬生产环境的污染及生产过程中过量地施用化学肥料和化学农药，造成农药等有害物质在果蔬上的残留超标，以及果蔬的采收、运输、贮藏、加工等过程造成各种成分发生改变，这样不仅影响果蔬的品质和营养价值，最主要的是危及人们的生命安全和身体健康。无公害果蔬在生长过程中，不用或少用化肥、农药，使果蔬中农药残留等有害物质几乎为零，具有新鲜、天然等特点。因此，总的来说必须选择高产、优质、抗病、抗逆性强（如耐热、耐寒等）、适应性广等优良的无公害果蔬品种进行鲜切果蔬的加工，才能生产出新鲜、营养、卫生、安全的高品质鲜切果蔬产品。

市场的需求以及果蔬种类的生态适应性是鲜切果蔬加工企业考虑果蔬种类和品种的基本点。在此基础上，还应该有目的地选择一些高产、优质、抗病、抗逆性强（如耐热、耐寒、耐未熟抽薹等）、适应性广等优良品种，从果蔬本身优良性的利用来减少农药的使用以及污染物的富集等。比如，在抗病性方面、重金属的富集方面、硝酸盐污染的减轻方面，不同种类和品种的果蔬存在很大的差异。因此，选择恰当的种类和品种对于在同一基地的果蔬生产，更有利于达到无公害果蔬的标准。总之，通过果蔬种类和品种的合理选择，可以从根本上减少污染物的污染量，对于生产无公害果蔬，进而加工优质鲜切果蔬产品具有重要意义。

目前，适宜于鲜切果蔬加工的北方果蔬品种涵盖了白菜类、根菜类、甘蓝类、茄果类、豆类、瓜类、葱蒜类、薯芋类、水生果蔬类、食用菌、部分叶菜类等十余类，主要有大白菜、胡萝卜、甘蓝、花椰菜、茄子、辣椒、黄瓜、南瓜、冬瓜、苦瓜、西葫芦、洋葱、蒜薹、西芹、莴笋（叶用、茎用）、马铃薯和香菇等。

第三节　北方主要果蔬的鲜切技术

一、鲜切果蔬加工的前提条件

鲜切果蔬作为一种具有新鲜、方便、无公害等特点的食品，它必须具有一定的货架期，在销售的过程中，必须保持新鲜，这就要求对切割果蔬进行保鲜处理。从某种意义上说，保鲜技术的发展是鲜切果蔬出现的一个重要前提条件。

首先，低温技术的发展，为鲜切果蔬的发展提供了有利条件。因为低温可抑制果蔬的呼吸作用和酶的活性，降低各种生理生化反应速度，延缓衰老和抑制褐变，同时也抑制了微生物的活动。

其次，气调保鲜技术的应用，为鲜切果蔬的发展进一步提供了有力保证。近来研究出的气调保鲜技术因人为地改变贮藏环境的气体组成而可以降低呼吸率和抑制酶的活性，从而延长了鲜切果蔬的货架寿命。

最后，新型酶活性抑制剂的合成，为鲜切果蔬的出现提供了可能。因鲜切果蔬的褐变主要是酶褐变，一些新的酶活性抑制剂的合成，减少了果蔬的氧化，进一步延长了保险期，更加为鲜切果蔬出现提供了可能。

二、鲜切果蔬加工工艺流程

根据不同果蔬品种，鲜切果蔬的生产工艺流程可分为两类。

第一类是对无季节性生产的果蔬或不耐贮藏的果蔬，加工以后就立即销售，其工艺流程为：采收→加工→运销→消费。

第二类是对一些耐藏的季节性果蔬。其工艺流程为：

采收→采后处理→贮藏→加工→运销→消费

从两类的工艺流程看，第二类的工艺流程比第一类的增加了采后处理和贮藏两个步骤，其目的是延长这类果蔬的供应期。鲜切果蔬的加工工艺操作主要有挑选、去皮、切割、清洗、冷却、脱水、包装、冷藏等工序。许多形态各异的果蔬加工时仍然以手工为主，辅以机械设备。需要注意的是，在整个加工的过程中必须像对待新鲜果蔬产品一样尽量减少对果蔬组织的伤害。

三、鲜切果蔬加工的操作要点

1. 挑选、清洗

剔除腐烂、残次果蔬，去除外叶、黄叶。另外，采收和收购的果蔬表面往往带有灰尘、泥沙和污物，加工前必须仔细地清洗。

2. 去皮和切分

需要去皮的果蔬可以采用手工、机械、化学或高压蒸汽去皮，但原则上不管用什么方法去皮都必须尽可能地减少对组织细胞的破坏程度。理想的方法是采用锋利的切割刀具进行手工去皮，原因是机械去皮、蒸汽去皮以及苛性碱去皮会严重破坏果蔬的细胞壁，使细胞质液大量流出，增加了微生物生长及酶褐变的可能性，因而损害了产品质量，所以理想的方法是采用锋利的刀具进行手工去皮。

此外，切割的大小对产品的品质也有影响，切割得越碎，果蔬切割表面积就越大，不利于保存。切割时所使用的刀具以及垫子需进行消毒。切割机械要安装牢固，因为机械的振动会损害果蔬切片的表面。

3. 冲洗与脱水

去皮、切分后的果蔬原料必须再冲洗一次以减少微生物污染及防止氧化，一般在去皮或切分后还要进行清洗，如大白菜、结球甘蓝切丝后还需再清洗一次。原因在于清洗能除去微生物和细胞汁液，这样在随后的储存中减少微生物的增长以及防止酶的氧化褐变。

清洗时水中加入一些添加剂如柠檬酸、次氯酸钠等可以减少微生物的数量以及防止酶反应，因而能改善产品的货架期以及感官质量。根据一些报道，去皮或切分前后清洗水中含氯量或柠檬酸量为100～200毫克/升时可有效延长货架期。实验表明，使用次氯酸钠清洗切割叶用莴苞可抑制产品褐变及病原菌数量，但使用氯处理后的原料必须经过清洗以减少氯浓度至饮用水标准，否则会导致产品劣败及萎蔫，且具有残留氯的臭气。

切分洗净后的果蔬应立即进行脱水处理，否则比不洗的更易变坏或老化。通常使用离心机进行脱水，脱水时间要适宜，切分甘蓝脱水时间为20秒（离心机转速为2 825转/分钟），切割叶用莴笋脱水时间为30秒（离心机转速为1 000转/分钟）。

4. 褐变抑制

对于鲜切果蔬而言，如去皮的马铃薯，主要的质量问题是褐变，褐变易造成外观极差。传统上，一般使用亚硫酸盐来抑制褐变；可是亚硫酸盐的使用会对人体造成一些不良影响，特别是它对哮喘病人具有副作用。因此，美国 FDA 越来越提倡使用亚硫酸盐替代物。

5. 包装

包装是鲜切果蔬生产中的最后操作，工业上用得最多的包装薄膜是聚氯乙烯 PV 克（用于包裹）、聚丙烯 PP 和聚乙烯 PE（用于制作包装袋），复合包装薄膜通常用乙烯——乙酸乙烯共聚物 EVA，以满足不同的透气率。鲜切果蔬的包装主要有自发气调包装 MAP、减压包装 MVP 以及涂膜包装。

6. 贮存、配送及零售

一般来说，温度是影响果蔬切割产品货架期的主要原因。切割果蔬包装后，应立即放入冷库中贮存，冷藏温度必须低于 5℃以获得足够的货架期以及确保产品的安全。贮存时，包装小袋要摆放成平板状。否则产品中心部位不易冷却，特别是放入纸箱中贮存时，更要注意。

配送时，可以使用冷冻冷藏车或保温车。一方面应注意冷藏车的车门不要频繁开闭，以免引起产品温度波动，不利于产品品质的保持；另一方面，可以采用易回收的隔热容器和蓄冷剂（如冰）来解决车门频繁开闭造成的品温波动，如切割甘蓝用 0.04 毫米的聚乙烯袋包装后放入发泡聚苯乙烯容器中，空隙全部用冰填塞，在 30℃的条件下，经过 12 小时，品温能够保持在 5℃以下。零售时，为了保持产品品质，应配备冷藏设施如冷藏柜等，贮存温度应低于 5℃。

四、主要果蔬的鲜切加工技术

（一）马铃薯丝（片）鲜切加工技术

1. 工艺流程

原料果蔬→预冷→分选清洗→杀菌→漂洗→去皮→切分→护色保鲜→脱水→包装→低温贮存

2. 操作要点

（1）原料

符合无公害果蔬安全要求，大小一致，芽眼小，淀粉含量适中，含糖少，无病虫害，不发芽，采收后马铃薯宜在 3 ~ 5℃冷库贮存。

（2）预冷

将原料及时地进行真空预冷处理，这样可以抑制加工原料的微生物的快速繁殖，为鲜切加工提供良好的原料。

（3）清洗

将准备加工的原料进行清洗，洗去污泥和其他污物。

（4）杀菌去除残留农药

将洗净的马铃薯通过输送机将其送入杀菌设备中，通过臭氧水进行浸泡杀菌处理，浸泡时间为30～40分钟，再放入200～300毫克/升二氧化氯液中进行浸泡，浸泡时间为15～30分钟，除去马铃薯中残留的农药，同时起到再次杀菌的作用。

（5）漂洗

用灭菌水将处理好的马铃薯进行漂洗。

（6）去皮

使用去皮机对马铃薯进行机械去皮。

（7）切分

采用多用切菜机将马铃薯切分成片、丝等不同的形状。

（8）护色保脆保鲜

将切分好的马铃薯放入护色保鲜及保脆液中进行浸泡处理，浸泡时间为10～15分钟。护色浸泡液的成分为：0.05%～0.1%异抗坏血酸钠、0.03%～0.05%曲酸、0.03%～0.05%山梨酸钾。

（9）脱水

将护色保鲜、保脆好的马铃薯装入消毒好的袋子中，放入灭好菌的离心机中进行离心脱水，使果蔬表面无水分，脱水时间为3～8分钟。

（10）包装

采用灭菌的包装袋进行包装，真空度为0.09兆帕。

（11）贮藏

将加工好的马铃薯鲜切产品放入4℃冷库中进行贮藏。

（二）莴笋片（块）鲜切加工技术

1. 工艺流程

原料果蔬→预冷→分选清洗→杀菌→漂洗→去皮→切分→护色保鲜→脱水→包装→低温贮存

2. 操作要点

(1) 原料

符合无公害果蔬安全要求及适合鲜切加工的原料。

(2) 预冷

将原料及时地进行真空预冷处理，这样可以抑制加工原料的微生物的快速繁殖，为鲜切加工提供良好的原料。

(3) 清洗

将准备加工的原料进行清洗，洗去污泥和其他污物。

(4) 杀菌去除残留农药

将洗净的莴笋通过输送机将其送入杀菌设备中，通过臭氧水进行浸泡杀菌处理，浸泡时间为30分钟，再放入200毫克/升二氧化氯液中进行浸泡，浸泡时间为15分钟，除去莴笋中残留的农药，同时起到再次杀菌的作用。

(5) 漂洗

用灭菌水将处理好的莴笋进行漂洗。

(6) 去皮

使用消毒好的刀具对莴笋进行人工去皮。

(7) 切分

采用多用切菜机将莴笋切分成片、块等不同的形状。

(8) 护色保鲜及保脆

将切分好的莴笋放入护色保鲜及保脆液中进行浸泡处理，浸泡时间为5~15分钟。护色浸泡液的成分为：0.05%~1%异抗坏血酸钠、0.03%~0.1%乙酸、0.3%~1.0%脱氢醋酸钠、0.1%乳酸钙。

(9) 脱水

将护色保鲜、保脆好的莴笋装入消毒好的袋子中，放入灭好菌的离心机中进行分离脱水，使鲜切果蔬表面无水分，脱水时间为3~5分钟。

(10) 包装

采用灭好菌的包装袋进行包装，真空度为0.09兆帕。

(11) 贮藏

将加工好的鲜切莴笋产品放入4℃条件下的冷库进行贮藏。

（三）芹菜鲜切加工技术

1. 工艺流程

原料果蔬→预冷→分选清洗→杀菌→漂洗→切分→护色保鲜→脱水→包装→低温贮存

2. 操作要点

（1）原料

符合无公害食品芹菜生产技术规程及适合鲜切加工的原料。

（2）预冷

将原料及时地进行真空预冷处理，这样可以抑制加工原料的微生物的快速繁殖，为鲜切菜加工提供良好的原料。

（3）清洗

将准备加工的原料进行清洗，洗去污泥和其他污物。

（4）杀菌

将洗净的芹菜通过输送机送入杀菌设备中，通过臭氧水进行浸泡杀菌处理，浸泡时间为30~40分钟，再放入200毫克/升二氧化氯液中进行浸泡，浸泡时间为15~30分钟，除去芹菜中残留的农药，同时起到再次杀菌的作用。

（5）漂洗

用灭菌水将处理好的芹菜进行漂洗。

（6）切分

采用多用切菜机将芹菜切分成片等不同的形状。

（7）护色保鲜及保脆

将切分好的芹菜放入护色保鲜及保脆液中进行浸泡处理，浸泡时间为5~15分钟。护色浸泡液的成分为：0.03%~0.06%植酸、0.05%~0.1%脱氢醋酸钠、0.2%乳酸钙。

（8）脱水

将护色保鲜、保脆好的芹菜装入消毒好的袋子中，放入灭好菌的离心机中进行离心甩水，使鲜切果蔬表面无水分，脱水时间为3分钟。

（9）包装

采用灭好菌的包装袋进行包装，真空度为0.065兆帕。

(10) 贮藏

将加工好的芹菜鲜切产品放入4℃冷库中进行贮藏。

(四) 黄瓜鲜切加工技术

1. 工艺流程

原料果蔬→预冷→分选→清洗→杀菌→漂洗→去皮→切分→护色保鲜→脱水→包装→低温贮存

2. 操作要点

(1) 原料

符合无公害食品黄瓜生产技术规程及鲜切加工要求的原料。

(2) 预冷

将原料及时地进行真空预冷处理，这样可以抑制加工原料的微生物的快速繁殖，为鲜切菜加工提供良好的原料。

(3) 清洗

将准备加工的原料进行清洗，洗去污泥和其他污物。

(4) 杀菌

将洗净的黄瓜通过输送机将其送入杀菌设备中，通过臭氧水进行浸泡杀菌处理，浸泡时间为10~20分钟，再放入200毫克/升二氧化氯液中进行浸泡，浸泡时间为10~20分钟，除去黄瓜中残留的农药，同时起到再次杀菌的作用。

(5) 漂洗

用灭菌水将处理好的黄瓜进行漂洗。

(6) 切分

采用多用切菜机将黄瓜切分成片、块等不同的形状。

(7) 护色保鲜及保脆

将切分好的黄瓜加入护色保鲜及保脆剂。护色浸泡剂的成分为：0.05%~0.1%异抗坏血酸钠、0.03%~0.05%山梨酸钾、0.2%乳酸钙。

(8) 脱水

将护色保鲜、保脆好的黄瓜装入消毒好的袋子中，放入离心机中进行离心甩水，使净菜表面无水分，甩水时间为5分钟。

(9) 包装

采用灭好菌的包装袋进行包装，真空度为0.07兆帕。

（10）贮藏

将加工好的黄瓜鲜切产品放入6～8℃冷库中进行贮藏。

（五）蒜薹鲜切加工技术

1. 工艺流程

原料果蔬→预冷→分选→清洗→杀菌→漂洗→去皮→切分→保鲜→脱水→包装→低温贮存

2. 操作要点

（1）原料

符合无公害果蔬安全要求及鲜切加工要求的原料。

（2）预冷

将原料及时地进行真空预冷处理，这样可以抑制加工原料的微生物的快速繁殖，为鲜切菜加工提供良好的原料。

（3）清洗

将准备加工的原料进行清洗，洗去杂质等。

（4）杀菌

将洗净的蒜薹送入杀菌设备中，通过臭氧水进行浸泡杀菌处理，浸泡时间为20～25分钟，再放入200毫克/升二氧化氯液中进行浸泡，浸泡时间为15～20分钟，除去蒜薹中残留的农药，同时起到再次杀菌的作用。

（5）漂洗

用灭菌水将处理好的蒜薹进行漂洗。

（6）切分

采用多用切菜机将蒜薹切分2～3厘米果蔬汁长。

（7）保鲜

将切分好的蒜薹放入0.03%～0.05%山梨酸钾保鲜剂。

（8）脱水

将保鲜好的蒜薹装入消毒好的袋子中，放入离心机中进行分离脱水，使鲜切菜表面无水分，甩水时间为8～10分钟。

（9）包装

采用灭好菌的包装袋进行包装，真空度为0.075兆帕。

（10）贮藏

将加工好的蒜薹鲜切产品放入4℃冷库中进行贮藏。

（六）洋葱鲜切加工技术

1. 工艺流程

原料果蔬→预处理→清洗→预冷→切分→漂洗→护色→沥干→包装→低温贮存

2. 操作要点

（1）原料

符合无公害果蔬安全要求及鲜切加工要求的原料。

（2）预处理

除去有损伤、腐烂的洋葱，剥去最外层表皮。

（3）清洗

预处理后的洋葱用清水冲洗，去除表面杂物。

（4）预冷

清洗后放入4℃冷藏环境中预冷。

（5）切片

用锋利刀具将洋葱切割成厚5毫米的薄片。

（6）漂洗

切片后立即用预冷至5℃的0.01%次氯酸钠溶液浸泡漂洗，洋葱与溶液体积比为1∶3，时间3分钟。

（7）护色

采用浓度为1.5%的柠檬酸作为护色剂。

（8）沥干

护色处理后的洋葱放在空气中沥干水分。

（9）包装

采用灭好菌的厚度为0.055毫米LDPE包装袋包装，包装袋气体比例按80% O_2、20% CO_2。

（10）贮藏

将加工好的洋葱鲜切产品放入4℃冷库中进行贮藏。

第四节　北方果蔬鲜切技术的应用

一、鲜切山药保藏性的研究

1. 材料与方法

（1）实验材料及设备

原料：市售山药。

保鲜剂：$CaCl_2$（分析纯）、$NaHSO_3$（分析纯）、NaCl（食品级）。

包装材料：聚乙烯尼龙复合袋、保鲜膜、保鲜盒。

包装设备：真空抽气包装机。

（2）方法

①工艺流程：原料的选择、预冷→清洗→去皮→切分→护色→切分→保鲜液浸泡→沥水→包装→冷藏→感官评价

②原料的预选、预冷：挑选新鲜、无腐烂、无异味、成熟度适中、粗细均匀、易于清洗去皮山药的作为原材料。然后，将选好的山药放入冷藏室进行预冷，以排除组织内残留的热量，降低山药的呼吸强度，减少呼吸损耗。并能有效抑制微生物的活动，防止腐败现象的发生。

③原料的预处理：用清水洗去原料表面的灰尘、泥沙和污物，去除表面机械损伤的部分，去皮，用清水洗净原料备用。但原则上，不管用什么方法去皮都必须尽可能地减少对组织细胞的破坏程度。因为在去皮过程中，严重破坏山药的细胞壁，使细胞质液大量流出，增加了微生物生长和酶褐变的可能性，因此损坏了产品质量，因此理想的方法是采用锋利的刀具进行手工去皮。

④切分：将山药切割成大小均匀的0.2厘米×（3～4）厘米×（4～5）厘米的片状。切分的大小对产品的品质也有影响，切割的越碎，果蔬切割表面积就越大，不利于保藏。

⑤保鲜剂浸泡处理：先采用单因素处理，用不同浓度的保鲜液分别浸泡处理鲜切山药，浸泡30分钟，沥干后，分别用保鲜盒和聚乙烯袋进行包装，并重复2次。所设的因素水平如表3－1所示，CK为对照组。

在正交实验中，采用3因素3水平，共9组，按试验方案表9进行保鲜

剂的搭配，并将搭配好的保鲜剂完全溶于水后，将切分后的山药放入配好的溶液中进行浸泡处理30分钟，沥干后，同样分别用保鲜盒和聚乙烯袋进行包装，并重复2次。CK为对照组。

以上都采用分别在常温（12~15）℃和冰箱冷藏（4~6）℃下每天进行感官评定，并进行记录。

表3-1 因素水平表

水平	因素		
	A $NaHSO_3$（%）	B NaCl（%）	C $CaCl_2$（%）
1	0.1	0.5	0.6
2	0.2	1.0	0.8
3	0.3	1.5	1.0

⑥沥干：用沥干机或纱布将山药表面无液滴擦干为止，或自然沥干。切分清洗后的山药应立即进行脱水处理，否则比不洗的更易腐败或老化。

⑦包装、贮藏：无论是单因素实验，还是正交实验，都将材料分成4组，2组用保鲜膜包装，其中一组在常温放置，另外一组在冰箱放置保藏。剩余部分用真空包装，再将包装好的产品如同保鲜膜组一样，在两种温度条件下放置保藏。一般来说，温度是影响鲜切果蔬货架期的主要原因。一般选择耐低温范围内尽量选择较低温度，以降低呼吸强度，延长其贮藏期因此，切分后的山药包装后，应立即放入冰箱中贮存。采用保鲜膜包装或真空抽气包装，待呼吸作用消耗掉其中的氧气，增大二氧化碳的浓度，就可自然形成气调保藏效果。

⑧观察、记录：每天观察产品褐变腐败情况，并对其进行感官平分，记录。其中，感官评分标准为：包装后每天观察蔬菜的感官品质（色泽、硬度、气味）情况，给出等级评分（表3-2），以平均分最高的为最优配方。

表3-2 感官评定标准

级别	感官品质状况	评分
1	新鲜，完好，感官品质无变化	10.0分
2	极小部分变化，感官鉴定变化情况小于5%的	9.5分
3	少部分变化，感官鉴定变化情况小于10%的	9.0分
4	感官鉴定变化情况小于20%左右，可继续观察	8.0分
5	感官鉴定变化情况大于20%，不能继续贮藏	6.0分

2. 结果与分析

（1）单因素实验处理对鲜切山药感官品质的影响：

①不同温度条件下保鲜膜包装处理对鲜切山药感官品质的影响。

a. 室温下保鲜膜包装处理对鲜切山药感官品质的影响：在室温下，用保鲜膜包装处理的鲜切山药，与空白组相比，其中以浓度为1.5%的NaCl保鲜液处理的鲜切山药的感官品质最好，而$NaHSO_3$的护色效果最差，$CaCl_2$处于中间状态。$NaHSO_3$处理组在第3天时基本上都完全褐变，质地黏软，而失去商品价值。用$NaHSO_3$处理的鲜切山药并不能比空白组有效延长保藏期。用$NaHSO_3$处理的鲜切山药有些许异味，而$CaCl_2$处理组的鲜切山药的硬度最佳，但产品4天后都失去商品价值。由表3－3数据和实验情况可得，采用保鲜液处理的鲜切山药只比空白组的保藏期长1天。因此，若不结合低温，就不会有效延长产品的保藏期。

表3－3 室温下保鲜膜包装的鲜切山药感官评定记录表

保鲜液	保藏期（天）				
	1	2	3	4	平均分
0.1% $NaHSO_3$	10.0	8.0	8.0	—	6.0
0.2% $NaHSO_3$	10.0	9.0	6.0	—	6.25
0.3% $NaHSO_3$	9.5	9.0	6.0	—	6.125
0.5% NaCl	9.0	8.0	8.0	6.0	7.75
1.0% NaCl	9.5	9.0	8.0	6.0	8.125
1.5% NaCl	9.5	9.0	9.0	8.0	8.875
0.6% $CaCl_2$	9.0	9.0	9.0	8.0	8.75
0.8% $CaCl_2$	9.0	8.0	8.0	6.0	7.75
1.0% $CaCl_2$	9.5	9.0	9.0	6.0	8.375
CK	9.0	8.0	6.0	—	5.75

b. 冷藏下保鲜膜包装对鲜切山药感官品质的影响：由表3－4数据和实验情况可得，冷藏温度下，保鲜膜包装处理的鲜切山药，在前5天都保持良好的感官品质，在之后感官品质急速下降。其中，以1.5% $CaCl_2$处理的鲜切山药的感官品质最佳，NaCl处理组次之，$NaHSO_3$处理组的鲜切山药的感官品质最差。与空白组相比，$NaHSO_3$处理的鲜切山药并没有延长产品货架期的作用。而在结合低温的情况下，$CaCl_2$处理的实验组比空白组保藏期延

长了4天。然而，产品在10天后都失去商品价值。

表3-4　冷藏下保鲜膜包装的鲜切山药感官评定记录表

保鲜液	保藏期（天）						
	1	3	5	7	9	10	平均分
0.1% $NaHSO_3$	10.0	9.5	8.0	6.0	—	—	3.35
0.2% $NaHSO_3$	10.0	9.5	9.5	6.0	—	—	3.5
0.3% $NaHSO_3$	10.0	9.5	9.5	9.5	—	—	3.85
0.5% NaCl	10.0	8.0	8.0	8.0	6.0	—	4.0
1.0% NaCl	10.0	8.0	8.0	8.0	8.0	—	4.2
1.5% NaCl	10.0	8.0	8.0	8.0	—	—	3.2
0.6% $CaCl_2$	10.0	9.0	8.0	8.0	8.0	—	4.3
0.8% $CaCl_2$	10.0	9.0	9.0	8.0	8.0	6.0	5.0
1.0% $CaCl_2$	10.0	9.0	9.0	6.0	—	—	3.4
CK	10.0	9.0	9.0	6.0	—	—	3.4

②不同温度下真空抽气包装对鲜切山药感官品质的影响。

a. 室温下真空抽气包装对鲜切山药感官的影响：由表3-5数据和实验情况可得：室温条件下，经真空抽气包装处理的实验组，最明显的是保藏期有效延长至14~16天，而对鲜切山药感官品质影响最大的是NaCl保鲜液，$NaHSO_3$处理组次之，$CaCl_2$处理的实验组保鲜效果最差。此条件下处理的实验组，总体变色程度都不严重，说明真空包装处理能有效抑制鲜切山药的褐变。开袋后有些许的异味且硬度也不及新鲜时，同时袋内出现水浸状，而最终失去商品价值。而空白组则是会出现胀袋现象，褐变程度较保鲜液处理组严重些。

表3-5　室温下真空抽气包装的鲜切山药感官评定记录表

保鲜液	保藏期（天）						
	2	5	8	11	14	16	平均分
0.1% $NaHSO_3$	10.0	9.5	9.0	8.0	6.0	—	2.66
0.2% $NaHSO_3$	10.0	9.5	9.0	8.0	6.0	—	2.66
0.3% $NaHSO_3$	10.0	9.5	9.0	8.0	8.0	6.0	3.16
0.5% NaCl	10.0	9.5	9.5	8.0	6.0	—	2.69

（续表）

保鲜液	保藏期（天）						
	2	5	8	11	14	16	平均分
1.0% NaCl	10.0	10.0	9.0	8.0	8.0	6.0	3.18
1.5% NaCl	10.0	10.0	9.0	8.0	8.0	—	2.81
0.6% $CaCl_2$	10.0	10.0	9.0	8.0	—	—	2.19
0.8% $CaCl_2$	10.0	10.0	9.0	8.0	6.0	—	2.69
1.0% $CaCl_2$	10.0	10.0	9.0	8.0	6.0	—	2.69
CK	10.0	10.0	8.0	6.0	—	—	2.12

b. 冷藏下真空抽气包装对鲜切山药感官品质的影响：由表3－6数据和实验情况可知得：在冷藏下，经真空抽气包装处理的实验组，保藏期都延长至1个月。可见，低温结合真空包装，即可有效延长产品的贮藏期。在该处理条件下，保藏期的差别并不明显。而且空白组也能很好地保持其感官品质，处理组并没有比空白组的保藏期的更长些。在该条件处理下的实验组，其中，以0.3%的$NaHSO_3$保鲜液处理的鲜切山药的褐变程度最轻，保藏期也最长。由于保藏时间较长，产品在开袋后有些许异味，同样出现水浸状，但不及常温下真空抽气包装组的水浸状况严重，产品最终由于褐变情况严重而失去商品价值。

表3－6　冷藏下真空抽气包装的鲜切山药感官评定记录表

保鲜液	保藏期（天）										
	1	5	9	13	17	21	25	29	32	34	平均分
0.1% $NaHSO_3$	10.0	9.5	9.5	9.5	9.0	8.0	8.0	6.0	—	—	2.04
0.2% $NaHSO_3$	10.0	10.0	9.5	9.5	9.5	9.5	8.0	8.0	6.0	—	2.35
0.3% $NaHSO_3$	10.0	10.0	10.0	10.0	10.0	10.0	9.5	9.5	8.0	6.0	2.74
0.5% NaCl	10.0	9.5	9.0	9.0	9.0	8.0	8.0	8.0	6.0	—	2.25
1.0% NaCl	10.0	9.5	9.5	9.5	9.5	9.0	9.0	8.0	8.0	6.0	2.59
1.5% NaCl	10.0	10.0	9.5	9.5	9.5	9.0	9.0	8.0	8.0	6.0	2.60
0.6% $CaCl_2$	10.0	10.0	9.5	9.5	9.5	9.0	9.0	8.0	8.0	6.0	2.60
0.8% $CaCl_2$	10.0	10.0	9.5	9.5	9.5	9.0	9.0	8.0	8.0	6.0	2.60
1.0% $CaCl_2$	10.0	10.0	9.5	9.5	8.0	8.0	8.0	6.0	—	—	2.30
CK	10.0	10.0	9.5	9.0	9.0	8.0	8.0	6.0	—	—	2.01

（2）正交实验处理对鲜切山药感官品质的影响

①冷藏下保鲜膜包装处理对鲜切山药感官品质的影响：由表3－7数据和实验情况可得：该处理条件下，产品的贮藏期差距明显。其中，以0.1% $NaHSO_3$ +1.0% NaCl +0.8% $CaCl_2$ 浸泡处理的鲜切山药感官最佳，贮藏期也最长。在其保藏期间，基本无褐变，而且质地保持良好，只是由于保藏期相对较长，最终因腐败而失去商品价值。然而，其他处理组的贮藏期则相对集中，与冷藏温度下保鲜膜包装处理单因素实验组无明显的差异。

表3－7　冷藏下保鲜膜包装的鲜切山药感官评定记录表

实验组	保藏期（天）							
	2	4	6	8	10	12	13	平均分
1	10.0	10.0	8.0	6.0	—	—	—	2.62
2	10.0	10.0	10.0	10.0	9.5	8.0	8.0	5.04
3	10.0	10.0	9.0	8.0	6.0	—	—	3.31
4	10.0	10.0	9.0	8.0	—	—	—	2.85
5	10.0	10.0	9.0	9.0	—	—	—	2.92
6	10.0	10.0	9.5	8.0	—	—	—	2.88
7	10.0	10.0	9.5	9.0	—	—	—	2.96
8	10.0	10.0	9.5	8.0	—	—	—	2.92
9	10.0	10.0	10.0	10.0	8.0	—	—	3.69
CK	10.0	10.0	8.0	—	—	—	—	2.15

②冷藏下真空抽气包装的鲜切山药感官品质的影响：由表3－8数据和实验情况可得：冷藏条件下，真空抽气包装处理的实验组，产品贮藏期有效延长至1个月之久。其中以0.3% $NaHSO_3$ +0.5% NaCl +1.0% $CaCl_2$ 浸泡处理后的产品的感官品质最佳。而0.1% $NaHSO_3$ +1.5% NaCl +1.0% $CaCl_2$ 保鲜液浸泡处理的鲜切山药保藏性最差，在保藏期间最先出现水浸状。同时第1、第2、第6组也会出现水浸状，但不及第3组的严重。空白组褐变程度最严重，并有些许的胀袋现象。但与冷藏条件下，真空抽气包装处理的实验组相比，其保藏期并没有明显提高的迹象。

表 3－8 冷藏下真空抽气包装的鲜切山药感官评定记录表

实验组	保藏期（天）											
	1	3	6	9	12	15	18	21	25	29	32	平均分
1	10.0	10.0	10.0	9.5	9.5	9.5	9.5	9.0	8.0	6.0	—	2.84
2	10.0	10.0	9.5	9.5	9.0	9.0	8.0	8.0	6.0	—	—	2.47
3	10.0	9.5	9.0	8.0	8.0	8.0	8.0	8.0	6.0	—	—	2.33
4	10.0	10.0	10.0	10.0	9.0	9.0	8.0	8.0	8.0	8.0	6.0	3.00
5	10.0	10.0	10.0	10.0	10	10.0	10.0	10.0	10.0	9.5	8.0	3.36
6	10.0	10.0	9.5	9.5	9.0	8.0	8.0	8.0	6.0	—	—	2.44
7	10.0	10.0	10.0	10.0	10.0	10.0	10.0	10.0	10.0	9.5	9.0	3.39
8	10.0	10.0	10.0	9.5	9.5	9.0	9.0	8.0	8.0	6.0	—	2.78
9	10.0	10.0	10.0	10.0	9.5	9.5	9.5	9.0	8.0	8.0	8.0	3.20
CK	10.0	10.0	9.0	9.0	8.0	8.0	8.0	8.0	6.0	—	—	2.38

③正交实验数据处理及分析：由表3－9数据和实验情况可确定，冷藏条件下，保鲜膜包装组，最佳保鲜液处理组合是0.1% $NaHSO_3$ +1.0% NaCl + 0.8% $CaCl_2$，即 $A_1B_2C_2$，根据极差R值可以确定因素影响主次顺序是C>B>A；而真空抽气包装处理组，最佳保鲜液处理组合是0.3% $NaHSO_3$ +0.5% NaCl+1.0% $CaCl_2$ 保鲜液处理的鲜切山药，即 $A_3B_1C_3$，根据极差 R^* 值可以确定因素影响主次顺序是A>B>C。由两组的极差R值也可得到，当温度一定时，包装条件的改变，也会引起保鲜剂对鲜切山药贮藏性的影响。

表 3－9 L_9（3^4）正交实验结果分析表

因素 实验组	A	B	C	保藏期平均值（天）	
				保鲜膜组	真空抽气包装组
1	1	1	1	2.62	2.84
2	1	2	2	5.04	2.47
3	1	3	3	3.31	2.33
4	2	1	2	2.85	3.00
5	2	2	3	2.92	3.36
6	2	3	1	2.88	2.44
7	3	1	3	2.96	3.39
8	3	2	1	2.92	2.78
9	3	3	2	3.69	3.20
CK	0	0	0	2.15	2.38
K_1	10.97	8.43	8.42		
K_2	8.65	10.88	11.58		
K_3	8.76	9.58	9.19	C>B>A	

（续表）

因素 实验组	A	B	C	保藏期平均值（天）	
				保鲜膜组	真空抽气包装组
R	2.32	2.45	3.16		
最优水平	A_1	B_2	C_2		
K_1^*	7.61	9.23	8.06		
K_2^*	8.80	8.61	8.67		
K_3^*	9.37	7.97	9.08	A > B > C	
R^*	1.76	1.26	1.02		
最优水平	A_3	B_1	C_3		

（3）单因素实验组与正交实验组贮藏期的比较

表 3-10　单因素实验组与正交实验组贮藏期的比较

实验组	保藏期（天）					
	单因素实验组				正交实验组	
	$NaHSO_3$	NaCl	$CaCl_2$	CK	处理组	CK
常温下保鲜膜包装	3	4	4	3	—	—
常温下真空抽气包装	16	16	14	11	—	—
冷藏下保鲜膜包装	7	9	10	7	13	6
冷藏下真空抽气包装	34	34	34	29	32	18

由表 3-10 数据和实验情况可确定，采用真空抽气包装处理的实验组的保藏期远远长出保鲜膜包装处理的实验组的。而在相同的包装条件下，冷藏条件与室温条件相比，前者的保藏期比后者至少延长 1 倍。而单因素实验组与正交实验组相比，在冷藏下保鲜膜包装处理条件下，后者的保藏效果明显由于前者，而在真空抽气包装时，却没有明显的效果。然而与对照组相比，不管是单因素实验组还是正交试验组，基本上都能有效延长产品的保藏期。

3. 讨论

（1）加工过程对净菜加工质量的影响及控制

①原料的选择对净菜加工质量的影响及控制：净菜加工对原料的选择有一定的要求，从加工品种中选择切分后汁液少的品种；对多酚类物质含量较高的品种，切分后应及时进行护色处理。因此，选择满足净菜加工的优质原

料，对保证净菜产品质量来说非常重要。

②原料的预冷对净菜加工质量的影响及控制：预冷即根据原料特性采取自然或机械的方法尽快将采后蔬菜的品温降低到适宜的低温范围（应高于冷害临界点）并维持这一温度，以利于后续加工。蔬菜水分从盈、比热容打、呼吸强度打、腐烂快，采收以后是变质最快的时期。因此，原料的及时预冷是净菜加工的良好基础，通过热传到和释放蒸发潜热蔬菜体温。以排除组织内残留的热量，降低山药的呼吸强度，减少呼吸损耗[6]。并能有效抑制微生物的活动，防止腐败现象的发生。该步骤对净菜产品的质量有不可忽视的影响。

③去皮、整理及切分对净菜加工质量的影响及控制：去皮及整修在于去掉蔬菜的不可食部分，使可食部分接近100%。有的净菜还需要切分成习惯的烹调方式，刀具造成的伤口或创伤面破坏了组织内原有的有序空间分隔或定位。氧气大量渗入，物质的氧化消耗加剧，呼吸作用异常活跃，C_2H_4 加速合成与释放，致使蔬菜品质与抗逆性劣变，外观可以见到流汁、变色、萎蔫或表面木质化。组织的破坏同时为微生物提供了直接侵入的机会，污染也会迅速发展。这一点正是与传统的蔬菜贮藏保鲜的最大区别，也使蔬菜保鲜的技术难度更大。

切分大小是影响鲜切果蔬品质的重要因素之一，切分越小，切分面积越大，保存性越差。刀刃状况与所切果蔬的保存时间也有很大关系，采用锋利的刀具切分保存时间长，钝刀切分由于切面受伤多，容易引起切面褐变。

因此，整理与切分最理想的方法是采用锋利的切割刀具在低温下进行切割操作。

④护色与保脆保鲜对净菜加工质量的影响及控制：在净菜加工中，最易发生且最常见的生理生化反应就是褐变。褐变已经成为净菜加工中遇到的主要问题之一。而多酚氧化酶是造成组织褐变的主要原因，它主要是由于切割破坏了细胞膜的结构，影响膜透性，导致隔离的化合物流出，与空气中的氧气接触，在多酚氧化酶的作用下氧化所致。在净菜加工中所用的柠檬酸、曲酸、抗坏血酸等护色剂，达到了降低 pH 值而有效地控制了净菜在加工过程中由于去皮、切分等工序造成的褐变。

果胶是影响果蔬硬脆度最重要的因素。蔬菜的细胞壁中含有大量的果胶物质，果胶是碳水化合物的衍生物。作为结构多糖，果胶决定了蔬菜的非木质化器官的细胞壁的强度与弹性，而 Ca^{2+} 是联结组成果胶的聚半乳糖醛酸和半乳糖醛酸鼠李糖的中介，该物质聚合度越高，果胶结构越牢固，净菜加工过程中的去皮、切分，破坏了 Ca^{2+} 与果胶形成长链大分子果胶所形成的“盐桥”作用，通过水解作用破坏细胞壁上的果胶的结构释放出游离钙，果胶分解，细胞彼此分离。使蔬菜开始变得柔软。为了克服这以矛盾，在净菜加工过程中，可在护色时浸泡溶液中加入 $CaCl_2$、乳酸钙、葡萄糖酸钙，Ca^{2+} 的存在可以激活果胶甲酯酶，提高酶的活性，促进果胶转化成为甲氧基果胶，再与 Ca^{2+} 作用生成不溶性的果胶酸钙，此盐具有凝胶作用，能在细胞间隙凝结，增强细胞间的联结，从而使蔬菜变得硬而脆，从而阻止液泡中的阻止外渗到细胞之中与酶类接触，降低褐变程度，而且可以使产品具有良好的咀嚼性。

⑤沥水对对净菜加工质量的影响及控制：沥水是影响鲜切果蔬货架期的一个重要因素。在净菜加工中，清洗、护色保鲜等处理都需要用到水，因此，净菜表面的水分较多，其表面的水分直接影响净菜产品的质量，因为含水量高，水分活度大，可供微生物繁殖利用的水分多，故不利于净菜产品的加工，所以对经过护色保鲜处理的产品，应及时进行沥干处理。

⑥包装对净菜加工质量的影响及控制：切分果蔬暴露与空气中，会发生干耗、萎蔫、切断面褐变，通过合适的包装可以防止或减轻这些不利条件。然而包装材料的厚薄或透气率的大小和真空度的选择依切分果蔬种类不同而不同。透气性过大，鲜切果蔬会发生萎蔫、切断面褐变。透气性太小，鲜切果蔬会处于无氧呼吸状态，从而造成代谢紊乱，品质下降，产生异臭及酒精。在选择包装薄膜的时候，应考虑尽量是包装袋合适的透气率或合适的真空度，以保持最低限度的有氧呼吸和造成低氧二氧化碳的微环境[7]，以降低呼吸速率，减轻代谢作用与褐变，从而延长贮藏期。包装还可以防止产品表面因水分散失而引起的干耗，防止微生物的侵入，同时调节蔬菜的微环境，控制湿度与气体成分。蔬菜切割后产生呼吸伤，会导致大量的乙烯产生，通常使用乙烯吸收剂有高锰酸钾、活性炭加氯化钯催化剂等。

（2）不同保鲜剂对净菜加工质量的影响及控制

亚硫酸盐因其兼具抑制酶活性、非酶褐色及微生物的作用，广泛使用在食品上，冷藏生鲜净菜的货架期可因使用亚硫酸盐而获得较好效果。虽然 $NaHSO_3$ 是一种抗氧化剂和杀菌剂，但容易受温度的影响，而分解产生 SO_2，它不但对产品影响大，而且对人的呼吸道和环境均具有一定的危害，因此，目前，越来越提倡使用亚硫酸盐替代物。

食盐溶于水中后，能减少水中的溶解氧，从而能抑制氧化酶的活性。同时，食盐分子溶于水后，会发生电离，并以离子状态存在。而 Cl^- 对微生物有一定的生理毒害作用，使微生物的生命活动受到抑制。故在食品保藏时，对食品有一定的防腐作用。在食品加工期间的短时间护色，一般采用 1% ~ 2% 的食盐溶液。过高的浓度，会增加脱盐的困难。为增加护色效果，可添加 0.1% 的柠檬酸，以增强护色效果。同理，生产上用 $CaCl_2$ 溶液，既有护色作用，又能增进果肉的硬度，以提高耐煮性。此方法常用于蜜饯、果脯的护色处理。

同时，在实际的果蔬加工的护色过程中，利用护色剂之间的协同作用[9]，根据不同蔬菜的具体情况，选择合适的护色配方。该方法可有效减少护色剂的用量，同时还能达到更好的护色效果，而且减少因护色剂的使用而引起的对水体的污染。因此，在相同的护色效果下，更倾向于选择复合护色剂。

（3）温度对净菜加工质量的影响及控制

温度对于鲜切山药的贮藏性的影响是非常显著的，因为温度对于山药的呼吸强度影响非常大，在一定范围内，山药的呼吸强度是随着温度的升高而加剧。因为温度升高以后，酶的活性增强，温度每上升 10℃，呼吸强度就会增大 2 ~3 倍。另外，温度经常变动比温度稳定的情况要大大增加。

因此，低温是净菜贮藏保鲜成败的关键。在加工过程中，应尽量避免高温作用，为防止脱水、包装等工序中温度回升，可以采取低温操作，并且对产品的冷却要及时。控制并维持加工、贮藏和销售环节中的低温，可以有效地减缓代谢速率，延缓分解，延长净菜加工中品的货架期，同时还能抑制微生物的繁殖而引起的腐败现象的发生。各种不同的蔬菜对低温的忍耐力有所不同，并且同一种蔬菜在切分前后对低温的忍耐力也存在着一定的差异，不适宜的低温会造成冷害的发生。因此，为防止冷害的发生，应对每一种蔬菜进行低温珍藏实验，以选择最佳的低温进行贮藏。

在贮藏时，包装小袋要摆放成平板状，否则，产品中心部位不易冷却，特别时放入纸箱中贮存时，更要注意。

（4）微生物对净菜加工质量的影响及控制

蔬菜中碳水化合物和水分含量高，一般含水量为 85% ~96%，碳水化合物占有机物的 50% ~90%，易于微生物的利用。从 pH 值看，蔬菜的 pH 在 5 ~7，从各种微生物对营养物质都有选择性，细菌、霉菌对蛋白质有显著的分解能力，酵母菌、霉菌对碳水化合物的分解能力强，而霉菌和少量细菌对脂肪的分解作用显著。各种微生物在不同的 pH 值条件下的适应能力也不同[8]。通过对加工原料的主要成分的分析及掌握的各种微生物的特性，为净菜加工打下良好的基础。

引起净菜变质最主要的原因是微生物的活动，其中，以细菌为主，同时也存在少量的霉菌和酵母。这些微生物通常广泛存在于土壤、空气、水、动物和人的粪便中，在从事净菜生产加工过程时，若不注意卫生，就会被微生物所污染，在适宜的环境条件下，这些微生物就可以大量繁殖，使净菜发生一系列的变化，以至腐败变质。同时，在促进食品自身发生各种变化上也是起着重要的作用，从而成为食品变质的重要条件。

净菜经切割后，更易变质，其主要原因：①切割造成大量的机械损伤、营养物质外流，给微生物的生长提供了有力的生长条件，从而促进微生物的繁殖；②内部组织受到微生物的侵染；③切割增加了更多种类与数量的微生物对蔬菜的污染机会。此外，净菜在加工、贮藏过程中发生的交叉污染，也是引起产品腐烂变质的一个比容忽视的原因；④加工器具及加工环境的不洁净。

由此可见，要保证净菜产品的品质，要求净菜在贮藏、加工过程中，应严格控制微生物的数量与品种，并且通过利用保鲜抑制剂等措施以确保产品适宜的货架期和安全性。另外，在去皮、切割产品的加工和处理过程中，有可能污染上人类致病菌，如大肠杆菌、李斯特菌、耶尔林氏菌、沙门氏菌等，净菜在贮藏过程中产品表面的微生物会显著增加。经研究表明，净菜表面的微生物的多少，会之间影响产品的货架期，早期微生物的数量越多，货架期就越短。

用于加工成净菜的原料，在生产时应要求使用达到饮用水的标准的水进行，原料产地应达到无公害蔬菜种植环境的要求；对加工用水、设备要进行消毒处理及提高员工的卫生水平等，都可以减少微生物的来源。在贮藏、加工过程中维持适宜的低温，可阻止微生物的生长，延长产品货架期。目前，用于抑制微生物生长、延长产品的货架期产的最佳方法是 MA/CA 包装加低温贮藏，贮藏温度为 4℃。另外，还可以通过使用化学防腐剂的方法来抑制微生物的生长。

4. 结论

第一，鲜切山药用不同的保鲜液处理后，采用保鲜膜包装时，以复合保鲜液 0.1% $NaHSO_3$ + 1.0% NaCl + 0.8% $CaCl_2$ 对延长鲜切山药的货架期最为显著；而采用真空抽气包装时，以复合保鲜液 0.3% $NaHSO_3$ + 0.5%

NaCl +1.0% $CaCl_2$ 为最优配方。而单因素的保鲜剂对延长鲜切山药的货架期并没有显著的差异，只是对产品的感官品质的影响之间有差别。

第二，无论是在单因素实验组还是正交实验组，在包装方式相同的情况下，温度对鲜切山药的感官影响最大，由实验可得低温可有效抑制鲜切山药的褐变，可将鲜切山药产品的货架期至少延长1倍。而保鲜剂的种类对产品的感官品质的影响次之。

第三，在相同的温度条件时，包装方式的选用是影响产品感官品质最主要的因素，采用聚乙烯袋真空抽气包装可有效降低产品的褐变程度，而延长产品的货架期。但该包装方式容易引起产品产生异味，也常引起鲜切山药的软化，主要以微生物的活动和无氧呼吸作用而引起的产品品质劣变。与真空包装相比，保鲜膜包装组，虽不能减缓产品的褐变速度，但不会使产品软化，或产生异味，最终产品以严重褐变而失去商品价值。

二、山药净菜加工工艺的研究

1. 材料与方法

（1）材料

①原料：山药来自山西晋中市太谷地区所产的新鲜，粗细均匀，个体完整没有机械损伤，表皮无霉，肉质洁白的长圆柱形直径在5~6厘米的山药。山药采集后，保存完整个体在储藏柜里备用。

包装袋　保鲜袋为包装用保鲜袋，材料为PE。

②试剂药品

亚硫酸氢钠	分析纯	天津市耀华化学试剂有限公司
氯化钠	食用级	山西省盐业公司
氯化钙	分析纯	北京北化精细化学品有限责任公司
柠檬酸	分析纯	北京北化精细化学品有限责任公司
蒸馏水（冷藏）		山西农业大学果品蔬菜加工试验室

③主要仪器设备

721型可见光分光光度计	上海启威电子有限公司
DS-1高速组织捣碎机	上海标本模型厂
离心机（1 000转/分钟）	长沙市鑫奥仪器仪表有限公司
电子秤	北京赛多利斯天平有限公司
SSW型电热恒温水浴锅	上海博迅实业有限公司

T5.6-23.8 型脱水机　　上海家璐电器有限公司
AGT-3 型台秤　　山西省平遥县衡器厂
低温贮藏柜　　浙江德宝电器有限公司

（2）试验方法

①工艺流程：新鲜山药选择→清洗→去皮→切片→护色液浸泡→沥干脱水→保鲜袋包装→贮藏

②操作要点：a. 原料选择：选取形状规则的圆柱形表皮有光泽的山药，无腐烂和虫伤、机械伤、毛根较少的。容易清洗及修整，干物质含量比较高的。选择好的山药应放在低温环境中贮藏备用[6]。

b. 清洗：用清水将选择好的山药清洗掉表皮的泥沙，清洗时注意不要将表皮组织破坏，否则可能影响试验测定指标。

c. 去皮：清洗后的山药用不锈钢制的去皮器将表皮去尽，显出山药内里的洁白光滑的肉质。

d. 切分：将去皮后的山药，用不锈钢切刀切成 5~6 毫米左右的薄片，切片后迅速投入到水中或护色液里，防止组织氧化变色。

e. 单独护色：将已经切分好的山药放入到分别配制 1.0% $NaHSO_3$、1.5% NaCl、1.0% CA、1.0% $CaCl_2$ 和 1.0% L-cys 5 种护色剂和清水中进行护色处理，浸泡时间 10 分钟，达到浸泡时间，然后取出用清水清洗并沥干表面水分。

f. 组合护色：通过单一护色后，综合情况考虑确定选四种护色剂进行组合护色。确定后选择用 $NaHSO_3$、NaCl、$CaCl_2$ 和柠檬酸（CA）4 种试剂正交试验组合护色，按照表 3-11 的正交因素水平进行。浸泡时间为 30 分钟，山药片和褐变抑制剂的容积比采用 1：(2~3)，使山药片充分浸渍杂在其中，以保证护色效果。同时做好清水（CK）护色的空白试验，用以比较对照。

表 3-11　山药片组合护色处理 $L_9(3^4)$ 正交试验因素水平表

因素	A	B	C	D
	$NaHSO_3$	NaCl	柠檬酸	$CaCl_2$
水平 1	0.01	0.50	0.10	0.10
水平 2	0.05	1.00	0.50	0.50
水平 3	0.10	1.50	1.00	1.00

g. 沥干：将完成组合护色的山药片从护色液中捞出，用棉纱布包裹后放入脱水机中沥干。

h. 包装：将处理好的山药片用PE保鲜袋进行常压包装，包装完毕后进行封口。

i. 贮藏：将包装好的山药片放入4℃条件下的冷藏柜中贮藏。

③各项指标测定：切分山药为块、片、丝后不经任何处理，测定不同切分形状在4℃条件下经过2天、4天、6天、8天的失水率，褐变率，同时做感官评定，结合切分后烫漂试验来确定切分形状。

失水率的测定：失水率（%）=（原重－现重/原重）×100%

褐变率的测定：褐变率（%）=（褐变数量/总数量）×100%

烫漂试验中过氧化物酶的测定：采用愈创木酚法来测定过氧化物酶。用体积分数为1.5%的愈创木酚酒精液和3%的过氧化氢等量混合，将漂烫后的山药浸入其中，如在数分钟内不变色，即表示过氧化物酶已被破坏；如出现褐色，则表示过氧化物酶未完全破坏。

烫漂后山药得率（%）=（烫漂后的山药重÷烫漂前的山药重）×100

鲜切山药片贮藏期间BD的测定：主要在第0、第2、第4、第6、第8天测定鲜切山药片在4℃条件下的褐变度。

第一，测定不同单一的护色液处理的鲜切山药片在第0、第2、第4、第6、第8天的褐变度的变化。

第二，测定不同复合护色液处理的鲜切山药片在第0、第2、第4、第6、第8天的褐变度的变化。

褐变度（BD）的测定：采用消光值法。将处理好的鲜样10克与冷藏蒸馏水按照1∶10（w/w）比例混合后，在组织捣碎机中打碎成为浆状后，取出浆液在低速离心机（1 000转/分钟，5分钟）中离心5分钟，然后取出上清液部分在25℃保温5分钟，用721型分光光度计在波长410纳米处测定其吸光值A410，结果用10×A410表示褐变度。

鲜切山药片贮藏期间的色泽评价采用感官评定方法，在山药净菜加工完成后，在第1至第8天每天进行颜色气味等，主要褐变观察参照表3－12所示。

表 3－12　鲜切山药片贮藏期间的感官评价指标表

等级	得分	褐变色泽	褐变面积	质地	气味
一等	90～100	无任何褐变	—	硬	正常
二等	80～89	轻灰或轻微灰色或淡黄色	—	硬	正常
三等	70～79	灰色或微轻灰色或黄褐色	<1/3	硬	接近正常
四等	60～69	灰色或淡黑色或褐色	1/3～2/3	较硬	轻度异味
五等	<60	深灰色或深黑色	>1/2	较软	异味

微生物检测：将复合护色液处理过的山药净菜进行微生物检测，检测结果以菌落总数和大肠杆菌总数来表示。检测方法为切片护色后直接取样检测。

食品微生物检验的一般程序：采集样品→样品保存→样品处理→细菌总数/大肠杆菌→报告。

护色后的微生物检验：护色后的微生物检验主要在护色后包装好以后，山药产品贮藏期间对大肠杆菌和菌落总数进行检测。检测在当天、第四天、第八天打开包装袋随机选取样品 100 克进行制备，将所取样品研磨匀浆，制备成 3 份 25 克供检验。每次检验完成后，及时对包装袋进行封口，以免影响下次的检测结果。

2. 结果与分析

（1）山药切分形状的选择

表 3－13　切分山药的贮藏结果

贮藏期（天）	切分形状	失水率（%）	褐变率（%）	外观
	块	0.6	5.70	较新鲜
2	片	1.6	7.87	较新鲜
	丝	2.2	13.96	少数变色
	块	1.1	6.81	较新鲜
4	片	1.9	11.00	少数变色
	丝	2.7	16.05	少数变色
	块	1.6	7.86	较新鲜
6	片	2.3	12.08	少数变色
	丝	3.3	18.14	少数变色
	块	2.4	9.48	少数变色
8	片	2.9	12.73	少数变色
	丝	4.0	28.25	大部变色

根据山药的切分贮藏结果表3－13可以看出，未经任何处理的山药，经过贮藏2、第4、第6、第8天以后，山药的外观基本没有保持新鲜的，保持新鲜的只有贮藏前期的块和片。而选择切分的形状中，切分成丝状对产品的呼吸强度，失水率，褐变率的影响最大，片次之，块的影响最小。此表中数据显示出块和片的数据差异要小于片和丝的差异。因为切分后的蔬菜对其呼吸强度，失水率，褐变率的影响主要和切分后蔬菜和空气接触的表面积有关，切分刀具造成的伤口或创面破坏了组织内原有的有序空间分隔或定位，O_2 大量渗入，物质的氧化消耗加剧，呼吸作用异常活跃，乙烯加速合成与释放，致使蔬菜的品质和抗逆力劣变，外观可以见到流液，变色，萎蔫或表面木栓化。

表3－14　切分山药烫漂后的过氧化物酶活性和得率

切分形状	烫漂温度（℃）				得率（%）
	80	85	90	95	
块	褐变	褐变	褐变	无	95
片	褐变	褐变	无	无	92
丝	无	无	无	无	66

表3－14表明，经过烫漂的山药块、片、丝中，烫漂温度高时过氧化物酶全部失活，而温度低时，只有山药丝可以达到全部灭酶。但根据烫漂后山药各种形状的得率看，山药丝烫漂后得率很低，营养损失很大，丝状不适合山药净菜加工而块状和片状比较适合山药净菜加工。根据以上分析和山药常用成习惯性的烹调形式确定山药切分形状为山药块和山药片。本实验中为进行感官评定和褐变度测定方便采用加工为山药片的切分形式

（2）单一护色剂护色效果分析

①贮藏时间对单一护色剂处理的山药片褐变度的影响：分别选用1.0% $NaHSO_3$、1.5% NaCl、1.0% CA、1.0% $CaCl_2$ 和1.0% L-cys 5种护色剂和清水分别对山药片进行护色处理。护色结束后，在贮藏期间分别测定其褐变度，用这6种试剂处理的山药的褐变度变化来说明代表单一护色剂的护色效果。

由图3－1可以得知，总体来说，单一护色剂处理的山药片随着贮藏天数的延长，褐变度都呈上升趋势。但是，各处理的褐变度增大幅度有很大的

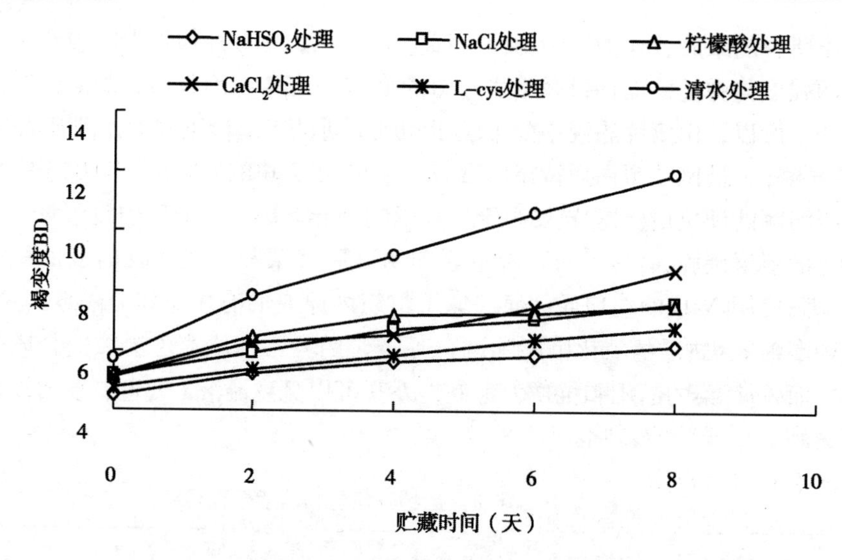

图3－1　单一护色剂处理山药片褐变度在贮藏期间的变化

差异。在山药片加工完成后，贮藏当天测定的褐变度中，清水处理的褐变度最大，其他处理均低于清水对照的褐变度。第二、第四、第六、第八天测定的山药片褐变度情况表明，清水处理的山药片随贮藏时间的延长，褐变度增加最快，其次是 $CaCl_2$ 处理的山药片的褐变度，再次分别为氯化钙处理，柠檬酸处理，最后褐变度增加最缓慢的是 L-cys 处理和 $NaHSO_3$ 处理。各处理的褐变度自身变化不一致，柠檬酸处理的山药片当天到第二天和第四天褐变度增加较快，以后褐变度的增加变慢。氯化钠的褐变度的前期变化和后期变化不明显，变化介于 CA 和 $CaCl_2$ 之间，而且要好于 $CaCl_2$ 处理。$NaHSO_3$ 处理和 L-cys 处理的褐变度增加趋势很平缓，处理效果较好。

②单一护色剂的护色效果及作用机理：加工完成后的鲜山药片直接进行的褐变度的测定，其结果很明显，说明单一的护色剂的护色效果之间的作用机理不同，直接决定了各种护色后山药片的褐变度变化情况，也说明分析单一护色剂的护色效果、护色机理和山药品质之间的关系很有必要。

其中 $CaCl_2$ 的护色作用不是很明显，相比其他几种护色剂护色效果要差，但 $CaCl_2$ 可以和氨基酸结合形成不溶性化合物，具有协同 $NaHSO_3$ 控制褐变的作用[10]。鲜山药片的组织中的黏液为一种黏液状蛋白，这种黏液蛋白在 $CaCl_2$ 的作用下，$CaCl_2$ 的氯离子能够使其脱水，变性，形成具有三维网状的蛋白质凝胶，这种网状的蛋白质凝胶能够截留各种不同食品组分。而山药中所含的果胶，作为一种结构多糖，它决定了山药的非木质化器官的细胞壁的强度与弹性，而钙是联结成果胶的聚半乳糖醛酸和半乳糖醛酸鼠李糖的中介。所以，山药片黏液中的果胶质和钙形成的不溶性果胶酸盐同其他食品组分一样，被网状蛋白质截留，并且与蛋白质凝胶共同在山药片表层形成一层难溶解的硬化层。这样一来，经过 $CaCl_2$ 的溶液处理的山药片能够保持山药片的新鲜硬脆。

单独使用 $NaHSO_3$，护色作用要好于其余几种护色剂的效果。$NaHSO_3$ 对山药多酚氧化酶具有强烈的抑制作用，处理后的山药片褐变现象几乎没有发生，而且还有一定的抑菌功效。但是，$NaHSO_3$ 容易使山药片白化，使用浓度受到 SO_2 残留的影响。L-cys 护色作用较好，因为 L-cys 对多酚氧化酶的铜离子有螯合作用，它还可以作为醌的还原剂，甚至可以被多酚氧化酶直接氧化，起到竞争性抑制作用。柠檬酸具有较好的防腐作用，尤其对于细菌的繁殖有较好效果。柠檬酸本身具有较强的螯合金属离子的能力，能与本身质量 20% 的金属离子螯合，可以作为抗氧化增强剂，同时可以作为山药片的色素稳定剂，可以防止山药片褐变。柠檬酸可以降低溶液的 pH 值，因为大多数情况下，多酚氧化酶的最适 pH 值在 4 ~ 8。NaCl 溶液同时具有抑菌，防腐和护色的效果，可以排除组织中的部分氧，降低溶液中的氧浓度，从而发挥抑菌作用。NaCl 的单一护色作用微弱，但与 CA 和 $NaHSO_3$ 连用时，有明显的增强效应。此外，柠檬酸与 $NaHSO_3$ 共同组合护色可以保证山药片加工完成后货架期的延长，同时可以缓解 $NaHSO_3$ 的过渡漂白作用。因为 $NaHSO_3$ 的使用过程中有 SO_2 的残留，所以，净菜加工中要求果蔬添加剂使用要符合标准 GB2760—1996，应控制各类护色剂浓度的添加量符合食品添加剂的使用标准。

单一护色的结果表明，选取能够抑制褐变的抑制剂单看其护色后的褐变度变化是不够的，还要综合考虑分析其作用效果后的作用机理，同时考虑到药品价格等因素，最后确定使用 $NaHSO_3$、NaCl、$CaCl_2$ 和柠檬酸（CA）4 种试剂进行组合护色。

（3）复合护色剂护色效果分析

①贮藏时间对组合护色山药片褐变度的影响：在正交试验组合护色的 9 组处理中选取具有代表性的 3 组处理反映褐变度随贮藏天数延长的变化情况。这 3 组处理按照处理效果的优，中，差分别是第 9 组、第 4 组、第 1 组，图 3 - 2 中分别对应处理Ⅰ、处理Ⅱ、处理Ⅲ。可以看出，贮藏期间，

鲜切山药片褐变度呈上升趋势，在贮藏初期增加较快，后期增加缓慢。因为在贮藏后期，酚类物质逐渐被氧化，其含量减少，多酚氧化酶的活性也降低，从而使褐变度增加的趋势趋于平缓。

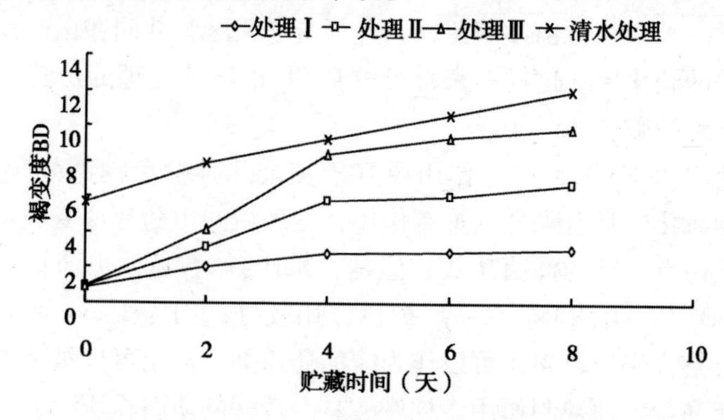

图 3-2　鲜切山药片在贮藏期内褐变度的变化

②复合护色剂的护色效果：采用正交试验对护色效果进行极差分析，由表 3-15 得出，在所选定的因素水平中，对鲜切山药片的褐变抑制效果起作用的主次因素是 A>B>C>D，即对抑制鲜切山药片褐变起主导作用的是亚硫酸氢钠，其次是氯化钠，再次是柠檬酸，作用最小是氯化钙。最佳因素组合是 $A_3B_3C_3D_2$，即 0.10% $NaHSO_3$ + 1.5% NaCl + 0.5% CA + 0.5% $CaCl_2$，处理时间是 30 分钟。经过该褐变抑制剂组合处理的鲜切山药，在整个试验期间内呈白色，无褐变现象产生，进一步表明验证该种组合能够很好地抑制鲜切山药的酶促褐变。

在整个贮藏期间，鲜切山药片褐变度呈上升趋势，并且在贮藏初期增加较快。多酚氧化酶的底物是酚类物质，果品和蔬菜中酚类物质很多，酚类物质的种类和含量在果实生长和成熟过程中会发生变化。在果实贮藏期间酚类物质含量下降是被多酚氧化酶氧化的结果。山药进行切分以后，褐变一般都发生很快。

表 3-15　护色处理对鲜切山药片褐变度的影响（2 天）

实验号	A	B	C	D	BD	感官评分
	$NaHSO_3$	NaCl	柠檬酸	$CaCl_2$	(A_{410} ×10)	
1	1 (0.01%)	1 (0.5%)	1 (0.1%)	1 (0.1%)	8.83	61
2	1	2 (1.0%)	2 (0.5%)	2 (0.5%)	4.96	63

（续表）

实验号	A NaHSO$_3$	B NaCl	C 柠檬酸	D CaCl$_2$	BD ($A_{410}\times10$)	感官评分
3	1	3（1.5%）	3（1.5%）	3（1.0%）	4.25	72
4	2（0.05%）	1	2	3	4.27	72
5	2	2	3	1	2.41	80
6	2	3	1	2	2.66	78
7	3（0.10%）	1	3	2	2.11	84
8	3	2	1	3	2.87	76
9	3	3	2	1	1.93	90
K_1	18.04	15.21	14.36	13.17		
K_2	9.34	10.24	11.16	9.73		
K_3	6.91	8.84	8.77	11.39		
k_1	6.01	5.07	4.79	4.39		
k_2	3.11	3.41	3.72	3.24		
k_3	2.30	2.95	2.92	3.80		
R	3.71	2.12	1.86	0.59		
优水平	A_3	B_3	C_3	D_2		

分析其原因有山药鲜切后，大量的组织细胞与空气中氧气接触，增大了多酚氧化酶的活性，为酶促褐变提供了条件。与此同时，酚类物质的含量也在增加，包括总酚，游离酚，儿茶酚的含量均有明显变化，就为多酚氧化酶提供了充足的底物，从而使褐变度迅速加大。组合护色的结果表明，多种护色剂复合使用的护色效果明显好于使用单一一种护色剂的护色效果。多种护色剂的组合处理可以降低各护色剂的使用浓度，尤其是降低了的 $NaHSO_3$ 使用浓度，而且还保持了护色效果，避免使用浓度过高而引起残留。

③复合护色剂处理的山药片感官评价结果：新鲜山药片经过各种不同的处理后，在4℃下贮藏一星期后，复合护色剂处理的山药片基本没有腐烂现象发生，并且无异味，质地良好。4℃下的低温环境抑制了山药片中的多酚氧化酶的活性，贮藏初期的第一到第二天内，各处理的色泽变化不明显。第四天时，清水处理的山药片开始出现变褐。第六天时，清水处理的山药片褐变面积加大，褐变颜色加深，同时，各复合护色剂处理的山药片均开始出现

了不同程度的褐变。第七天以后，各处理开始加剧褐变，变为深褐色和灰黑色，后期的山药片继续加大了褐变的程度，但与清水处理比较而言，褐变程度远没有其明显。第八天时，清水处理的山药片起了黑色的圆斑，边缘处尤其有灰色色变，不具有山药片原有的气味，出现了异味。实验组合护色中的 $A_3B_3C_3D_2$ 组合护色效果最佳，保持完好，基本上抑制了褐变。

（4）试验中异常现象的分析

鲜切山药片加工结束后测定其褐变度的过程中，达到离心所需时间的山药浆上清液，在设定25℃恒温水浴锅内保温5分钟。保温过程中，9组试样中的2组式样颜色逐渐变为灰色和黑色，导致下一步分光光度计对其测定410纳米处的吸光值异常大，超出了正常的测定范围。该2组试样测定的吸光值不可采用。

分析整个操作过程，导致该现象发生的可能原因为[12]：①褐变抑制剂中的 $NaHSO_3$ 具有的还原作用使山药片被漂白，但是一般 SO_2 消失后山药片容易复色。加工过程中很可能混入了金属离子，金属离子能够导致山药片中残留的亚硫酸氧化。通常控制食品中残留部分 SO_2，部分残留的 SO_2 有明显的抑制复色，保持产品色泽稳定的作用。金属离子显著地促进已还原色素的氧化变色。②单独使用 $NaHSO_3$ 时，不能消除金属离子的作用。为了消除混入的金属离子，需要加入金属离子螯合剂。已经发现漂白以后的莲藕片的复色与莲藕中铁离子的含量直接相关。适量添加柠檬酸能够明显抑制这些变化，正交试验中的组合里其两组试样为柠檬酸添加量最少的2组，柠檬酸的量不足以抑制金属离子对 $NaHSO_3$ 的氧化作用，使得本已经护色后的山药片重新变色。

（5）微生物检测的结果与分析

对山药净菜加工后成品进行微生物检测，检测结果以菌落总数和大肠杆菌数表示（表3－16）。

表3－16　山药净菜贮藏期间的微生物变化

贮存时间（天）	菌落总数（cuf/克）	大肠杆菌（MPN/100克）	致病菌
0	100	<30	未检出
4	500	<30	未检出
8	800	<30	未检出

对山药片护色后的微生物检测结果表明，经过护色工艺后的山药片其菌落总数和大肠杆菌数与直接食用的蔬菜微生物数量级相同。

菌落总数主要作为判定食品被污染程度的标志，用于净菜检测中作为判定净菜产品的新鲜程度。净菜的微生物污染主要来自原料污染及运输，加工过程的二次污染。引起净菜腐烂变质的微生物主要是细菌和真菌，通过菌落总数检测，可以掌握净菜贮藏过程中微生物的动态变化，对净菜生产的工艺及配方具有很好的指导意义。大肠菌群数以 100 毫升（克）检样内大肠菌群最可能数（MPN）表示，作为粪便污染指标来平均食品的卫生质量，推断食品中有否污染肠道治病菌的可能。因为环境污染以及未处理有机肥的使用均可造成蔬菜原料受大肠菌群的污染，从而使净菜产品可能受到污染。随着全球对净菜产品需求的加大，净菜产品带来的病原微生物群落及其变化成为了一种不可忽视的安全性问题。微生物中有少量治病菌，在蔬菜的生产、加工和处理的过程中，可能污染以上致病菌。净菜产品要求致病菌不得检出。

3. 结论与讨论

（1）筛选的生产山药净菜加工的工艺参数

筛选的山药净菜加工的工艺参数为：山药切分形状以块状和片状为佳，本试验采用切分为山药片。单一护色剂处理不足以保持山药的新鲜品质，而且单一护色剂处理任何一种效果均没有组合护色效果好。最佳复合护色剂的组合是 $A_3B_3C_3D_2$。最佳复合护色剂浸泡时间为 30 分钟；采用 PE 保鲜袋包装加工后的山药片，贮存条件为 4℃ 条件下。用此工艺条件加工出的山药净菜产品在一周内颜色保持较好，具有山药特殊的气味，能够保持切片的完整，坚实的新鲜状态。加工后的微生物指标符合食用要求。

（2）最佳复合护色剂的护色作用及其对产品的效果

试验选用对山药净菜产品具有不同效果的四种化学试剂 $NaHSO_3$、NaCl、CA、$CaCl_2$进行正交试验，筛选出最佳的褐变抑制剂组合是 0.10% $NaHSO_3$ + 1.5% NaCl + 0.5% CA + 0.5% $CaCl_2$。和同组其他处理相比，经过该组合处理的山药片在试验期间内色泽洁白，气息纯正，无褐变现象产生，可以达到理想的抑制褐变的效果。

（3）山药产品开发前景

山药具有较高的食用和药用价值，而且山药含有丰富的半导体元素“锗”，具有防癌、抗癌、降血糖，增强人体体质，是一种保健型的食品，深受消费者的喜爱。近年来，市场对山药的需求越来越大，出口需求也逐步加大，山药的净菜加工工艺的研究和开发必将带动山药系列产品的研制和开发，具有广阔的市场前景。

三、净菜莴笋加工关键技术的研究

1. 材料与设备

（1）材料

莴笋：市售；NaCl：符合 GB11—85 标准；$NaHCO_3$：化学纯；$CaCl_2$：分析纯；调味品用品：符合国家有关标准和卫生标准。

（2）设备

冷藏柜、温度计、水浴锅、分光光度计、硬度仪、离心机。

2. 工艺流程

选料→ 清洗→ 去皮、去叶→ 切分 → 护色→保脆 →清洗、沥干→ 计量装袋→ 真空密封 →杀菌→ 检验→贮藏

（1）操作要点

①原料选择：选择无公害的蔬菜，选择鲜嫩，大小均匀无腐烂、虫病、斑疤的莴笋。

②清洗：清洗掉各种杂物，用冷水将莴笋表层的泥沙，污物洗净，清洗后保证完整的植株。

③去叶去皮：去叶后，用锋利的小刀人工去皮或用碱液去皮。

④切分：按操作需求将莴笋切成段、片、丝等形状，便于食用和加工。此次操作最容易杂菌污染，切分工具注意消毒处理。

⑤护色：护色目的在于用护色剂抑制莴笋褐变，保持莴笋原有的色泽及延长其保鲜期。切分后，用 2% NaCl 溶液在 80℃ 水中热汤 3 分钟，热烫后迅速冷却。

⑥保脆：其目的在于用保脆剂延缓果胶分解，细胞分离导致变软。将莴笋用 0. 1% $CaCl_2$，2. 0% NaCl 浸渍 1 小时。

⑦清洗、沥干：将处理后的莴笋捞起，用冷水冲洗 2 分钟，置于网上沥干，以防止微生物繁殖。亦可采用振动沥水机，强风沥水机或振动和强风相结合的设备。

⑧计量装袋：将沥干后的莴笋称重后用 0. 02 毫米 PE 袋包装。

⑨真空密封：用多功能真空密封机封口密封，真空包装能够使净菜产品

的保鲜期达5～15天。

⑩杀菌：真空度在93.3千帕以上，温度在90℃以下，杀菌5～10分钟。

⑪贮藏：将加工好的莴笋净菜放入冷藏保鲜库中贮藏，一般贮藏温度为2～4℃。

（2）实验方法

①莴笋去皮方法的确定：莴笋清洗后，采用手工去皮或将3%、5%、7%的NaOH溶液加热至沸腾，放入莴笋，待再次沸腾计时处理3分钟，捞出用冷水冲洗表面碱液，置于筛网上沥干水分，用0.02毫米PE袋包装，在4℃条件下贮藏。每隔1天测定其重量，计算失重率；观察其褐变情况，计算褐变指数，褐变指数＝∑（褐变级别×该级别数）/检查总数。褐变指数中的褐变级别分别为：0级（无褐变）、1级（褐变面积≤20%）、2级（褐变面积为20%～35%）、3级（褐变面积为35%～50%）、4级（褐变面积＞50%）。对颜色、亮度、气味进行综合评分：9分（品质好），5分（品质较好，可以食用和销售，即为商业界限），1分（品质差，不可食用）。共记录6天。

②莴笋切分形状的确定：莴笋去皮后，用冷水冲洗1分钟，分别切成10厘米厚圆柱、5厘米厚圆柱、5毫米厚圆片和横茎为3毫米×3毫米莴笋丝，均用冷水冲洗1分钟后置于筛网上沥干水分、不包装或用0.02毫米PE袋包装后放入冰箱，在4℃条件下贮藏。每隔2天测定其重量，计算失重率。失重率（%）＝（原重量－测定重量）/原重量。

③莴笋护色条件的最佳参数确定：莴笋清洗后，采用手工去皮法去皮切丁，去掉老根，剥皮去茎后，用冷水冲洗1分钟，切成5毫米厚圆片，分别在100℃、90℃、80℃不同温度，1分钟、2分钟、3分钟不同时间，1%、2%、3%不同NaCl浓度试剂下进行护绿处理。根据各存在因素设计护色正交实验表，确定最佳工艺条件。

④保脆条件的最佳参数确定：莴笋清洗后，采用手工去皮法去皮切丁，去掉老根，剥皮去茎后，用冷水冲洗1分钟，切成5毫米厚圆片，分别在0.5小时、1小时、2小时不同时间，0.5%、1.0%、2.0%不同浓度的NaCl和0.05%、0.10%、0.20%不同浓度下的$CaCl_2$进行保脆实验。根据存在因素设计保脆正交实验表，确定最佳工艺条件。

⑤CAT（过氧化氢酶）和PPO（多酚氧化酶）钝化条件的确定：加工中酶是应引起蔬菜品质变化的主要因素，主要是氧化酶系，包括CAT、

PPO、抗坏血酸氧化酶等，但主要是PPO，PPO可分为两大类，即漆酶和儿茶酚氧化酶，两者具有明显的不同。在所有氧化酶系中，其中，CAT的耐热性极强，因此长以CAT作为钝化其他酶的指示剂。先将莴笋清洗后，采用手工去皮法去皮切丁，去掉老根，剥皮去茎后，用冷水冲洗1分钟，切成1厘米小丁块，然后分别在两种不同条件下对照处理，测定这两种酶的活性。

3. 结果与分析

（1）不同去皮方法对鲜切莴笋的品质的影响

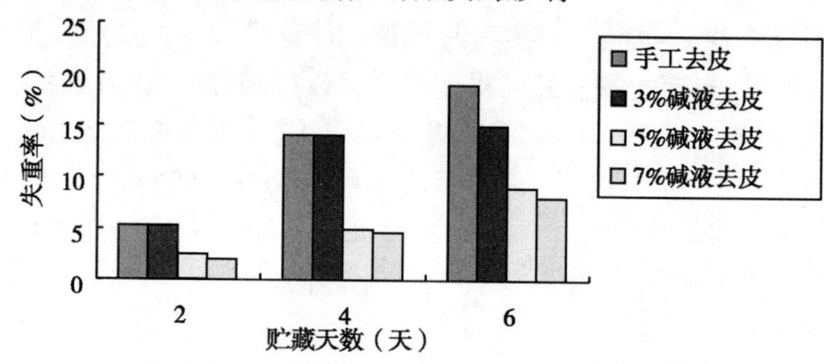

图3－3　不同去皮方法对鲜切莴笋失重率的影响

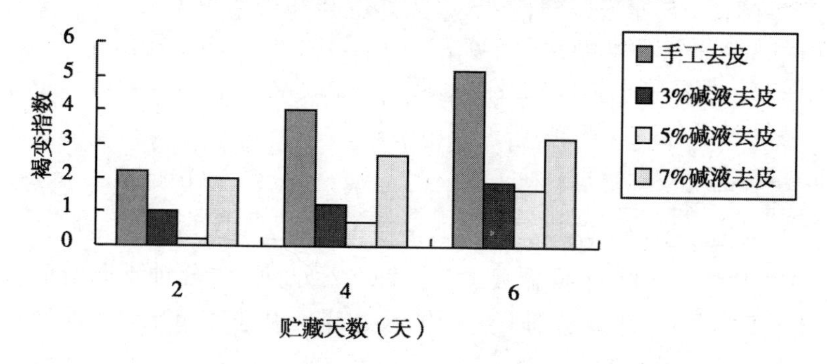

图3－4　不同去皮方法对鲜切莴笋褐变指数的影响

由图3－3可以看出，手工去皮方法使莴笋失重率大于碱液去皮的方法采用碱液去随着碱液浓度升高，莴笋的失重率减少。由图3－4可以看出来，手工去皮的莴笋只能保持2天正常颜色，而碱液去皮的莴笋贮藏到第6天时，5%碱液处理莴笋的方法褐变指数明显低于3%和7%碱液处理的莴笋。3%碱液浓度过低，去皮不彻底，表层纤维残留而7%碱液浓度过高，去皮虽然彻底，但对莴笋肉质产生腐蚀，造成易腐烂，变味。

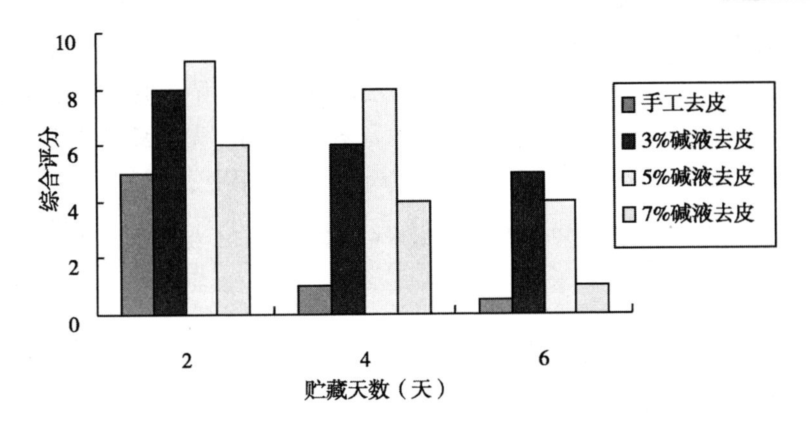

图 3－5　不同去皮方法对鲜切莴笋综合评分的影响

由图 3－5 可以看出，经 5% 碱液去皮的莴笋能贮藏 6 天且效果最佳，而手工去皮的碱液贮藏到第 3 天时，断面已经出现变红。3% 碱液去皮的莴笋贮藏至第 6 天时，断面才开始轻微变红，7% 碱液去皮的莴笋贮藏至第 4 天才有异味，表面才有黏液产生，说明碱液去皮方法优于手工去皮方法。

（2）切分形状及包装对鲜切莴笋品质的影响

①不同切分形状及包装对鲜切莴笋失重率的影响：如表 3－17 所示，不包装的莴笋失重率是包装莴笋的十几倍，甚至是几十倍。莴笋切分的越细，表面积越大，与空气接触面就越大，失重率就越大。当莴笋被切分成 5 毫米的圆片和丝时不包装，贮藏至第 9 天失重率已经超过了 60%。所以包装可以减少鲜切莴笋贮藏期间的失重率。

表 3－17　不同切分形状及包装对鲜切莴笋失重率的影响

切分形状	贮藏 3 天		贮藏 6 天		贮藏 9 天	
	包装	不包装	包装	不包装	包装	不包装
10 厘米厚圆柱	36.21	35.94	31.22	31.07	27.81	26.97
5 厘米厚圆柱	36.14	35.55	31.15	30.98	27.80	26.26
5 毫米厚圆片	36.00	35.50	31.00	30.87	27.66	24.99
横茎 3 毫米 × 3 毫米莴笋丝	35.50	35.32	29.26	28.20	27.52	23.72

②不同切分形状和包装对鲜切莴笋褐变程度的影响：莴笋切分的越细，酚类物质与空气中的氧气发生氧化还原反应，生成褐色物质。L 值越大，说

明莴笋的贮藏效果越好。由表3-18可知，莴笋切分越细，其L值越小，说明褐变越严重，但当莴笋不包装时，其差异性并不显著。塑料薄膜可以适当的阻碍莴笋与空气中氧气的接触，包装莴笋的L值明显高于不包装的，包装可有效地减轻鲜切莴笋贮藏过程中的褐变。

表3-18 不同切分形状及包装鲜切莴笋褐变程度（L）的影响

切分形状	贮藏3天		贮藏6天		贮藏9天	
	包装	不包装	包装	不包装	包装	不包装
10厘米厚圆柱	0.32	10.03	1.00	19.28	0.84	30.30
5厘米 厚圆柱	0.34	12.05	1.23	22.54	1.56	33.26
5毫米 厚圆片	0.55	21.86	1.67	42.89	1.91	62.90
横茎3毫米×3毫米莴笋丝	0.75	26.48	2.03	46.45	2.34	66.63

（3）护色条件的最佳参数确定

护色正交实验设计因素水平如表3-19所示，实验方案及结果如表3-20所示。

表3-19 因素水平

	A 温度（℃）	B 时间（分钟）	C NaCL用量（%）
1	100	1	1
2	90	2	2
3	80	3	3

表3-20 护绿实验方案及结果分析

	A温度（℃）	B时间（分钟）	C NaCL试剂（%）	叶绿素×10^{-3}/毫克/克	硬度（N）
1	1	1	3	29.31	31.0
2	1	2	1	34.35	45.4
3	1	3	2	66.27	30.8
4	2	1	2	43.29	74.3
5	2	2	3	50.48	63.5
6	2	3	1	34.24	60.0

（续表）

	A 温度（℃）	B 时间（分钟）	C NaCL 试剂（%）	叶绿素 $\times 10^{-3}$/毫克/克	硬度（N）
7	3	1	1	50.24	76.5
8	3	2	2	32.03	71.5
9	3	3	3	37.58	70.8
K_1	129.93	122.84	100.62	Σ = 377.79	
K_2	128.01	116.86	141.59		
K_3	119.85	138.09	117.37		
K_1	43.31	40.59	33.54	叶绿素	
K_2	42.69	38.95	47.20		
K_3	39.95	46.03	39.12		
R	3.36	7.08	13.66		
K_1	107.23	181.83	181.90	Σ = 523.89	
K_2	197.83	180.40	176.66		
K_3	218.83	161.66	165.33		
K_1	35.74	60.61	60.63	硬度	
K_2	65.94	60.13	58.89		
K_3	72.94	53.89	55.11		
R	37.20	6.72	5.52		

①初选最佳工艺条件：根据各指标下的 K_1、K_2、K_3 确定各因素的最优水平组合为：叶绿素含量/（$\times 10^{-3}$/毫克/克）$A_1B_3C_2$；硬度/（N/平方厘米）：$A_3B_1C_1$。

②综合平衡确定最优工艺条件：3 个指标单独分析出来的最优条件并不一致，必须根据因素对 3 个指标影响的主次顺序进行综合分析，确定最优工艺条件。经过综合平衡法分析，可以确定 $A_3B_1C_2$ 与 $A_3B_3C_2$ 可达到较好的护绿效果，且质地脆嫩。经 CAT 和 PPO 活性鉴定，确定 $A_3B_3C_2$ 效果更佳。

（4）保脆条件的确定

脆性的变化主要是由于蔬菜组织细胞膨压和细胞壁原果胶水解引起。果胶在原料组织成熟过程或加热（加酸、加碱）的条件下都可以水解成可溶性的果胶或果胶酸而失去粘结作用，使莴笋的硬度下降甚至软烂。生产上常用的保脆措施是在水溶液中增加钙、铝盐等，使果酸与钙、铝盐作用，生成不溶性的果胶酸盐。保脆正交实验设计因素水平如表 3－21 所示，实验方案及结果分析如表 3－22 所示。

表 3－21 保脆正交实验因素水平

实验号	$CaCl_2$ 浓度（%）	NaCl 浓度（%）	时间（小时）
1	0.05	0.5	0.5
2	0.10	1.0	1
3	0.20	2.0	2

表 3－22 保脆实验方案及结果分析

实验号	A $CaCl_2$（%）	B NaCl（%）	C 时间（小时）	硬度（N）	叶绿素 $\times 10^{-3}$/毫克/克
1	1	1	3	75.2	311.2
2	1	2	1	78.7	208.3
3	1	3	2	82.8	412.2
4	2	1	2	82.6	325.1
5	2	2	3	77.6	268.2
6	2	3	1	71.7	685.0
7	3	1	1	75.9	261.5
8	3	2	2	76.6	302.6
9	3	3	3	80.2	315.9
K_1	237.70	233.70	226.30	$\Sigma = 702.3$	
K_2	231.90	232.90	243.00		
K_3	232.70	235.70	233.00	叶绿素	
K_1	79.23	77.90	75.43		
K_2	77.30	77.63	81.00		
K_3	77.57	78.59	77.67		
R	1.93	0.94	5.57		
K_1	931.7	897.9	1154.8	$\Sigma = 3090$	
K_2	1278.3	779.1	1039.9		
K_3	880.0	1413.1	895.3	硬度	
K_1	311	299	385		
K_2	426	260	347		
K_3	293	471	298		
R	133	211	87		

经过综合平衡分析，可以确定 $A_2B_3C_2$ 为最佳条件，即 0.1% $CaCl_2$，2.0% NaCl 腌制 1 小时，莴笋的色、香、味、脆度最好。

（5）CAT（过氧化氢酶）和 PPO（多酚氧化酶）钝化

加工中酶是引起蔬菜品质变化的主要因素，主要是氧化酶系，包括 CAT、PPO、抗坏血酸氧化酶等，其中，CAT 的耐热性极强，因此常以 CAT 作为钝化其他酶的指示酶。表 3－23 反映了护绿中热烫条件对 CAT 与 PPO 活性的影响。

表 3－23　PPO 和 CAT 活性的鉴定

处理	PPO	CAT
2% NaCl，80℃热烫 1 分钟	完全钝化	未完全钝化，轻度褐变
2% NaCl，80℃热烫 3 分钟	完全钝化	完全钝化

由表 3－23 可以看出，只有 80℃热烫 3 分钟 CAT 才能完全失活，故在护绿条件的确定中选择 $A_2B_3C_2$ 方案。

4. 讨论

蔬菜加工中一般都需要进行热烫处理。热烫以物料肉质内部酶活性破坏但仍然保持适当脆性为原则。热烫后的蔬菜要立刻用冷水浸漂，防止余热伤害而降低脆性。莴笋经过热烫后，颜色深率，更加鲜艳，这是由于热烫后膨压消失，部分原果胶变为可溶性的果胶，细胞内含有少量空气逸出的缘故。同时表皮的黏性物质也被除去，组织变的 柔软而有弹性，有利于成品包装时防止组织破坏。

莴笋热烫后还可以消除其本身具有的特殊气味而使风味得到改善。如果热烫过度或者热烫不足，都将影响产品的品质和保质期。本实验结果表明，最佳护色条件下产生的颜色，质地和风味均达到了比较理想的效果。

5. 结论

实验表明：碱液去皮优于人工去皮，当碱液浓度为 0.5% 时莴笋的去皮的效果最好，对失重率和褐变指数影响最小，综合评分最佳。莴笋切割越细，其与空气接触表面积越大，越容易失重和褐变，采用 0.02 毫米 PE 袋包装能够明显的减轻鲜切莴笋的失重率和褐变率。在莴笋护色实验中，最佳护色工艺条件组合为 $A_3B_3C_2$，即 80℃，3 分钟，2% NaCl，莴笋的护色效果最好，色泽最佳。在莴笋保脆实验中最佳保脆工艺条件组合为 $A_2B_3C_2$，即 0.1% CaCl，2.0% NaCl 浸渍 1 小时，莴笋的色、香、味、脆度最好。在酶的钝化实验中，CAT（过氧化氢酶）和 PPO（多酚氧化酶）钝化的最佳工艺条件为 2% NaCl，80℃热烫 3 分钟，此时 CAT 与 PPO 活性完全钝化。

主要参考文献

1. 杨治业，狄建兵，李泽珍. 北方蔬菜保鲜储运与加工营销［M］. 太原：山西经济出版社，2009.

2. 郝利平，狄建兵. 果品加工技术［M］. 北京：中国社会出版社，2006.

3. 吴彩娥. 蔬菜加工技术［M］. 北京：中国社会出版社，2006.

4. 罗云波，蔡同一. 园艺产品贮藏加工学（贮藏篇）［M］. 北京：中国农业大学出版社，2001.

5. 罗云波，蔡同一. 园艺产品贮藏加工学（加工篇）［M］. 北京：中国农业大学出版社，2001.

6. 王愈，狄建兵，王宝刚. 浸钙结合电场处理对草莓采后生理的影响研究［J］. 中国食品学报，2011（5）：145～150.

7. 狄建兵，王宝刚，郝利平，等. 离子水浸泡结合静电场处理对贮藏草莓生理特性的影响［J］. 中国食品学报，2013，13（4）：114～117.

8. 狄建兵，李泽珍，钟太来. 山药速冻加工工艺研究［J］. 农产品加工（学刊），2013（6）：22～24.

9. 狄建兵，李泽珍，李春芳. 山药真空干燥工艺的研究［J］. 山西农业大学学报，2013，33（2）126～129.

10. 王愈，狄建兵，王宝刚，等. 静电场下不同处理对番茄颜色转化的影响［J］. 农业工程学报，2010，26（9）：357～361.

11. 李泽珍，陈敏，戴蕴青，等. 芥蓝胶提取工艺的优化［J］. 中国食品学报，2010（2）：142～149.

12. 狄建兵，郝利平，张培宜，等. 不同热处理对枣转红及其干制的影响［J］. 山西农业大学学报，2011，31（6）：541～544.

13. 李泽珍，狄建兵，贾文婧. 山楂胡萝卜复合饮料的研制［J］. 农产品加工（学刊），2013（11）：18～21.

14. 王愈，狄建兵，赵江. 高压电场处理番茄果实的电磁学分析［J］. 农产品加工（学刊），2013（1）：4～7.

15. 王愈，狄建兵，王宝刚，等. 高压电场作用时番茄失重和呼吸强度及乙烯释放量的变化［J］. 农产品加工（学刊），2011（7）：41～44.

16. 狄建兵，王愈，张培宜，等. 不同干燥方法对红枣品质的影响［J］. 农产品加工（学刊），2012（1）：70～72.

17. 李泽珍.《果蔬贮运学》实践教学浅议［J］. 科技情报开发与经济，2008，18（27）：177～178.

18. 李泽珍，陈敏，朱小聪. 芥蓝胶流变学特性的研究［J］. 食品工业科技，2008，29（10）：114～119.

19. 李泽珍，狄建兵，孙莉玲. 番茄脐橙复合饮料的研制［J］. 饮料工业，2014（6）.

20. 李泽珍，狄建兵，郝翔. 超声波处理对常压热风干燥香蕉片的影响［J］. 山西农业大学学报，2014（4）.

21. 李泽珍，狄建兵，张杰. 乙烯利处理对猕猴桃品质的影响［J］. 农产品加工（学刊），2014（6）.

22. 狄建兵，李泽珍，马军艳. 喷雾干燥制作山药粉的研究［J］. 食品工业，2014（7）.

23. 郝利平，池建伟，吴彩娥，等. 果蔬加工学［M］. 太原：山西高校联合出版社，1994.

24. 郝利平，路建华，郝林，等. 果蔬加工技术［M］. 太原：山西高校联合出版社，1991.

25. 张有林，苏东华. 果品贮藏保鲜技术［M］. 北京：中国轻工业出版社，2000.

26. 刘兴华，陈维信. 果品果蔬贮藏运销学［M］. 北京：中国农业出版社，2002.

27. 赵丽芹，张子德. 园艺产品贮藏加工学［M］. 北京：中国轻工业出版社，2001.

28. 陈锦屏，商训生. 果蔬加工学［M］. 西安：陕西科学技术出版社，1990.

29. 运广荣. 中国果蔬实用新技术大全［M］. 北方果蔬卷. 北京：北京科学技术出版社，2004.

30. 华中农业大学. 果蔬贮藏加工学［M］. 北京：中国农业出版社，1993.

31. 赵晨霞，农志荣. 果蔬贮运与加工［M］. 北京：中国农业出版社，2002.

32. 赵丽芹，谭兴和，苏平. 果蔬加工工艺学［M］. 北京：中国轻工业出版社，2002.

33. 杨巨斌，朱慧芬. 果脯蜜饯加工技术手册［M］. 北京：科学出版社，1988.

34. 杨顺江，朱信凯. 中国果蔬产业竞争力研究［M］. 北京：中国农业出版社，2006.

35. 谭向勇，辛贤. 中国主要农产品市场分析［M］. 北京：中国农业出版社，2001.

36. 李基洪，陈奇. 果脯蜜饯生产工艺与配方［M］. 北京：中国轻工业出版社，2001.

37. 张志勤. 果蔬糖制品加工工艺［M］. 北京：农业出版社，1992.

38. 张大鹏. 实用果蔬加工工艺［M］. 北京：中国轻工业出版社，1994.

39. 邓伯勋. 园艺产品贮藏运销学. 北京：中国农业出版社，2002.

40. 周山涛，蔡同一. 果蔬加工工艺 [M]. 北京：中国农业出版社，1988.

41. 魏润黔. 食用菌实用加工技术 [M]. 北京：金盾出版社，1996.

42. 林亲录，邓放明. 园艺产品加工学 [M]. 北京：中国农业出版社，2003.

43. 陈功，余文华. 净菜加工技术 [M]. 北京：中国轻工业出版社，2005.

44. 谢晓悦. 绿色果蔬生产与营销 [M]. 北京：中国社会出版社，2005.

45. 杨顺江，谢振贤. 无公害果蔬中国果蔬产业发展的战略选择 [M]. 北京：中国农业出版社，2002.

46. 郭宝林，杨俊霞. 果品营销 [M]. 北京：中国林业出版社，2000.

47. 刘兴华. 果品蔬菜贮藏运销学 [M]. 北京：中国农业出版社，2002.

48. 安玉发. 食品营销学 [M]. 北京：中国农业出版社，2002.